中国机械工程学科教程配套系列教材

教育部高等学校机械类专业教学指导委员会规划教材

液压与气压传动（第2版）

刘延俊 主编

王秋敏 骆艳洁 孙彩玲 副主编

清华大学出版社

北京

内 容 简 介

本书将液压传动与气压传动分开阐述,共分 12 章。第 1 章介绍液压传动的基本知识。第 2 章介绍液压油和流体力学与液压的相关基础知识。第 3～6 章介绍液压元件的结构、原理、性能及其选用。第 7 章介绍液压基本回路。第 8～10 章介绍典型液压系统实例、液压系统的设计与计算以及液压伺服系统。第 11、12 章介绍气压传动特有的元件和回路设计方法与实例,以及液压气动系统的安装、调试、使用与维护方法。附录列出液压元件、液压回路和系统的常见故障以及排除方法。为方便学习,每章都有重点难点分析、能力培养目标、案例教学实例、课堂讨论、思考题与习题等,部分章节还附有实验内容,以提高学习者理论联系实际的动手能力。

本书可作为高等学校机械制造及其自动化、机械设计与制造、化工与化工机械、机电一体化、模具设计与制造、动力与车辆工程等专业的教材,也可作为"液压与气压传动"系列网络课程教材,并适合作为各类成人高校、在职继续教育、自学考试等有关机械类的教材,也可供从事流体传动与控制的工程技术人员参考。

图书在版编目(CIP)数据

液压与气压传动/刘延俊主编. —2 版. —北京:清华大学出版社,2018(2023.8 重印)
　(中国机械工程学科教程配套系列教材　教育部高等学校机械类专业教学指导委员会规划教材)
　ISBN 978-7-302-51616-3

　Ⅰ. ①液…　Ⅱ. ①刘…　Ⅲ. ①液压传动—高等学校—教材 ②气压传动—高等学校—教材
Ⅳ. ①TH137 ②TH138

中国版本图书馆 CIP 数据核字(2018)第 257376 号

责任编辑:许　龙
封面设计:常雪影
责任校对:赵丽敏
责任印制:杨　艳

出版发行:清华大学出版社
　　　网　　　址:http://www.tup.com.cn,http://www.wqbook.com
　　　地　　　址:北京清华大学学研大厦 A 座　　　　　　邮　　编:100084
　　　社 总 机:010-83470000　　　　　　　　　　　　　邮　　购:010-62786544
　　　投稿与读者服务:010-62776969,c-service@tup.tsinghua.edu.cn
　　　质量反馈:010-62772015,zhiliang@tup.tsinghua.edu.cn
印 装 者:三河市龙大印装有限公司
经　　销:全国新华书店
开　　本:185mm×260mm　　印　　张:22.25　　　　　　字　　数:537 千字
版　　次:2010 年 12 月第 1 版　　2018 年 11 月第 2 版　　印　　次:2023 年 8 月第 6 次印刷
定　　价:59.80 元

产品编号:072554-01

我曾提出过高等工程教育边界再设计的想法,这个想法源于社会的反应。常听到工业界人士提出这样的话题:大学能否为他们进行人才的订单式培养。这种要求看似简单、直白,却反映了当前学校人才培养工作的一种尴尬:大学培养的人才还不是很适应企业的需求,或者说毕业生的知识结构还难以很快适应企业的工作。

当今世界,科技发展日新月异,业界需求千变万化。为了适应工业界和人才市场的这种需求,也即是适应科技发展的需求,工程教学应该适时地进行某些调整或变化。一个专业的知识体系、一门课程的教学内容都需要不断变化,此乃客观规律。我所主张的边界再设计即是这种调整或变化的体现。边界再设计的内涵之一即是课程体系及课程内容边界的再设计。

技术的快速进步,使得企业的工作内容有了很大变化。如从 20 世纪 90 年代以来,信息技术相继成为很多企业进一步发展的瓶颈,因此不少企业纷纷把信息化作为一项具有战略意义的工作。但是业界人士很快发现,在毕业生中很难找到这样的专门人才。计算机专业的学生并不熟悉企业信息化的内容、流程等,管理专业的学生不熟悉信息技术,工程专业的学生可能既不熟悉管理,也不熟悉信息技术。我们不难发现,制造业信息化其实就处在某些专业的边缘地带。那么对那些专业而言,其课程体系的边界是否要变?某些课程内容的边界是否有可能变?目前不少课程的内容不仅未跟上科学研究的发展,也未跟上技术的实际应用。极端情况甚至存在有些地方个别课程还在讲授已多年弃之不用的技术。若课程内容滞后于新技术的实际应用好多年,则是高等工程教育的落后甚至是悲哀。

课程体系的边界在哪里?某一门课程内容的边界又在哪里?这些实际上是业界或人才市场对高等工程教育提出的我们必须面对的问题。因此可以说,真正驱动工程教育边界再设计的是业界或人才市场,当然更重要的是大学如何主动响应业界的驱动。

当然,教育理想和社会需求是有矛盾的,对通才和专才的需求是有矛盾的。高等学校既不能丧失教育理想、丧失自己应有的价值观,又不能无视社会需求。明智的学校或教师都应该而且能够通过合适的边界再设计找到适合自己的平衡点。

我认为,长期以来,我们的高等教育其实是"以教师为中心"的。几乎所有的教育活动都是由教师设计或制定的。然而,更好的教育应该是"以学生为中心"的,即充分挖掘、启发学生的潜能。尽管教材的编写完全是由教师完成的,但是真正好的教材需要教师在编写时常怀"以学生为中心"的教育理念。如此,方得以产生真正的"精品教材"。

教育部高等学校机械设计制造及其自动化专业教学指导分委员会、中国机械工程学会与清华大学出版社合作编写、出版了《中国机械工程学科教程》,规划机械专业乃至相关课程的内容。但是"教程"绝不应该成为教师们编写教材的束缚。从适应科技和教育发展的需求而言,这项工作应该不是一时的,而是长期的,不是静止的,而是动态的。《中国机械工程学科教程》只是提供一个平台。我很高兴地看到,已经有多位教授努力地进行了探索,推出了新的、有创新思维的教材。希望有志于此的人们更多地利用这个平台,持续、有效地展开专业的、课程的边界再设计,使得我们的教学内容总能跟上技术的发展,使得我们培养的人才更能为社会所认可,为业界所欢迎。

是以为序。

2009 年 7 月

　　本书是依照《中国机械工程学科教程》和机械工程专业认证要求编写的,在内容的安排上,将液压传动与气压传动分开阐述,全书共分 12 章,并附有 A、B 两个附录。第 1 章绪论主要介绍液压传动的基本知识。第 2 章介绍液压油和流体力学与液压的相关基础知识。第 3～6 章详细介绍液压元件的结构、原理、性能及其选用。第 7 章主要介绍液压基本回路。第 8～10章则介绍一些典型液压系统实例(特别是新增海洋工程相关的液压系统实例)、液压系统的设计与计算以及液压伺服系统的相关内容。第 11、12 章在兼顾液压传动相关知识的基础上介绍气压传动特有的元件和回路设计方法与实例,以及液压气动系统的安装、调试、使用与维护方法。附录 A、B 分别介绍了液压元件、液压回路和系统的常见故障以及排除方法。为方便学习,每章都有重点难点分析、能力培养目标、案例教学实例、课堂讨论、思考题与习题等内容,部分章节还附有实验内容,以提高学习者理论联系实际的动手能力。本书中的许多实例是作者近 30 年在液压传动,以及液压传动与海洋工程交叉领域科研、设计、制造、调试方面所做的工作。本书配有电子课件,使用本教材的任课老师可向作者或出版社索取。

　　《液压与气压传动》教材编写的目的是使学生具有独立从事液压气动系统设计、制造、调试、使用与维护的综合能力,贯彻了少而精的原则,紧密结合液压与气动技术最新成果,注重理论与实践相结合,突出最新液压气动元件、技术及其应用,同时增加了液压气动系统的安装、调试、使用与维护章节,在附录中列出了液压元件、回路、系统的常见故障与排除方法,以便达到培养学生工程应用能力和解决实际问题的能力的目的。

　　随着国家海洋战略的实施,海洋装备液压技术也得到了广泛应用。因此,本书第 2 版增加了液压传动技术在海洋工程装备领域的应用实例,如漂浮式液压海浪变阻尼发电液压系统、蛟龙号液压系统,旨在突出液压技术在海洋工程领域的应用。

　　本书适用于普通工科院校机械类各专业,也适用于各类成人高校和参加自学考试的机械类学生,也可供从事流体传动与控制技术的工程技术人员参考。

　　本书由山东大学机械工程学院、海洋研究院刘延俊主编;由山东职业学院机电工程系王秋敏、上海理工大学机械工程学院骆艳洁、烟台工程职业技术学院电气与新能源工程系孙彩玲担任副主编;参编的有山东大学机械工程学院周军、吴筱坚、刘维民、谢玉东、李超、陈志,山东大学海洋研究院薛钢、李世振,山东交通学院机械工程系孔祥臻,齐鲁工业大学机电学院李兆文,山东职业学院机电工程系臧贻娟、赵秀华。

本书在编写过程中,得到了山东拓普液压气动有限公司、SMC(中国)有限公司济南营业所、山东机械工程学会液压气动专业委员会的大力支持与帮助,编者在此一并表示衷心感谢。

由于编者水平有限,书中难免存在缺点和错误,敬请广大读者批评指正。

编　者

2018年8月于济南

第1版前言
FOREWORD

本书是依照《中国机械工程学科教程》和机械工程专业认证要求编写的，在内容的安排上，将液压传动与气压传动分开阐述，全书共分12章。第1、2章主要介绍液压传动的基本知识以及流体力学的基本理论。第3～6章主要介绍液压元件的结构、原理、性能、选用。第7、8章介绍液压基本回路、典型液压系统的组成、功能、特点以及应用情况。第9章介绍液压系统的设计计算方法与实例。第10章介绍液压伺服元件与系统。第11章在兼顾液压传动相关知识的基础上介绍气压传动特有的元件以及回路设计方法与实例。第12章介绍液压气动系统的安装、调试、使用与维护方法。大部分章节都有重点难点分析、能力培养目标、案例教学实例、课堂讨论等内容，后面还附有习题。本书配有电子课件，使用本教材的任课老师可向作者或出版社索取。

《液压与气压传动》教材编写的目的是使学生具有独立从事液压气动系统设计、制造、调试、使用与维护的综合能力，贯彻了少而精的原则，紧密结合液压与气动技术最新成果，注重理论与实践相结合，突出最新液压气动元件、技术及其应用，同时增加了液压气动系统安装、调试、使用与维护章节，在附录中列出了液压元件、回路、系统的常见故障与排除方法，以便达到培养学生工程应用能力和解决实际问题的能力的目的。

本书适用于普通工科院校机械类各专业，也适用于各类成人高校和参加自学考试的机械类学生，也可供从事流体传动与控制技术的工程技术人员参考。

本书由山东大学机械工程学院刘延俊主编；由济南铁道职业技术学院机电工程系王秋敏、上海理工大学机械工程学院骆艳洁、烟台工程职业技术学院机电工程系孙彩玲担任副主编；参编的有山东大学机械工程学院周军、吴筱坚、刘维民、谢玉东、李超，山东交通学院机械工程系孔祥臻，山东轻工学院机电学院李兆文，济南铁道职业技术学院机电工程系臧贻娟、赵秀华。

本书在编写过程中，得到了山东拓普液压气动公司、SMC(中国)有限公司济南营业所、山东机械工程学会液压气动专业委员会的大力支持与帮助，编者在此一并表示衷心感谢。

由于编者水平有限，书中难免存在缺点和错误，敬请广大读者批评指正。

编　者
2010年10月于济南

目　录
CONTENTS

第 1 章

绪　　论

　　本章的重点内容是：液压传动的工作原理；液压传动系统的组成；液压传动的特点；液压传动技术的应用。在重点内容中，液压传动的工作原理是重中之重，其他是该内容的延伸和深化。通过对重点内容的分析，可以对液压传动有一个概括的认识，为进一步学习液压传动技术建立基础。当学习了全部课程后，再分析重点内容，会对其赋予新的内涵。

　　本章的难点是对液压传动工作原理的基本分析。通过对简单机床液压传动系统工作过程的分析，可以提及工作载荷的控制和运动速度的调整两个问题，从而引申出压力与负载的关系、流量与速度的关系这两个重要概念。这两个概念在此只作为简单概念引出，在学习完第 2 章内容后才能得到基本的了解，当学习完本课程的全部内容后，才能对此概念得到比较深刻的理解。

1.1　液压传动的发展

　　液压传动相对机械传动来说，是一门新的技术。如果从 1795 年世界上第一台水压机问世算起，至今已有 200 余年的历史。然而，液压传动直到 20 世纪 30 年代才真正得到推广应用。

　　第二次世界大战期间，由于军事工业需要反应快、精度高、功率大的液压传动装置而推动了液压技术的发展。战后，液压技术迅速转向民用，在机床、工程机械、农业机械、汽车等行业中逐步得到推广。20 世纪 60 年代后，随着原子能、空间技术、深海探测技术、计算机技术的发展，液压技术也得到了很大发展，并渗透到各个工业领域中去。当前液压技术正向着高压、高速、大功率、高效率、低噪声、长寿命、高度集成化、复合化、小型化以及轻量化等方向发展。液压 CAD 技术的发展，使人工设计变为自动化和半自动化的方式。高技术、高知识含量的软件商品化，可以使设计质量对使用者素质的依赖关系降至最小，从而迅速提高设计者水平，加快设计速度，促进液压产品的更新换代。目前，国外在柱塞泵、配流盘以及齿轮泵体三维有限元分析、设计等方面已取得良好效果。CAD 的应用将为液压产品的设计带来全新的变化，下一步较长远的目标是利用 CAD 技术开发液压产品从概念设计、外观设计、性能设计、可靠性设计直到零部件设计的全过程。此外，CAM 的引入，将加速技术装备的柔性化进程。数控机床、加工中心、柔性加工单元（FMC）、柔性制造系统（FMS）将全面替代旧装备，配以自动传送工具和立体仓库，就可使液压元器件的生产朝着自动化车间模式迈进。

随着陆地资源的不断耗用,人们把目光投向了海洋,海洋生物、矿产资源的勘探、开采设备,全部采用了液压技术。同时,新型液压元件和液压系统的计算机辅助测试(CAT)、计算机直接控制(CDC)、机电一体化技术、故障诊断技术、可靠性技术以及污染控制方面,也是当前液压技术发展和研究的方向。

我国的液压技术开始于 20 世纪 50 年代,液压元件最初应用于机床和锻压设备,后来又用于拖拉机和工程机械。自 1964 年从国外引进一些液压元件生产技术,同时自行设计液压产品,经过 20 多年的艰苦探索和发展,特别是 20 世纪 80 年代初期引进美国、日本、德国的先进技术和设备,使我国的液压技术水平有了很大的提高。目前,我国的液压件已从低压到高压形成系列,并生产出许多新型的元件,如插装式锥阀、电液比例阀、电液数字控制阀等。我国机械工业在认真消化、推广国外引进的先进液压技术的同时,大力研制、开发国产液压件新产品,加强产品质量可靠性和新技术应用的研究,积极采用国际标准,合理调整产品结构,对一些性能差而且不符合国家标准的液压件产品,采用逐步淘汰的措施。权威统计资料表明,世界上先进国家液压工业产值占机械工业产值的 2%～3%,而我国仅占 0.8%～1%,这充分说明我国液压技术使用率较低,尚需进一步扩大其应用领域。

总之,液压技术应用广泛,它作为工业自动化的一种重要基础件,已经与传感技术、信息技术、微电子技术紧密结合,形成并发展成为包括传动、检测、在线控制的综合自动化技术,其内涵较之传统的液压技术更加丰富而完整。21 世纪是一个高度自动化的社会,随着科技的发展和人类的新需要,大型智能型行走机器人将应运而生。资料表明,液压技术作为能量传递或做功环节是其中必不可少的一部分。故无论现在还是将来,液压技术在国民经济中都占有重要的一席之地,发挥着无法替代的作用。

1.2　液压传动的工作原理及组成

1. 液压传动的工作原理

为便于理解,以实现往复运动的平面磨床的半结构式液压传动系统为例(见图 1.1),来介绍液压传动系统的工作原理。电动机带动液压泵 4 旋转,液压泵 4 从油箱 1 经过过滤器 2 吸油,当开停阀 9、换向阀 15 的手柄处于图 1.1(a)所示位置时,液压油通过开停阀 9、节流阀 13、换向阀 15 进入液压缸 18 的无杆腔;液压缸 18 有杆腔的液压油经回油管 14 回到油箱 1,这时活塞 17 带动工作台 19 向右运动。

若将换向阀 15 的手柄 16 推至图 1.1(b)所示位置,这时液压油进入液压缸 18 的有杆腔;液压缸 18 无杆腔的液压油经回油管 14 回到油箱 1,这时工作台 19 向左移动。

若将换向阀 15 的手柄 16 推至图 1.1(c)所示位置,这时液压油经溢流阀 7、回油管 3 回到油箱 1,工作台 19 停止运动。

若将开停阀 9 的手柄 11 推至图 1.1(d)所示位置,这时液压油经开停阀 9、回油管 12 回到油箱 1,整个系统卸荷。

由此可见:由于设置了换向阀 15,所以可改变压力油的通路,使液压缸不断换向实现工作台的往复运动。

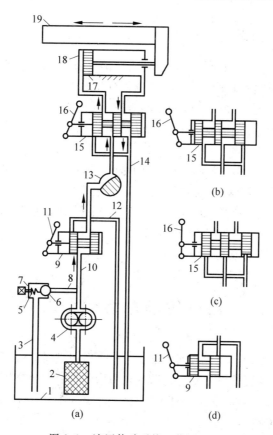

图 1.1 液压传动系统工作原理图

1—油箱；2—过滤器；3,12,14—回油管；4—液压泵；5—弹簧；6—钢球；

7—溢流阀；8—压力支管；9—开停阀；10—压力管；11—开停阀手柄；13—节流阀；

15—换向阀；16—换向阀手柄；17—活塞；18—液压缸；19—工作台

工作台 19 的速度 v 可通过节流阀 13 来调节。节流阀的作用是利用改变节流阀开口的大小，来调节通过节流阀油液的流量，以控制工作台的速度。

工作台运动时，要克服阻力、切削力和相对运动件表面的摩擦力等，这些阻力由液压泵输出油液的压力能来克服，根据工作情况的不同，液压泵输出油液的压力应该能够调整。另外一般情况下，液压泵排出的油液往往多于液压缸所需油液，多余的油液经溢流阀 7 流回油箱 1。

通过对上面系统的分析可见：

(1) 液压传动是依靠运动着的液体的压力能来传递动力的，它与依靠液体的动能来传递动力的"液力传动"不同。

(2) 液压系统工作时，液压泵将机械能转变为压力能；执行元件（液压缸）将压力能转变为机械能。

(3) 液压传动系统中的油液是在受调节、控制的状态下进行工作的，液压传动与控制难以截然分开。

(4) 液压传动系统必须满足它所驱动的机床部件（工作台）在力和速度方面的要求。

(5) 有工作介质，液压传动是以液体作为工作介质来传递信号和动力的。

2. 液压传动系统的组成

从以上的例子可以看出,液压传动系统的组成部分有以下5个方面。

(1) 能源装置　把原动机的机械能转变成液体的压力能。最常见的就是液压泵,它给液压系统提供压力油,使整个系统能够动作起来。

(2) 执行装置　将液压油的压力能转变成机械能,并对外做功。常用的执行元件是液压缸或液压马达。

(3) 控制调节装置　调节、控制液压系统中液压油的压力、流量和流动方向。上面实例中,换向阀、节流阀、溢流阀等液压元件都属于这类装置。

(4) 辅助装置　除上述三项以外的其他装置,如上例中的油箱、过滤器、油管等,对保证液压系统可靠、稳定、持久地工作有重要作用。

(5) 工作介质　液压油或其他合成液体。

1.3　液压传动系统的图形符号

图1.1所示为液压系统的半结构原理图,这种原理图直观性强、容易理解;但图形较复杂,特别是元件较多时,绘制很不方便,而且费时、费力。为简化原理图的绘制,系统中各元件可采用符号来表示,这些符号只表示元件的职能,不表示元件的结构和参数。GB/T 786.1—2009为液压元件的职能符号。

为便于大家看懂用职能符号表示的液压系统图。现将图1.1中出现的液压元件的主要图形符号介绍如下。

1. 液压泵的图形符号

由一个圆加上一个实心三角来表示,三角箭头向外,表示液压油的输出方向。图形符号中无箭头的为定量泵,有箭头的为变量泵。

2. 换向阀的图形符号

为改变液压油的流动方向,换向阀的阀芯位置要变换,它一般可变动2~3个位置,例如图1.1实例中开停阀9有2个工作位置,而换向阀15有3个工作位置;另外阀体上的通路数也不尽相同。根据阀芯可变动的位置数和阀体上的通路数,可组成 x 位 x 通阀。其图形意义为:

(1) 换向阀的工作位置用方格表示,有几个方格即表示几位阀。

(2) 方格内的箭头符号表示油流的连通情况(有时与油液流动方向一致),"T"表示油液被阀芯闭死的符号,这些符号在一个方格内和方格的交点数即表示阀的通路数,也就是外接管路数。

(3) 方格外的符号为操纵阀的控制符号,控制形式有手动、电动和液动等。

3. 溢流阀的图形符号

方格相当于阀芯,方格中的箭头表示油流的通道,两侧的直线代表进出油管。图形符号中的虚线表示控制油路,溢流阀就是利用控制油路的液压力与另一侧弹簧力相平衡的原理进行工作的。

4. 节流阀的图形符号

方格中两圆弧所形成的缝隙表示节流孔道,油液通过节流孔使流量减少,图形符号中的箭头表示节流孔的大小可以改变,亦即通过该阀的流量是可以调节的。

液压系统图中规定:液压元件的图形符号应以元件的静止状态或零位来表示。

由此可将图 1.1 对应画成图 1.2 所示的用职能符号表示的液压系统原理图。

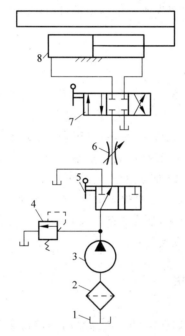

图 1.2　用液压传动图形符号绘制的液压传动系统工作原理图
1—油箱;2—过滤器;3—液压泵;4—溢流阀;5—开停阀;6—节流阀;7—换向阀;8—液压缸

1.4　液压传动的优缺点及应用

1.4.1　液压传动的优缺点

1. 主要优点

液压传动与机械传动、电力传动、气压传动相比,具有下列优点:

(1) 液压传动能在运行中实行无级调速,调速方便且调速范围比较大,可达 100:1～2000:1。

(2) 在同等功率的情况下,液压传动装置的体积小、质量轻、惯性小、结构紧凑(如液压马达的质量仅有同功率电机质量的 10%～20%),而且能传递较大的力或扭矩。

（3）液压传动工作比较平稳，反应快，冲击小，能高速启动、制动和换向。液压传动装置的换向频率较快，回转运动可达 500 次/min，往复直线运动可达 400～1000 次/min。

（4）液压传动装置的控制、调节比较简单，操纵比较方便、省力，易于实现自动化，与电气控制配合使用能实现复杂的顺序动作和远程控制。

（5）液压传动装置易于实现过载保护，系统超负载时油液经溢流阀回油箱。由于采用液压油作工作介质，能自行润滑，所以寿命长。

（6）液压传动易于实现系列化、标准化、通用化，易于设计、制造和推广使用。

（7）液压传动易于实现回转、直线运动，且元件排列布置灵活。

（8）液压传动中，由于功率损失所产生的热量可由流动着的油带走，所以可避免在系统某些局部位置产生过度温升。

2. 主要缺点

（1）液体为工作介质，易泄漏，油液可压缩，故不能用于传动比要求准确的场合。

（2）液压传动中有机械损失、压力损失、泄漏损失，效率较低，所以不宜作远距离传动。

（3）液压传动对油温和负载变化敏感，不宜于在低、高温度下使用，对污染很敏感。

（4）液压传动需要有单独的能源（例液压泵站），液压能不能像电能那样从远处传来。

（5）液压元件制造精度高、造价高，所以须组织专业生产。

（6）液压传动装置出现故障时不易追查原因，不易迅速排除。

总的来说，液压传动优点较多，缺点正随着生产技术的发展逐步加以克服，因此，液压传动在现代化生产中有着广阔的发展前景。

1.4.2 液压传动的应用

液压传动由于优点很多所以在国民经济各部门中都得到了广泛的应用，但各部门应用液压传动的出发点不同，工程机械、压力机械采用的原因是结构简单、输出力量大，航空工业采用的原因是质量轻、体积小。

机床中采用液压传动主要是可实现无级变速，易于实现自动化，能实现换向频繁的往复运动。为此，液压传动常在机床的一些装置中使用。

1. 进给运动传动装置

液压传动的应用在机床上最为广泛，磨床的砂轮架，车床、转塔车床、自动车床的刀架或转塔刀架，磨床、钻床、铣床、刨床的工作台或主轴箱，组合机床的动力头和滑台等，都可采用液压传动。这些部件有的要求快速移动，有的要求慢速移动(2mm/min)，有的则要求快慢速移动。这些部件的运动多半要求有较大的调速范围，要求在工作中无级调速；有的要求持续进给，有的要求间歇进给；有的要求在负载变化下速度仍然能保持恒定，有的要求有良好的换向性能；所有这些采用液压传动是最合适的。

2. 往复主体运动传动装置

龙门刨床的工作台、牛头刨床或插床的滑枕都可以采用液压传动来实现其所需的高速往复运动,前者的运动速度可达 60～90m/min,后两者可达 30～50m/min。这些情况下采用液压传动,在减少换向冲击、降低能量消耗、缩短换向时间等方面都很有利。

3. 回转主体运动传动装置

车床主轴可采用液压传动来实现无级变速的回转主体运动,但这一应用目前还不普遍。

4. 仿形装置

车、铣、刨床的仿形加工可采用液压伺服系统来实现,精度可达 0.01～0.02mm。此外,磨床上的成形砂轮修正装置和标准丝杠校正装置亦可采用这种系统。

5. 辅助装置

机床上的夹紧装置,变速操纵装置,丝杠螺母间隙消除装置,垂直移动部件的平衡装置,分度装置,工件和刀具的装卸、输送、储存装置等,都可以采用液压传动来实现,这样做有利于简化机床结构,提高机床的自动化程度。

6. 步进传动装置

数控机床上工作台的直线或回转步进运动,可根据电气信号迅速而准确地由电液伺服系统来实现。开环系统定位精度较低(<0.01mm),但成本低;闭环系统则定位精度和成本都较高。

7. 静压支承

重型机床、高浓度磨浆机、高速机床、高精度机床上的轴承、导轨和丝杠螺母机构,如果采用液压系统来作静压支承,可得到很高的工作平稳性和运动精度,这是近年来的一项新技术。

液压传动在各个行业中的应用如表 1.1 所示。

表 1.1 液压传动在各个行业中的应用

行业名称	应用场合举例
机床工业	磨床、铣床、刨床、拉床、压力机、自动机床、组合机床、数控机床、加工中心等
工程机械	挖掘机、装载机、推土机等
汽车工业	自卸式汽车、平板车、高空作业等
农业机械	联合收割机的控制系统、拖拉机的悬挂装置等
轻工机械	打包机、注塑机、校直机、橡胶硫化机、造纸机等
冶金机械	电炉控制系统、轧钢机控制系统等
起重运输机械	起重机、叉车、装卸机械、液压千斤顶等
矿山机械	开采机、提升机、液压支架、采煤机等
建筑机械	打桩机、平地机等
船舶港口机械	起货机、锚机、舵机等
铸造机械	砂型压实机、加料机、压铸机等

课 堂 讨 论

课堂讨论:液压系统的工作压力取决于外载、执行元件速度取决于流量。

案例:典型例题解析

例1.1 图1.3是液压千斤顶的传动系统图,试说明其工作原理。

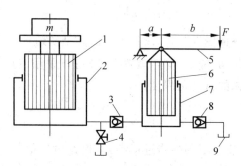

图1.3 例1.1图

1,6—活塞;2,7—液压缸;3,8—单向阀;4—截止阀;5—手柄;9—油箱

解:当抬起手柄5时,活塞6向上运动,液压缸7容积增大形成真空,单向阀3关闭,液压缸7通过单向阀8从油箱吸油;当压下手柄5时,活塞6向下运动,单向阀8关闭,液压缸7中的油液通过单向阀3进入液压缸2,推动活塞1向上运动,抬起重物。再抬起手柄5,液压缸7从油箱吸油;压下手柄5,油液进入液压缸2,……,这样,油液不断地被吸入液压缸7,压入液压缸2,就可以把重物抬起到所需的高度。由于单向阀3的作用,重物升高后不会落下来,当需要放下重物时,打开截止阀4,液压缸2中的油液流回油箱9,重物就被放下来。重物放下来后,关闭截止阀4,待下次需要放油时打开。

思考题与习题

1-1 液压传动与机械传动相比,有哪些优缺点?列举液压传动应用实例。

1-2 液压系统由哪几部分组成?各部分的作用是什么?

1-3 目前液压传动技术正向着什么方向发展?请您举出实例。

1-4 一个企业能否采用一个泵站集中供给压力油?说明理由。

第 2 章

液压油与液压流体力学基础

重点、难点分析

本章是液压与气压传动课程的理论基础。其主要内容包括：一种介质、两项参数、三个方程、三种现象。一种介质就是液压油的性质及其选用；两项参数就是压力和流量的相关概念；三个方程就是连续性方程、伯努利方程、动量方程；三种现象就是液体流态、液压冲击、空穴现象的形态及其判别。

本章重点内容为：液压油的黏性和黏度；液体压力的相关概念，如：压力的表达、压力的分布、压力的传递、压力的损失；流量的相关概念，如：流量的计算、小孔流量、缝隙流量；三个方程的内涵与应用。其中，液压油的黏度与黏性、压力相关概念、伯努利方程的含义与应用、小孔流量的分析是本章重点中的重点，也是本章的难点。

2.1 液体的物理性质

在液压系统中，液压油是传递动力和信号的工作介质。同时它还起到润滑、冷却和防锈的作用。液压系统工作的可靠性在很大程度上取决于液压油。在研究液压流体力学之前，首先了解一下液压油。

2.1.1 液压油的种类

液压油包括石油型和难燃型两大类。

石油型的液压油是以精炼后的机械油为基料，按需要加入适当的添加剂而成。这种油液的润滑性好，但抗燃性差。这种液压油包括机械油、汽轮机油、通用液压油和专用液压油等。

难燃型液压油是以水为基底，加入添加剂（包括乳化剂、抗磨剂、防锈剂、防氧化腐蚀剂和杀菌剂等）而成。其主要特点是：价廉、抗燃、省油、易得、易储运，但润滑性差、黏度低、易产生气蚀等。这种油液包括乳化液、水-乙二醇液、磷酸酯液、氯碳氢化合物、聚合脂肪酸酯液等。

2.1.2 液压油的性质

本节主要讲述与液压传动密切相关的力学性质。

1. 密度

单位体积液体的质量称为液体的密度,通常用 ρ 表示,单位为 kg/m^3。

$$\rho = \frac{m}{V} \tag{2.1}$$

式中,V 为液体的体积,m^3；m 为液体的质量,kg。

密度是液体的一个重要物理参数,主要用密度表示液体的质量。常用液压油的密度约为 $900kg/m^3$,在实际使用中可认为密度不受温度和压力的影响。

2. 可压缩性

液体的体积随压力的变化而变化的性质称为液体的可压缩性,其大小用体积压缩系数 k 表示。

$$k = -\frac{1}{dp}\frac{dV}{V} \tag{2.2}$$

即:单位压力变化时,所引起体积的相对变化率称为液体的体积压缩系数。由于压力增大时液体的体积减小,即 dp 与 dV 的符号始终相反,为保证 k 为正值,所以在式(2.2)的右边加一负号。k 值越大液体的可压缩性越大,反之液体的可压缩性越小。

液体体积压缩系数的倒数称为液体的体积弹性模量,用 K 表示。即:

$$K = \frac{1}{k} = -\frac{V}{dV}dp \tag{2.3}$$

K 表示液体产生单位体积相对变化量所需要的压力增量,可用其说明液体抵抗压缩能力的大小。在常温下,纯净液压油的体积弹性模量 $K = (1.4 \sim 2.0) \times 10^3 MPa$,数值很大,故一般可以认为液压油是不可压缩的。若液压油中混入空气,其抵抗压缩能力会显著下降,并严重影响液压系统的工作性能。因此,在分析液压油的可压缩性时,必须综合考虑液压油本身的可压缩性、混在油中空气的可压缩性以及盛放液压油的封闭容器(包括管道)的容积变形等因素的影响,常用等效体积弹性模量表示,在工程计算中常取液压油的体积弹性模量 $K = 0.7 \times 10^3 MPa$。

在变动压力下,液压油的可压缩性的作用极像一个弹簧,外力增大,体积减小；外力减小,体积增大。当作用在封闭容器内液体上的外力发生 ΔF 变化时,如液体承压面积 A 不变,则液柱的长度必有 Δl 的变化(见图 2.1)。在这里,体积变化为 $\Delta V = A\Delta l$,压力变化为 $\Delta p = \Delta F/A$,此时液体的体积弹性模量为

$$K = -\frac{V\Delta F}{A^2 \Delta l}$$

液压弹簧刚度 k_h 为

$$k_h = -\frac{\Delta F}{\Delta l} = \frac{A^2}{V}K \tag{2.4}$$

液压油的可压缩性对液压传动系统的动态性能影响较大,但当液压传动系统在静态(稳态)下工作时,一般可以不予考虑。

3. 黏性

1）黏性的定义

液体在外力作用下流动（或具有流动趋势）时，分子间的内聚力要阻止分子间的相对运动而产生一种内摩擦力，这种现象称为液体的黏性。黏性是液体固有的属性，只有在流动时才能表现出来。

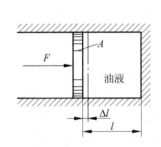

图 2.1　油液弹簧刚度计算

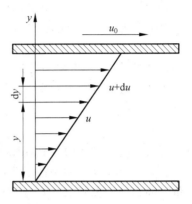

图 2.2　液体的黏性

液体流动时，由于液体和固体壁面间的附着力以及液体本身的黏性会使液体各层间的速度大小不等。如图 2.2 所示，在两块平行平板间充满液体，其中一块板固定，另一块板以速度 u_0 运动。结果发现两平板间各层液体速度按线性规律变化。最下层液体的速度为零，最上层液体的速度为 u_0。实验表明，液体流动时相邻液层间的内摩擦力 F_f 与液层接触面积 A 成正比，与液层间的速度梯度 du/dy 成正比，并且与液体的性质有关。即：

$$F_f = \mu A \frac{du}{dy} \tag{2.5}$$

式中，μ 为由液体性质决定的系数，$Pa \cdot s$；A 为接触面积，m^2；du/dy 为速度梯度，$1/s$。

其应力形式为

$$\tau = \mu \frac{du}{dy} \tag{2.6}$$

τ 称为摩擦应力或切应力。这就是著名的牛顿内摩擦定律。

2）黏度

液体黏性的大小用黏度表示。常用的表示方法有三种，即动力黏度、运动黏度和相对黏度。

（1）动力黏度（或绝对黏度）μ

动力黏度就是牛顿内摩擦定律中的 μ，由式（2.5）可得

$$\mu = \frac{F_f}{A \frac{du}{dy}} \tag{2.7}$$

式（2.7）表示了动力黏度的物理意义，即液体在单位速度梯度下流动或有流动趋势时，相接触的液层间单位面积上产生的内摩擦力。在国际单位制中的单位为 $Pa \cdot s$（$N \cdot s/m^2$），工程上用的单位是 P（泊）或 cP（厘泊）。

$$1\mathrm{Pa} \cdot \mathrm{s} = 10\mathrm{P} = 10^3\,\mathrm{cP}。$$

(2) 运动黏度 ν

液体的动力黏度 μ 与其密度 ρ 的比值称为液体的运动黏度,即

$$\nu = \frac{\mu}{\rho} \qquad (2.8)$$

液体的运动黏度没有明确的物理意义,但在工程实际中经常用到。因为它的单位只有长度和时间的量纲,所以被称为运动黏度。在国际单位制中的单位为 m^2/s,工程上用的单位是 cm^2/s(St,斯)或 mm^2/s(cSt,厘斯)。

$$1\mathrm{m}^2/\mathrm{s} = 10^4\,\mathrm{St} = 10^6\,\mathrm{cSt}$$

液压油的牌号,常由它在某一温度下的运动黏度的平均值来表示。我国把 40℃时运动黏度以 cSt 为单位的平均值作为液压油的牌号。例如 46 号液压油,就是在 40℃时,运动黏度的平均值为 46cSt。

(3) 相对黏度

动力黏度与运动黏度都很难直接测量,所以在工程上常用相对黏度。所谓相对黏度就是采用特定的黏度计在规定的条件下测量出来的黏度。由于测量的条件不同,各国采用的相对黏度也不同,我国、苏联、德国用恩氏黏度,美国用赛氏黏度,英国用雷氏黏度。

恩式黏度用恩式黏度计测定,即将 200mL、温度为 t℃ 的被测液体装入黏度计的容器内,由其下部直径为 2.8mm 的小孔流出,测出流尽所需的时间 t_1(s),再测出 200mL、20℃ 蒸馏水在同一黏度计中流尽所需的时间 t_2(s),这两个时间的比值称为被测液体的恩式黏度。即

$$°\mathrm{E} = \frac{t_1}{t_2} \qquad (2.9)$$

恩氏黏度与运动黏度的关系为

$$\nu = \left(7.31°\mathrm{E} - \frac{6.31}{°\mathrm{E}}\right) \times 10^{-6}\,(\mathrm{m}^2/\mathrm{s}) \qquad (2.10)$$

3) 黏度与压力的关系

液体所受的压力增大时,其分子间的距离将减小,内摩擦力增大,黏度也随之增大。对于一般的液压系统,当压力在 20MPa 以下时,压力对黏度的影响不大,可以忽略不计。当压力较高或压力变化较大时,黏度的变化则不容忽视。石油型液压油的黏度与压力的关系可用下列公式表示

$$\nu_p = \nu_0(1 + 0.003p) \qquad (2.11)$$

式中　ν_p——油液在压力 p 时的运动黏度;

$\quad\;\;\nu_0$——油液在(相对)压力为零时的运动黏度。

4) 黏度与温度的关系

油液的黏度对温度的变化极为敏感,温度升高,油的黏度显著降低。油的黏度随温度变化的性质称为黏温特性。不同种类的液压油有不同的黏温特性,黏温特性较好的液压油,黏度随温度的变化较小,因而油温变化对液压系统性能的影响较小。液压油黏度与温度的关系可用下式表示

$$\mu_t = \mu_0 \mathrm{e}^{-\lambda(t-t_0)} \qquad (2.12)$$

式中,μ_t 为温度为 t 时的动力黏度;μ_0 为温度为 t_0 时的动力黏度;λ 为油液的黏温系数。

油液的黏温特性可用黏度指数 VI 来表示, VI 值越大,表示油液黏度随温度的变化越小,即黏温特性越好。一般液压油要求 VI 值在 90 以上;精制的液压油及有添加剂的液压油,其值可大于 100。

4. 其他性质

其他性质如稳定性(热、水解、氧化、剪切)、抗泡沫性、抗乳化性、防锈性、润滑性和相容性等,这些性能对液压油的选择和应用有重要影响。

2.1.3　对液压油的要求

不同的液压传动系统、不同的使用情况对液压油的要求有很大的不同,为了更好地传递动力和运动,液压系统使用的液压油应具备如下性能:

(1) 合适的黏度,较好的黏温特性;

(2) 润滑性能好;

(3) 质地纯净,杂质少;

(4) 具有良好的相容性;

(5) 具有良好的稳定性(热、水解、氧化、剪切);

(6) 具有良好的抗泡沫性、抗乳化性、防锈性,腐蚀性小;

(7) 体积膨胀系数低,比热高;

(8) 流动点和凝固点低,闪点和燃点高;

(9) 对人体无害,成本低。

2.1.4　液压油的选择

正确合理地选择液压油,对保证液压系统正常工作、延长液压系统和液压元件的使用寿命、提高液压系统的工作可靠性等都有重要影响。

液压油的选用,首先应根据液压系统的工作环境和工作条件选择合适的液压油类型,然后再选择液压油的牌号。

对液压油牌号的选择,主要是对油液黏度等级的选择,这是因为黏度对液压系统的稳定性、可靠性、效率、温升以及磨损都有很大的影响。在选择黏度时应注意以下情况:

(1) 液压系统的工作压力　工作压力较高的液压系统宜选用黏度较大的液压油,以便于密封,减少泄漏;反之,可选用黏度较小的液压油。

(2) 环境温度　环境温度较高时宜选用黏度较大的液压油,其主要目的是减少泄漏,因为环境温度高会使液压油的黏度下降。反之,选用黏度较小的液压油。

(3) 运动速度　当工作部件的运动速度较高时,为减少液流的摩擦损失,宜选用黏度较小的液压油。反之,为了减少泄漏,应选用黏度较大的液压油。

在液压系统中,液压泵对液压油的要求最严格,因为泵内零件的运动速度最高,承受的压力最大,且承压时间长,温升高。因此,常根据液压泵的类型及其要求来选择液压油的黏度。各类液压泵适用的黏度范围如表 2.1 所示。

表 2.1　各类液压泵适用的黏度范围　　　　　　　mm²/s

液压泵类型　　黏度		40℃	50℃	40℃	50℃
齿轮泵		30～70	17～40	54～110	58～98
叶片泵	$p<7\mathrm{MPa}$	30～50	17～29	43～77	25～44
	$p\geqslant7\mathrm{MPa}$	54～70	31～40	65～95	35～55
柱塞泵	轴向式	43～77	25～44	70～172	40～98
	径向式	30～128	17～62	65～270	37～154
环境温度		5～40℃		40～80℃	

2.1.5　液压油的污染与防止

液压油的污染,常常是系统发生故障的主要原因。因此,液压油的正确使用、管理和防污是保证液压系统正常可靠工作的重要方面,必须给予重视。

1. 液压油的污染

所谓污染就是油中含有水分、空气、微小固体物、橡胶黏状物等。

1)污染的危害

(1)堵塞过滤器,使泵吸油困难,产生噪声。

(2)堵塞元件的微小孔道和缝隙,使元件动作失灵;加速零件的磨损,使元件不能正常工作;擦伤密封件,增加泄漏量。

(3)水分和空气的混入使液压油的润滑能力降低并使它加速氧化变质;产生气蚀,使液压元件加速腐蚀;使液压系统出现振动、爬行等现象。

2)污染的原因

(1)潜在污染:制造、储存、运输、安装、维修过程中的残留物。

(2)浸入污染:空气、水、灰尘的浸入。

(3)再生污染:工作过程中发生反应后的生成物。

2. 污染的防止

液压油污染的原因很复杂,而且不可避免。为了延长液压元件的寿命,保证液压系统可靠的工作,必须采取一些措施。

(1)使液压油使用前保持清洁。

(2)使液压系统在装配后、运转前保持清洁。

(3)使液压油在工作中保持清洁。

(4)采用合适的过滤器。

(5)定期更换液压油。

(6)控制液压油的工作温度。

2.2　液体静力学基础

静力学的任务就是研究平衡液体内部的压力分布规律、确定静压力对固体表面的作用力以及上述规律在工程中的应用。

所谓平衡是指液体质点之间的相对位置不变,而整个液体可以是相对静止的,如作等速直线运动、等加速直线运动或者等角速转动等。由于液体质点间无相对运动,因此没有内摩擦力,即液体的黏性不被表现。所以静力学的一切结论对于理想流体和实际流体都是适用的。

2.2.1　静压力及其特性

1. 静压力的定义

为了使液体平衡,必须作用以平衡的外力系。这时外力的作用并不改变液体质点的空间位置,而只改变液体内部的压力分布。由于外力的作用而在平衡液体内部产生的压力,称为流体的静压力。静压力是一种表面力,用单位面积上的力来度量,亦称为静压强。通常用 p 来表示。

当液体面积 ΔA 上作用有法向力 ΔF 时,液体某点处的压力即为

$$p = \lim_{\Delta A \to 0} \frac{\Delta F}{\Delta A} \tag{2.13}$$

静压力是作用点的空间位置的连续函数,即 $p = p(x, y, z)$。

2. 静压力特性

(1) 静压力的方向永远是指向作用面的内法线方向,即只能是压力。

(2) 作用在任一点上静压力的大小只取决于作用点在空间的位置和液体的种类,而与作用面的方向无关。

由上述性质可知,静止液体总是处于受压状态,并且其内部的任何质点都是受平衡压力作用的。

2.2.2　重力作用下静止液体中的压力分布(静力学基本方程)

如图 2.3(a)所示,密度为 ρ 的液体,外加压力为 p_0,在容器内处于静止状态。为求任意深度 h 处的压力 p,可以假想从液面往下选取一个垂直液柱作为研究对象。设液柱的底面积为 ΔA,高为 h,如图 2.3(b)所示。由于液柱处于平衡状态,于是有

$$p\Delta A = p_0 \Delta A + \rho g h \Delta A$$

由此得

$$p = p_0 + \rho g h \tag{2.14}$$

上式称为液体静力学基本方程式。由上式可知,重力作用下的静止液体,其压力分布有如下特点:

（1）静止液体内任一点处的压力由两部分组成：一部分是液面上的压力 p_0；另一部分是液柱自重产生的压力 $\rho g h$。当液面上只受大气压力 p_a 作用时，则液体内任一点处的压力为 $p = p_a + \rho g h$。

（2）静止液体内的压力随液体深度按线性规律分布。

（3）离液面深度相同处各点的压力都相等。（压力相等各点组成的面称为等压面。在重力作用下静止液体中的等压面是一个水平面。）

例 2.1　如图 2.4 所示，容器内盛有油液。已知油的密度 $\rho = 900\text{kg/m}^3$，活塞上的作用力 $F = 1000\text{N}$，活塞的面积 $A = 1 \times 10^{-3}\text{m}^2$，假设活塞的重量忽略不计。问活塞下方深度为 $h = 0.5\text{m}$ 处的压力等于多少？

解：活塞与液体接触面上的压力为

$$p_0 = \frac{F}{A} = \frac{1000}{1 \times 10^{-3}}\text{N/m}^2 = 10^6\,\text{N/m}^2$$

根据式(2.14)，深度为 h 处的液体压力为

$$p = p_0 + \rho g h = (10^6 + 900 \times 9.8 \times 0.5)\text{N/m}^2 = 1.0044 \times 10^6\,\text{N/m}^2 \approx 10^6\,\text{Pa}$$

从本例可以看出，液体在受外界压力作用的情况下，由液体自重所形成的那部分压力 $\rho g h$ 相对很小，在液压传动系统中可以忽略不计，因而可以近似地认为液体内部各处的压力是相等的。以后我们在分析液压传动系统的压力时，一般都采用此结论。

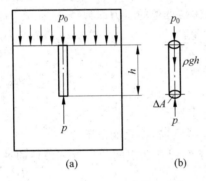

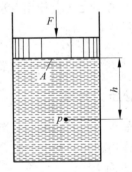

图 2.3　重力作用下的静止液体　　　　图 2.4　静止液体内的压力

2.2.3　压力的表示方法和单位

1. 压力的表示方法

压力有两种表示方法，即绝对压力和相对压力。以绝对真空为基准来进行度量的压力叫做绝对压力；以大气压为基准来进行度量的压力叫做相对压力。大多数测压仪表都受大气压的作用，所以，仪表指示的压力都是相对压力。故相对压力又称为表压。在液压与气压传动中，如不特别说明，所提到的压力均指相对压力。如果液体中某点处的绝对压力小于大气压力，比大气压小的那部分数值称为这点的真空度。

由图 2.5 可知，以大气压为基准计算压力时，基准以上的正值是表压力；基准以下的负值就是真空度。

2. 压力的单位

在工程实践中用来衡量压力的单位很多,最常用的有三种。

1) 用单位面积上的力来表示

国际单位制中的单位为 $Pa(N/m^2)$、MPa。

$$1MPa = 10^6 Pa$$

2) 用(实际压力相当于)大气压的倍数来表示

在液压传动中使用的是工程大气压,记做 at,

$$1at = 1kgf/cm^2 = 1bar$$

3) 用液柱高度来表示

因为液体内某一点处的压力与它所在位置的深度成正比,因此亦可用液柱高度来表示其压力大小,单位为 m 或 cm。

这三种单位之间的关系是:

$$1at = 9.8 \times 10^4 Pa = 10mH_2O = 760mmHg$$

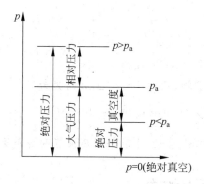

图 2.5　绝对压力、相对压力和真空度

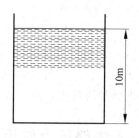

图 2.6　例 2.2 图

例 2.2　图 2.6 所示的容器内充入 10m 高的水。试求容器底部的相对压力(水的密度 $\rho = 1000kg/m^3$)。

解:容器底部的压力为 $p = p_0 + \rho gh$,其相对压力为 $p_r = p - p_a$,而这里 $p_0 = p_a$,故有

$$p_r = \rho gh = 1000 \times 9.81 \times 10Pa = 98\,100Pa$$

例 2.3　液体中某点的绝对压力为 $0.7 \times 10^5 Pa$,试求该点的真空度(大气压取为 $1 \times 10^5 Pa$)。

解:该点的真空度为

$$p_v = p_a - p = (1 \times 10^5 - 0.7 \times 10^5)Pa = 0.3 \times 10^5 Pa$$

该点的相对压力为

$$p_r = p - p_a = (0.7 \times 10^5 - 1 \times 10^5)Pa = -0.3 \times 10^5 Pa$$

即真空度就是负的相对压力。

2.2.4　静止液体中压力的传递(帕斯卡原理)

设静止液体的部分边界面上的压力发生变化,而液体仍保持其原来的静止状态不变,则由 $p = p_0 + \rho gh$ 可知,如果 p_0 增加 Δp 值,则液体中任一点的压力均将增加同一数值 Δp。

这就是静止液体中压力传递原理(著名的帕斯卡原理)。亦即：施加于静止液体部分边界上的压力将等值传递到整个液体内。

在图2.4中,活塞上的作用力 F 是外加负载,A 为活塞横截面面积,根据帕斯卡原理,容器内液体的压力 p 与负载 F 之间总是保持着正比关系：

$$p = \frac{F}{A}$$

可见,液体内的压力是由外界负载作用所形成的,即系统的压力大小取决于负载,这是液压传动中的一个非常重要的基本概念。

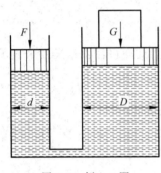

图2.7　例2.4图

例2.4　图2.7所示为相互连通的两个液压缸,已知大缸内径 $D=0.1\mathrm{m}$,小缸内径 $d=0.02\mathrm{m}$,大活塞上放置物体的质量为 $5000\mathrm{kg}$,问在小活塞上所加的力 F 为多大时,才能使重物顶起?

解：根据帕斯卡原理,由外力产生的压力在两缸中相等,即

$$\frac{F}{\frac{\pi}{4}d^2} = \frac{G}{\frac{\pi}{4}D^2}$$

G 为物体的重力,$G=mg$。

故为了顶起重物,应在小活塞上加的力为

$$F = \frac{d^2}{D^2}G = \frac{d^2}{D^2}mg = \frac{0.02^2}{0.1^2} \times 5000 \times 9.8\mathrm{N} = 1960\mathrm{N}$$

本例说明了液压千斤顶等液压起重机械的工作原理,体现了液压装置的力放大作用。

2.2.5　液体静压力作用在固体壁面上的力

在液压传动中,由于不考虑由液体自重产生的那部分压力,液体中各点的静压力可看作是均匀分布的。液体和固体壁面相接触时,固体壁面将受到总液压力的作用。当固体壁面为一平面时,静止液体对该平面的总作用力 F 等于液体压力 p 与该平面面积 A 的乘积,其方向与该平面垂直,即

$$F = pA \tag{2.15}$$

当固体壁面为曲面时,曲面上各点所受的静压力的方向是变化的,但大小相等。如图2.8所示液压缸缸筒,为求压力油对右半部缸筒内壁在 x 方向上的作用力,可在内壁面上取一微小面积 $\mathrm{d}A = l\mathrm{d}s = lr\mathrm{d}\theta$(这里 l 和 r 分别为缸筒的长度和半径),则压力油作用在这块面积上的力 $\mathrm{d}F$ 的水平分量 $\mathrm{d}F_x$ 为

$$\mathrm{d}F_x = \mathrm{d}F\cos\theta = plr\cos\theta\mathrm{d}\theta$$

由此得压力油对缸筒内壁在 x 方向上的作用力为

$$F_x = \int_{-\frac{\pi}{2}}^{\frac{\pi}{2}}\mathrm{d}F_x = \int_{-\frac{\pi}{2}}^{\frac{\pi}{2}}plr\cos\theta\mathrm{d}\theta = 2plr = pA_x$$

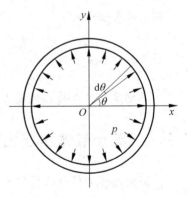

图2.8　液体作用在缸体内壁面上的力

式中,A_x 为缸筒右半部内壁在 x 方向的投影面积,$A_x = 2rl$。

由此可知,曲面在某一方向上所受的液压力,等于曲面在该方向的投影面积和液体压力的乘积,即

$$F_x = pA_x \tag{2.16}$$

2.3　液体动力学基础

本节主要讨论液体流动时的运动规律、能量转换和流动液体对固体壁面的作用力等问题,具体要介绍液体流动时的三大基本方程,即连续性方程、伯努利方程(能量方程)和动量方程。这三大方程对解决液压技术中有关液体流动的各种问题极为重要。

2.3.1　基本概念

1. 流场

从数学上我们知道,如果某一空间中的任一点都有一个确定的量与之对应,则这个空间就叫做"场"。现在假定在我们所研究的空间内充满运动着的流体,那么每一个空间点上都有流体质点的运动速度、加速度等运动要素与之对应。这样一个被运动流体所充满的空间就叫做"流场"。

2. 运动要素、定常流动和非定常流动(恒定流动和非恒定流动)、一维流动、二维流动、三维流动

1) 运动要素

运动要素是指用来描写流体运动状态的各个物理量,如速度 u、加速度 a、位移 s、压力 p 等。

流场中运动要素是空间点在流场中的位置和时间的函数,即 $u(x,y,z,t)$、$a(x,y,z,t)$、$s(x,y,z,t)$、$p(x,y,z,t)$ 等。

2) 定常流动和非定常流动(恒定流动和非恒定流动)

如果在一个流场中,各点的运动要素均与时间无关,即

$$\frac{\partial u}{\partial t} = \frac{\partial a}{\partial t} = \frac{\partial s}{\partial t} = \frac{\partial p}{\partial t} = \cdots = 0$$

这时的流动称为定常流动(恒定流动),否则称为非定常流动(非恒定流动)。

3) 一维流动、二维流动、三维流动

一维流动:流场中各运动要素均随一个坐标和时间变化。

二维流动:流场中各运动要素均随两个坐标和时间变化。

三维流动:流场中各运动要素均随三个坐标和时间变化。

3. 迹线和流线

1) 迹线

流体质点的运动轨迹,称为迹线。

2) 流线

流线用来表示某一瞬时一群流体质点的流速方向的曲线。即流线是一条空间曲线,其

上各点处的瞬时流速方向与该点的切线方向重合,如图 2.9 所示。根据流线的定义,可以看出流线具有以下性质:

(1) 除速度等于零点外,过流场内的一点不能同时有两条不相重合的流线。即在零点以外,两条流线不能相交。

(2) 对于定常流动,流线和迹线是一致的。

(3) 流线只能是一条光滑的曲线,而不能是折线。

4. 流管和流束

1) 流管

在流场中经过一封闭曲线上各点作流线所组成的管状曲面称为流管。由流线的性质可知:流体不能穿过流管表面,而只能在流管内部或外部流动,如图 2.10 所示。

图 2.9　流线　　　　　　　　　　图 2.10　流管(空心)

2) 流束

过空间一封闭曲线围成曲面上各点作流线所组成的流线束,称为流束,如图 2.11 所示。

5. 过流断面、流量和平均流速

1) 过流断面

过流断面为流束的一个横断面,在这个断面上所有各点的流线均在此点与这个断面正交。即过流断面就是流束的垂直横断面。过流断面可能是平面,也可能是曲面,如图 2.12 所示,A 和 B 均为过流断面。

图 2.11　流束(实心)　　　　　　图 2.12　过流断面

2) 流量

单位时间内流过过流断面的流体体积和质量称为体积流量和质量流量。在流体力学中,一般把体积流量简称为流量,见图 2.13(a)。在国际单位制中的单位为 m^3/s,在工程上的单位为 L/min。

$$q = \frac{V}{t} = \int_A u\,\mathrm{d}A \tag{2.17}$$

3) 平均流速

流量 q 与过流断面面积 A 的比值,叫做这个过流断面上的平均流速见图 2.13(b)。即

$$v = \frac{q}{A} = \frac{\int_A u \, dA}{A} \tag{2.18}$$

用平均流速代替实际流速,只在计算流量时是合理而精确的,在计算其他物理量时就可能要产生误差。

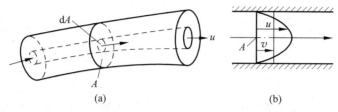

(a)   (b)

图 2.13　流量和平均流速

6. 流动液体的压力

静止液体内任意点处的压力在各个方向上都是相等的,可是在流动液体内,由于惯性力和黏性力的影响,任意点处在各个方向上的压力并不相等,但在数值上相差甚微。当惯性力很小,且把液体当作理想液体时,流动液体内任意点处的压力在各个方向上的数值仍可以看作是相等的。

2.3.2　连续性方程

根据质量守恒定律和连续性假定,来建立运动要素之间的运动学联系。

设在流动的液体中取一控制体积 V,如图 2.14 所示,其密度为 ρ,则其内部的质量 $m = \rho V$。单位时间内流入、流出的质量流量分别为 q_{m1}、q_{m2}。根据质量守恒定律,经 dt 时间,流入、流出控制体积的净质量应等于控制体积内质量的变化。即

$$(q_{m1} - q_{m2}) dt = dm$$

$$q_{m1} - q_{m2} = \frac{dm}{dt}$$

而

$$q_{m1} = \rho_1 q_1; \quad q_{m2} = \rho_2 q_2; \quad m = \rho V$$

故

$$\rho_1 q_1 - \rho_2 q_2 = \frac{d(\rho V)}{dt} = V \frac{d\rho}{dt} + \rho \frac{dV}{dt} \tag{2.19}$$

这就是液体流动时的连续性方程。其中 $V \dfrac{d\rho}{dt}$ 是控制体积中液体因压力变化引起密度变化,使液体受压缩而增补的液体质量;$\rho \dfrac{dV}{dt}$ 是因控制体积的变化而增补的液体质量。

在液压传动中经常遇到的是一维流动的情况,下面我们就来研究一维定常流动时的连续性方程。

如图 2.15 所示,液体在不等截面的管道内流动,取截面 1 和截面 2 之间的管道部分为控制体积。设截面 1 和截面 2 的面积分别为 A_1 和 A_2,平均流速分别为 v_1 和 v_2。在这里,控制体积不随时间而变,即 $\dfrac{dV}{dt} = 0$;定常流动时 $\dfrac{d\rho}{dt} = 0$。于是有

$$\rho_1 q_1 - \rho_2 q_2 = 0$$

即

$$\rho_1 A_1 v_1 = \rho_2 A_2 v_2 \tag{2.20}$$

亦即
$$\rho A v = \text{const(常数)}$$

对于不可压缩性流体 $\rho = \text{const}$，则有

$$A_1 v_1 = A_2 v_2 \tag{2.21}$$

即
$$q = A v = \text{const(常数)}$$

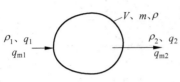

图 2.14　连续性方程推导

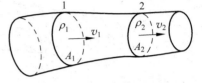

图 2.15　一维定常流动的连续性方程

这就是液体一维定常流动时的连续性方程。它说明流过各截面的不可压缩性流体的流量是相等的，而液流的流速和管道通流截面的大小成反比。

2.3.3　伯努利方程

伯努利方程表明了液体流动时的能量关系，是能量守恒定律在流动液体中的具体体现。

要说明流动液体的能量问题，必须先说明液流的受力平衡方程，亦即它的运动微分方程。由于问题比较复杂，我们先进行几点假定：

(1) 流体沿微小流束流动。所谓微小流束是指流束的过流面面积非常小，我们可以把这个流束看成一条流线。这时流体的运动速度和压力只沿流束改变，在过流断面上可认为是一个常值。

(2) 流体是理想不可压缩的。

(3) 流动是定常的。

(4) 作用在流体上的质量力是有势的（所谓有势就是存在力势函数 W，使得 $\dfrac{\partial W}{\partial x} = X$；$\dfrac{\partial W}{\partial y} = Y$；$\dfrac{\partial W}{\partial z} = Z$ 存在。而我们所研究的是质量力只有重力的情况。）

1. 理想流体的运动微分方程

如图 2.16 所示，某一瞬时 t，在流场的微小流束中取出一段通流面积为 dA、长度为 ds 的微元体积 dV，d$V = $ dAds。流体沿微小流束的流动可以看作是一维流动，其上各点的流速和压力只随 s 和 t 变化。即：$u = u(s, t)$，$p = p(s, t)$。对理想流体来说，作用在微元体上的外力有以下两种。

(1) 压力在两端截面上所产生的作用力（截面 1 上的压力为 p，则截面 2 上的压力为 $p + \dfrac{\partial p}{\partial s}\text{d}s$）

$$p\text{d}A - \left(p + \frac{\partial p}{\partial s}\text{d}s\right)\text{d}A = -\frac{\partial p}{\partial s}\text{d}s\text{d}A$$

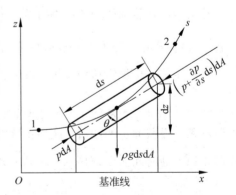

图 2.16　理想流体一维流动伯努利方程推导

（2）质量力只有重力

$$mg = (\rho dA ds)g$$

根据牛顿第二定律有

$$-\frac{\partial p}{\partial s}ds dA - mg\cos\theta = ma \tag{2.22}$$

其中

$$\cos\theta = dz/ds = \frac{\partial z}{\partial s}$$

$$ma = \rho dA ds \frac{du}{dt} = \rho dA ds\left(\frac{\partial u}{\partial s}\frac{ds}{dt} + \frac{\partial u}{\partial t}\right) = \rho dA ds\left(u\frac{\partial u}{\partial s} + \frac{\partial u}{\partial t}\right)$$

代入上式得

$$-\frac{\partial p}{\partial s}ds dA - \rho g\, ds dA\frac{\partial z}{\partial s} = \rho ds dA\left(u\frac{\partial u}{\partial s} + \frac{\partial u}{\partial t}\right)$$

即

$$-g\frac{\partial z}{\partial s} - \frac{1}{\rho}\frac{\partial p}{\partial s} = u\frac{\partial u}{\partial s} + \frac{\partial u}{\partial t} \tag{2.23}$$

这就是理想流体在微小流束上的运动微分方程，也称为欧拉方程。

2. 理想流体微小流束定常流动的伯努利方程

要在图 2.16 所示的微小流束上，寻找各处的能量关系。将运动微分方程的两边同乘以 ds，并从流线 s 上的截面 1 积分到截面 2，即

$$\int_1^2\left(-g\frac{\partial z}{\partial s} - \frac{1}{\rho}\frac{\partial p}{\partial s}\right)ds = \int_1^2\left(u\frac{\partial u}{\partial s} + \frac{\partial u}{\partial t}\right)ds - g\int_1^2\frac{\partial z}{\partial s}ds - \frac{1}{\rho}\int_1^2\frac{\partial p}{\partial s}ds$$

$$= \int_1^2\frac{\partial}{\partial s}\left(\frac{u^2}{2}\right)ds + \int_1^2\left(\frac{\partial u}{\partial t}\right)ds - g(z_2 - z_1) - \frac{1}{\rho}(p_2 - p_1)$$

$$= \left(\frac{u_2^2}{2} - \frac{u_1^2}{2}\right) + \int_1^2\frac{\partial u}{\partial t}ds$$

上式两边各除以 g，移项后整理得

$$z_1 + \frac{p_1}{\rho g} + \frac{u_1^2}{2g} = z_2 + \frac{p_2}{\rho g} + \frac{u_2^2}{2g} + \frac{1}{g}\int_1^2\frac{\partial u}{\partial t}ds \tag{2.24}$$

对于定常流动来说，有

$$\frac{\partial u}{\partial t} = 0$$

故式（2.24）变为

$$z_1 + \frac{p_1}{\rho g} + \frac{u_1^2}{2g} = z_2 + \frac{p_2}{\rho g} + \frac{u_2^2}{2g} \tag{2.25}$$

即

$$z + \frac{p}{\rho g} + \frac{u^2}{2g} = \text{const} \tag{2.26}$$

这就是理想流体在微小流束上定常流动时的伯努利方程。下面讨论这个方程的物理意义。

z 表示单位重量流体所具有的势能（比位能）；$p/\rho g$ 表示单位重量流体所具有的压力能

(比压能);$u^2/2g$ 表示单位重量流体所具有的动能(比动能)。

理想流体定常流动时,流束任意截面处的总能量均由位能、压力能和动能组成,三者之和为定值,这正是能量守恒定律的体现。

3. 理想流体总流定常流动的伯努利方程

1) 对流动的进一步简化

总流的过流断面较大,p、v 等运动要素是在断面上位置的分布函数。为了克服这个困难,需对流动做进一步的简化。

(1) 缓变流动和急变流动

满足下面条件的流动称为缓变流动:

① 在某一过流断面附近,流线之间夹角很小,即流线近乎平行;

② 在同一过流断面上,所有流线的曲率半径都很大,即流线近乎是一些直线。

也就是说,如果流束的流线在某一过流断面附近是一组"近乎平行的直线",则流动在这个过流断面上是缓变的。如果在各断面上均符合缓变的条件,则说明流体在整个流束上是缓变的。

不满足上述条件的流动称为急变流动。

在图 2.17 所示的流束中,1、2、3 断面处是缓变流动。液体在缓变流断面上流动时,惯性力很小,满足 $z+\dfrac{p}{\rho g}=$const,即符合静力学的压力分布规律。

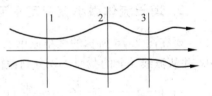

图 2.17   缓变流动与急变流动

(2) 动量和动能修正系数

由前面可知,用平均流速 v 写出的流量和用真实流速 u 写出的流量是相等的,但用平均流速写出其他与速度有关的物理量时,则与其实际的值不一定相同。为此我们引入一个修正系数来加以修正。

例如用平均流速写出的动量是

$$mv = (\rho Av\mathrm{d}t)v = \rho Av^2\mathrm{d}t$$

而真实动量为

$$\int_A \rho \mathrm{d}Au\,\mathrm{d}tu = \rho \mathrm{d}t\int_A u^2\,\mathrm{d}A$$

因此动量修正系数 β 为真实动量与用平均流速写出的动量的比值,即

$$\beta = \frac{\int_A u^2\,\mathrm{d}A}{v^2 A} \tag{2.27}$$

同样动能修正系数 α 为真实动能与用平均流速写出的动能的比值,即

$$\alpha = \frac{\int_A u^3\,\mathrm{d}A}{v^3 A} \tag{2.28}$$

α 和 β 是由速度在过流断面上分布的不均性所引起的大于 1 的系数。其值通常是由实验来确定,而在一般情况下,常取为 1。

2）理想流体总流定常流动的伯努利方程推导

液体沿图 2.18 所示流束作定常流动,并假定在 1、2 两断面上的流动是缓变的。

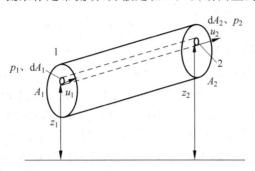

图 2.18　理想流体总流定常流动的伯努利方程推导

设过流断面 1 的面积为 A_1,断面 2 的面积为 A_2。在总流中任取一个微小流束,过流面积分别为 dA_1 和 dA_2;压力分别为 p_1 和 p_2;流速分别为 u_1 和 u_2;断面中心的几何高度分别为 z_1 和 z_2。对这个微小流束可列出伯努利方程和连续性方程:

$$z_1 + \frac{p_1}{\rho g} + \frac{u_1^2}{2g} = z_2 + \frac{p_2}{\rho g} + \frac{u_2^2}{2g}$$

$$u_1 dA_1 = u_2 dA_2$$

因此

$$\left(z_1 + \frac{p_1}{\rho g} + \frac{u_1^2}{2g}\right) u_1 dA_1 = \left(z_2 + \frac{p_2}{\rho g} + \frac{u_2^2}{2g}\right) u_2 dA_2$$

由于在 A_1 和 A_2 中 dA_1 和 dA_2 是一一对应的,因此上式两端分别在 A_1 和 A_2 上积分后,仍然相等,即

$$\int_{A_1} \left(z_1 + \frac{p_1}{\rho g} + \frac{u_1^2}{2g}\right) u_1 dA_1 = \int_{A_2} \left(z_2 + \frac{p_2}{\rho g} + \frac{u_2^2}{2g}\right) u_2 dA_2 \qquad (2.29)$$

$$\int_{A_1} \left(z_1 + \frac{p_1}{\rho g}\right) u_1 dA_1 + \int_{A_1} \frac{u_1^3}{2g} dA_1 = \int_{A_2} \left(z_2 + \frac{p_2}{\rho g}\right) u_2 dA_2 + \int_{A_2} \frac{u_2^3}{2g} dA_2$$

因流动在 1、2 断面上是缓变的,故 $z + p/\rho g = \text{const}$。同时考虑到动能修正系数,并令 A_1 上的动能修正系数为 α_1,A_2 上的动能修正系数为 α_2。则有

$$\left(z_1 + \frac{p_1}{\rho g}\right) q + \frac{\alpha_1 v_1^3}{2g} A_1 = \left(z_2 + \frac{p_2}{\rho g}\right) q + \frac{\alpha_2 v_2^3}{2g} A_2 \qquad (2.30)$$

消去流量 q 得

$$z_1 + \frac{p_1}{\rho g} + \frac{\alpha_1 v_1^2}{2g} = z_2 + \frac{p_2}{\rho g} + \frac{\alpha_2 v_2^2}{2g} \qquad (2.31)$$

此即为理想流体总流定常流动的伯努利方程。

4. 实际流体的伯努利方程

对于实际流体,伯努利方程变为

$$z_1 + \frac{p_1}{\rho g} + \frac{\alpha_1 v_1^2}{2g} = z_2 + \frac{p_2}{\rho g} + \frac{\alpha_2 v_2^2}{2g} + h_\omega \qquad (2.32)$$

其适用条件与理想流体的伯努利方程相同,不同的是多了一项 h_ω,它表示两断面间的

单位能量损失。h_w 为长度量纲,单位是 m。

如果在式(2.32)两端同乘以 ρg,则方程变为

$$\rho g z_1 + p_1 + \frac{1}{2}\alpha \rho v_1^2 = \rho g z_2 + p_2 + \frac{1}{2}\alpha \rho v_2^2 + \rho g h_w \qquad (2.33)$$

$\rho g h_w = \Delta p$ 表示两断面间的压力损失。

在液压系统中,油管的高度 z 一般不超过 10m,管内油液的平均流速也较低,除局部油路外,一般不超过 7m/s。因此油液的位能和动能相对于压力能来说微不足道。例如设一个液压系统的工作压力为 $p=5$MPa,油管高度 $z=10$m,管内油液的平均流速 $v=7$m/s。则压力能 $p=5$MPa;动能 $p_v=(1/2)\rho v^2=0.022$MPa;位能 $p_z=\rho g z=0.09$MPa。可见,在液压系统中,压力能要比动能和位能之和大得多。所以在液压传动中,动能和位能忽略不计,主要依靠压力能来做功,这就是"液压传动"这个名称的来由。据此,伯努利方程在液压传动中的应用形式就是 $p_1=p_2+\Delta p$ 或 $p_1-p_2=\Delta p$。

由此可见,液压系统中的能量损失表现为压力损失或压力降 Δp。

5. 伯努利方程的应用

1) 应用条件

(1) 流体流动必须是定常的。

(2) 所取的有效断面必须符合缓变流条件。

(3) 流体流动沿程流量不变。

(4) 适用于不可压缩性流体的流动。

(5) 在所讨论的两有效断面间必须没有能量的输入或输出。

2) 应用实例

例 2.5 计算图 2.19 所示的液压泵吸油口处的真空度。

解:对油箱液面 1—1 和泵吸油口截面 2—2 列伯努利方程,则有

$$p_1 + \rho g z_1 + \frac{1}{2}\rho \alpha_1 v_1^2 = p_2 + \rho g z_2 + \frac{1}{2}\rho \alpha_2 v_2^2 + \Delta p_w$$

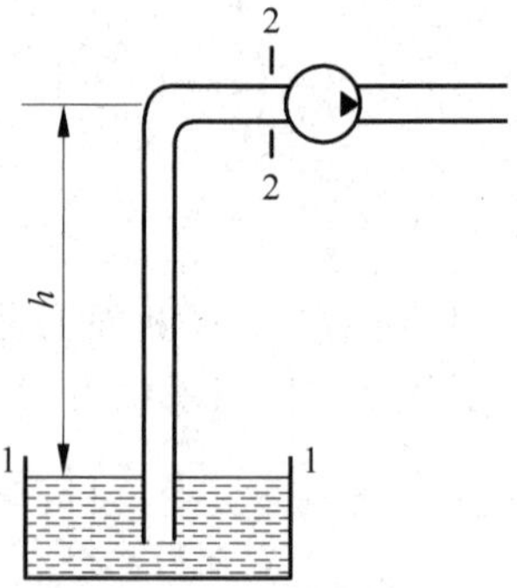

如图 2.19 所示油箱液面与大气接触,故 p_1 为大气压力,即 $p_1=p_a$;v_1 为油箱液面下降速度,v_2 为泵吸油口处液体的流速,它等于液体在吸油管内的流速,由于 $v_1 \ll v_2$,故 v_1 可近似为零;$z_1=0, z_2=h$;Δp_w 为吸油管路的能量损失。因此,上式可简化为

图 2.19 例 2.5 图

$$p_a = p_2 + \rho g h + \frac{1}{2}\rho \alpha_2 v_2^2 + \Delta p_w$$

所以泵吸油口处的真空度为

$$p_a - p_2 = \rho g h + \frac{1}{2}\rho \alpha_2 v_2^2 + \Delta p_w$$

由此可见,液压泵吸油口处的真空度由三部分组成:把油液提升到高度 h 所需的压力,将静止液体加速到 v_2 所需的压力,吸油管路的压力损失。

2.3.4　动量方程

由理论力学知道,任意质点系运动时,其动量对时间的变化率等于作用在该质点系上全部外力的合力。我们用矢量 $\boldsymbol{I}$ 表示质点系的动量,而用 $\sum \boldsymbol{F}_i$ 表示外力的合力,则有

$$\frac{\mathrm{d}\boldsymbol{I}}{\mathrm{d}t} = \sum \boldsymbol{F}_i \tag{2.34}$$

现在我们考虑理想流体沿流束的定常流动。如图 2.20 所示,设流束段 1—2 经 $\mathrm{d}t$ 时间运动到 $1'$—$2'$,由于流动是定常的,因此流束段 $1'$—2 在 $\mathrm{d}t$ 时间内在空间的位置、形状等运动要素都没有改变。故经 $\mathrm{d}t$ 时间,流束段 1—2 的动量改变为

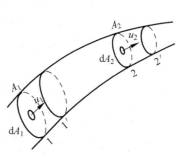

图 2.20　动量方程推导

$$\mathrm{d}\boldsymbol{I} = \boldsymbol{I}_{1'2'} - \boldsymbol{I}_{12} = \boldsymbol{I}_{22'} - \boldsymbol{I}_{11'} \tag{2.35}$$

而

$$\boldsymbol{I}_{22'} = \int_{A_2} \rho u_2 \mathrm{d}t \cdot \mathrm{d}A_2 \cdot \boldsymbol{u}_2 = \rho \mathrm{d}t \int_{A_2} u_2^2 \mathrm{d}A_2$$
$$= \rho \mathrm{d}t \beta_2 v_2^2 A_2 = \rho q \mathrm{d}t \beta_2 \boldsymbol{v}_2$$

同理

$$\boldsymbol{I}_{11'} = \rho q \mathrm{d}t \beta_1 \boldsymbol{v}_1$$

故

$$\mathrm{d}\boldsymbol{I} = \rho q \mathrm{d}t (\beta_2 \boldsymbol{v}_2 - \beta_1 \boldsymbol{v}_1)$$

其中 β_1 和 β_2 为断面 1 和断面 2 上的动量修正系数。

于是得到

$$\frac{\mathrm{d}\boldsymbol{I}}{\mathrm{d}t} = \rho q (\beta_2 \boldsymbol{v}_2 - \beta_1 \boldsymbol{v}_1) = \sum \boldsymbol{F} \tag{2.36}$$

其中, $\sum \boldsymbol{F}$ 是作用在该流束段上所有质量力和所有表面力之和。

此式即为理想流体定常流动的动量方程。此式为矢量形式,在使用时应将其化成标量形式(投影形式):

$$\rho q (\beta_2 v_{2x} - \beta_1 v_{1x}) = \sum F_x \tag{2.37}$$

$$\rho q (\beta_2 v_{2y} - \beta_1 v_{1y}) = \sum F_y \tag{2.38}$$

$$\rho q (\beta_2 v_{2z} - \beta_1 v_{1z}) = \sum F_z \tag{2.39}$$

注:由 1 断面指向 2 断面的力取为"+",由 2 断面指向 1 断面的力取为"-"。

例 2.6　求图 2.21 中滑阀阀芯所受的轴向稳态液动力。

解:取阀进出口之间的液体为研究体积,阀芯对液体的作用力为 F_x ,方向向左,则根据动量方程得

$$F_x = \rho q [\beta_2 v_2 (-\cos\theta) - \beta_1 v_1 \cos 90°]$$

取 $\beta_2 = 1$,得

$$F_x = -\rho q v_2 \cos\theta$$

而阀芯所受的轴向稳态液动力为

$$F'_x = -F_x = \rho q v_2 \cos\theta$$

方向向右。即这时液流有一个力图使阀口关闭的力。

例 2.7　已知图 2.22 所示喷嘴挡板式伺服阀中工作介质为水,其密度 $\rho = 1000\text{kg/m}^3$,若中间室直径 $d_1 = 3 \times 10^{-3}\text{m}$,喷嘴直径 $d_2 = 5 \times 10^{-4}\text{m}$,流量 $q = \pi \times 4.5 \times 10^{-6}\text{m}^3/\text{s}$,动能修正系数与动量修正系数均取为 1。试求:

(1) 不计损失时,系统向该伺服阀提供的压力 p_1 为多少?

(2) 作用于挡板上的垂直作用力为多少?

解:(1) 根据连续性方程有

$$v_1 = \frac{q}{\frac{\pi}{4}d_1^2} = \frac{\pi \times 4.5 \times 10^{-6}}{\frac{\pi}{4} \times (3 \times 10^{-3})^2}\text{m/s} = 2\text{m/s}$$

$$v_2 = \frac{q}{\frac{\pi}{4}d_2^2} = \frac{\pi \times 4.5 \times 10^{-6}}{\frac{\pi}{4} \times (5 \times 10^{-4})^2}\text{m/s} = 72\text{m/s}$$

根据伯努利方程有(用相对压力列伯努利方程)

$$\frac{p_1}{\rho g} + \frac{v_1^2}{2g} = \frac{v_2^2}{2g}$$

$$p_1 = \frac{1}{2}\rho(v_2^2 - v_1^2) = \frac{1}{2} \times 1000 \times (72^2 - 2^2)\text{Pa} = 2.59\text{MPa}$$

(2) 取喷嘴与挡板之间的液体为研究对象列动量方程有

$$\rho q(0 - v_2) = F$$

$$F = \rho q v_2 = 1000 \times \pi \times 4.5 \times 10^{-6} \times 72\text{N} = 1.02\text{N}$$

F 为挡板对水的作用力,水对挡板的作用力为其反力(大小相等方向相反)。

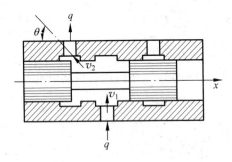

图 2.21　滑阀上的稳态液动力

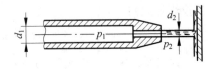

图 2.22　例 2.7 图

2.4　液体流动时的压力损失

在 2.3 节中我们讲了实际流体的伯努利方程,即

$$z_1 + \frac{p_1}{\rho g} + \frac{\alpha_1 v_1^2}{2g} = z_2 + \frac{p_2}{\rho g} + \frac{\alpha_2 v_2^2}{2g} + h_w$$

这里 h_w 表示单位重量流体的能量损失,那么 h_w 如何求呢? 这就是本节要解决的问题。即讨论实际流体(黏性流体)运动时的流动阻力及能量损失(压力损失),以及黏性流体在管道中的流动特性。

2.4.1　流动阻力及能量损失(压力损失)的两种形式

实际流体是具有黏性的。当流体微团之间有相对运动时,相互间必产生切应力,对流体运动形成阻力,称为流动阻力。要维持流动就必须克服阻力,从而消耗能量,使机械能转化为热能而损耗掉。这种机械能的消耗称为能量损失。能量损失多半是以压力降低的形式体现出来的,因此又叫压力损失。下面我们就来介绍一下流动阻力形成的物理原因及计算公式。

流体本身具有黏性是流动阻力形成的根本原因。但是,同是黏性流体,由于流动的边界条件不同,其阻力形成的过程也不同。

1. 沿程阻力、沿程压力损失 Δp_λ

1) 产生的原因

沿程阻力的产生原因是黏性。主要是由于流体与壁面、流体质点与质点间存在着摩擦力,阻碍着流体的运动,这种摩擦力是在流体的流动过程中不断地作用于流体表面的。流程越长,这种作用的累积效果也就越大。也就是说这种阻力的大小与流程的长短成正比,因此,这种阻力称为沿程阻力。由于沿程阻力是直接由流体的黏性引起的,因此,流体的黏性越大,这种阻力也就越大。

2) 发生的边界

沿程阻力发生在沿流程边界形状变化不很大的区域,一般在缓变流区域,如直管段。

3) 计算公式(达西公式)

由因次分析法得出管道流动中的沿程压力损失 Δp_λ 与管长 l、管径 d、平均流速 v 的关系如下:

$$\Delta p_\lambda = \lambda \frac{l}{d} \frac{\rho v^2}{2} \tag{2.40}$$

式中,λ 为沿程阻力系数;ρ 为流体的密度。

2. 局部阻力、局部压力损失 Δp_ξ

1) 产生的原因

局部阻力产生的原因是流态突变。在流态发生突变地方的附近,质点间发生撞击或形成一定的旋涡,由于黏性作用,质点间发生剧烈的摩擦和动量交换,必然要消耗流体的一部分能量。这种能量的消耗就构成了对流体流动的阻力,这种阻力一般只发生在流道的某一个局部,因此叫做局部阻力。实验表明,局部阻力的大小主要取决于流道变化的具体情况,而几乎和流体的黏性无关。

2) 发生的边界

局部阻力发生在流道边界形状急剧变化的地方,一般在急变流区域。如弯管、过流截面突然扩大或缩小、阀门等处。

　　3) 计算公式

　　由大量的实验知 Δp_ξ 与流速的平方成正比,可写成

$$\Delta p_\xi = \xi \frac{\rho v^2}{2} \tag{2.41}$$

式中,ξ 为局部阻力系数;ρ 为流体的密度。

　　流体流过各种阀类的局部压力损失,亦可以用式(2.41)计算。但因阀内的通道结构复杂,按此公式计算比较困难,故阀类元件局部压力损失 Δp_v 的实际计算常用下列公式

$$\Delta p_v = \Delta p_n \left(\frac{q}{q_n}\right)^2 \tag{2.42}$$

式中,q_n 为阀的额定流量;q 为通过阀的实际流量;Δp_n 为阀在额定流量 q_n 下的压力损失(可从阀的产品样本或设计手册中查出)。

3. 管路中的总的压力损失

　　整个管路系统的总压力损失应为所有沿程压力损失和所有局部压力损失之和,即

$$\sum \Delta p = \sum \Delta p_\lambda + \sum \Delta p_\xi + \sum \Delta p_v$$

$$= \sum \lambda \frac{l}{d} \frac{\rho v^2}{2} + \sum \xi \frac{\rho v^2}{2} + \sum \Delta p_n \left(\frac{q}{q_n}\right)^2 \tag{2.43}$$

　　从计算压力损失的公式可以看出,减小流速、缩短管道长度、减少管道截面的突变、提高管道内壁的加工质量等,都可以使压力损失减小。其中以流速的影响为最大,故液体在管路系统中的流速不应过高。但流速太低,也会使管路和阀类元件的尺寸加大,并使成本增高。

2.4.2　流体的两种流动状态

　　实践表明,流体的能量损失(压力损失)与流体的流动状态有密切的关系。英国物理学家雷诺(Reynolds),于1883年发表了他的实验成果。他通过大量的实验发现,实际流体运动存在着两种状态,即层流和紊流,并且测定了流体的能量损失(压力损失)与两种状态的关系。此即著名的雷诺实验。雷诺实验的装置如图2.23所示。水箱1由进水管不断供水,并保持水箱水面高度恒定。水杯5内盛有红颜色水,将开关6打开后,红色水即经细导管2流

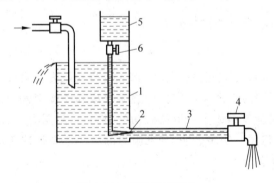

图 2.23　雷诺实验装置

1—水箱;2—细导管;3—水平玻璃管;4—阀门;5—水杯;6—开关

入水平玻璃管 3 中。调节阀门 4 的开度,使玻璃管中的液体缓慢流动,这时,红色水在管 3 中呈一条明显的直线,这条红线和清水不相混杂,这表明管中的液流是分层的,层与层之间互不干扰,液体的这种流动状态称为层流。调节阀门 4,使玻璃管中的液体流速逐渐增大,当流速增大至某一值时,可看到红线开始抖动而呈波纹状,这表明层流状态受到破坏,液流开始紊乱。若使管中流速进一步增大,红色水流便和清水完全混合,红线便完全消失,这表明管道中液流完全紊乱,这时液体的流动状态称为紊流。如果将阀门 4 逐渐关小,就会看到相反的过程。

1. 层流和紊流

层流:液体的流动呈线性或层状,各层之间互不干扰,即只有纵向运动。

紊流:液体质点的运动杂乱无章,除了有纵向运动外,还存在着剧烈的横向运动。

层流时,液体流速较低,质点受黏性制约,不能随意运动,黏性力起主导作用;液体的能量主要消耗在摩擦损失上,它直接转化为热能,一部分被液体带走,一部分传给管壁。

紊流时,液体流速较高,黏性的制约作用减弱,惯性力起主导作用;液体的能量主要消耗在动能损失上,这部分损失使流体搅动混合,产生旋涡、尾流,造成气穴,撞击管壁,引起振动和噪声。最后化作热能消散掉。

2. 雷诺数 *Re*

雷诺通过大量实验证明,液体在圆管中的流动状态不仅与管内的平均流速 v 有关,还和管道内径 d、液体的运动黏度 ν 有关。实际上,判定液流状态的是上述三个参数所组成的一个无量纲数 Re

$$Re = \frac{vd}{\nu} \tag{2.44}$$

Re 为雷诺数,即对通流截面相同的管道来说,若雷诺数 Re 相同,它的流动状态就相同。

液流由层流转变为紊流时的雷诺数和由紊流转变为层流的雷诺数是不同的,后者的数值较前者小,所以一般都用后者作为判断液流流动状态的依据,称为临界雷诺数,记作 Re_c。当液流的实际雷诺数 Re 小于临界雷诺数 Re_c 时,为层流;反之,为紊流。常见液流管道的临界雷诺数由实验求得,如表 2.2 所示。

表 2.2　常见液流管道的临界雷诺数

管　　道	Re_c	管　　道	Re_c
光滑金属圆管	2320	带环槽的同心环状缝隙	700
橡胶软管	1600~2000	带环槽的偏心环状缝隙	400
光滑的同心环状缝隙	1100	圆柱形滑阀阀口	260
光滑的偏心环状缝隙	1000	锥阀阀口	20~100

雷诺数中的 d 代表了圆管的特征长度,对于非圆截面的流道,可用水力直径(等效直径)d_H 来代替。即

$$Re = \frac{vd_H}{\nu} \tag{2.45}$$

$$d_H = 4R \tag{2.46}$$

$$R = \frac{A}{\chi} \tag{2.47}$$

式中,R 为水力半径;A 为通流面积;χ 为湿周长度(通流截面上与液体相接触的管壁周长)。

水力半径 R 综合反映了通流截面上 A 与 χ 对阻力的影响。对于具有同样湿周长度 χ 的两个通流截面,A 越大,液流受到壁面的约束就越小;对于具有同样通流面积 A 的两个通流截面,χ 越小,液流受到壁面的阻力就越小。综合这两个因素可知,$R = \frac{A}{\chi}$ 越大,液流受到的壁面阻力作用越小,即使通流面积很小也不易堵塞。

2.4.3　圆管层流

液体在圆管中的层流运动是液压传动中最常见的现象,在设计和使用液压系统时,就希望管道中的液流保持这种状态。

图 2.24 所示为液体在等径水平圆管中作层流流动时的情况。在图中的管内取出一段半径为 r、长度为 l,与管轴相重合的小圆柱体,作用在其两端面上的压力分别为 p_1 和 p_2,作用在其侧面上的内摩擦力为 F_f。液流作匀速运动时处于受力平衡状态,故有

$$(p_1 - p_2)\pi r^2 = F_f$$

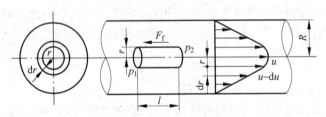

图 2.24　圆管中的层流

根据内摩擦定律有:$F_f = -2\pi r l \mu \dfrac{\mathrm{d}u}{\mathrm{d}r}$(因 $\mathrm{d}u/\mathrm{d}r$ 为负值,故前面加负号)。令 $\Delta p = p_1 - p_2$,将这些关系代入上式得

$$\frac{\mathrm{d}u}{\mathrm{d}r} = -\frac{\Delta p}{2\mu l} r$$

即:

$$\mathrm{d}u = -\frac{\Delta p}{2\mu l} r \, \mathrm{d}r$$

积分并考虑到当 $r = R$ 时,$u = 0$ 得

$$u = \frac{\Delta p}{4\mu l}(R^2 - r^2) \tag{2.48}$$

可见管内流速随半径按抛物线规律分布,最大流速发生在轴线上,其值为 $u_{\max} = \dfrac{\Delta p}{4\mu l} R^2$。

在半径 r 处取出一厚为 $\mathrm{d}r$ 的微小圆环(见图 2.24),通过此环形面积的流量为 $\mathrm{d}q = u 2\pi r \mathrm{d}r$,对此式积分,得通过整个管路的流量 q 为

$$q = \int_0^R \mathrm{d}q = \int_0^R u 2\pi r \mathrm{d}r = \int_0^R \frac{2\pi\Delta p}{4\mu l}(R^2 - r^2) r \mathrm{d}r = \frac{\pi R^4}{8\mu l}\Delta p = \frac{\pi d^4}{128\mu l}\Delta p \qquad (2.49)$$

这就是哈根-泊肃叶公式。当测出除 μ 以外的各有关物理量后,应用此式便可求出流体的黏度 μ。

圆管层流时的平均流速 v 为

$$v = \frac{q}{\pi R^2} = \frac{\Delta p R^2}{8\mu l} = \frac{\Delta p d^2}{32\mu l} = \frac{u_{max}}{2} \qquad (2.50)$$

同样可求出其动能修正系数 $\alpha = 2$,动量修正系数 $\beta = 4/3$。

现在我们再来看看沿程压力损失 Δp_λ,由平均流速表达式可求出 Δp_λ 为

$$\Delta p_\lambda = \frac{32\mu l v}{d^2} = \frac{32 \times 2}{\underbrace{\frac{\rho v d}{\mu}}} \frac{l}{d} \frac{\rho v^2}{2} = \frac{64}{Re} \frac{l}{d} \frac{\rho v^2}{2} \qquad (2.51)$$

把此式与 $\Delta p_\lambda = \lambda \dfrac{l}{d} \dfrac{\rho v^2}{2}$ 比较得,沿程阻力系数 $\lambda = 64/Re$。由此可看出,层流流动的沿程压力损失 Δp_λ 与平均流速 v 的一次方成正比,沿程阻力系数 λ 只与 Re 有关,与管壁壁面粗糙度无关。这一结论已被实验所证实。但实际上流动中还夹杂着油温变化的影响,因此油液在金属管道中流动时宜取 $\lambda = 75/Re$,在橡胶软管中流动时则取 $\lambda = 80/Re$。

2.4.4 圆管紊流

在实际工程中常遇到紊流运动,由于紊流运动的复杂性,虽然近几十年来许多学者做了大量研究工作,仍未得到满意的结果,尚需进一步探讨,目前所用的计算方法常常依赖于实验。

1. 脉动现象和时均化

在雷诺实验中可以观察到,在紊流运动中,流体质点的运动是极不规则的,它们不但与邻层的流体质点互相掺混,而且在某一固定的空间点上,其运动要素(压力、速度等)的大小和方向也随时间变化,并始终围绕某个"平均值"上下脉动,如图 2.25 所示。

如取时间间隔 T(时均周期),瞬时速度在 T 时间内的平均值,称为时间平均速度,简称时均速度,可表示为

$$\bar{u} = \frac{\int_0^T u \mathrm{d}t}{T} \qquad (2.52)$$

同样,某点的时均压力可表示为

$$\bar{p} = \frac{\int_0^T p \mathrm{d}t}{T} \qquad (2.53)$$

由以上讨论可知,紊流运动总是非定常的,但如果流场中各空间点的运动要素的时均值不随时间变化,就可以认为是定常流动。因此对于紊流的定常流动,是指时间平均的定常流动。在工程实际的一般问题中,只需

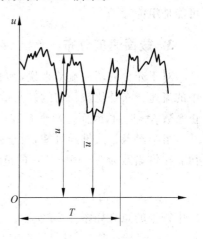

图 2.25 紊流流速的脉动

研究各运动要素的时均值,用运动要素的时均值来描述紊流运动即可,使问题大大简化。但在研究紊流的物理实质时,例如研究紊流阻力时,就必须考虑脉动的影响。

2. 黏性底层(层流边界层)、水力光滑管与水力粗糙管

流体作紊流运动时,由于黏性的作用,管壁附近的一薄层流体受管壁的约束,仍保持为层流状态,形成一极薄的黏性底层(层流边界层)。离管壁越远,管壁对流体的影响越小,经一过渡层后,才形成紊流。即管中的紊流运动沿横截面可分为三部分:黏性底层、过渡层和紊流核心区,如图 2.26 所示。

过渡层很薄,通常和紊流核心区合称为紊流部分。黏性底层的厚度 δ 也很薄,通常只有几分之一毫米,它与主流的紊动程度有关,紊动越剧烈,δ 就越小。δ 与 Re 成反比,可用如下半经验公式来求:

$$\delta = \frac{32 \cdot 8d}{Re\sqrt{\lambda}} \tag{2.54}$$

式中,d 为管径;λ 为沿程阻力系数;Re 为雷诺数。

根据黏性底层的厚度 δ 与管内壁绝对粗糙度 ε 之间的关系,可以把作紊流运动的管道分为水力光滑管和水力粗糙管。

水力光滑管:$\delta \geqslant \varepsilon/0.3$,如图 2.27(a)所示。

水力粗糙管:$\delta \leqslant \varepsilon/6$,如图 2.27(b)所示。

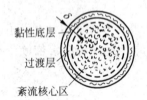

黏性底层

过渡层

紊流核心区

图 2.26 圆管中的紊流

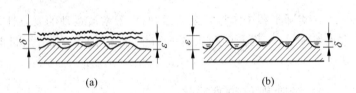

(a) (b)

图 2.27 水力光滑管与水力粗糙管

水力光滑管与水力粗糙管的概念是相对的,随着流动情况的改变,Re 会变化,δ 也相应地会变化。所以同一管道(其 ε 是固定不变的),Re 变小时,可能是光滑管,而 Re 变大时,又可能是粗糙管了。

3. 截面速度分布

对于充分的紊流流动来说,其通流截面上流速的分布如图 2.28 所示。由图可见,紊流中的流速分布是比较均匀的。其最大流速 $u_{max} = (1 \sim 1.3)v$,动能修正系数 $\alpha \approx 1.05$,动量修正系数 $\beta \approx 1.04$,因而这两个系数均可近似地取为 1。

由半经验公式推导可知,对于光滑圆管内的紊流来说,其截面上的流速分布遵循对数规律。在雷诺数为 $3 \times 10^3 \sim 10^5$ 的范围内,它符合 1/7 次方的规律,即

$$u = u_{max}\left(\frac{y}{R}\right)^{1/7} \tag{2.55}$$

式中符号的意义如图 2.28 所示。

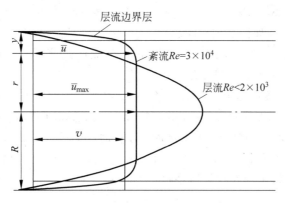

图 2.28　紊流时圆管中的速度分布

2.4.5　沿程阻力系数 λ

对于层流,沿程阻力系数 λ 值的公式已经导出,并被实验所证实。对于紊流,尚无法完全从理论上求得,只能借助于管道阻力实验来解决。一般说,压力管道中的 λ 值与 Re 和管壁相对粗糙度 ε/d 有关,即:$\lambda = f\left(Re, \dfrac{\varepsilon}{d}\right)$。

下面就简单介绍一下尼古拉兹(J. Nikuradse)对于人工粗糙管所进行的水流阻力实验结果。

尼古拉兹将不同粒径的均匀砂粒粘贴在管内壁上,制成各种相对粗糙度的管子,实验时测出 v、Δp_λ,然后代入公式 $\Delta p_\lambda = \lambda \dfrac{l}{d} \dfrac{\rho v^2}{2}$,在各种相对粗糙度 ε/d 的管道下,得出 λ 和 Re 的关系曲线,如图 2.29 所示,这些曲线可分为 5 个区域。

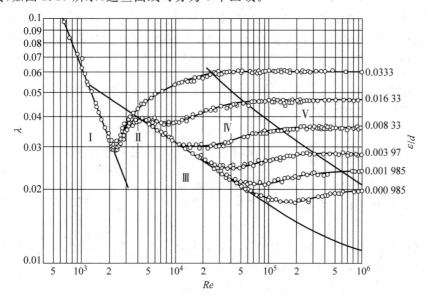

图 2.29　尼古拉兹实验曲线

(1) Ⅰ为层流区：$Re<2320$，各管道的实验点均落在同一直线上。λ只与Re有关，与粗糙度无关。$\lambda=64/Re$，与理论公式相同。

(2) Ⅱ为过渡区：$2320<Re<4000$，为层流向紊流的过渡区，不稳定，范围小。对它的研究较少，一般按下述水力光滑管处理。

(3) Ⅲ为紊流光滑管区：$4000<Re<26.98(d/\varepsilon)^{8/7}$，各种相对粗糙度管道的实验点又都落在同一条直线Ⅲ上。λ值只与Re有关，与ε/d无关。这是因为黏性底层掩盖了粗糙度。但是随着ε/d值的不同，各种管道离开此区的实验点的位置不同，ε/d越大离开此区越早。

关于此区的λ有以下计算公式：

$4000<Re<10^5$时，可用布拉休斯公式：

$$\lambda=\frac{0.3164}{Re^{0.25}} \tag{2.56}$$

$10^5<Re<3\times10^6$时，可用尼古拉兹公式：

$$\lambda=0.0032+\frac{0.221}{Re^{0.237}} \tag{2.57}$$

(4) Ⅳ为光滑管至粗糙管过渡区：$26.98(d/\varepsilon)^{8/7}<Re<4160(d/2\varepsilon)^{0.85}$，又称为第二过渡区。在此区，随着$Re$的增大，黏性底层变薄，管壁粗糙度对流动阻力的影响亦逐渐明显。λ值与ε/d和Re均有关。曲线形状与工业管道的偏差较大，一般用如下公式计算：

$$\frac{1}{\sqrt{\lambda}}=1.74-2\lg\left(\frac{2\varepsilon}{d}+\frac{18.7}{\sqrt{\lambda}}\cdot\frac{1}{Re}\right) \tag{2.58}$$

(5) Ⅴ为紊流粗糙管区：$Re>4160(d/2\varepsilon)^{0.85}$，在此区，$\lambda=f(\varepsilon/d)$，紊流已充分发展，$\lambda$值与$Re$无关，表现为一水平线。$\lambda$值的计算公式为

$$\lambda=\frac{1}{\left(1.74+2\lg\dfrac{d}{2\varepsilon}\right)^2} \tag{2.59}$$

因λ与Re无关，可知$\Delta p_\lambda \propto v^2$，故此区又称为阻力平方区。

尼古拉兹实验结果适用于人工粗糙管，对于工业管道不是很适用。后来莫迪对工业管道进行了大量实验，作出了工业管道的阻力系数图，即莫迪图(见有关的书或手册)，为工业管道的计算提供了很大方便。

2.4.6 局部阻力系数 ξ

局部压力损失$\Delta p_\xi=\xi\dfrac{\rho v^2}{2}$，它的计算关键在于对局部阻力系数$\xi$的确定。由于流动情况的复杂，只有极少数情况可用理论推导求得，一般都只能依靠实验来测得(或利用实验得到的经验公式求得)。

下面我们就以截面突然扩大的情况为例，来讲一下局部阻力系数的推导过程。如图2.30所示，由于过流断面突然扩大，流线与边界分离，并发生涡旋撞击，从而造成局部损失。以管轴为基准面，对截面

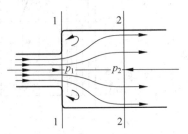

图 2.30 通流截面突然扩大处的局部损失

1、2 列伯努利方程有

$$\frac{p_1}{\rho g} + \frac{v_1^2}{2g} = \frac{p_2}{\rho g} + \frac{v_2^2}{2g} + h_\xi$$

式中，h_ξ 为局部损失，$h_\xi = \frac{\Delta p_\xi}{\rho g} = \xi \frac{v^2}{2g}$。

由此得

$$h_\xi = \frac{p_1 - p_2}{\rho g} + \frac{v_1^2 - v_2^2}{2g} \tag{a}$$

取截面 1—1、截面 2—2 及两截面之间的管壁为控制面，对控制面内的流体沿管轴方向列动量方程，略去管侧壁面的摩擦切应力时有

$$p_1 A_1 - p_2 A_2 + p(A_2 - A_1) = \rho q(v_2 - v_1)$$

式中，p 为涡流区环形面积 $(A_2 - A_1)$ 上的平均压力；p_1、p_2 分别为截面 1、2 上的压力。实验证明 $p \approx p_1$，于是上式可写成

$$(p_1 - p_2)A_2 = \rho v_2 A_2 (v_2 - v_1)$$

即

$$\frac{p_1 - p_2}{\rho g} = \frac{v_2}{g}(v_2 - v_1) = \frac{1}{2g}(2v_2^2 - 2v_1 v_2) \tag{b}$$

将式 (b) 代入式 (a) 得

$$h_\xi = \frac{(v_1 - v_2)^2}{2g}$$

按连续性方程有 $v_1 A_1 = v_2 A_2$，于是上式可改写成

$$h_\xi = \left(1 - \frac{A_1}{A_2}\right)^2 \frac{v_1^2}{2g} = \xi_1 \frac{v_1^2}{2g} \tag{2.60}$$

或

$$h_\xi = \left(\frac{A_2}{A_1} - 1\right)^2 \frac{v_2^2}{2g} = \xi_2 \frac{v_2^2}{2g} \tag{2.61}$$

式中，$\xi_1 = \left(1 - \frac{A_1}{A_2}\right)^2$ 对应小截面的速度 v_1；$\xi_2 = \left(\frac{A_2}{A_1} - 1\right)^2$ 对应大截面的速度 v_2。

由此可见，对应不同的速度（变化前和变化后的速度），局部阻力系数是不同的。一般情况下，用的是变化后的速度，即

$$h_\xi = \xi \frac{v^2}{2g} \quad \text{或} \quad \Delta p_\xi = \xi \frac{\rho v^2}{2}$$

2.5　液体流经小孔和缝隙的流量

本节主要介绍液流经过小孔和缝隙的流量公式。在研究节流调速及分析计算液压元件的泄漏时，它们是重要的理论基础。

2.5.1　孔口流量

液体流经孔口的水力现象称为孔口出流。它可分为三种：当孔口的长径比 $l/d \leqslant 0.5$ 时，称为薄壁孔；当 $l/d > 4$ 时，称为细长孔；当 $0.5 < l/d \leqslant 4$ 时，称为短孔。当液体经孔口

流入大气中时,称为自由出流;当液体经孔口流入液体中时,称为淹没出流。

1. 薄壁小孔

在液压传动中,经常遇到的是孔口淹没出流问题,所以我们就用前面学过的理论来研究一下薄壁小孔淹没出流时的流量计算问题。薄壁小孔的边缘一般都做成刃口形式,如图 2.31 所示(各种结构形式的阀口就是薄壁小孔的实际例子)。由于惯性作用,液流通过小孔时要发生收缩现象,在靠近孔口的后方出现收缩最大的通流截面。对于薄壁圆孔,当孔前通道直径与小孔直径之比 $d_1/d \geqslant 7$ 时,流束的收缩作用不受孔前通道内壁的影响,这时的收缩称为完全收缩;反之,当 $d_1/d < 7$ 时,孔前通道对液流进入小孔起导向作用,这时的收缩称为不完全收缩。

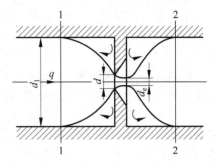

图 2.31　薄壁小孔的液流

现对孔前、后通道截面 1—1、截面 2—2 之间的液体列伯努利方程,并设动能修正系数 $\alpha = 1$,则有

$$\frac{p_1}{\rho g} + \frac{v_1^2}{2g} = \frac{p_2}{\rho g} + \frac{v_2^2}{2g} + \sum h_\xi$$

式中,$\sum h_\xi$ 为液流流经小孔的局部能量损失,它包括两部分:液流经断面突然缩小时的 $h_{\xi 1}$ 和突然扩大时的 $h_{\xi 2}$。$h_{\xi 1} = \xi \dfrac{v_e^2}{2g}$;$h_{\xi 2} = \left(1 - \dfrac{A_e}{A_2}\right)^2 \dfrac{v_e^2}{2g}$。由于 $A_e \ll A_2$,所以,$\sum h_\xi = h_{\xi 1} + h_{\xi 2} = (\xi + 1) \dfrac{v_e^2}{2g}$。将此式代入上式,并注意到 $A_1 = A_2$ 时,$v_1 = v_2$,得出

$$v_e = \frac{1}{\sqrt{\xi + 1}} \sqrt{\frac{2}{\rho}(p_1 - p_2)} = C_v \sqrt{\frac{2\Delta p}{\rho}}$$

式中,$C_v = \dfrac{1}{\sqrt{\xi + 1}}$ 为速度系数,它反映了局部阻力对速度的影响;$\Delta p = p_1 - p_2$ 为小孔前后的压差。

经过薄壁小孔的流量为

$$q = A_e v_e = C_c A_T v_e = C_c C_v A_T \sqrt{\frac{2\Delta p}{\rho}} = C_q A_T \sqrt{\frac{2\Delta p}{\rho}} \tag{2.62}$$

式中,$A_T = \pi d^2/4$ 为小孔截面积;$A_e = \pi d_e^2/4$ 为收缩断面面积;$C_c = A_e/A_T = d_e^2/d^2$ 为断面收缩系数;$C_q = C_v C_c$ 为流量系数。

流量系数 C_q 的大小一般由实验确定,在液流完全收缩($d_1/d \geqslant 7$)的情况下,$C_q = 0.60 \sim 0.61$(可认为是不变的常数);在液流不完全收缩($d_1/d < 7$)时,这时由于管壁对液流进入小孔起导向作用,C_q 可增至 $0.7 \sim 0.8$。

2. 短孔

短孔的流量表达式与薄壁小孔的相同,即 $q = C_d \sqrt{\dfrac{2\Delta p}{\rho}}$。但流量系数 C_q 增大了,Re 较

大时,C_q 基本稳定在 0.8 左右。C_q 增大的原因是:液体经过短孔出流时,收缩断面发生在短孔内,这样在短孔内形成了真空,产生了吸力,结果使得短孔出流的流量增大。由于短孔比薄壁小孔容易加工,因此短孔常用作固定节流器。

3. 细长孔

流经细长孔的液流,由于黏性的影响,流动状态一般为层流,所以细长孔的流量可用液流经圆管的流量公式表示,即:$q = \dfrac{\pi d^4}{128 \mu l} \Delta p$。从此式可看出,液流经过细长孔的流量和孔前后压差 Δp 成正比,而和液体黏度 μ 成反比,因此流量受液体温度影响较大,这是和薄壁小孔不同的。

纵观各小孔流量公式,可以归纳出一个通用公式:

$$q = K A_T \Delta p^m \tag{2.63}$$

式中,K 为由孔口的形状、尺寸和液体性质决定的系数,对于细长孔,$K = d^2/(32 \mu l)$;对于薄壁孔和短孔,$K = C_q \sqrt{2/\rho}$;A_T 为孔口的过流断面面积;Δp 为孔口两端的压力差;m 为由孔口的长径比决定的指数,薄壁孔 $m = 0.5$,细长孔 $m = 1$。

这个孔口的流量通用公式常用于分析孔口的流量压力特性。

2.5.2　缝隙流量

所谓的缝隙就是两固壁间的间隙与其宽度和长度相比小得多。液体流过缝隙时,会产生一定的泄漏,这就是缝隙流量。由于缝隙通道狭窄,液流受壁面的影响较大,故缝隙流动的流态基本为层流。

缝隙流动分为三种情况:一种是压差流动(固壁两端有压差);另一种是剪切流动(两固壁间有相对运动);还有一种是这两种的组合,即压差剪切流动(两固壁间既有压差又有相对运动)。

1. 平行平板缝隙流量(压差剪切流动)

如图 2.32 所示的平行平板缝隙,缝隙的高度为 h,长度为 l,宽度为 b,$l \gg h$,$b \gg h$。在液流中取一个微元体 $\mathrm{d}x\mathrm{d}y$(宽度方向取为 1,即单位宽度),其左右两端面所受的压力为 p 和 $p + \mathrm{d}p$,上下两面所受的切应力为 $\tau + \mathrm{d}\tau$ 和 τ,则微元体在水平方向上的受力平衡方程为

$$p\mathrm{d}y + (\tau + \mathrm{d}\tau) = (p + \mathrm{d}p) + \tau\mathrm{d}x$$

整理后得

$$\frac{\mathrm{d}\tau}{\mathrm{d}y} = \frac{\mathrm{d}p}{\mathrm{d}x}$$

根据牛顿内摩擦定律有

$$\tau = \mu \frac{\mathrm{d}u}{\mathrm{d}y}$$

故式(a)可变为

$$\frac{\mathrm{d}^2 u}{\mathrm{d}y^2} = \frac{1}{\mu} \frac{\mathrm{d}p}{\mathrm{d}x}$$

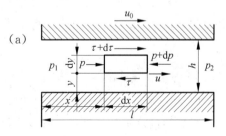

图 2.32　平行平板缝隙液流

将式(b)对 y 积分两次得

$$u = \frac{1}{2\mu}\frac{dp}{dx}y^2 + C_1 y + C_2 \tag{2.64}$$

当 $y=0$ 时, $u=0$, 得 $C_2=0$; 当 $y=h$ 时, $u=u_0$, 得 $C_1=\frac{u_0}{h}-\frac{1}{2\mu}\frac{dp}{dx}h$。此外,液流作层流运动时 p 只是 x 的线性函数,即 $\frac{dp}{dx}=\frac{p_2-p_1}{l}=-\frac{\Delta p}{l}$ ($\Delta p=p_1-p_2$),将这些关系式代入式(2.64)并考虑到运动平板有可能反向运动得

$$u = \frac{y(h-y)}{2\mu l}\Delta p \pm \frac{u_0}{h}y \tag{2.65}$$

由此得通过平行平板缝隙的流量为

$$q = \int_0^h ub\,dy = \int_0^h \left[\frac{y(h-y)}{2\mu l}\Delta p \pm \frac{u_0}{h}y\right]b\,dy = \frac{bh^3\Delta p}{12\mu l} \pm \frac{u_0}{2}bh \tag{2.66}$$

很明显,只有在 $u_0=-h^2\Delta p/(6\mu l)$ 时,平行平板缝隙间才不会有液流通过。对于式(2.66)中的"±"号是这样确定的:当动平板移动的方向和压差方向相同时,取"+"号;方向相反时,取"−"号。

当平行平板间没有相对运动($u_0=0$)时,为纯压差流动,其流量为

$$q = \frac{bh^3\Delta p}{12\mu l} \tag{2.67}$$

当平行平板两端没有压差($\Delta p=0$)时,为纯剪切流动,其流量为

$$q = \frac{u_0}{2}bh \tag{2.68}$$

从以上各式可以看到,在压差作用下,流过平行平板缝隙的流量与缝隙的三次方成正比,这说明液压元件内缝隙的大小对其泄漏量的影响是非常大的。

2. 圆环缝隙流量

在液压元件中,某些相对运动零件,如柱塞与柱塞孔,圆柱滑阀阀芯与阀体孔之间的间隙为圆环缝隙。根据二者是否同心可分为同心圆环缝隙和偏心圆环缝隙两种。

1) 同心圆环缝隙

如图 2.33 所示的同心圆环缝隙,如果将环形缝隙沿圆周方向展开,就相当于一个平行平板缝隙。因此只要使 $b=\pi d$ 代入平行平板缝隙流量公式就可以得到同心圆环缝隙的流量公式。即

$$q = \frac{\pi dh^3}{12\mu l}\Delta p \pm \frac{\pi dh}{2}u_0 \tag{2.69}$$

若无相对运动,即 $u_0=0$,则同心圆环缝隙的流量公式为

$$q = \frac{\pi dh^3}{12\mu l}\Delta p \tag{2.70}$$

2) 偏心圆环缝隙

图 2.34 所示为偏心环缝隙间液流,把偏心圆环缝隙简化为平行平板缝隙,然后利用平行平板缝隙的流量公式进行积分,就得到了偏心圆环缝隙的流量公式:

$$q = \frac{\pi dh^3\Delta p}{12\mu l}(1+1.5\varepsilon^2) \pm \frac{\pi dh}{2}u_0 \tag{2.71}$$

式中,h 为内外圆同心时半径方向的缝隙值;$\varepsilon = e/h$ 为相对偏心率;e 为偏心距。

当内外圆之间没有轴向相对移动时,即 $u_0 = 0$ 时,其流量为

$$q = \frac{\pi d h^3 \Delta p}{12 \mu l}(1 + 1.5\varepsilon^2) \tag{2.72}$$

由上式可以看出,当 $\varepsilon = 0$ 时,它就是同心圆环缝隙的流量公式;当偏心距 $e = h$,即 $\varepsilon = 1$(最大偏心状态)时,其通过的流量是同心圆环缝隙流量的 2.5 倍。因此在液压元件中,有配合的零件应尽量使其同心,以减小缝隙泄漏量。

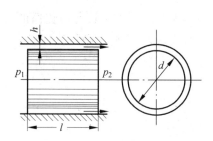 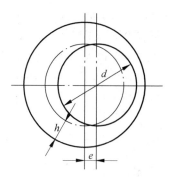

图 2.33　同心圆环缝隙间液流　　　　　　　　图 2.34　偏心圆环缝隙间液流

2.6　液压冲击和空穴现象

在液压传动中,液压冲击和空穴现象都会给液压系统的正常工作带来不利影响,因此需要了解这些现象产生的原因,并采取相应的措施以减少其危害。

2.6.1　液压冲击

在输送液体的管路中,由于流速的突然变化,常伴有压力的急剧增大或降低,并引起强烈的振动和剧烈的撞击声。这种现象称为液压冲击。

1. 液压冲击的危害

液压冲击有如下危害:引起振动、噪声;使管接头松动,密封装置破坏,产生泄漏;或使某些工作元件产生误动作。在压力降低时,会产生空穴现象。

2. 液压冲击产生的原因

在阀门突然关闭或运动部件快速制动等情况下,液体在系统中的流动会突然受阻。这时,由于液流的惯性作用,液体就从受阻端开始,迅速将动能逐层转换为压力能,因而产生了压力冲击波;此后,这个压力波又从该端开始反向传递,将压力能逐层转化为动能,这使得液体又反向流动;然后,在另一端又再次将动能转化为压力能,如此反复地进行能量转换。由于这种压力波的迅速往复传播,便在系统内形成压力振荡。这一振荡过程,由于液体受到

摩擦力以及液体和管壁的弹性作用不断消耗能量,才使振荡过程逐渐衰减而趋向稳定。

3. 冲击压力

假设系统正常工作的压力为 p,产生压力冲击时的最大压力为

$$p_{\max} = p + \Delta p \tag{2.73}$$

式中,Δp 为冲击压力的最大升高值。

由于液压冲击是一种非定常流动,动态过程非常复杂,影响因素很多,故精确计算 Δp 值是很困难的。下面介绍两种液压冲击情况下的 Δp 值的近似计算公式。

1) 管道阀门关闭时的液压冲击

设管道截面积为 A,产生冲击的管长为 l,压力冲击波第一波在 l 长度内传播的时间为 t_1,液体的密度为 ρ,管中液体的流速为 v,阀门关闭后的流速为零,则由动量方程得

$$\Delta pA = \rho A l \frac{v}{t_1}$$

即

$$\Delta p = \rho \frac{l}{t_1} v = \rho c v \tag{2.74}$$

式中,$c = l/t_1$ 为压力波在管中的传播速度。

应用式(2.74)时,需先知道 c 值的大小,而 c 不仅和液体的体积弹性模量 K 有关,而且还和管道材料的弹性模量 E、管道的内径 d 及壁厚 δ 有关,c 值可按下式计算

$$c = \frac{\sqrt{K/\rho}}{\sqrt{1 + Kd/E\delta}} \tag{2.75}$$

在液压传动中,c 值一般在 $900 \sim 1400 \text{m/s}$ 之间。

若流速 v 不是突然降为零,而是降为 v_1,则式(2.74)可写成

$$\Delta p = \rho c (v - v_1) \tag{2.76}$$

设压力冲击波在管中往复一次的时间为 t_c,$t_c = 2l/c$。当阀门关闭时间 $t < t_c$ 时,压力峰值很大,称为直接冲击,其 Δp 值可按式(2.74)或式(2.76)计算。当 $t > t_c$ 时,压力峰值较小,称为间接冲击,这时 Δp 值可按下式计算

$$\Delta p = \rho c (v - v_1) \frac{t_c}{t} \tag{2.77}$$

2) 运动的工作部件突然制动或换向时,因工作部件的惯性而引起的液压冲击

以液压缸为例进行说明,设运动部件的总质量为 $\sum m$,减速制动时间为 Δt,速度的减小值为 Δv,液压缸有效工作面积为 A,则根据动量定理可求得系统中的冲击压力的近似值 Δp 为

$$\Delta p = \frac{\sum m \Delta v}{A \Delta t} \tag{2.78}$$

因式(2.78)中忽略了阻尼和泄漏等因素,计算结果比实际值要大,但偏于安全,因而具有实用价值。

4. 减小液压冲击的措施

分析前面各式中 Δp 的影响因素,可以归纳出减小液压冲击的主要措施有:

（1）延长阀门关闭和运动部件制动、换向的时间。在液压传动中采用换向时间可调的换向阀就可做到这一点。

（2）正确设计阀口，限制管道流速及运动部件速度，使运动部件制动时速度变化比较均匀。

（3）加大管径或缩短管道长度。加大管径不仅可以降低流速，而且可以减少压力冲击波速度 c 值；缩短管道长度的目的是减小压力冲击波的传播时间 t_c。

（4）设置缓冲用蓄能器或用橡胶软管。

（5）装设专门的安全阀。

2.6.2　空穴现象

在流动的液体中，由于压力的降低，使溶解于液体中的空气分离出来（压力低于空气分离压）或使液体本身汽化（压力低于饱和蒸汽压），而产生大量气泡的现象，称为空穴现象。

空穴多发生在阀口和液压泵的进口处。由于阀口的通道狭窄，液流的速度增大，压力则下降，容易产生空穴；当泵的安装高度过高、吸油管直径太小、吸油管阻力太大或泵的转速过高时，都会造成进口处真空度过大，而产生空穴。此外，惯性大的液压缸和马达突然停止或换向时，也会产生空穴（见液压冲击）。

1. 空穴现象的危害

空穴现象有如下危害：降低油的润滑性能；使油的压缩性增大（使液压系统的容积效率降低）；破坏压力平衡、引起强烈的振动和噪声；加速油的氧化；产生"气蚀"和"气塞"现象。

（1）气蚀：溶解于油中的气泡随液流进入高压区后急剧破灭，高速冲向气泡中心的高压油互相撞击，动能转化为压力能和热能，产生局部高温高压。如果发生在金属表面上，将加剧金属的氧化腐蚀，使镀层脱落，形成麻坑，这种由于空穴引起的损坏，称为气蚀。

（2）气塞：溶解于油液中的气泡分离出来以后，互相聚合，体积膨大，形成具有相当体积的气泡，引起流量的不连续。当气泡达到管道最高点时，会造成断流。这种现象称为气塞。

2. 减少空穴现象的措施

空穴现象的产生，对液压系统是非常不利的，必须加以防止。一般采取如下一些措施：

（1）减小阀孔或其他元件通道前后的压力降，一般使压力比 $p_1/p_2 < 3$。

（2）尽量降低液压泵的吸油高度，采用内径较大的吸油管并少用弯头，吸油管端的过滤器容量要大，以减少管道阻力。必要时可采用辅助泵供油。

（3）各元件的连接处要密封可靠，防止空气进入。

（4）对容易产生气蚀的元件，如泵的配油盘等，要采用抗腐蚀能力强的金属材料，增强元件的机械强度。

要计算产生空穴的可能程度，要规定判别允许的和不允许的空穴界限。到目前为止，还没有判别空穴界限的通用标准，例如，对液压泵吸油口的空穴、液压缸和液压马达中的空穴、压力脉动所引起的空穴，都有各自的专用判别系数，我们在此就不讨论了。

课 堂 讨 论

课堂讨论：液阻的形成、层流紊流的判断、液动力的方向。

思考题与习题

2-1   液压油有哪几种类型？液压油的牌号与黏度有什么关系？如何选用液压油？

2-2   已知某液压油的运动黏度为 $32mm^2/s$，密度为 $900kg/m^3$，问：其动力黏度和恩氏黏度各为多少？

2-3   已知某液压油在 20℃时的恩氏黏度为 $°E_{20}=10$，在 80℃时为 $°E_{80}=3.5$，试求温度为 60℃时的运动黏度。

2-4   什么是压力？压力有哪几种表示方法？液压系统的工作压力与外界负载有什么关系？

2-5   解释如下概念：恒定流动，非恒定流动，通流截面，流量，平均流速。

2-6   伯努利方程的物理意义是什么？该方程的理论式和实际式有什么区别？

2-7   管路中的压力损失有哪几种？其值与哪些因素有关？

2-8   已知 $D=250mm$，$d=100mm$，$F=80kN$，不计油液自重产生的压力，求如图 2.35 所示两种情况下液压缸中液体的压力。

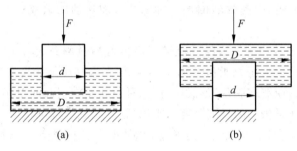

(a)   (b)

图 2.35   题 2-8 图

2-9   如图 2.36 所示各容器内盛满水，已知 $F=5kN$，$d=1m$，$h=1m$，$\rho=1000kg/m^3$，求：
(1) 各容器底面所受到的压力及总作用力；

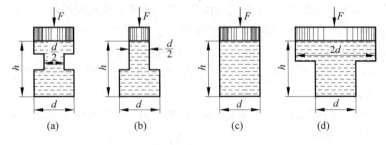

(a)   (b)   (c)   (d)

图 2.36   题 2-9 图

（2）若 $F=0$，各容器底面所受的压力及总作用力。

2-10　如图 2.37 所示，球形容器内装有水，U 形管测压计内装有水银，U 形管一端与球形容器相连，一端开口。已知：$h_1=200\text{mm}$，$h_2=250\text{mm}$，水的密度 $\rho_1=1\times10^3\text{kg/m}^3$，水银密度 $\rho_2=13.6\times10^3\text{kg/m}^3$。求容器中 A 点的相对压力和绝对压力。

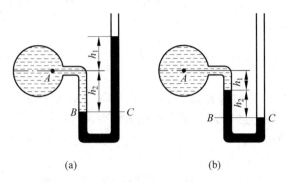

(a)　　　　　　　(b)

图 2.37　题 2-10 图

2-11　如图 2.38 所示，充满液体的倒置 U 形管，一端位于一液面与大气相通的容器中，另一端位于一密封容器中。容器与管中液体相同，密度 $\rho=900\text{kg/m}^3$。若 $h_1=h_2=1\text{m}$，试求 A、B 两处的真空度。

2-12　如图 2.39 所示容器上部充满压力为 p 的气体，容器内液面高度 $h=400\text{mm}$，液柱高度 $H=1\text{m}$，液体密度 $\rho=900\text{kg/m}^3$，其上端与大气连通，问容器内气体的绝对压力和表压力各为多少？

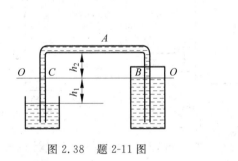

图 2.38　题 2-11 图

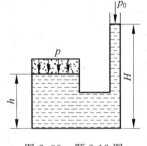

图 2.39　题 2-12 图

2-13　如图 2.40 所示，$d_1=20\text{mm}$，$d_2=40\text{mm}$，$D_1=75\text{mm}$，$D_2=125\text{mm}$，$q=25\text{L/min}$，求 v_1，v_2，q_1，q_2 各为多少？

2-14　如图 2.41 所示，油管水平放置，截面 1—1、截面 2—2 处的内径分别为 $d_1=5\text{mm}$，$d_2=2\text{mm}$，在管内流动的油液密度 $\rho=900\text{kg/m}^3$，运动黏度 $\nu=20\text{mm}^2/\text{s}$。若不计油液流动的能量损失，试问：

（1）截面 1—1 和截面 2—2 哪一处压力较高？为什么？

（2）若管内通过的流量 $q=30\text{L/min}$，求两截面间的压力差 Δp。

2-15　已知管道直径为 50mm，油的运动黏度为 20cSt，如果液体处于层流状态，那么可以通过的最大流量不超过多少？

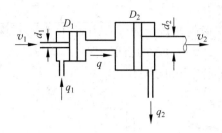

图 2.40   题 2-13 图

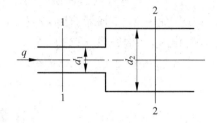

图 2.41   题 2-14 图

2-16   如图 2.42 所示的水箱,已知:水箱底部立管直径 $d=20\text{mm}$,水的密度 $\rho=1000\text{kg/m}^3$。假设动能修正系数为 1,不考虑压力损失,求:

(1) 立管出口处的流速;

(2) 高立管出口 1m 处的水压力。

2-17   如图 2.43 所示,已知液面高度 $H=5\text{m}$,截面 1—1 面积 $A_1=2000\text{mm}^2$,截面 2—2 面积 $A_2=5000\text{mm}^2$,液体密度 $\rho=1000\text{kg/m}^3$,不计能量损失,求孔口的流量以及截面 2—2 处的压力(取 $\alpha=1$,不计损失)。

2-18   如图 2.44 所示的油箱,当放液阀关闭时,压力表读数 $p=0.3\text{MPa}$,当阀门打开时,压力表读数 $p=0.08\text{MPa}$。已知液体密度 $\rho=820\text{kg/m}^3$,若管道内径 $d=10\text{mm}$,不计液体流动时的能量损失,假设打开阀门时液流为紊流,试求流量 q。

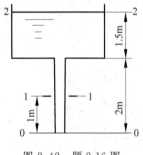

图 2.42   题 2-16 图

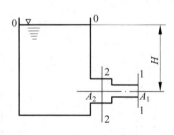

图 2.43   题 2-17 图

图 2.44   题 2-18 图

2-19   如图 2.45 所示为一流量计,$D_1=250\text{mm}$,$D_2=100\text{mm}$,流量计读数 $h=40\text{mm}$ 汞柱,$\alpha=1$,水平管道中液体的密度 $\rho_1=900\text{kg/m}^3$,水银密度 $\rho_2=13.6\times10^3\text{kg/m}^3$,不计压力损失,求通过流量计的液体流量。

2-20   液压泵安装如图 2.46 所示,已知泵的输出流量 $q=25\text{L/min}$,吸油管直径 $d=25\text{mm}$,泵的吸油口距油箱液面的高度 $H=0.4\text{m}$。设油的运动黏度 $\nu=20\text{mm}^2/\text{s}$,密度为 $\rho=900\text{kg/m}^3$。若仅考虑吸油管中的沿程损失,试计算液压泵吸油口处的真空度。

2-21   如图 2.47 所示液压泵的流量 $q=60\text{L/min}$,吸油管的直径 $d=25\text{mm}$,管长 $l=2\text{m}$,过滤器的压力降 $\Delta p_\xi=0.01\text{MPa}$(不计其他局部损失)。液压油在室温时的运动黏度 $\nu=142\text{mm}^2/\text{s}$,密度 $\rho=900\text{kg/m}^3$,空气分离压 $p_\text{d}=0.04\text{MPa}$。求泵的最大安装高度 H_max。

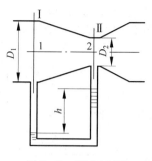

图 2.45　题 2-19 图

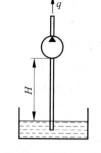

图 2.46　题 2-20 图

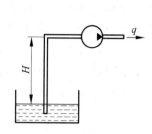

图 2.47　题 2-21 图

2-22　水平放置的光滑圆管由两段组成(如图 2.48 所示),直径分别为 $d_1=10\text{mm}$ 和 $d_0=6\text{mm}$,每段长度 $l=3\text{m}$。液体密度 $\rho=900\text{kg/m}^3$,运动黏度 $\nu=0.2\times10^{-4}\text{m}^2/\text{s}$,通过流量 $q=18\text{L/min}$,管道突然缩小处的局部阻力系数 $\xi=0.35$。试求管内的总压力损失及两端的压力差(注:局部损失按断面突变后的流速计算)。

2-23　内径 $d=1\text{mm}$ 的水平阻尼管内有 $q=0.3\text{L/min}$ 的流量流过,液压油的密度 $\rho=900\text{kg/m}^3$,运动黏度 $\nu=20\text{mm}^2/\text{s}$,欲使管的两端保持 1MPa 的压差,试计算阻尼管的理论长度。

2-24　如图 2.49 所示,外力 $F=5\text{kN}$,活塞直径 $D=60\text{mm}$,孔口直径 $d=8\text{mm}$,流量系数 $C_q=0.62$,油液密度 $\rho=880\text{kg/m}^3$,油液在外力作用下由液压缸底部的小孔流出,不计摩擦,求作用在液压缸右端内侧壁面上的力。

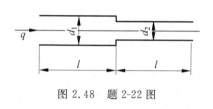

图 2.48　题 2-22 图

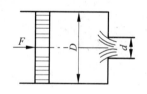

图 2.49　题 2-24 图

2-25　假设管道横截面积为 A,液体密度为 ρ,试分析如图 2.50 所示两种情况下液体对固体壁面作用力 F 的方向及大小。

2-26　由液流的连续性方程可知,通过某断面的流量与压力无关;而通过小孔的流量却与压差有关。这是为什么?

2-27　液压泵输出流量可手动调节,当 $q_1=25\text{L/min}$ 时,测得阻尼孔 R(见图 2.51)前的压力为 $p_1=0.05\text{MPa}$;若泵的流量增加到 $q_2=50\text{L/min}$,阻尼孔前的压力 p_2 将是多大(阻尼孔 R 分别按细长孔和薄壁孔两种情况考虑)?

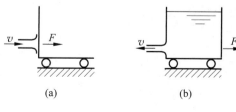

(a)　　　　　　　　　(b)

图 2.50　题 2-25 图

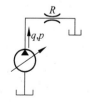

图 2.51　题 2-27 图

2-28　在如图 2.52 所示的滑动轴承中,轴的直径 $D=150$mm,轴承宽度 $B=250$mm,间隙 $\delta=1$mm,其中充满润滑油,当以转速 $n=180$r/min 运转时,润滑油的温度为 40℃,其动力黏度 $\mu=0.054$Pa·s,求润滑油阻力损耗的功率。

2-29　如图 2.53 所示柱塞受 $F=100$N 的固定力作用而下落,缸中油液经缝隙泄出。设缝隙厚度 $\delta=0.05$mm,缝隙长度 $l=80$mm,柱塞直径 $d=20$mm,油的动力黏度 $\mu=50\times10^{-3}$Pa·s。试计算:当柱塞和缸孔同心时,下落 0.1m 所需时间是多少?

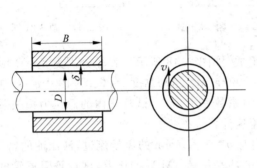 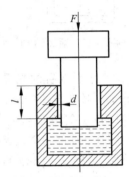

图 2.52　题 2-28 图　　　　　图 2.53　题 2-29 图

第 3 章

液压泵及液压马达

重点、难点分析

本章的重点是容积式泵和液压马达的工作原理；泵和液压马达的性能参数的定义、相互间的关系、量值的计算；常用液压泵和马达的典型结构、工作原理、性能特点及适用场合；外反馈限压式变量叶片泵的特性曲线（曲线形状分析、曲线调整方法）等内容。学习容积式泵和马达的性能参数及参数计算关系，是为了在使用中能正确选用与合理匹配元件；掌握常用液压泵和马达的工作原理、性能特点及适用场合是为了合理使用与恰当分析泵及马达的故障，也便于分析液压系统的工作状态。

本章内容的难点是容积式泵和液压马达的主要性能参数的含义及其相互间的关系；容积式泵和液压马达的工作原理；容积式泵和液压马达的困油、泄漏、流量脉动、定子曲线、叶片倾角等相关问题；限压式变量泵的原理与变量特性；高压泵的结构特点。

3.1 概　　述

如第 1 章所述，在液压传动系统中，能源装置是为整个液压系统提供能量的，就如同人的心脏为人体各部分输送血液一样，在整个液压系统中起着极其重要的作用。液压泵就是一种能量转换装置，它将驱动电机的机械能转换为油液的压力能，以满足执行机构驱动外负载的需要。

3.1.1 液压泵的基本工作原理

目前液压系统中使用的液压泵，其工作原理几乎都是一样的，就是靠液压密封的工作腔的容积变化来实现吸油和压油，因此称为容积式液压泵。

容积式液压泵的工作原理很简单，以单柱塞式液压泵为例，就像我们常见的医用注射器一样，再配以自动配流装置就可。如图 3.1 所示的就是单柱塞式容积式液压泵工作原理。柱塞 2 是靠偏心凸轮 1 的旋转而上下移动的，当柱塞下移时，工作腔 4 容积变大，产生真空，此时，单向阀 6 关闭，油箱中的油液通过单向阀 5 被吸入工作腔内；反之，当柱塞上移时，工作腔容积变小，腔内的油液压力升高，此时，单向阀 5 关闭，油液便通过单向阀 6 被输送到系统中去,偏心凸轮的连续旋转使得泵不断的吸油和压油。由此可见,液压泵输出油液流量的大小取决于工作腔容积的变化量。

由上所述,一个容积式液压泵必须具备的条件是:

(1) 具有若干个容积能够不断变化的密封工作腔;

(2) 相应的配流装置。在上面的例子中,配流是以两个单向阀的开启在泵外面实现的,称为阀式配流;而有的泵本身就带有配流装置,如叶片泵的配流盘、柱塞泵的配流轴等,称为确定式配流。

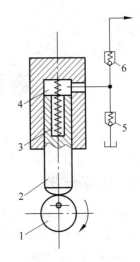

图 3.1　容积式液压泵工作原理图
1—偏心凸轮;2—柱塞;3—弹簧;4—工作腔;
5—单向阀(吸油);6—单向阀(压油)

3.1.2　液压泵的分类

(1) 按液压泵单位时间内输出油液的体积能否变化分为定量泵和变量泵,其中定量泵指单位时间内输出的油液体积不能变化;变量泵指单位时间内输出油液的体积能够变化。

(2) 按液压泵的结构来分主要有:齿轮泵,分为内啮合齿轮泵和外啮合齿轮泵;叶片泵,分为单作用式叶片泵和双作用式叶片泵;柱塞泵,分为径向柱塞泵和轴向柱塞泵;螺杆泵。

(3) 液压泵按其组成还可以分为单泵和复合泵。

3.1.3　液压泵的图形符号

液压泵的图形符号如图 3.2 所示。

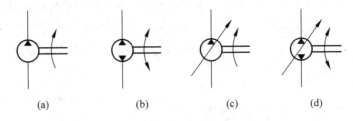

(a)　　　　　　(b)　　　　　　(c)　　　　　　(d)

图 3.2　液压泵的图形符号
(a) 单向定量液压泵;(b) 双向定量液压泵;(c) 单向变量液压泵;(d) 双向变量液压泵

3.1.4　液压泵的主要性能参数

1. 液压泵的压力

(1) 工作压力:是指液压泵在实际工作时输出的油液压力,也就是说要克服外负载所必须建立起来的压力,可见其大小取决于外负载。

(2) 额定压力:是指液压泵在正常工作状态下,连续使用中允许达到的最高压力,一般情况下,就是液压泵出厂时标牌上所标出的压力。

2. 液压泵的排量

液压泵的排量是指该泵在没有泄漏的情况下每转一转所输出的油液的体积。它与液压泵的几何尺寸有关,用 V 来表示。

3. 液压泵的流量

液压泵的流量分为理论流量、实际流量和额定流量。

(1) 理论流量是指该泵在没有泄漏的情况下单位时间内输出油液的体积,可见,它等于排量和转速的乘积,即 $q_t = Vn$,流量的单位为 m^3/s,实际应用中也常用 L/min 来表示。

(2) 实际流量 q 是指泵在单位时间内实际输出油液的体积,也就是说泵在有压力的情况下,存在着油液的泄漏,使实际输出流量小于理论流量,详见下面分析。

(3) 额定流量是指泵在额定转速和额定压力下输出的流量。即在正常工作条件下,按实验标准规定必须保证的流量。

4. 功率

1) 输入功率

液压泵的输入功率就是电机驱动液压泵轴的机械功率,它等于输入转矩乘以角速度:

$$P_i = T\omega \tag{3.1}$$

式中,P_i 为输入功率,W;T 为液压泵的输入转矩,N·m;ω 为液压泵的角速度,rad/s。

2) 输出功率

液压泵的输出功率就是液压泵输出的液压功率,它等于泵输出的压力乘以输出流量:

$$P_o = pq \tag{3.2}$$

式中,P_o 为输出功率,W;p 为液压泵的输出压力,Pa;q 为液压泵的实际输出流量,m^3/s。

如果不考虑损失的话,输出功率等于输入功率。但是任何机械在能量转换过程中都有能量的损失,液压泵也同样,由于能量损失的存在,其输出功率总是小于输入功率。

5. 效率

液压泵的效率是由容积效率和机械效率两部分所组成。

1) 容积效率

液压泵的容积效率是由容积损失(流量损失)来决定的。容积损失就是指流量的损失,主要是由泵内高压引起油液泄漏所造成的,压力越高,油液的黏度越小,其泄漏量就越大。在液压传动中,一般用容积效率 η_v 来表示容积损失,如果设 q_t 为液压泵在没有泄漏情况下的流量,称为理论流量;而 q 为液压泵的实际输出流量,则液压泵的容积效率可表示为

$$\eta_v = \frac{q}{q_t} = \frac{q_t - \Delta q}{q_t} = 1 - \frac{\Delta q}{q_t} \tag{3.3}$$

式中,Δq 为液压泵的流量损失,即泄漏量。

2)机械效率

液压泵的机械效率是由机械损失所决定的。机械损失是指液压泵在转矩上的损失,主要原因是液体因黏性而引起的摩擦转矩损失及泵内机件相对运动引起的摩擦损失。在液压传动中,以机械效率 η_{m} 来表示机械损失,设 T_{t} 为液压泵的理论转矩;而 T 为液压泵的实际输入转矩,则液压泵的机械效率可表示为

$$\eta_{\mathrm{m}} = \frac{T_{\mathrm{t}}}{T} = \frac{T_{\mathrm{t}}}{T_{\mathrm{t}} + \Delta T} \tag{3.4}$$

式中,ΔT 为液压泵的机械损失。

3)液压泵的总效率

液压泵的总效率等于泵的输出功率与输入功率的比值,也等于泵的机械效率和容积效率的乘积,即

$$\eta = \frac{P_{\mathrm{o}}}{P_{\mathrm{i}}} = \eta_{\mathrm{v}} \eta_{\mathrm{m}} \tag{3.5}$$

一般情况下,在液压系统设计计算中,常常需要计算液压泵的输入功率以确定所需电机的功率。根据前面的推导,液压泵的输入功率可用下式计算:

$$P_{\mathrm{i}} = \frac{P_{\mathrm{o}}}{\eta} = \frac{pq}{\eta} = \frac{pVn}{\eta_{\mathrm{m}}} \tag{3.6}$$

3.1.5 液压泵特性及检测

液压泵的性能是衡量液压泵优劣的技术指标,主要包括液压泵的压力-流量特性、泵的容积效率曲线、泵的总效率曲线等。检测一个液压泵的性能可用如图 3.3 所示系统。

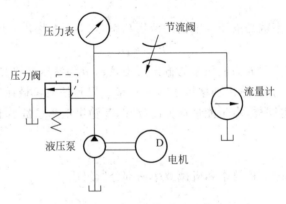

图 3.3   液压泵性能检测原理图

在检测泵的上述性能中,首先将压力阀置于额定压力下,再将节流阀全部打开,使泵的负载为零(此时,由于管路的压力损失,压力表的显示并不是零),在流量计上读出流量值来。一般情况下,都是以此时的流量(即空载流量)作为理论流量 q_{t} 的。然后再逐渐升高压力值(通过调节节流阀阀口来实现),读出每次调定压力(即工作压力)后的流量值 q。根据上述操作得到的数据即可绘出被测泵的压力-流量曲线,根据公式(3.3)即可算出各调定压力点

的容积效率 η_V。如果在输入轴上测得转矩及转速，则可根据公式(3.1)计算出泵的输入功率 P_i，再利用公式(3.2)算出泵的输出功率 P_o，则可将液压泵的总效率 η 算出，根据上面的数据绘出如图 3.4 所示的泵的特性曲线来。

目前，随着传感技术及计算机技术的发展，在液压检测方面已广泛应用计算机辅助检测技术(CAT)。计算机辅助检测系统的使用大大提高了检测精度及效率，尤其是虚拟仪器技术的应用，更是简化了检测系统，实现了人工检测无法实现的检测项目，使液压元件性能的检测更加科学化。

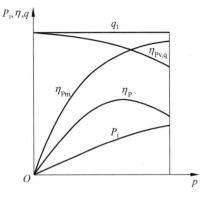

图 3.4　液压泵的性能曲线

3.2　齿　轮　泵

齿轮泵是液压泵中最常见的一种泵，可分为外啮合齿轮泵和内啮合齿轮泵两种，无论是哪一种，都属于定量泵。

3.2.1　外啮合齿轮泵的结构及工作原理

外啮合齿轮泵一般都是三片式，主要由一对相互啮合的齿轮、泵体及齿轮两端的两个端盖所组成，其工作原理如图 3.5 所示。

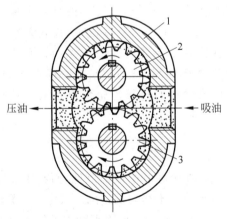

图 3.5　齿轮泵的工作原理
1—泵体；2—主动齿轮；3—从动齿轮

外啮合齿轮泵的工作腔是齿轮上每相邻两个齿的齿间槽、壳体与两端盖之间形成的密封空间。当齿轮按图示方向旋转时，其右侧吸油腔的相互啮合着的轮齿逐渐脱开，使得工作腔容积增大，形成部分真空，油箱中的油在大气压作用下被压入吸油腔内。随着齿轮的旋转，工作腔中的油液被带入左侧压油区，这时，由于齿轮的两个轮齿逐渐进行啮合，密封工作腔容积不断减小，压力增高，油便通过压油口被挤压出去。从图 3.5 中可见，吸油区和压油区是通过相互啮合的轮齿和泵体隔开的。

3.2.2　外啮合齿轮泵的流量计算

外啮合齿轮泵的排量就是齿轮每转一转齿间工作腔从吸油区带入压油区的油液的容积的总和，其精确的计算要根据齿轮的啮合原理来进行，计算过程比较复杂。一般情况下用近似计算来考虑,认为齿间槽的容积近似于齿轮轮齿的体积。因此,设齿轮齿数为 Z,节圆直径为 D,齿高为 h,模数为 m,齿宽为 b 时,泵的排量近似计算公式为

$$V = \pi Dhb = 2\pi Zm^2 b \qquad (3.7)$$

但实际上,泵的齿间槽的容积要大于轮齿的体积,所以,将 2π 修正为 6.66。齿轮泵的流量计算公式为

$$q = nV = 6.66Zm^2 nb \qquad (3.8)$$

上式只是齿轮泵的平均流量,实际上齿轮啮合过程中瞬时流量是脉动的(这是因为压油腔容积变化率是不均匀的)。设最大流量和最小流量为 q_{max}、q_{min},则流量脉动率为

$$\sigma = \frac{q_{max} - q_{min}}{q} \qquad (3.9)$$

在齿轮泵中,外啮合齿轮泵的流量脉动率要高于内啮合齿轮泵,并且随着齿数的减少而增大,最高可达 20% 以上。液压泵的流量脉动对泵的正常使用有较大影响,它会引起液压系统的压力脉动,从而使管道、阀等元件产生振动和噪声,同时,也影响工作部件的运动平稳性,特别是对精密机床的液压传动系统更为不利。因此,在使用时要特别注意。

3.2.3　齿轮泵结构中存在的问题及解决措施

1. 泄漏问题

前面讲过,液压泵在工作中其实际输出流量比理论流量要小,主要原因是泄漏。齿轮泵从高压腔到低压腔的油液泄漏主要通过三个渠道:一是通过齿轮两侧面与两面侧盖板之间的间隙;二是通过齿轮顶圆与泵体内孔之间的径向间隙;三是通过齿轮啮合处的间隙。其中,第一种间隙为主要泄漏渠道,占泵总泄漏量的 $75\%\sim85\%$。正是由于这个原因,使得齿轮泵的输出压力上不去,影响了齿轮泵的使用范围。所以,解决齿轮泵输出压力低的问题,就要从解决端面泄漏入手。一些厂家采用在齿轮两侧面加浮动轴套或弹性挡板,将齿轮泵输出的压力油引到浮动轴套或弹性挡板外部,增加对齿轮侧面的压力,以减小齿侧间隙,达到减少泄漏的目的,目前不少厂家生产的高压齿轮泵都是采用这种措施。

2. 径向不平衡力的问题

在齿轮泵中,作用于齿轮外圆上的压力是不相等的,在吸油腔中压力最低,而在压油腔中,压力最高。在整个齿轮外圆与泵体内孔的间隙中,压力是不均匀的,存在着压力的逐渐升级,因此,对齿轮的轮轴及轴承产生了一个径向不平衡力。这个径向不平衡力不仅加速了轴承的磨损,影响它的使用寿命,并且可能使齿轮轴变形,造成齿顶与泵体内孔的摩擦,损坏泵体,使得泵不能正常工作。解决的办法一种是可以开压力平衡槽,将高压油引到低压区,但这会造成泄漏增加,影响容积效率;另一种是采用缩小压油腔的办法,使作用于轮齿上的压力区域减小,从而减小径向不平衡力。

3. 困油问题

为了使齿轮泵能够平稳地运转及连续均匀地供油,在设计上就要保证齿轮啮合的重叠

系数大于 1($\varepsilon > 1$)，也就是说，齿轮泵在工作时，在啮合区有两对齿轮同时啮合，形成封闭的容腔，如果此时既不与吸油腔相通，又不与压油腔相通，便使油液困在其中，如图 3.6 所示。齿轮泵在运转中，封闭腔的容积不断地变化，当封闭腔容积变小时，油液受很高压力，从各处缝隙挤压出去，造成油液发热，并使机件承受额外负载。而当封闭腔容积增大时，又会造成局部真空，使油液中溶解的气体分离出来，并使油液本身汽化，加剧流量不均匀，两者都会造成强烈的振动与噪声，降低泵的容积效率，影响泵的使用寿命，这就是齿轮泵的困油现象。

　　解决这一问题的方法是在两侧端盖各铣两个卸荷槽，如图 3.6 中的双点划线所示。两个卸荷槽间的距离应保证困油空间在达到最小位置以前与压力油腔连通，通过最小位置后与吸油腔连通，同时又要保证任何时候吸油腔与压油腔之间不能连通，以避免泄漏，降低容积效率。

3.2.4　内啮合齿轮泵

　　内啮合齿轮泵一般又分为摆线齿轮泵（转子泵）和渐开线齿轮泵两种，如图 3.7 所示，它们的工作原理和主要特点完全与外啮合齿轮泵相同。

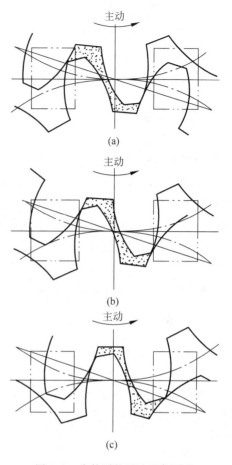

图 3.6　齿轮泵的困油现象原理

　　在渐开线内啮合齿轮泵中，小齿轮是主动轮，它带动内齿轮旋转。在小齿轮与内齿轮之间要加一块月牙形的隔离板 3，以便将吸油腔与压油腔分开。在上半部，工作腔容积发生变化，进行吸油和压油。在下半部，工作腔容积并不发生变化，只起过渡作用。

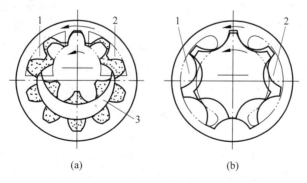

图 3.7　内啮合齿轮泵的工作原理
(a) 渐开线内啮合齿轮泵；(b) 摆线内啮合齿轮泵
1—吸油窗口；2—压油窗口；3—隔离板

在摆线内啮合齿轮泵中,小齿轮比内齿轮少一个齿,小齿轮与内齿轮的齿廓由一对共轭曲线所组成,常用的是共轭摆线,它能保证小齿轮的齿顶在工作时不脱离内齿轮的齿廓,以保证形成封闭的工作腔。如图 3.7 所示,这种泵在工作时,工作腔在左半区(与吸油窗口 1 接触)容积增大,为吸油区;而在右半区(与压油窗口 2 接触)工作腔容积减小,为压油区。

3.2.5　齿轮泵的优缺点

外啮合齿轮泵的优点是结构简单、重量轻、尺寸小、制造容易、成本低、工作可靠、维护方便、自吸能力强、对油液的污染不敏感,可广泛用于压力要求不高的场合,如磨床、珩磨机等中低压机床中;它的缺点是漏油较多,轴承上承受不平衡力,磨损严重,压力脉动和噪声较大。

内啮合齿轮泵的优点是:结构紧凑、尺寸小、重量轻;由于内外齿轮转向相同,相对滑移速度小,因而磨损小、寿命长;其流量脉动和噪声都比外啮合齿轮泵要小得多。

内啮合齿轮泵的缺点是:齿形复杂、加工精度要求高,因而造价高。

3.3　叶　片　泵

叶片泵也是一种常见的液压泵。根据结构来分,叶片泵有单作用式和双作用式两种。单作用式叶片泵又称非平衡式泵,一般为变量泵;双作用式叶片泵也称平衡式泵,一般是定量泵。

3.3.1　双作用式叶片泵

1. 工作原理

图 3.8 所示双作用式叶片泵是由定子 6、转子 3、叶片 4、配流盘和泵体 1 组成,转子与定子同心安装,定子的内曲线是由 2 段长半径圆弧、2 段短半径圆弧及 4 段过渡曲线所组成,共有 8 段曲线。如图 3.8 所示,转子做顺时针旋转,叶片在离心力作用下,径向伸出,其顶部在定子内曲线上滑动。此时,由两叶片、转子外圆、定子内曲线及两侧配油盘所组成的封闭的工作腔的容积在不断地变化,在经过右上角及左下角的配油窗口处时,叶片回缩,工作腔容积变小,油液通过压油窗口输出;在经过右下角及左上角的配油窗口处时,叶片伸出,工作腔容积增加,油液通过吸油窗口吸入。在每个吸油口与压油口之间,有一段封油区,对应于定子内曲线的 4 段圆弧处。

双作用式叶片泵每转一转,每个工作腔完成吸油两次和压油两次,所以称其为双作用式叶片泵,又因泵的两个吸油窗口与两个压油窗口是径向对称的,作用于转子上的液压力是平衡的,所以又称为平衡式叶片泵。

定子曲线是影响双作用式叶片泵性能的一个关键因素,它将影响叶片泵的流量均匀性、噪声、磨损等问题,过渡曲线的选择主要考虑叶片在径向移动时的速度和加速度应当均匀变

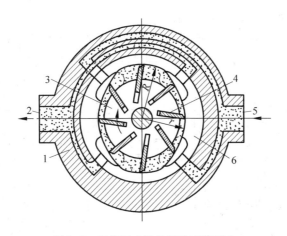

图 3.8　双作用式叶片泵的工作用力
1—泵体；2—压油口；3—转子；4—叶片；5—吸油口；6—定子

化，避免径向速度有突变，使得加速度无限大，引起刚性冲击；同时又要保证叶片在作径向运动时，叶片顶部与定子内曲线表面不应产生脱空现象。目前，常用的定子曲线有等加速-等减速曲线、高次曲线和余弦曲线等。

叶片泵在叶片数 z 确定后，由每两个叶片所夹的工作腔所占的工作空间角度随之确定（$360°/z$），该角度所占区域应在配流盘上吸油口与压油口之间（封油区内），否则会造成吸油口与压油口相通；而定子曲线中 4 段圆弧所占的工作角度应大于封油区所对应的角度，否则会产生困油现象。

2. 流量计算

双作用式叶片泵的排量计算是将工作腔最大时（相对应长半径圆弧处）的容积减去工作腔最小时（相对应短半径圆弧处）的容积，再乘以工作腔数的 2 倍。考虑到叶片在工作时所占的厚度，实际上双作用式叶片泵的流量可用下式计算：

$$q = 2B\left[\pi(R^2 - r^2) - \frac{(R-r)bz}{\cos\theta}\right]n\eta_v \tag{3.10}$$

式中，R 为定子曲线圆弧的长半径；r 为定子曲线圆弧的短半径；n 为叶片泵的转速；θ 为叶片的倾角（考虑到减小叶片顶部与定子曲线接触点的压力角，叶片朝旋转方向倾斜一个角度，一般 $\theta = 10° \sim 14°$）；z 为叶片数；B 为叶片的宽度；b 为叶片的厚度。

在双作用式叶片泵中，由于叶片有厚度，其瞬时流量是不均匀的，再考虑工作腔进入压油区时产生的压力冲击使油液被压缩（这个问题可以通过在压油窗口开设一个三角沟槽来缓解），因此，双作用式叶片泵的流量出现微小的脉动，实验证明，在叶片数为 4 的倍数时，流量脉动最小，所以，双作用式叶片泵的叶片数一般为 12 片或 16 片。

3. 双作用式叶片泵提高压力的措施

在双作用式叶片泵中，为了保证叶片和定子内表面紧密接触，一般都采取将叶片根部通入压力油的方法来增加压力。但这也带来另外一个问题，就是压力使得叶片受力增加，加速了叶片泵定子内表面的磨损，影响了叶片泵的寿命，特别是对于高压叶片泵更加严重。如何

减少作用于叶片上的液压力,常用以下措施:

(1) 减小作用于叶片根部的油液压力。可以将泵的压油腔到叶片根部之间加一个阻尼孔或安装一个减压阀,以降低进入叶片根部的油液压力。

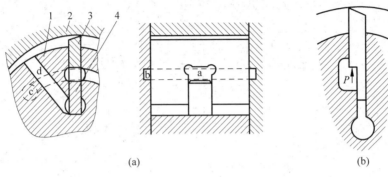

图 3.9　特殊叶片结构

(a) 复合叶片；(b) 阶梯叶片

1—转子；2—定子；3—大叶片；4—小叶片

(2) 减小叶片根部的受压面积。可以像如图 3.9(a)所示的复合叶片,大叶片(母叶片)套在小叶片(子叶片)上可沿径向自由伸缩,两叶片中间的油室 a 通过油道 b、c 始终与压油腔相通,而小叶片根部通过油道 d 时与工作腔相通,母叶片只是受油室 a 中的油液压力而压向定子表面,由于减小了叶片的承压宽度,从而减小了叶片上的受力；还可以像如图 3.9(b)所示的阶梯叶片,同复合叶片一样,这种叶片中部的孔与压油腔始终相通,而叶片根部时时与工作腔相通,由于结构上是阶梯形的,因此减小了叶片的承压厚度,从而减小了叶片上所受的力。

(3) 采用双叶片结构,如图 3.10 所示。这种叶片的特点是,在转子的每一个槽中安装有一对叶片,它们之间可以相对自由滑动,但在与定子接触的位置每个叶片只是外部一点接触,形成了一个封闭的 V 形储油空间,压力油通过两叶片中间的通孔进入叶片顶部,保证了在泵工作时,使叶片上下的压力相等,从而减小了叶片所受的力的大小。

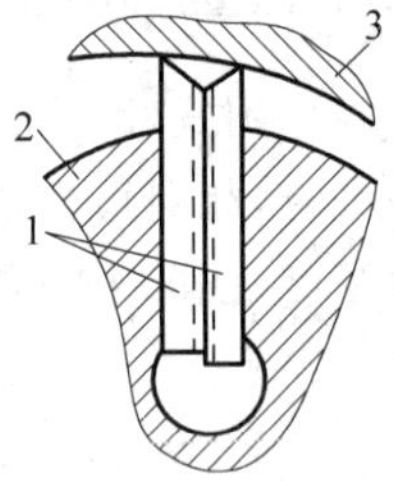

图 3.10　双叶片结构

1—叶片；2—转子；3—定子

3.3.2　单作用式叶片泵

1. 工作原理

单作用式叶片泵的工作原理如图 3.11 所示。泵的组成也是由转子 1、定子 2、叶片 3、配流盘和泵体组成。但是,单作用式叶片泵与双作用式叶片泵的最大不同在于,它的定子内曲线是一个圆形的,定子与转子的安装是偏心的。正是由于存在着偏心,使得由叶片、转子、定子和配油盘形成的封闭工作腔在转子旋转工作时,才会出现容积的变化。如图 3.11 所示转子逆时针旋转时,当工作腔从最下端向上通过右边区域时,容积由小变大,产生真空,通过配流窗口将油吸入工作腔。而当工作腔从最上端向下通过左边区域时,容积由大变小,油液受压,从左边的配流窗口进入系统中去。在吸油窗口和压油窗口之间,有一段封油区,将吸油腔和压油腔隔开。

由此可见,这种泵转子每转一转,吸油、压油各一次,因此称为单作用式叶片泵。这种泵的吸油窗口和压油窗口各一个,因此存在着径向不平衡力,所以又称非平衡式液压泵。

单作用式叶片泵通过改变转子和定子之间的偏心距就可以改变泵的排量,因此来改变泵的流量。偏心距的改变可以是人工的,也可以是自动调节。常见的变量叶片泵是自动调节的,自动调节的变量叶片泵又可分为限压式和稳流量式等。下面仅介绍限压式变量叶片泵。

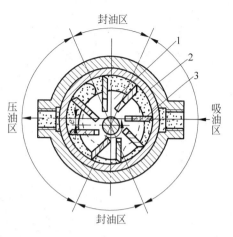

图 3.11 单作用式叶片泵工作原理
1—转子;2—定子;3—叶片

2. 限压式变量泵

限压式变量泵分为内反馈式和外反馈式两种。内反馈式主要是利用单作用式叶片泵所受的径向不平衡力来进行压力反馈,从而改变转子与定子之间的偏心距,以达到调节流量的目的;外反馈式主要利用泵输出的压力油从外部来控制定子的移动,以达到改变偏心、调节流量的目的。这里只介绍外反馈式限压变量泵。

图 3.12 所示是外反馈变量叶片泵的工作原理。图中转子 1 是固定不动,定子 3 可以左右移动。在定子左边安装有弹簧 2,在右边安装有一个柱塞液压缸 5,它与泵的输出油路相连。在泵的两侧面有两个配流盘,其配流窗口上下对称,当泵以图示的逆时针旋转时,在上半部工作腔的容积由大到小,为压油区;而在下半部,工作腔的容积由小到大,为吸油区。

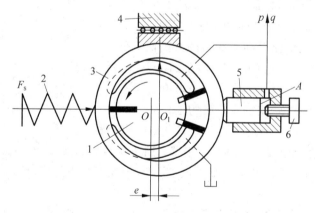

图 3.12 外反馈式限压式变量泵工作原理图
1—转子;2—弹簧;3—定子;4—滑动支承;5—柱塞液压缸;6—调节螺钉

泵开始工作时,在弹簧力 F_s 的作用下定子处于最右端,此时偏心 e 最大,泵的输出流量也最大。调节螺钉 6 用以调节定子能够达到的最大偏心位置,也就是由它来决定泵在本次调节中的最大流量为多少。当油泵开始工作后,其输出压力升高,通过油路返回到柱塞液压缸的油液压力也随之升高,在作用于柱塞上的液压力小于弹簧力时,定子不动,泵处于最大流量;当作用于柱塞上的液压力大于弹簧力后,定子的平衡被打破,定子开始向左移动,于是定子与转子间的偏心距开始减小,从而泵输出的流量开始减少,直至偏心为零,此时,泵输出流量也为零,不管外负载再如何增大,泵的输出压力再不会增高。因此,这种泵被称为限压式变量泵。

图 3.13 为 YBX 型外反馈式限压式变量泵的实际结构图。

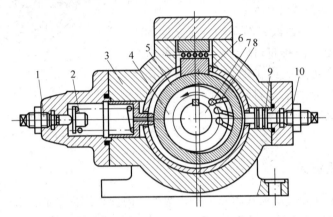

图 3.13　YBX 型外反馈式限压式变量泵

1—调节螺钉；2—弹簧；3—泵体；4—转子；5—定子；6—滑块；
7—泵轴；8—叶片；9—柱塞；10—最大偏心调节螺钉

如图 3.14 所示,限压式变量泵工作时的压力-流量特性曲线分为两段。第一段 AB 是在泵的输出油液作用于活塞上的力还没有达到弹簧的预压紧力时,定子不动,此时,影响泵的流量只是随压力增加而泄漏量增加,相当于定量泵;第二段 BC 出现在泵输出油液作用于活塞上的力大于弹簧的预压紧力后,转子与定子的偏心改变,泵输出的流量随着压力的升高而降低;当泵的工作压力接近于曲线上的 C 点时,泵的流量已很小,这时,压力已较高,泄漏也较多,当泵的输出流量完全用于补偿泄漏时,泵实际向外输出的流量已为零。

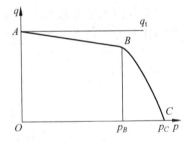

图 3.14　限压式变量泵特性曲线

调节图 3.13 中的最大偏心调节螺钉 10,即可以改变泵的最大流量,这时曲线 AB 段上下平移;通过调节螺钉 1,即可调整弹簧预紧力 F_s 的大小,这时曲线 BC 段左右平移;如果改变调节弹簧的刚度,则可以改变曲线 BC 段的斜率。

从上面讨论可以看出,限压式变量泵特别适用于工作机构有快、慢速进给要求的情况,例如组合机床的动力滑台等。此时,当需要有一个快速进给运动时,所需流量最大,正好应用曲线的 AB 段;当转为工作进给时,负载较大,速度不高,所需的流量也较小,正好应用曲线的 BC 段。这样,可以降低功率损耗、减少油液发热,与其他回路相比较,简化了液压系统。

3.3.3　双级叶片泵与双联叶片泵

1. 双级叶片泵

为得到更高的压力,可以采用两个普通压力的单级叶片泵装在一个泵体内,由油路的串联而组成,如图 3.15 所示的双级叶片泵。在这种泵中,两个单级叶片泵的转子装在同一根传动轴上,随着传动轴一起旋转,第一级泵经吸油管直接从油箱中吸油,输出的油液就送到第二级泵的吸油口,第二级泵的输出油液经管路送到工作系统。设第一级泵输出的油液压力为 p_1,第二级泵输出的压力为 p_2,该泵正常工作时,应使 $p_1=0.5p_2$。为了使在泵体内的两个泵的载荷平衡,在两泵中间装有载荷平衡阀,其面积比为 1∶2,工作时,当第一级泵的流量大于第二级泵时,油压 p_1 就会增加,推动平衡阀左移,第一级泵输出的多余的油液就会流回吸油口;同理,当第二级泵的流量大于第一级泵时,会使平衡阀右移,第二级泵输出的多余的油液流回第二级泵的吸油口。这样,使两个泵的载荷达到平衡。

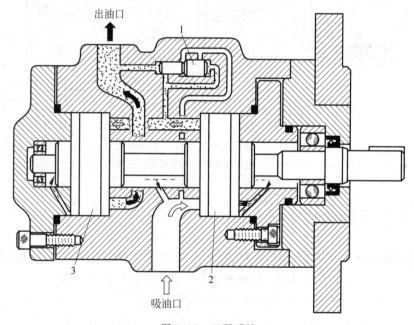

图 3.15　双泵系统

1—载荷平衡阀(活塞面积比 1∶2);2,3—叶片泵内部组件

2. 双联叶片泵

这种泵是将两个相互独立的泵并联装在一个泵体内,各自有自己的输出油口,该泵适用于机床上需要不同流量的场合,其两泵的流量可以相同,也可以不相同,这种泵常用于如图 7.25(见 7.2.3 节)所示的双泵系统中。

目前,不少的厂家已将由这种泵组成的双泵系统及控制阀做成一体,其结构可参见图 3.16,这种组合也称为复合泵。复合泵具有结构紧凑、回路简单等特点,可广泛应用于机床等行业。

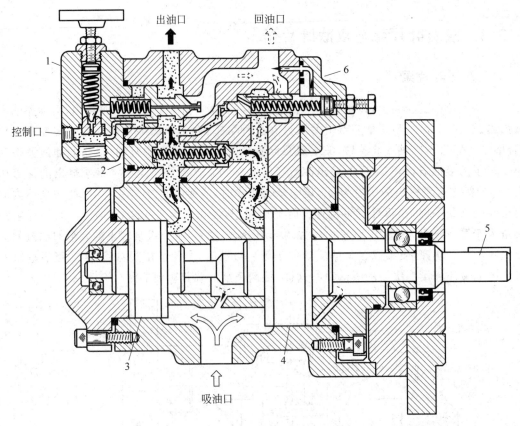

图 3.16　采用复合泵的双泵供油系统

1—溢流阀；2—单向阀；3—小流量泵组件；4—大流量泵组件；5—轴；6—卸荷阀

3.3.4　叶片泵的优缺点

　　叶片泵具有输出流量均匀、运转平稳、噪声小等优点,特别适合于工程机械的中高压系统中,因此,在机床、工程机械、船舶、压铸及冶金设备中得到广泛的应用。但是,叶片泵的结构复杂,吸油特性不太好,对油液的污染也比较敏感。

3.4　柱　塞　泵

　　柱塞泵是依靠柱塞在缸体内做往复运动使泵内密封工作腔容积发生变化实现吸油和压油的。柱塞泵一般分为径向柱塞泵和轴向柱塞泵。

3.4.1　径向柱塞泵

1. 工作原理

　　径向柱塞泵的工作原理见图 3.17。径向柱塞泵是由定子 4、转子 2、配流轴 5、柱塞 1 及轴套 3 等组成。柱塞 1 径向排列安装在缸体(转子)2 中,缸体由电机带动旋转,柱塞靠离心力(或在低压油的作用下)顶在定子的内壁上。由于转子与定子是偏心安装的,所以,转子旋转时,柱塞即沿径向里外移动,使得工作腔容积发生变化。径向柱塞泵是靠配流轴来配油的,轴中间分为上下两部分,中间隔开,若转子顺时针旋转,则上部为吸油区(柱塞向外伸出),下部为压油区,上下区域轴向各开有两个油孔,上半部的 a、b 孔是吸油孔,下半部的 c、d 孔为压油孔。轴套与工作腔对应开有油孔,安装在配流轴与转子中间。径向柱塞泵每旋转一转,工作腔容积变化一次,完成吸油、压油各一次。改变其偏心率可使其输出流量发生变化,成为变量泵。

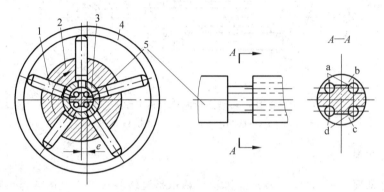

图 3.17 径向柱塞泵的工作原理
1—柱塞;2—转子;3—轴套;4—定子;5—配流轴

由于该泵上下各部分为吸油区和压油区,因此,泵在工作时受到径向不平衡力作用。

2. 流量计算

柱塞泵的排量计算较为精确,工作腔容积变化等于柱塞端面积乘以 2 倍偏心距再乘以柱塞数,实际流量的计算公式如下:

$$q = \frac{\pi}{4}d^2 2ezn\eta_v = \frac{\pi}{2}d^2 ezn\eta_v \qquad (3.11)$$

式中,e 为转子与定子间的偏心距;d 为柱塞的直径;n 为柱塞泵的转速;z 为柱塞数。

由于径向柱塞泵其柱塞在缸体中径向移动速度是变化的,而每个柱塞在同一瞬时径向移动速度不均匀,因此径向柱塞泵的瞬时流量是脉动的。而这种脉动在柱塞数为奇数时比偶数时要小得多,所以,径向柱塞泵均采用奇数柱塞。

3.4.2 轴向柱塞泵

轴向柱塞泵可分为斜盘式和斜轴式两种,下面主要介绍斜盘式。

1. 工作原理

斜盘式轴向柱塞泵的工作原理见图 3.18。轴向柱塞泵是由斜盘 1、柱塞 2、配流盘 4、转子 3 等组成。柱塞 2 轴向均匀排列安装在缸体(转子)3 同一半径圆周处,缸体由电机带动旋转,柱塞靠机械装置(如滑履)或在低压油的作用下顶在斜盘上。当缸体旋转时,柱塞即在轴向左右移动,使得工作腔容积发生变化。轴向柱塞泵是靠配流盘来配流的,配流盘上的配流窗口分为左右两部分,若缸体如图示方向顺时针旋转,则图中左边配流窗口 a 为吸油区(柱塞向左伸出,工作腔容积变大);右边 b 为压油区(柱塞向右缩回,工作腔容积变小)。轴向柱塞泵每旋转一转,工作腔容积变化一次,完成吸油、压油各一次。轴向柱塞泵是靠改变斜盘的倾角,从而改变每个柱塞的行程使得泵的排量发生变化的。

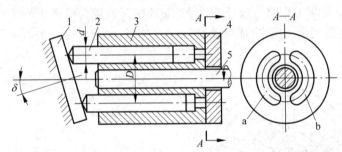

图 3.18　斜盘式轴向柱塞泵工作原理
1—斜盘;2—柱塞;3—转子;4—配流盘;5—转轴

2. 流量计算

同径向柱塞泵一样,轴向柱塞泵的排量计算也是泵转一转每个工作腔容积变化的总和,实际流量的计算公式如下:

$$q = \frac{\pi}{4}d^2 D\tan\delta z n\eta_v \tag{3.12}$$

式中,δ 为斜盘的倾角;D 为柱塞的分布圆直径;d 为柱塞的直径;n 为柱塞泵的转速;z 为柱塞数。

以上计算的流量是泵的实际平均流量。实际上,由于该泵在工作时,其柱塞轴向移动的速度是不均匀的,它是随着转子旋转的转角而变化的,因此泵在某一瞬时的输出流量也是随转子的旋转而变化的。通过计算得出,柱塞数为奇数时,流量脉动率较小。因此,一般轴向柱塞泵的柱塞数选择 7、9 等奇数。

3. 斜盘式轴向柱塞泵的结构特点

1) 结构

图 3.19 所示是一种国产的斜盘式轴向柱塞泵的结构图。该泵是由主体部分(图中右半部)和变量部分(图中左半部)组成。在主体部分中,传动轴 9 通过花键轴带动缸体 5 旋转,使均匀分布在缸体上的柱塞 4 绕传动轴的轴线旋转,由于每个柱塞的头部通过滑履结构与斜盘连接,因此可以任意转动而不脱离斜盘(结构详见图 3.20)。随着缸体的旋转,柱塞在轴向往复运动,使密封工作腔的容积发生周期性的变化,通过配流盘完成吸油和压油工作。在变量机构中,由斜盘 20 的角度来决定泵的排量,而泵的角度是通过旋转手轮 15,使变量活塞 18 上下移动来调整的。可见这种泵的变量调节机构是手动的。

2) 柱塞与斜盘的连接方式

在轴向柱塞泵中,由于柱塞是与传动轴平行的,因此,柱塞在工作中必须依靠机械方式或低压油的作用来保证使其与斜盘紧密接触。目前,工程上常用滑履式结构。图 3.20 所示

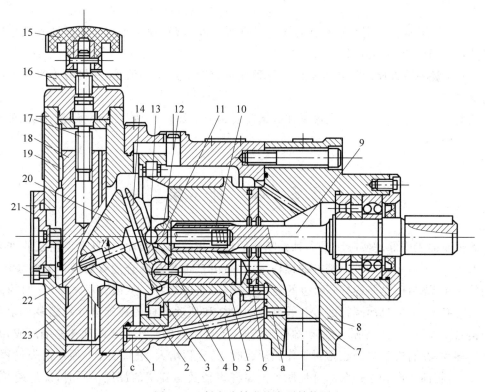

图 3.19　斜盘式轴向柱塞泵结构图

1—泵体；2—轴承；3—滑履；4—柱塞；5—缸体；6—销；7—配流盘；8—前泵体；9—传动轴；
10—弹簧；11—内套；12—外套；13—钢球；14—回程盘；15—手轮；16—螺母；17—螺杆；
18—变量活塞；19—键；20—斜盘；21—刻度盘；22—销轴；23—变量机构壳体

为一种滑履式结构。柱塞前面的球头在斜盘的圆形沟槽中移动,每个柱塞缸中的压力油可以经柱塞中间的孔进入滑履油室中,使滑履与斜盘的沟槽间形成液体润滑,如同静压轴承一样。这种泵的工作压力可达 32MPa 以上,它也可作液压马达使用。

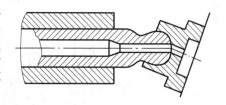

图 3.20　柱塞滑履式结构

3) 变量控制方式

由前所述,轴向柱塞泵如果斜盘固定,不能调整角度,则为定量泵。可见,这种液压泵的流量改变主要是通过改变斜盘的倾角,因此,在斜盘的结构设计中,就要考虑变量控制机构。变量控制机构按控制方式分为手动控制、液压控制、电气控制、伺服控制等。按控制目的还可以分为恒压力控制、恒流量控制、恒功率控制等。

3.4.3　柱塞泵的优缺点

(1) 工作压力高。由于柱塞泵的密封工作腔是柱塞在缸体内孔中往复移动得到的,其相对配合的柱塞外圆及缸体内孔加工精度容易保证,因此,其工作中泄漏较小,容积效率较高。

（2）结构紧凑。特别是轴向柱塞泵其径向尺寸小,转动惯量也较小。不足的是它的轴向尺寸较大,轴向作用力也较大,结构较复杂。

（3）流量调节方便。只要改变柱塞行程便可改变液压泵的流量,并且易于实现单向或双向变量。

柱塞泵特别适合于高压、大流量和流量需要调节的场合下,如工程机械、液压机、重型机床等设备中。

3.5   螺 杆 泵

螺杆泵的工作原理实际上是一种外啮合的摆线齿轮泵。因此,它具有齿轮泵的许多特性。如图 3.21 所示是一种三螺杆的螺杆泵,它是由三个相互啮合的双头螺杆装在泵体中。中间的为主动螺杆,是凸螺杆;两边的为从动螺杆,是凹螺杆。从横截面来看,它们的齿廓是由几对共轭曲线组成,螺杆的啮合线将主动螺杆和从动螺杆的螺旋槽分割成多个相互隔离的密封工作腔。当电机带动主动螺杆旋转时,这些密封的工作腔不断地在左端形成,并从左向右移动,在右端消失。在密封工作腔形成时,其容积增大,进行吸油;而在消失过程中,容积减小,将油压出。这种泵的排量取决于螺杆直径及螺旋槽的深度。同时,螺杆越长,其密封就越好,泵的额定压力就会越高。

螺杆泵除了具有齿轮泵的结构简单、紧凑、体积小、重量轻、对油液污染不敏感等优点外,还具有运转平稳、噪声小、容积效率高的优点。螺杆泵的缺点是螺杆形状复杂,加工困难、精度不易保证。

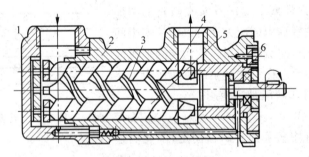

图 3.21   螺杆泵工作原理

1—后盖;2—泵体;3—主螺杆;4,5—从动螺杆;6—前盖

3.6   各类液压泵的性能比较

比较各类液压泵的性能,有利于在实际工作中的选用,按目前的统计资料,将它们的主要性能列于表 3.1 中。

表 3.1　液压泵的性能比较及应用场合

性能	齿轮泵			叶片泵		柱塞泵			螺杆泵
	内啮合		外啮合	双作用	单作用	轴向		径向	
	渐开线	摆线				斜轴式	斜盘式		
压力范围	低压	低压	低压	中压	中压	高压	高压	高压	低压
排量调节	不能	不能	不能	不能	能	能	能	能	不能
输出流量脉动	小	小	很大	很小	一般	一般	一般	一般	最小
自吸特性	好	好	好	较差	较差	差	差	差	好
对油的污染敏感性	不敏感	不敏感	不敏感	较敏感	较敏感	很敏感	很敏感	很敏感	不敏感
噪声	小	小	大	小	较大	大	大	大	最小
价格	较低	低	最低	较低	一般	高	高	高	高
功率质量比	一般	一般	一般	一般	小	一般	大	小	小
效率	较高	较高	低	较高	较高	高	高	高	较高
应用场合	机床、农业机械、工程机械、航空、船舶、一般机械的润滑等系统			机床、工程机械、液压机、起重机、飞机等		工程机械、运输机械、锻压机械、农业机械、飞机等			精密机床、食品、化工、石油、纺织机械等

3.7　液压马达

液压马达是一种液压执行机构,它将液压系统的压力能转化为机械能,以旋转的形式输出转矩和角速度。

3.7.1　液压马达的分类

类似于液压泵,液压马达按其结构分为齿轮马达、叶片马达及柱塞马达。若按其输入的油液的流量能否变化可以分为变量液压马达及定量液压马达。

3.7.2　液压马达的工作原理

从理论上讲,液压泵与液压马达是可逆的。也就是说,液压泵也可作液压马达使用。但由于各种泵的结构不一样,如果想作为马达使用,在有些泵的结构上还需要做一些改进。

齿轮泵作为液压马达使用时,注意进出油口尺寸要一致,只要在进油口中通入压力油,压力油作用于齿轮渐开线齿廓上的力会产生一个转矩,使得齿轮轴转动。

叶片泵是由于离心力作用下使叶片紧贴定子内曲线上,形成密封的工作腔而工作的,因此,叶片泵作为液压马达要采取在叶片根部加弹簧等措施。否则,开始时,泵处于静止状态,没有离心力就无法形成工作腔,马达就不能工作。这种马达主要靠压力油作用于工作腔内(双作用式叶片泵在过渡曲线段区域内)的两个不同接触面积叶片上的力不平衡,而产生转矩,使得马达旋转。

柱塞泵作为柱塞马达可以使结构简化,特别是轴向柱塞泵,在结构上,可以简化滑履结构。如图 3.22 所示的轴向柱塞马达,当通过配油窗口进入柱塞上的压力油在柱塞的轴向产生一个力时,在柱塞与斜盘的接触点上,斜盘会对柱塞产生支反力,由于柱塞位于斜盘的不同位置(除去最上和最下位置的柱塞),这个力会分解为几个分力,其中,沿圆周方向的分力会产生一个转矩,使得马达旋转。

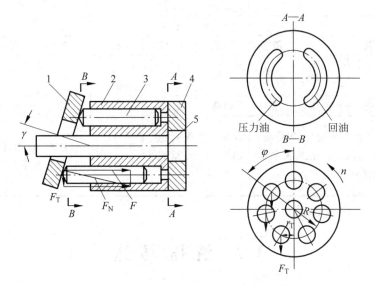

图 3.22　轴向柱塞马达
1—斜盘;2—转子;3—柱塞;4—配油盘;5—转轴

3.7.3　液压马达的主要性能参数

液压马达是一个将油液的压力能转化为机械能的能量转换装置。

1. 液压马达的压力

(1) 工作压力(工作压差):是指液压马达在实际工作时的输入压力。马达的入口压力与出口压力的差值为马达的工作压差,一般在马达出口直接回油箱的情况下,近似认为马达的工作压力就是马达的工作压差。

(2) 额定压力:是指液压马达在正常工作状态下,按实验标准连续使用中允许达到的最高压力。

2. 液压马达的排量

液压马达的排量是指马达在没有泄漏的情况下每转一转所需输入的油液的体积。它是通过液压马达工作容积的几何尺寸变化计算得出的。

3. 液压马达的流量

液压马达的流量分为理论流量和实际流量。

（1）理论流量是指马达在没有泄漏的情况下单位时间内其密封容积变化所需输入的油液的体积，可见，它等于马达的排量和转速的乘积。

（2）实际流量是指马达在单位时间内实际输入的油液的体积。

由于存在着油液的泄漏，马达的实际输入流量大于理论流量。

4. 功率

（1）液压马达的输入功率就是驱动马达运动的液压功率，它等于液压马达的输入压力乘以输入流量：

$$P_i = \Delta p q \tag{3.13}$$

（2）液压马达的输出功率就是马达带动外负载所需的机械功率，它等于马达的输出转矩乘以角速度：

$$P_o = T\omega \tag{3.14}$$

5. 效率

（1）液压马达的容积效率是理论流量与实际输入流量的比值：

$$\eta_{mv} = \frac{q_t}{q} = \frac{q - \Delta q}{q} = 1 - \frac{\Delta q}{q} \tag{3.15}$$

（2）液压马达的机械效率可表示为

$$\eta_{mm} = \frac{T}{T_t} = \frac{T}{T + \Delta T} \tag{3.16}$$

液压马达的总效率为

$$\eta_m = \eta_{mv}\eta_{mm} \tag{3.17}$$

6. 转矩和转速

对于液压马达的参数计算，经常要计算马达能够驱动的负载及输出的转速为多少。由前面计算可推出，液压马达的输出转矩为

$$T = \frac{\Delta p V}{2\pi}\eta_{mm} \tag{3.18}$$

式中，V 为排量。

马达的输出转速为

$$n = \frac{q\eta_{mv}}{V} \tag{3.19}$$

3.7.4　液压马达的图形和符号

液压马达的图形符号与液压泵类似(见图3.23),但要注意,液压马达是输入液压油。

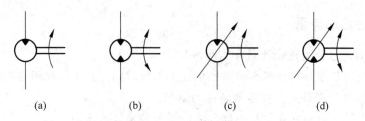

(a)　　　　　　(b)　　　　　　(c)　　　　　　(d)

图3.23　液压马达的图形符号

(a) 单向定量液压马达;(b) 双向定量液压马达;(c) 单向变量液压马达;(d) 双向变量液压马达

3.8　液压泵及液压马达的选用

1. 液压泵的选用

液压泵是液压系统的核心部件,设计液压系统时如何来选择泵是一个非常关键的步骤。

首先,选择液压泵一定要了解各种液压泵的性能特点,根据表3.1所示的介绍搞清楚各种常用液压泵的技术性能及应用范围,根据应用场合确定泵的类型(定量还是变量)和结构形式。

其次,在选择液压泵时,主要考虑满足系统使用要求的前提下,决定其价格、质量、维护、外观等方面的需求。一般情况下,在功率较小的条件下,可选用齿轮泵和双作用叶片泵等,齿轮泵也常用于污染较大的地方;若有平稳性、精度要求较高的设备可选用螺杆泵和双作用式叶片泵;在负载较大,且速度变化较大的条件下(如组合机床等),可选择限压式变量泵;若在功率、负载较大的条件下(如工程机械、运输锻压机械),可选用柱塞泵。

2. 液压马达的选用

选用液压马达时考虑以下几个因素:

(1) 首先根据负载转矩和转速要求确定液压马达所需的转矩和转速大小。

(2) 根据负载和转速确定液压马达的工作压力和排量大小。

(3) 根据执行元件的转速要求确定采用定量马达还是变量马达。

(4) 对于液压马达不能直接满足负载转矩和转速要求的,可以考虑配置减速机构。

课 堂 讨 论

课堂讨论:液压泵和液压马达有何异同点,选用注意事项。

案例：典型例题解析

例 3.1 已知某齿轮泵的额定流量 $q_0 = 100\text{L/min}$，额定压力 $p_0 = 25 \times 10^5 \text{Pa}$，泵的转速 $n_1 = 1450\text{r/min}$，泵的机械效率 $\eta_m = 0.9$，由实验测得：当泵的出口压力 $p_1 = 0$ 时，其流量 $q_1 = 106\text{L/min}$；$p_2 = 25 \times 10^5 \text{Pa}$ 时，其流量 $q_2 = 101\text{L/min}$。

(1) 求该泵的容积效率 η_v；

(2) 如泵的转速降至 500r/min，在额定压力下工作时，泵的流量 q_3 为多少？容积效率 η_v' 为多少？

(3) 在这两种情况下，泵所需功率为多少？

解：(1) 认为泵在负载为 0 的情况下的流量为其理论流量，所以泵的容积效率为

$$\eta_v = \frac{q_2}{q_1} = \frac{101}{106} = 0.953$$

(2) 泵的排量为

$$V = \frac{q_1}{n_1} = \frac{106}{1450}\text{L/r} = 0.073\text{L/r}$$

泵在转速为 500r/min 时的理论流量为

$$q_3' = 500\text{r/min} \times V = 500\text{r/min} \times 0.073\text{L/r} = 36.5\text{L/min}$$

由于压力不变，可认为泄漏量不变，所以泵在转速为 500r/min 时的实际流量为

$$q_3 = q_3' - (q_1 - q_2) = [36.5 - (106 - 101)]\text{L/min} = 31.5\text{L/min}$$

泵在转速为 500r/min 时的容积效率为

$$\eta_v = \frac{q_3'}{q_3} = \frac{31.5}{36.5} = 0.863$$

(3) 泵在转速为 1450r/min 时的总效率和驱动功率为

$$\eta = \eta_m \eta_v' = 0.9 \times 0.953 = 0.8577$$

$$P_1 = \frac{p_2 q_2}{\eta} = \frac{25 \times 101 \times 10^2}{0.8577 \times 60}\text{W} = 4.91 \times 10^3\text{W}$$

泵在转速为 500r/min 时的总效率和驱动功率为

$$\eta' = \eta_m \eta_v' = 0.9 \times 0.863 = 0.7767$$

$$P_2 = \frac{p_2 q_3}{\eta'} = \frac{25 \times 31.5 \times 10^2}{0.7767 \times 60}\text{W} = 1.69 \times 10^3\text{W}$$

例 3.2 某单作用叶片泵转子外径 $d = 80\text{mm}$，定子内径 $D = 85\text{mm}$，叶片宽度 $B = 28\text{mm}$，调节变量时定子和转子之间最小调整间隙为 $\delta = 0.5\text{mm}$。求：

(1) 该泵排量为 $V_1 = 15\text{mL/r}$ 时的偏心量 e_1；

(2) 该泵最大可能的排量 V_{max}。

解：(1) $V = 2\pi e D B$

所以 $\qquad e = \dfrac{V}{2\pi D B} = \dfrac{15 \times 10^{-6}}{2\pi \times 85 \times 28 \times 10^{-6}}\text{m} = 1.00 \times 10^{-3}\text{m} = 1.00\text{mm}$

(2) 叶片泵变量时最小调整间隙为 $\delta = 0.5\text{mm}$,所以定子与转子最大偏心量为

$$e_{\max} = (D-d)/2 - \delta = [(85-80)/2 - 0.5]\text{mm} = 2\text{mm}$$

该泵最大可能的排量 $V_{\max}$ 为

$$V_{\max} = 2\pi e_{\max} DB = 2\pi \times 2 \times 85 \times 28 \times 10^{-9}\,\text{m}^3/\text{r}$$
$$= 29.9 \times 10^{-6}\,\text{m}^3/\text{r} = 29.9\text{mL/r}$$

例 3.3　由变量泵和定量马达组成的系统,泵的最大排量 $V_{P\max} = 0.115\text{mL/r}$,泵直接由 $n_P = 1000\text{r/min}$ 的电机带动,马达的排量 $V_M = 0.148\text{mL/r}$,回路最大压力 $p_{\max} = 83 \times 10^5\text{Pa}$,泵和马达的总效率均为 0.84,机械效率均为 0.9,在不计管阀等的压力损失时,求:

(1) 马达最大转速 $n_{M\max}$ 和在该转速下的功率 P_M;

(2) 在这些条件下,电机供给的转矩 T_P;

(3) 泵和马达的泄漏系数 k_P、k_M;

(4) 整个系统功率损失的百分比。

解：(1) 当变量泵排量最大时,马达达到最大转速,即

$$V_{P\max} n_P \eta_{Pv} \eta_{Mv} = V_M n_{M\max}$$

$$n_{M\max} = \frac{V_{P\max} n_P \eta_{Pv} \eta_{Mv}}{V_M} = \frac{115 \times 1000 \times \dfrac{0.84}{0.9} \times \dfrac{0.84}{0.9}}{148 \times 60}\,\text{r/s} = 11.28\text{r/s}$$

最大转速时马达的输出功率为

$$P_M = T_M \omega_M = p_{\max} V_M n_{M\max} \eta_{Mm}$$
$$= 83 \times 10^5 \times 0.148 \times 10^{-6} \times 0.9 \times 11.28 \times 10^3 = 12.47 \times 10^3\,(\text{W})$$

(2) 电机供给泵的转矩为

$$T_P = \frac{P_{\max} V_P}{2\pi \eta_{Pm}} = \frac{83 \times 10^5 \times 115 \times 10^{-6}}{2\pi \times 0.9} = 168.8\,(\text{N} \cdot \text{m})$$

(3) 泵的泄漏系数 k_P 为

$$k_P \Delta p = V_{P\max} n_P (1 - \eta_{Pv})$$

$$k_P = \frac{V_{P\max} n_P (1 - \eta_{Pv})}{\Delta p}$$

$$= \frac{115 \times 10^{-6} \times 1000}{83 \times 10^5 \times 60}\left(1 - \frac{0.84}{0.9}\right)\text{m}^3/(\text{Pa} \cdot \text{s}) = 1.54 \times 10^{-11}\,\text{m}^3/(\text{Pa} \cdot \text{s})$$

马达的泄漏系数 k_M 为

$$k_M = \frac{V_M n_{M\max}}{\Delta p} \times \frac{(1 - \eta_{Mv})}{\eta_{Mv}}$$

$$= \frac{148 \times 10^{-6} \times 11.28}{83 \times 10^5 \times 60} \times \frac{1 - \dfrac{0.84}{0.9}}{0.84/0.9}\,\text{m}^3/(\text{Pa} \cdot \text{s}) = 1.5 \times 10^{-11}\,\text{m}^3/(\text{Pa} \cdot \text{s})$$

(4) 因为不计管阀等的压力损失,所以系统的效率为

$$\eta = \eta_P \eta_M = 0.84 \times 0.84 = 0.7056$$

系统损失功率的百分比 $\delta = 1 - \eta = 1 - 0.7056 = 0.2954 = 29.54\%$

例 3.4　有一液压泵，当负载 $p_1 = 9\text{MPa}$ 时，输出流量为 $q_1 = 85\text{L/min}$；而负载 $p_2 = 11\text{MPa}$ 时，输出流量为 $q_2 = 82\text{L/min}$。用此泵带动一排量 $V_M = 0.07\text{L/r}$ 的液压马达，当负载转矩 $T_M = 110\text{N·m}$ 时，液压马达的机械效率 $\eta_{Mm} = 0.9$，转速 $n_M = 1000\text{r/min}$，求此时液压马达的总效率。

解：马达的机械效率

$$\eta_{Mm} = \frac{2n_M \pi T_M}{p_M q_M} = \frac{2n_M \pi T_M}{p_M V_M n_M} = \frac{2\pi T_M}{p_M V_M}$$

则

$$p_M = \frac{2\pi T_M}{V_M \eta_{Mm}} = \frac{2\pi \times 110}{0.07 \times 0.9} = 10.97 \times 10^6 \text{Pa} = 10.97\text{MPa}$$

泵在负载 $p_2 = 11\text{MPa}$ 的情况下工作，此时输出流量为 $q_2 = 82\text{L/min}$。

马达的容积效率为

$$\eta_{Mv} = \frac{V_M n_M}{q_p} = \frac{0.07 \times 1000}{82} = 0.854$$

马达的总效率为

$$\eta_M = \eta_{Mv} \times \eta_{Mm} = 0.854 \times 0.9 = 0.77$$

实验：液压泵拆装与性能实验

实验内容：常见齿轮泵、叶片泵、柱塞泵的拆装，测定液压泵流量-压力特性、液压泵的容积效率、液压泵的总效率。

实验目的：掌握常见液压泵结构、性能、特点和工作原理，通过液压泵性能实验，测定液压泵的流量-压力特性、容积效率和总效率。实验原理见 3.1.5 节液压泵特性及检测。

思考题与习题

3-1　什么是容积式液压泵？它是怎样工作的？这种泵的工作压力和输出油量的大小各取决于什么？

3-2　标出图 3.24 中齿轮泵和齿轮马达的齿轮旋转方向。

3-3　什么是液压泵和液压马达的公称压力？其大小由什么来决定？

3-4　提高齿轮泵的工作压力，所要解决的关键问题是什么？高压齿轮泵有哪些结构特点？

3-5　什么是齿轮泵的困油现象？困油现象有何害处？用什么方法消除困油现象？其他类型的液压泵是否有困油现象？

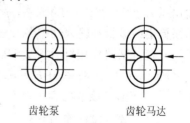

齿轮泵　　齿轮马达

图 3.24　题 3-2 图

3-6　试说明齿轮泵的泄漏途径。

3-7　双作用叶片泵定子过渡曲线有哪几种形式？哪一种曲线形式存在着刚性冲击？哪一种曲线形式存在着柔性冲击？哪一种曲线形式既没有刚性冲击也没有柔性冲击？哪一

种曲线形式是目前所普遍采用的曲线？为什么？

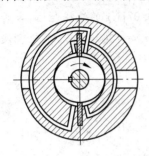

图 3.25　题 3-8 图

3-8　如图 3.25 所示凸轮转子泵，其定子内曲线为完整的圆弧，壳体上有两片不旋转但可以伸缩(靠弹簧压紧)的叶片。转子外形与一般叶片泵的定子曲线相似。试说明泵的工作原理，在图上标出其进、出油口，并指出凸轮转一转泵吸压油几次。

3-9　限压式变量叶片泵有何特点？适用于什么场合？用何方法来调节其流量-压力特性？

3-10　试详细分析轴向柱塞泵引起容积效率降低的原因。

3-11　为什么柱塞式轴向变量泵倾斜盘倾角 γ 小时容积效率低？试分析它的原因。

3-12　当泵的额定压力和额定流量为已知时，试说明图 3.26 所示各工况下压力表的读数(管道压力损失除(c)为 Δp 外均忽略不计)。

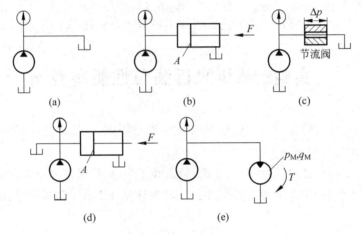

图 3.26　题 3-12 图

3-13　确定图 3.27 中齿轮泵的吸、压油口。已知三个齿轮节圆直径 $D=49\text{mm}$，齿宽 $b=25\text{mm}$，齿数 $Z=14$，齿轮转速 $n_P=1450\text{r/min}$，容积效率 $\eta_{Pv}=0.9$，求该泵的理论流量 q_{Pt} 和实际流量 q_P。

3-14　液压泵的排量 $V_P=25\text{cm}^3/\text{r}$，转速 $n_P=1200\text{r/min}$，输出压力 $p_P=5\text{MPa}$，容积效率 $\eta_{Pv}=0.96$，总效率 $\eta_P=0.84$，求泵输出的流量和输入功率各为多大？

3-15　某双作用叶片泵，当压力为 $p_1=7\text{MPa}$ 时，流量为 $q_1=54\text{L/min}$，输入功率为 $P_i=7.6\text{kW}$，负载为 0 时，流量为 $q_2=60\text{L/min}$，求该泵的容积效率和总效率。

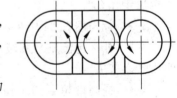

图 3.27　题 3-13 图

3-16　要求设计输出转矩 $T_M=52.5\text{N·m}$，转速 $n_M=30\text{r/min}$ 的液压马达。设马达的排量 $V_M=1\times10^5\text{cm}^3/\text{r}$，求所需要的流量和压力各为多少？(马达的机械效率、容积效率均为 0.9)

3-17　一泵排量为 V_P，泄漏量为 $q_{Pl}=k_1 p_P$(k_1—常数，p_P—工作压力)。此泵也可作为液压马达使用。请问当二者的转速相同时，泵和马达的容积效率相同吗？为什么？(提示：

分别列出泵和马达的容积效率表达式)

3-18　已知轴向柱塞泵的额定压力为 $p_P=16MPa$,额定流量 $q_P=330L/min$,设液压泵的总效率为 $\eta_P=0.9$,机械效率为 $\eta_{Pm}=0.93$。求:

(1) 驱动泵所需的额定功率;

(2) 泵的泄漏流量。

3-19　ZB75 型轴向柱塞泵有 7 个柱塞,柱塞直径 $d=23mm$,柱塞中心分布圆直径 $D=71.5mm$。问当斜盘倾斜角 $\gamma=20°$ 时液压泵的排量 V 等于多少? 当转速 $n=1500r/min$ 时,设已知容积效率 $\eta_v=0.93$,问液压泵的流量 q 应等于多少?

3-20　斜盘式轴向柱塞泵斜盘倾角 $\gamma=20°$,柱塞直径 $d=22mm$,柱塞分布圆直径 $D=68mm$,柱塞数 $Z=7$,机械效率 $\eta_m=0.90$,容积效率 $\eta_v=0.97$,泵转速 $n=1450r/min$,输出压力 $p_P=28MPa$。试计算:

(1) 平均理论流量;

(2) 实际输出的平均流量;

(3) 泵的输入功率。

第4章

液 压 缸

重点、难点分析

在液压系统中,液压缸属于执行装置,用以将液压能转变成往复运动的机械能。由于工作机的运动速度、运动行程与负载大小、负载变化的种类繁多,液压缸的规格和种类也呈现出多样性。因此,液压缸的设计,与设计相关的缸的类型、缸的组成、缸的计算、缸的结构以及与结构相关问题为本章的重点。对于液压缸的种类,由于液压缸种类繁多,而活塞式液压缸应用广泛,因而活塞式液压缸是诸类缸中的重点;就缸的计算而言,对三种不同连接形式的单杆液压缸的压力(p_1、p_2)、推力 F、速度 v、流量 q 及负载 F 等量的关系中,这些量之间的计算关系为重点;对与缸结构相关的问题,液压缸的排气、缓冲为重点。

4.1　液压缸的工作原理、类型和特点

4.1.1　液压缸的工作原理

液压缸的工作原理见图 4.1,液压缸由缸筒 1、活塞 2、活塞杆 3、端盖 4、活塞杆密封件 5 等主要部分组成。其他类型的活塞式液压缸的主要零件与图 4.1 所示结构类似。

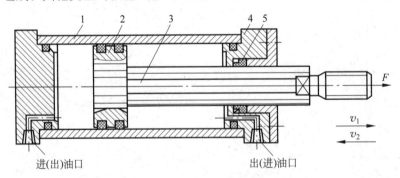

图 4.1　液压缸的工作原理

1—缸筒;2—活塞;3—活塞杆;4—端盖;5—活塞杆密封件

若缸筒固定,左腔连续地输入压力油,当油的压力足以克服活塞杆上的所有负载时,活塞以速度 v_1 连续向右运动,活塞杆对外界做功。反之,往右腔输入压力油时,活塞以速度 v_2 向左运动,活塞缸也对外界做功。这样,完成了一个往复运动。这种液压缸叫做缸筒固

定缸。

若活塞杆固定,左腔连续地输入液压油时,则缸筒向左运动。当往右腔连续地输入液压油时,则缸筒右移。这种液压缸叫活塞杆固定缸。

本章所论及的液压缸,除特别指明外,均以缸筒固定、活塞杆运动的液压缸为例。

由此可知,输入液压缸的油必须具有压力 p 和流量 q。压力用来克服负载,流量用来形成一定的运动速度。输入液压缸的压力和流量就是给缸输入液压能;活塞作用于负载的力和运动速度就是液压缸输出的机械能。因此,缸输入的压力 p、流量 q,以及输出作用力 F 和速度 v 是液压缸的主要性能参数。

4.1.2 液压缸的分类

为了满足各种主机的不同用途,液压缸有多种类型。

按供油方向分,可分为单作用缸和双作用缸。单作用缸只是往缸的一侧输入高压油,靠其他外力使活塞反向回程。双作用缸则分别向缸的两侧输入压力油,活塞的正反向运动均靠液压力完成。

按结构形式分,可分为活塞缸、柱塞缸、摆动缸和伸缩套筒缸。按活塞杆的形式分,可分为单活塞杆缸和双活塞杆缸。

按缸的特殊用途分,可分为串联缸、增压缸、增速缸、步进缸等。此类缸都不是一个单纯的缸筒,而是与其他缸筒和构件组合而成,所以从结构的观点看,这类缸又叫组合缸。

液压缸的分类见表 4.1。

表 4.1 液压缸的分类

缸的种类	名　　称		原　理　图	符　　号	说　　明
单作用液压缸	活塞缸				活塞仅单向运动,由外力使活塞反向运动
	柱塞缸				活塞仅单向运动,由外力使活塞反向运动
	伸缩式套筒缸				有多个互相联动的活塞的缸,其行程可改变,由外力使活塞返回
双作用液压缸	单活塞杆	普通缸			活塞双向运动,活塞在行程终了时不减速
		不可调缓冲式缸			活塞在行程终了时减速制动,减速值不变
		可调缓冲式缸			活塞在行程终了时减速制动,减速值不变,但减速值可调
		差动缸			活塞两端的面积差较大使缸往复的作用力和速度差较大,对系统的工作特性有明显的作用

续表

缺的种类	名　　称		原　理　图	符　号	说　　明
双作用液压缸	双活塞杆	等行程等速缸	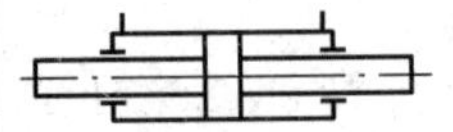	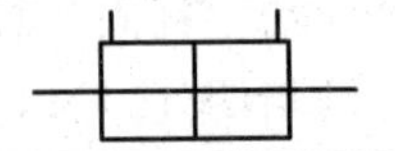	活塞左右移动速度和行程均相等
		双向缸	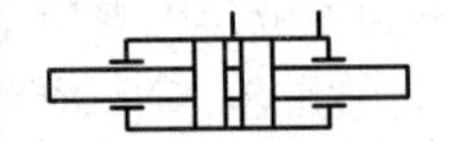	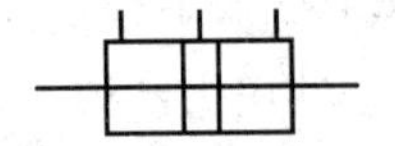	两个活塞同时向相反方向运动
	伸缩式套筒缸		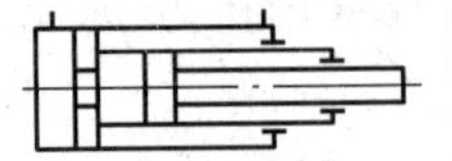	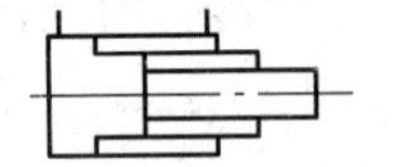	有多个互相联动的活塞的缸,其行程可变,活塞可双向运动
组合缸	弹簧复位缸		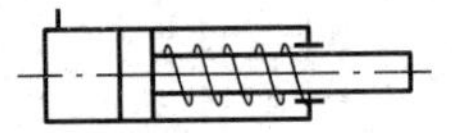	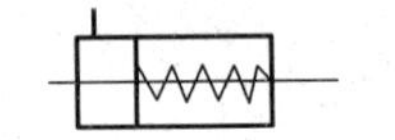	活塞单向作用,由弹簧使活塞复位
	串联缸		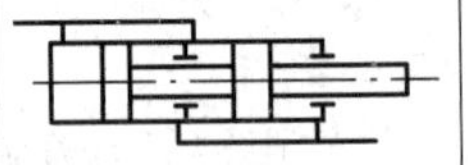	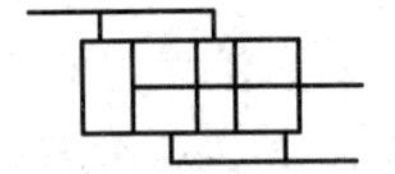	当缸的直径受限制,而长度不受限制时,用以得到大的推力
	增压缸		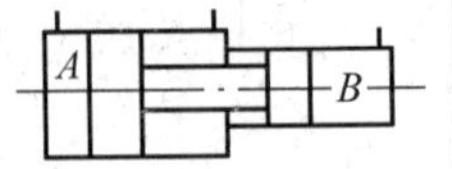	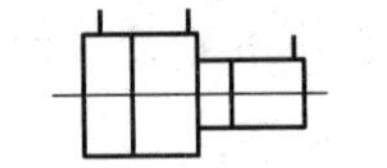	由两个不同的压力室 A 和 B 组成,为了提高 B 室中液体的压力
	多位缸		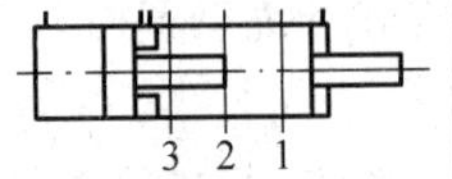	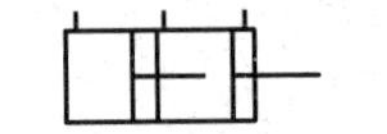	活塞有三个位置
	步进缸		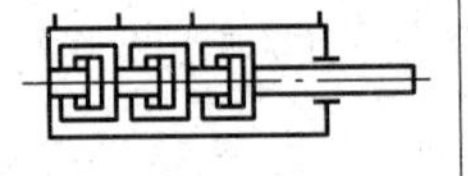	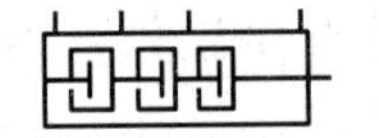	将若干活塞的行程按二进制排列,根据需要打开不同的进油口,以实现不同距离的移动
	增速缸		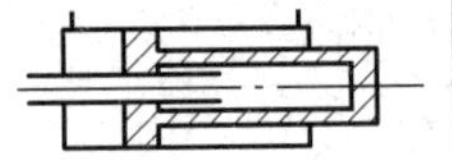	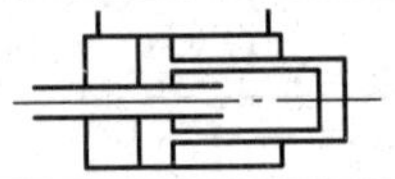	利用不同的油口供油可以得到快速或低速伸出

4.2　液压缸基本参数的计算

4.2.1　活塞缸

1. 双作用双杆缸

图 4.2 所示为双作用双杆缸的工作原理图。在活塞的两侧均有杆伸出,两腔有效面积相等。

1) 往复运动的速度(供油流量相同)

$$v = \frac{q\eta_v}{A} = \frac{4q\eta_v}{\pi(D^2 - d^2)} \qquad (4.1)$$

2) 往复出力(供油压力相同)

$$F = A(p_1 - p_2)\eta_m = \frac{\pi}{4}(D^2 - d^2)(p_1 - p_2)\eta_m \qquad (4.2)$$

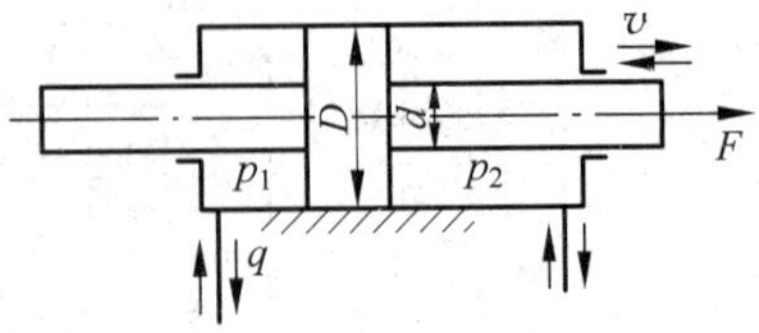

图 4.2　双作用双杆缸

式中，q 为缸的输入流量；A 为活塞有效作用面积；D 为活塞直径（缸筒内径）；d 为活塞杆直径；p_1 为缸的进口压力；p_2 为缸的出口压力；η_v 为缸的容积效率；η_m 为缸的机械效率。

3）特点

（1）往复运动的速度和出力相等；

（2）长度方向占有的空间，当缸体固定时约为缸体长度的 3 倍；当活塞杆固定时约为缸体长度的 2 倍。

2. 双作用单杆缸

图 4.3 所示为双作用单杆缸的工作原理图。其一端伸出活塞杆，两腔有效面积不相等。

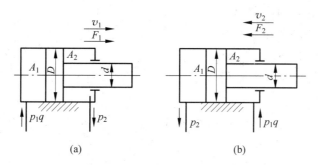

图 4.3　双作用单杆缸

（a）无杆腔进油；（b）有杆腔进油

1）往复运动的速度（供油流量相同）

$$v_1 = \frac{q\eta_\mathrm{v}}{A_1} = \frac{q\eta_\mathrm{v}}{\frac{\pi}{4}D^2} \tag{4.3}$$

$$v_2 = \frac{q\eta_\mathrm{v}}{A_2} = \frac{q\eta_\mathrm{v}}{\frac{\pi}{4}(D^2 - d^2)} \tag{4.4}$$

速比为

$$\varphi = \frac{v_2}{v_1} = \frac{D^2}{D^2 - d^2} \tag{4.5}$$

式中，q 为缸的输入流量；A_1 为无杆腔的活塞有效作用面积；A_2 为有杆腔的活塞有效作用面积；D 为活塞直径（缸筒内径）；d 为活塞杆直径；η_v 为缸的容积效率。

2）往复出力（供油压力相同）

$$F_1 = (p_1 A_1 - p_2 A_2)\eta_\mathrm{m} = \frac{\pi}{4}\left[p_1 D^2 - p_2(D^2 - d^2)\right]\eta_\mathrm{m} \tag{4.6}$$

$$F_2 = (p_1 A_2 - p_2 A_1)\eta_\mathrm{m} = \frac{\pi}{4}\left[p_1(D^2 - d^2) - p_2 D^2\right]\eta_\mathrm{m} \tag{4.7}$$

式中，η_m 为缸的机械效率；p_1 为缸的进口压力；p_2 为缸的出口压力。

3）特点

（1）往复运动的速度及出力均不相等；

（2）长度方向占有的空间大致为缸体长度的 2 倍；

（3）活塞杆外伸时受压，要有足够的刚度。

3. 差动连接缸

所谓的差动连接缸就是把单杆活塞缸的无杆腔和有杆腔连接在一起，同时通入高压油，

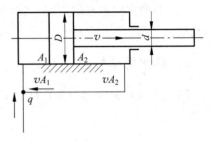

图 4.4　差动连接缸

如图 4.4 所示。由于无杆腔受力面积大于有杆腔受力面积，使得活塞所受向右的作用力大于向左的作用力，因此活塞杆作伸出运动，并将有杆腔的油液挤出，流进无杆腔。

1）运动速度

$$q + v A_2 = v A_1$$

在考虑了缸的容积效率 η_v 后得

$$v = \frac{q \eta_v}{A_1 - A_2} = \frac{4 q \eta_v}{\pi d^2} \qquad (4.8)$$

2）出力

$$F = p(A_1 - A_2)\eta_m = \frac{\pi}{4} d^2 p \eta_m \qquad (4.9)$$

3）特点

（1）只能向一个方向运动，反向时必须断开差动（通过控制阀来实现）；

（2）速度快、出力小，用于增速、负载小的场合。

4.2.2　柱塞缸

所谓的柱塞缸就是缸筒内没有活塞，只有一个柱塞，如图 4.5(a)所示。柱塞端面是承受油压的工作面，动力通过柱塞本身传递；缸体内壁和柱塞不接触，因此缸体内孔可以只作粗加工或不加工，简化加工工艺；由于柱塞较粗，刚度强度足够，所以适用于工作行程较长的场合；只能单方向运动，工作行程靠液压驱动，回程靠其他外力或自重驱动，可以用两个柱塞缸来实现双向运动（往复运动），如图 4.5(b)所示。

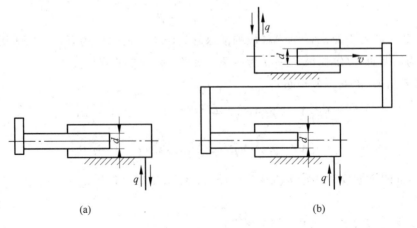

(a)　　　　　　　　　(b)

图 4.5　柱塞缸

柱塞缸的运动速度和出力分别为

$$v = \frac{q\eta_{\mathrm{v}}}{\frac{\pi}{4}d^2} \tag{4.10}$$

$$F = p\,\frac{\pi}{4}d^2\,\eta_{\mathrm{m}} \tag{4.11}$$

式中,d 为柱塞直径;q 为缸的输入流量;p 为液体的工作压力。

4.2.3 摆动缸

摆动缸是实现往复摆动的执行元件,输入的是压力和流量,输出的是转矩和角速度。它有单叶片式和双叶片式两种形式。

图 4.6(a)、(b)所示分别为单叶片式和双叶片式摆动缸,它们的输出转矩和角速度分别为

$$T_{\text{单}} = \left(\frac{R_2 - R_1}{2} + R_1\right) \cdot (R_2 - R_1) \cdot b \cdot (p_1 - p_2)\eta_{\mathrm{m}}$$
$$= \frac{b}{2}(R_2^2 - R_1^2)(p_1 - p_2)\eta_{\mathrm{m}} \tag{4.12}$$

式中,R_1 为轴的半径;R_2 为缸体的半径;p_1 为进油的压力;p_2 为回油的压力;b 为叶片宽度。

$$\omega_{\text{单}} = \frac{q\eta_{\mathrm{v}}}{(R_2 - R_1) \cdot b \cdot \left(\frac{R_2 - R_1}{2} + R_1\right)} = \frac{2q\eta_{\mathrm{v}}}{b(R_2^2 - R_1^2)} \tag{4.13}$$

$$T_{\text{双}} = 2T_{\text{单}}, \quad \omega_{\text{双}} = \omega_{\text{单}}/2$$

单叶片的摆动角度为 300°左右,双叶片的摆动角度为 150°左右。

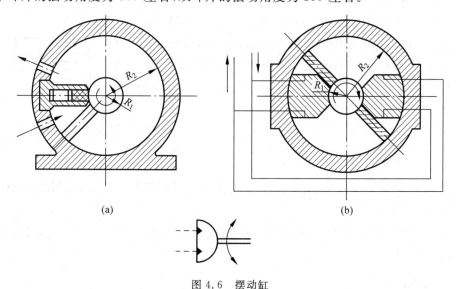

图 4.6 摆动缸
（a）单叶片式；（b）双叶片式

4.2.4　其他形式液压缸

1. 伸缩套筒缸

伸缩套筒缸是由两个或多个活塞式液压缸套装而成的,前一级活塞缸的活塞是后一级活塞缸的缸筒。伸出时,由大到小逐级伸出(负载恒定时油压逐级上升,负载如果由大到小变化可保证油压恒定);缩回时,由小到大逐级缩回,如图 4.7 所示。这种缸的最大特点就是工作时行程长,停止工作时长度较短。各级缸的运动速度和出力可按活塞式液压缸的有关公式计算。

图 4.7　伸缩套筒缸

伸缩套筒缸特别适用于工程机械和步进式输送装置上。

2. 增压缸

增压缸又叫增压器,如图 4.8 所示。它是在同一个活塞杆的两端接入两个直径不同的活塞,利用两个活塞有效面积之差来使液压系统中的局部区域获得高压。具体工作过程是,在大活塞侧输入低压油,根据力平衡原理,在小活塞侧必获得高压油(有足够负载的前提下)。即

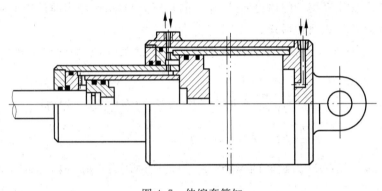

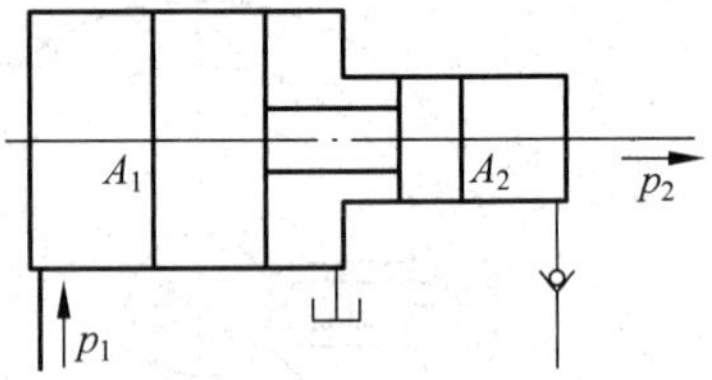

图 4.8　增压缸

$$p_1 A_1 = p_2 A_2$$

故

$$p_2 = p_1 \frac{A_1}{A_2} = p_1 K \qquad (4.14)$$

式中,p_1 为输入的低压;p_2 为输出的高压;A_1 为大活塞的面积;A_2 为小活塞的面积;K 为增压比,$K = A_1/A_2$。

增压缸不能直接驱动工作机构,只能向执行元件提供高压,常与低压大流量泵配合使用来节约设备的费用。

3. 增速缸

图 4.9 所示为增速缸的工作原理图。先从 a 口供油使活塞 2 以较快的速度右移,活塞 2

运动到某一位置后,再从 b 口供油,活塞以较慢的速度右移,同时输出力也相应增大。增速缸常用于卧式压力机上。

4. 齿轮齿条缸

齿轮齿条缸由带有齿条杆的双活塞缸和齿轮齿条机构组成,如图 4.10 所示。它将活塞的往复直线运动经齿轮齿条机构转变为齿轮轴的转动,多用于回转工作台和组合机床的转位、液压机械手和装载机铲斗的回转等。

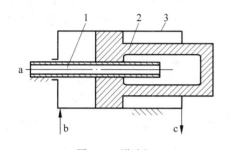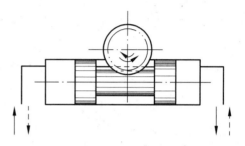

图 4.9 增速缸   图 4.10 齿轮齿条缸

1—供油孔;2—活塞;3—缸体

4.3 液压缸的典型结构

在液压缸中最具有代表性的结构就是双作用单杆缸的结构,如图 4.11 所示(此缸是工程机械中的常用缸)。下面就以这种缸为例说明液压缸的结构。

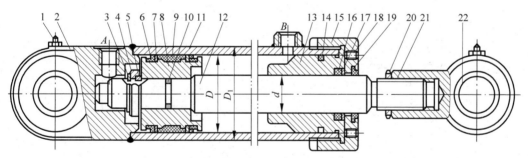

图 4.11 双作用单杆缸的结构

1—螺钉;2—缸底;3—弹簧卡圈;4—挡环;5—卡环(由 2 个半圆组成);6—密封圈;7—挡圈;8—活塞;
9—支撑环;10—活塞与活塞杆之间的密封圈;11—缸筒;12—活塞杆;13—导向套;
14—导向套和缸筒之间的密封圈;15—端盖;16—导向套与活塞杆之间的密封圈;17—挡圈;
18—锁紧螺钉;19—防尘圈;20—锁紧螺母;21—耳环;22—耳环衬套圈

液压缸的结构基本上可以分为:缸筒和缸盖组件、活塞和活塞杆组件、密封装置、缓冲装置和排气装置 5 个部分,下面介绍其中 4 种。

4.3.1　缸筒和缸盖组件

1. 连接形式

（1）法兰连接式，如图 4.12(a)所示。这种连接形式的特点是结构简单，容易加工、装拆；但外形尺寸和重量较大。

（2）半环连接式，如图 4.12(b)所示。这种连接分为外半环连接和内半环连接两种形式（图 4.12(b)为外半环连接）。这种连接形式的特点是容易加工、装拆，重量轻；但削弱了缸筒强度。

（3）螺纹连接式，如图 4.12(c)、(f)所示。这种连接有外螺纹连接和内螺纹连接两种形式。这种连接形式的特点是外形尺寸和重量较小；但结构复杂，外径加工时要求保证与内径同心，装拆要使用专用工具。

（4）拉杆连接式，如图 4.12(d)所示。这种连接的特点是结构简单、工艺性好、通用性强、易于装拆；但端盖的体积和重量较大，拉杆受力后会拉伸变长，影响密封效果，仅适用于长度不大的中低压缸。

（5）焊接式连接，如图 4.12(e)所示。这种连接形式只适用缸底与缸筒间的连接。这种连接形式的特点是外形尺寸小、连接强度高、制造简单；但焊后易使缸筒变形。

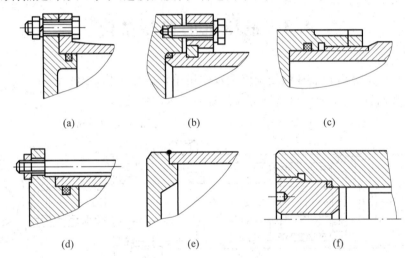

图 4.12　缸筒和缸盖组件的连接形式

2. 密封形式

缸筒与缸盖间的密封属于静密封，主要的密封形式是采用 O 形密封圈密封，如图 4.12所示。

3. 导向与防尘

对于缸前盖还应考虑导向和防尘问题。导向的作用是保证活塞的运动不偏离轴线，以免产生"拉缸"现象，采用 $\dfrac{H8}{f8}$ 间隙配合，并保证活塞杆的密封件能正常工作。导向套是用铸铁、青铜、黄铜或尼龙等耐磨材料制成,可与缸盖做成整体或另外压入。导向套不应太短,以保证受力良好,见图 4.11 中的 13 号件。防尘就是防止灰尘被活塞杆带入缸体内,造成液压油的污染。通常是在缸盖上装一个防尘圈,见图 4.11 中的 19 号件。

4. 缸筒与缸盖的材料

缸筒:35$^\#$或 45$^\#$调质无缝钢管;也有采用锻钢、铸钢或铸铁等材料的,在特殊情况下也有采用合金钢的。

缸盖:35$^\#$或 45$^\#$锻件、铸件、圆钢或焊接件;也有采用球铁或灰口铸铁的。

4.3.2　活塞和活塞杆组件

1. 连接形式

(1) 螺纹连接式,如图 4.13(a)所示。这种连接形式的特点是结构简单,装拆方便;但高压时会松动,必须加防松装置。

(2) 半环连接式,如图 4.13(b)所示。这种连接形式的特点是工作可靠;但结构复杂、装拆不便。

(3) 整体式和焊接式,适用于尺寸较小的场合。

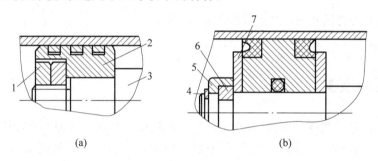

图 4.13　活塞和活塞杆组件的连接形式

1—螺母;2—活塞;3—活塞杆;4—轴用挡圈;5—压板;6—卡键;7—挡板

2. 密封形式

活塞与活塞杆间的密封属于静密封,通常采用 O 形密封圈来密封。

活塞与缸筒间的密封属于动密封,既要封油,又要相对运动,对密封的要求较高,通常采用的形式有以下几种。

(1) 图 4.14(a)所示为间隙密封,它依靠运动件间的微小间隙来防止泄漏,为了提高密封能力,常制出几条环形槽,增加油液流动时的阻力。它的特点是结构简单、摩擦阻力小、可耐高温;但泄漏大、加工要求高、磨损后无法补偿;用于尺寸较小、压力较低、相对运动速度较高的情况下。

(2) 图 4.14(b)所示为摩擦环密封,靠摩擦环支承相对运动,靠 O 形密封圈来密封。它的特点是密封效果较好,摩擦阻力较小且稳定,可耐高温,磨损后能自动补偿;但加工要求高,装拆较不便。

(3) 图 4.14(c)、(d)所示为密封圈密封,它采用橡胶或塑料的弹性使各种截面的环形圈贴紧在静、动配合面之间来防止泄漏。它的特点是结构简单,制造方便,磨损后能自动补偿,性能可靠。

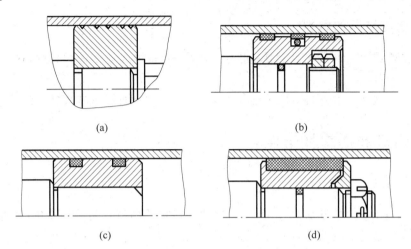

图 4.14　活塞与缸筒间的密封形式

3. 活塞和活塞杆的材料

活塞:通常用铸铁和钢;也有用铝合金制成的。

活塞杆:$35^\#$、$45^\#$的空心杆或实心杆。

4.3.3　缓冲装置

液压缸一般都设置缓冲装置,特别是活塞运动速度较高和运动部件质量较大时,为了防止活塞在行程终点与缸盖或缸底发生机械碰撞,引起噪声、冲击,甚至造成液压缸或被驱动件的损坏,必须设置缓冲装置。其基本原理就是利用活塞或缸筒在走向行程终端时在活塞和缸盖之间封住一部分油液,强迫它从小孔后细缝中挤出,产生很大阻力,使工作部件受到制动,逐渐减慢运动速度。

液压缸中常用的缓冲装置有节流口可调式和节流口变化式两种。

1. 节流口可调式

节流口可调式缓冲装置如图 4.15(a)所示,缓冲过程中被封在活塞和缸盖间的油液经针形节流阀流出,节流阀开口大小可根据负载情况进行调节。这种缓冲装置的特点是起始缓冲效果大,后来缓冲效果差,故制动行程长;缓冲腔中的冲击压力大;缓冲性能受油温影响。缓冲性能曲线如图 4.15(b)所示。

2. 节流口变化式

节流口变化式缓冲装置如图 4.16(a)所示,缓冲过程中被封在活塞和缸盖间的油液经活塞上的轴向节流阀流出,节流口通流面积不断减小。这种缓冲装置的特点是当节流口的

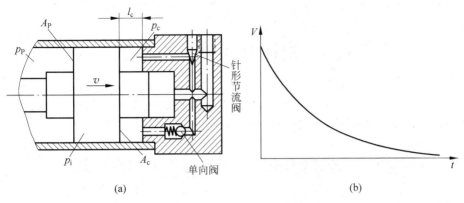

(a)　　　　　　　　　　　　(b)

图 4.15　节流口可调式缓冲装置

（a）工作原理图；（b）缓冲性能曲线

轴向横截面为矩形、纵截面为抛物线形时，缓冲腔可保持恒压；缓冲作用均匀，缓冲腔压力较小，制动位置精度高。缓冲性能曲线如图 4.16（b）所示。

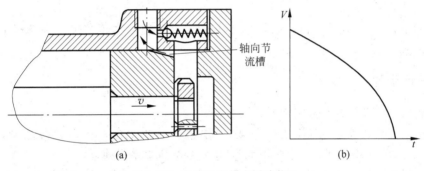

(a)　　　　　　　　　　　　(b)

图 4.16　节流口变化式缓冲装置

（a）工作原理图；（b）缓冲性能曲线

4.3.4　排气装置

液压系统在安装过程中或长时间停止工作之后会渗入空气，油中也会混有空气，由于气体有很大的可压缩性，会使执行元件产生爬行、噪声和发热等一系列不正常现象，因此在设计液压缸时，要保证能及时排除积留在缸内的气体。

一般利用空气比较轻的特点可在液压缸的最高处设置进出油口把气体带走，如不能在最高处设置油口时，可在最高处设置放气孔或专门的放气阀等放气装置，如图 4.17 所示。

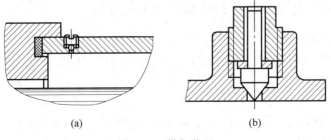

(a)　　　　　　　　　　　　(b)

图 4.17　排气装置

（a）放气孔；（b）放气阀

4.4　液压缸的设计与计算

一般来说液压缸是标准件,但有时也需要自行设计或向生产厂家提供主要尺寸,本节重点介绍缸主要尺寸的计算及强度、刚度的验算方法。

4.4.1　液压缸的设计依据和步骤

1. 设计依据

(1) 主机的用途和工作条件。

(2) 工作机构的结构特点、负载情况、行程大小和动作要求等。

(3) 液压系统的工作压力和流量。

(4) 有关的国家标准。

国家对额定压力、速比、缸内径、外径、活塞杆直径及进出口连接尺寸等都作了规定(见有关的手册)。

2. 设计步骤

(1) 液压缸类型和各部分结构形式的选择。

(2) 基本参数的确定:确定工作负载、工作速度、速比、工作行程(这些参数应该是已知);确定缸内径、活塞杆直径、导向长度等(这些参数应该是未知)。

(3) 结构强度计算和验算:进行缸筒壁厚、缸盖厚度的计算,活塞杆强度和稳定性验算以及各部分连接结构强度计算。

(4) 导向、密封、防尘、排气和缓冲等装置的设计(结构设计)。

(5) 整理设计计算说明书,绘制装配图和零件图。

应当指出,对于不同类型和结构的液压缸,其设计内容必须有所不同,而且各参数之间往往具有各种内在联系,需要综合考虑、反复验算才能获得比较满意的结果,所以设计步骤也不是固定不变的。

4.4.2　液压缸主要尺寸的确定

1. 要进行液压缸主要尺寸的计算应已知的参数

1) 工作负载

液压缸的工作负载是指工作机构在满负荷情况下,以一定加速度启动时对液压缸产生的总阻力。

$$F = F_e + F_f + F_i + F_u + F_s \tag{4.15}$$

式中,F_e 为负载(荷重);F_f 为摩擦负载;F_i 为惯性负载;F_u 为黏性负载;F_s 为弹性负载。

把对应各工况下的负载都求出来,然后作出负载循环图,即 $F(t)$ 图,求出 F_{max}。

2）工作速度和速比

活塞杆外伸的速度 v_1，活塞杆内缩的速度 v_2，以及两者的比值即速比 $\varphi = \dfrac{v_2}{v_1}$。

2. 液压缸主要尺寸的计算

1）缸筒内径 D 和活塞杆直径 d

通常根据工作压力和负载来确定缸筒内径。最高速度的满足一般在校核后通过泵的合理选择以及恰当地拟定液压系统予以满足。

对于单杆缸，当活塞杆是以推力驱动负载或以拉力驱动负载时（见图 4.3），有（缸的机械效率取为 1）

$$F_{\max} = \frac{\pi}{4}D^2 p_1 - \frac{\pi}{4}(D^2 - d^2)p_2$$

或

$$F_{\max} = \frac{\pi}{4}(D^2 - d^2)p_1 - \frac{\pi}{4}D^2 p_2$$

在以上两式中，已知的参数只有 $F_{\max}$，未知的参数有 p_1、p_2、D、d，此方程无法求解。但这里的 p_1 和 p_2 可以查有关的手册选取；D 和 d 之间有如下的关系：当速比 φ 已知时，$d = \sqrt{\dfrac{\varphi - 1}{\varphi}} \cdot D$；当速比 φ 未知时，可自己设定两者之间的关系，杆受拉 $d/D = 0.3 \sim 0.5$，杆受压 $d/D = 0.5 \sim 0.7$。这样我们就可以利用以上各式把 D 和 d 求出来。D 和 d 求出后要按国家标准进行圆整，圆整后 D 和 d 的尺寸就确定了。

2）最小导向长度 H

当活塞杆全部外伸时，从活塞支承面中点到导向套滑动面中点的距离称为最小导向长度 H，如图 4.18 所示。如果导向长度过小，将使液压缸的初始挠度（间隙引起的挠度）增大，影响液压缸的稳定性，因此在设计时必须保证有一定的最小导向长度。

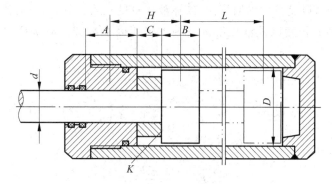

图 4.18　液压缸最小导向长度

对于一般的液压缸，其最小导向长度应满足下式：

$$H \geqslant \frac{L}{20} + \frac{D}{2} \tag{4.16}$$

式中，L 为最大行程；D 为缸筒内径。

若最小导向长度 H 不够时，可在活塞杆上增加一个导向隔套 K（见图 4.18）来增加 H 值。

4.4.3 强度及稳定性校核

1. 缸筒壁厚的计算(主要是校核)

1) 当 $\dfrac{\delta}{D} \leqslant 1/10$ 时,按薄壁孔强度校核

$$\delta \geqslant \frac{p_y D}{2[\sigma]} \tag{4.17}$$

2) 当 $\dfrac{\delta}{D} > 1/10$ 时,按第二强度理论校核

$$\delta \geqslant \frac{D}{2}\left(\sqrt{\frac{[\sigma]+0.4p_y}{[\sigma]-1.3p_y}}-1\right) \tag{4.18}$$

式中,p_y 为缸筒实验压力(缸的额定压力 $p_n \leqslant 16\text{MPa}$ 时,$p_y = 1.5p_n$;缸的额定压力 $p_n > 16\text{MPa}$ 时,$p_y = 1.25p_n$);$[\sigma]$ 为缸筒材料的许用拉应力;D 为缸筒内径;δ 为缸筒壁厚。

2. 活塞杆强度及稳定性校核

活塞杆的强度一般情况下是足够的,主要是校核其稳定性。

1) 活塞杆的强度校核

活塞杆的强度按下式校核

$$d \geqslant \sqrt{\frac{4F_{max}}{\pi[\sigma]}} \tag{4.19}$$

式中,F_{max} 为活塞杆上的最大作用力;$[\sigma]$ 为活塞杆材料的许用拉应力。

2) 活塞杆的稳定性校核

活塞杆受轴向压缩负载时,它所承受的力(一般指 F_{max})不能超过使它保持稳定工作所允许的临界负载 F_k,以免发生纵向弯曲,破坏液压缸的正常工作。F_k 的值与活塞杆材料性质、截面形状、直径和长度以及液压缸的安装方式等因素有关。活塞杆的稳定性可按下式校核

$$F_{max} \leqslant \frac{F_k}{n} \tag{4.20}$$

式中,n 为安全系数,一般取 $n = 2 \sim 4$。

当活塞杆的细长比 $\dfrac{l}{r_k} > \varphi_1\sqrt{\varphi_2}$ 时,则

$$F_k = \frac{\varphi_2 \pi^2 EJ}{l^2} \tag{4.21}$$

当活塞杆的细长比 $\dfrac{l}{r_k} \leqslant \varphi_1\sqrt{\varphi_2}$ 时,且 $\varphi_1\sqrt{\varphi_2} = 20 \sim 120$,则

$$F_k = \frac{fA}{1 + \dfrac{a}{\varphi_2}\left(\dfrac{l}{r_k}\right)^2} \tag{4.22}$$

式中,l 为安装长度,其值与安装方式有关,见表 4.2;r_k 为活塞杆横截面最小回转半径,$r_k =$

$\sqrt{\dfrac{J}{A}}$；ϕ_1 为柔性系数，其值见表 4.3；ϕ_2 为支承方式或安装方式决定的末端系数，其值见表 4.2；E 为活塞杆材料的弹性模量；J 为活塞杆横截面惯性矩；A 为活塞杆横截面积；f 为材料强度决定的实验值，其值见表 4.3；a 为系数，其值见表 4.3。

表 4.2　液压缸支承方式和末端系数 ϕ_2 的值

支 承 方 式	支 承 说 明	末端系数 ϕ_2
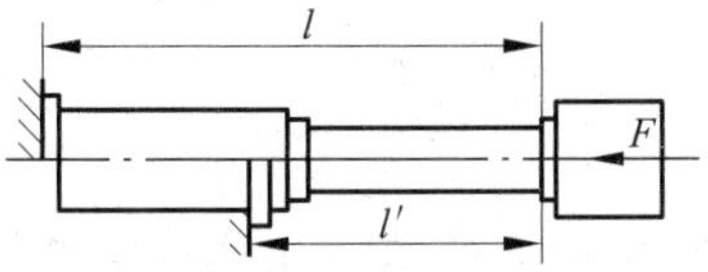	一端自由 一端固定	1/4
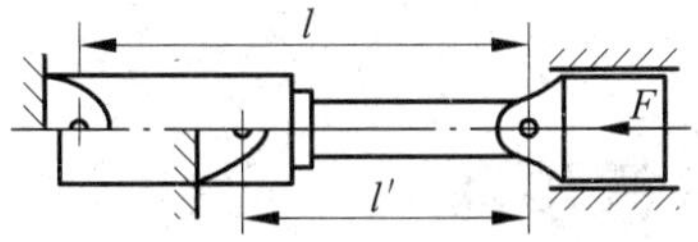	两端铰接	1
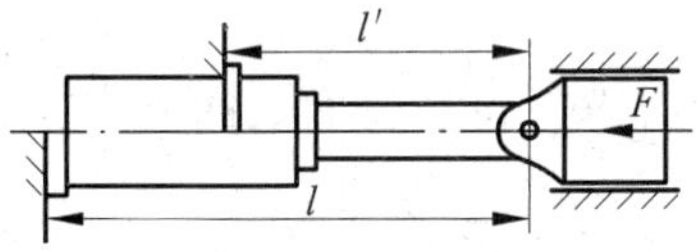	一端铰接 一端固定	2
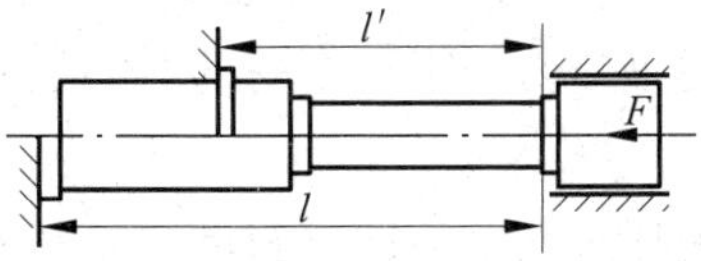	两端固定	4

表 4.3　f、a、ϕ_1 的值

材料	$f/(10^8 \mathrm{N \cdot m})$	a	ϕ_1
铸铁	5.6	1/1600	80
锻钢	2.5	1/9000	110
软钢	3.4	1/7500	90
硬钢	4.9	1/5000	85

4.4.4　缓冲计算

液压缸的缓冲计算主要是确定缓冲距离及缓冲腔内的最大冲击压力。当缓冲距离由结构确定后，主要就是根据能量关系来计算缓冲腔内的最大冲击压力。

设缓冲腔内的液压能为 E_1，则

$$E_1 = p_c A_c l_c \tag{4.23}$$

设工作部件产生的机械能为 E_2，则

$$E_2 = p_p A_p l_c + \frac{1}{2}mv_0^2 - F_f l_c \tag{4.24}$$

式中，$p_p A_p l_c$ 为高压腔中液压能；$\dfrac{1}{2}mv_0^2$ 为工作部件动能；$F_f l_c$ 为摩擦能；p_c 为平均缓冲压

力；p_p 为高压腔中的油液压力；A_c 为缓冲腔的有效面积；A_p 为高压腔的有效面积；l_c 为缓冲行程长度；m 为工作部件质量；v_0 为工作部件运动速度；F_f 为摩擦力。

实现完全缓冲的条件是 $E_1 = E_2$，故有

$$p_c = \frac{E_2}{A_c l_c} \tag{4.25}$$

如缓冲装置为节流口可调式缓冲装置，在缓冲过程中的缓冲压力逐渐降低，假定缓冲压力线性降低，则缓冲腔中的最大冲击压力为

$$p_{cmax} = p_c + \frac{m v_0^2}{2 A_c l_c} \tag{4.26}$$

如缓冲装置为节流口变化式缓冲装置，则由于缓冲压力 p_c 始终不变，即为 $\frac{E^2}{A_c l_c}$。

4.5　液压缸的选用注意事项

选择液压缸时，根据实际需要，在满足内径、行程、使用压力和安装形式的基本要求后，还应特别注意：

(1) 液压缸承受负载后，如果其输出速度达到一定的标准，为了减少液压缸高速运动中忽然停止所产生的液压冲击，则必须选用带有缓冲装置的液压缸；速度更高的，还须在液压缸外加减速阀；

(2) 对于行程超过 1000mm 的液压缸，为了防止活塞杆过载及活塞过快磨损，应该使用支承环；

(3) 一般来说，不同的液压油适用于不同材质的油封，选择液压油或油封时应注意密封材料与液压油和工作温度的关系，从而保障液压缸的寿命。

课 堂 讨 论

课堂讨论：液压缸的差动连接，如何实现连续往复增压？

思 考 题 与 习 题

4-1　如图 4.19 所示三种结构形式的液压缸，直径分别为 D、d，如进入缸的流量为 q，压力为 p，分析各缸产生的推力、速度大小以及运动的方向。

4-2　如图 4.20 所示两个结构相同相互串联的液压缸，无杆腔的面积 $A_1 = 100 \text{cm}^2$，有杆腔面积 $A_2 = 80 \text{cm}^2$，缸 1 输入压力 $p_1 = 9 \times 10^5 \text{Pa}$，输入流量 $q_1 = 12 \text{L/min}$，不计损失和泄漏，求：

(1) 两缸承受相同负载时 ($F_1 = F_2$)，该负载的数值及两缸的运动速度；

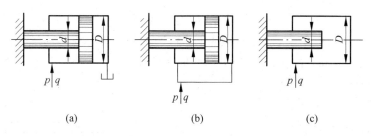

图 4.19 题 4-1 图

(2) 缸 2 的输入压力是缸 1 的一半时($p_2 = p_1/2$),两缸各能承受多少负载?

(3) 缸 1 不受负载时($F_1 = 0$),缸 2 能承受多少负载?

4-3 如图 4.21 所示,已知液压泵的排量 $V = 6\text{mL/r}$,转速 $n = 1000\text{r/min}$,溢流阀的调定压力为 10MPa 时,液压缸 A、B 的有效面积皆为 1000mm^2;A、B 液压缸需举升的重物分别为 $W_A = 4500\text{N}$、$W_B = 8000\text{N}$,试求:

(1) A、B 重物上升和上升停止时液压泵的工作压力;

(2) A、B 重物上升的速度。

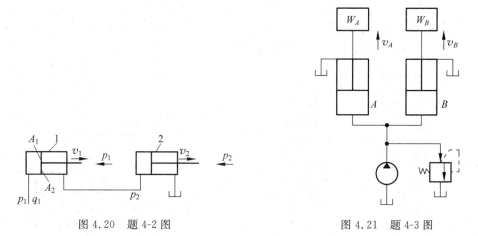

图 4.20 题 4-2 图

图 4.21 题 4-3 图

4-4 如图 4.22 所示两液压缸,缸内径 D、活塞杆直径 d 均相同,若输入缸中的流量都是 q,压力为 p,出口处的油直接通油箱,且不计一切摩擦损失,比较它们的推力、运动速度和运动方向。

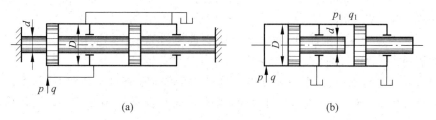

图 4.22 题 4-4 图

4-5 如图 4.23 所示为与工作台相连的柱塞缸,工作台重 980kg,如缸筒柱塞间摩擦阻力为 $F_f = 1960\text{N}$,$D = 100\text{mm}$,$d = 70\text{mm}$,$d_0 = 30\text{mm}$,求工作台在 0.2s 时间内从静止加速到

最大稳定速度 $v=7\mathrm{m/min}$ 时,泵的供油压力和流量各为多少?

4-6　如图 4.24 所示用一对柱塞实现工作台的往复。两柱塞直径分别为 d_1 和 d_2,供油流量和压力分别为 q 和 p,求两个方向运动时的速度和推力。

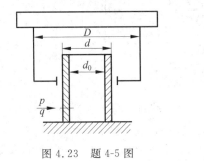

图 4.23　题 4-5 图

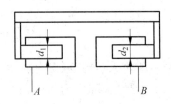

图 4.24　题 4-6 图

4-7　如图 4.25 所示两个单柱塞缸,缸内径 D,柱塞直径 d,其中一个柱塞缸固定,柱塞克服负载而移动;另一个柱塞固定,缸筒克服负载而运动。如果在这两个柱塞缸中输入同样流量和压力的油液,它们产生的速度和推力是否相等? 为什么?

4-8　如图 4.26 所示液压缸,节流阀装在进油路上,设缸内径 $D=125\mathrm{mm}$,活塞杆直径 $d=90\mathrm{mm}$,节流阀流量调节范围为 $0.05\sim10\mathrm{L/min}$,进油压力 $p_1=40\times10^5\mathrm{Pa}$,回油压力 $p_2=10\times10^5\mathrm{Pa}$,求活塞最大、最小运动速度和推力。

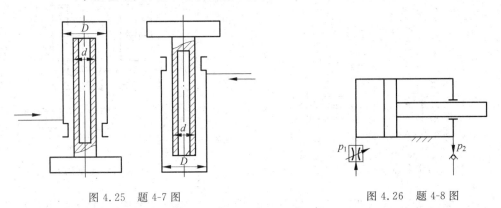

图 4.25　题 4-7 图　　　　　　　　　图 4.26　题 4-8 图

4-9　设计一差动连接的液压缸,泵的流量为 $q=19.5\mathrm{L/min}$,压力为 $63\times10^5\mathrm{Pa}$,工作台快进、快退速度为 $5\mathrm{m/min}$,试计算液压缸的内径 D 和活塞杆的直径 d,当外载为 $25\times10^3\mathrm{N}$ 时,溢流阀的调定压力为多少?

4-10　某一差动连接液压缸,当往返速度要求为(1)$V_{快进}=V_{快退}$;(2)$V_{快进}=2V_{快退}$ 时,求活塞面积 A_1 和活塞杆面积 A_2 之比是多少?

4-11　若双出杆活塞缸,两侧的杆径不等,当两腔同时通入压力油时,活塞能否运动? 如左右侧杆径为 d_1、$d_2(d_1>d_2)$,且杆固定,当输入压力油为 p、流量为 q 时,问缸向哪个方向走? 速度、推力各为多少?

4-12　单杆缸差动连接时,由于有杆腔的油液流出,产生背压,所以无杆腔和有杆腔的压力并不一样大,有杆腔的压力比无杆腔的大,在此情况下能实现差动动作吗? 如果外载为零,差动连接时,有杆腔和无杆腔的压力间有什么关系?

第 5 章

控 制 阀

重点、难点分析

　　本章的重点内容是各种常用的液压阀,例如:换向阀、压力阀、流量阀的工作原理、典型结构、工作特性,职能符号的识别和阀的选用。在换向阀中,电磁换向阀和电液换向阀的工作原理为重点;对于压力控制阀,先导式溢流阀的工作原理和该阀的流量-压力特性曲线的分析为重点;对流量阀,普通节流阀和调速阀的工作特性分析为重点。在分析流量阀原理时,要抓住负载变化与速度变化间的关系这个要点,节流阀的原理就是小孔流量公式在实际液压阀中的应用;调速阀的原理就是分析当负载变化时,如何使通过阀的流量不随负载的变化而变化的过程。在分析压力阀工作原理时,着重要理解利用节流降压的原理,通过作用在阀芯上的液压力与弹簧力相平衡,通过压力反馈,保持阀的进(出)口压力稳定的原理,掌握先导式溢流阀的工作原理和工作特性,其他压力阀的工作的原理就不难理解。

　　在上述各种阀中,对阀的工作原理的理解以及阀的工作特性的分析是本章重点中的重点,也是本章的难点。

5.1　概　　述

　　液压控制阀的作用是通过控制阀口大小的改变,控制阀口的通断从而来控制和调节液压系统中油液流动的方向、压力和流量等参数,以满足工作机性能的要求。

5.1.1　控制阀的分类

1. 根据用途分

　　(1) 方向控制阀:用来控制液压系统中液流的方向,以实现机构变换运动方向的要求,如单向阀、换向阀等。

　　(2) 压力控制阀:用来控制液压系统中油液的压力以满足执行机构对力的要求,如溢流阀、减压阀、顺序阀等。

　　(3) 流量控制阀:用来控制液压系统中油液的流量,以实现机构所要求的运动速度,如节流阀、调速阀等。

　　在实际使用中,根据需要,往往将几种用途的阀做成一体,形成一种体积小、用途广、效率高的复合阀,如单向节流阀、单向顺序阀等。

2. 根据控制方式分

(1) 开关控制或定值控制:利用手动、机动、电磁、液控、气控等方式来定值地控制液体的流动方向、压力和流量,一般普通控制阀都应用这种控制方式。

(2) 比例控制:利用输入的比例电信号来控制流体的通路,使其能实现按比例地控制系统中流体的方向、压力及流量等参数,多用于开环控制系统中。

(3) 伺服控制:将微小的输入信号转换成大的功率输出,连续按比例地控制液压系统中的参数,多用于高精度、快速响应的闭环控制系统。

(4) 电液数字控制:利用数字信息直接控制阀的各种参数。

3. 根据连接方式分

(1) 管式连接(螺纹连接)方式:阀口带有管螺纹,可直接与管道及其他元件相连接。

(2) 板式连接方式:所有阀的接口均布置在同一安装面上,利用安装板与管路及其他元件相连,这种安装方式比较美观、清晰。

(3) 法兰连接方式:阀的连接处带有法兰,常用于大流量系统中。

(4) 集成块连接方式:将几个阀固定于一个集成块侧面,通过集成块内部的通道孔实现油路的连接,控制集中、结构紧凑。

(5) 叠加阀连接方式:将阀做成标准型,上下叠加而形成回路。

(6) 插装阀连接方式:没有单独的阀体,通过插装块内通道把各插装阀连通成回路。插装块起到阀体和管路的作用。

5.1.2　对控制阀的基本要求

对控制阀的基本要求如下:

(1) 动作灵敏、可靠,工作时冲击、振动要小,使用寿命长。

(2) 油液流经阀时压力损失要小,密封性要好,内泄要小,无外泄。

(3) 结构简单紧凑,安装、维护、调整方便,通用性能好。

5.2　方向控制阀

方向控制阀主要有单向阀和换向阀两种。

5.2.1　单向阀

1. 普通单向阀

普通单向阀的作用就是使油液只能向一个方向流动,不许倒流。因此,对单向阀的要求是:通油方向(正向)要求液阻尽量小,保证阀的动作灵敏,因此弹簧刚度适当小些,一般开启压力为 0.035～0.05MPa；而对截止方向（反向）要求密封尽量好一些，保证反向不漏油。如果采用单向阀做背压阀时，弹簧刚度要取得较大一些，一般取 0.2～0.6MPa。

普通单向阀是由阀芯、阀体及弹簧等组成。根据使用参数不同阀芯可做成钢球形和圆锥形的，钢球形阀芯一般用于小流量的场合，图 5.1(a)所示的是一种圆锥形阀芯的普通单向阀。静态时，阀芯 2 在弹簧力的作用下顶在阀座上，当液压油从阀的左端(P₁)进入，即正向通油时，液压力克服弹簧力使阀芯右移，打开阀口，油液经阀口从右端(P₂)流出；而当液压油从右端进入，即反向通油时，阀芯在液压力与弹簧力的共同作用下，紧贴在阀座上，油液不能通过。

普通单向阀的图形符号如图 5.1(b)所示。

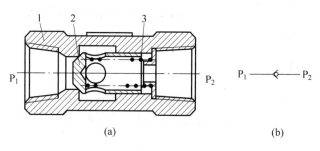

图 5.1　单向阀

(a)单向阀的结构图；(b)单向阀的图形符号

1—阀体；2—阀芯(锥阀)；3—弹簧

2. 液控单向阀

液控单向阀是由一个普通单向阀和一个小型控制液压缸组成。图 5.2(a)所示为一种板式连接的液控单向阀，当控制口 K 处没有压力油输入时，这种阀同普通单向阀一样使用，油液从 P₁ 口进入，顶开阀芯，从 P₂ 口流出；而当油液从 P₂ 口进入时，由于在油液的压力和弹簧力共同作用下使阀芯关闭，油路不通；当控制口 K 有压力油输入时，活塞在压力油作用下右移，使阀芯打开，在单向阀中形成通路，油液在两个方向可自由流通。图 5.2(b)所示为液控单向阀的图形符号。

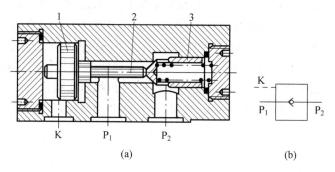

图 5.2　液控单向阀

(a)液控单向阀的结构图；(b)液控单向阀的图形符号

1—活塞；2—顶杆；3—阀芯

如前所述，液控单向阀的作用是可以根据需要控制单向阀在油路中的存在，一般用在液压锁紧回路、平衡回路中。

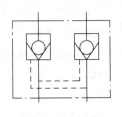

3. 液压锁

液压锁实际上是两个液控单向阀的组合,如图5.3所示。它能在液压执行机构不运动时保持油液的压力,使液压执行机构在不运动时锁紧。

图5.3　液压锁

5.2.2　换向阀

换向阀是液压系统中用途较广的一种阀,其主要作用是利用阀芯在阀体中的移动,来控制阀口的通断,从而改变油液流动的方向,达到控制执行机构开启、停止或改变运动方向的目的。

1. 换向阀的分类

(1) 根据阀芯运动方式不同可分为转阀与滑阀两种;

(2) 根据操纵方式不同可分为手动换向阀、机动换向阀、液动换向阀、电磁换向阀、电液换向阀;

(3) 根据阀芯在阀体中所处的位置不同可分为二位阀、三位阀;

(4) 根据换向阀的通口数可分为二通阀、三通阀、四通阀、五通阀。

2. 换向阀的基本要求

(1) 油液流经阀口的压力损失要小;

(2) 各关闭不相通的油口间的泄漏量要小;

(3) 换向要可靠,换向时要平稳迅速。

3. 转阀

转阀的主要特点是阀芯与阀体相对运动为转动,当阀芯旋转一个角度后,即转阀变换了一个工作位置。如图5.4所示一种三位四通转阀的工作示意图。图中的P、T、A、B分别为阀的进油口、回油口及两个与执行机构工作腔相连的工作油口,这个阀有3个工作位置,图(a)中的3个图对应于图(b)职能符号中的3个位,中间的图表示是4个油口互不相通,即中位状态;左位所示为P与A相通,B与T相通;右位所示为P与B相通,A与T相通,可见在左位与右位的两个不同位置时,油路互相交换,使得执行机构换向。

转阀的结构简单、紧凑,但密封性差、操纵费力、阀芯易磨损,只适用于中低压、小流量的场合。

4. 滑阀

滑阀式换向阀是液压系统中使用最为广泛的换向阀。

1) 滑阀的结构形式

一般对于换向阀,我们都称为几位几通阀。"位"就是指在滑阀结构中,阀芯在阀体内移动时几个不同的停留位置,也就是工作位置。而"通"就是指滑阀的油液通口数。最常见的滑阀为二位二通、二位三通、二位四通、二位五通、三位四通及三位五通,见表5.1。二位阀

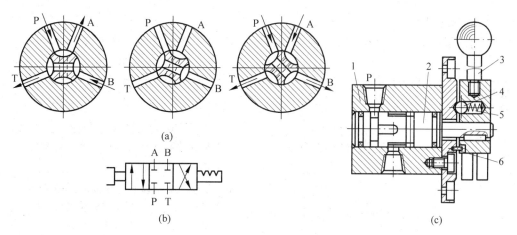

图 5.4　三位四通转阀的工作示意图

(a) 工作原理图；(b) 职能符号；(c) 结构图

1—阀体；2—阀芯；3—手柄；4—定位钢球；5—弹簧；6—限位销

有两个工作位置，控制着执行机构的不同工作状态，动、停或者正反向运动；而三位阀除了有二位阀的两个能使油液正、反向流动的工作位置外，还有中位，中位可以控制执行机构停留在任意位置上。当然还有其他的用途，详见滑阀中位机能的相关内容。

表 5.1　常见滑阀的结构形式与图形符号

滑阀名称	结构原理图	图形符号
二位二通	A　　P	A B
二位三通	A　P　B	A　B P
二位四通	A　P　B　T	A　B P　T
二位五通	T_1　A　P　B　T_2	A　B T　P　T
三位四通	A　P　B　T	A　B P　T
三位五通	T_1　A　P　B　T_2	A　B T　P　T

2) 滑阀的操纵方式

滑阀的操纵方式有手动、机动、液动、电磁、电液5种,各种操纵方式如表5.2所示。

表 5.2　滑阀的操纵方式

操纵方式	图形符号	说　　明
手动	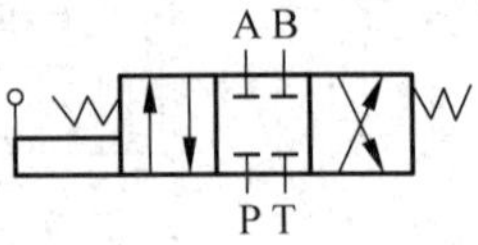	手动操纵,弹簧复位,属于自动复位;还有靠钢球定位的,复位时需要人来操纵
机动	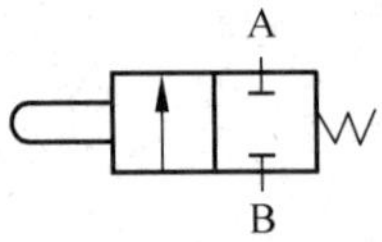	二位二通机动换向阀也称行程阀,是实际应用较为广泛的一种阀,靠挡块操纵、弹簧复位,初始位置时处于常闭状态
液动	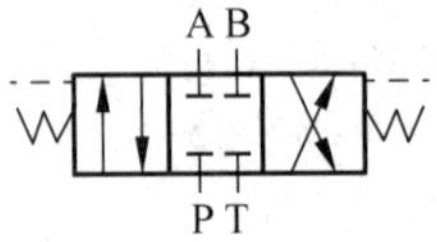	液压力操纵,弹簧复位
电磁		电磁铁操纵,弹簧复位,是实际应用中最常见的换向阀,有二位、三位等多种结构形式
电液	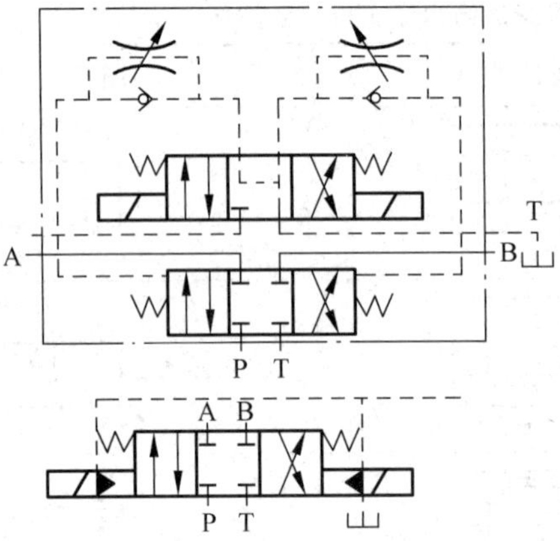	由先导阀(电磁换向阀)和主阀(液动换向阀)复合而组成。阀芯移动速度分别由两个节流阀控制,使系统中执行元件能得到平稳地换向

电磁换向阀是目前最常用的一种换向阀,利用电磁铁的吸力推动阀芯换向,见图5.5。电磁换向阀分为直流电磁阀和交流电磁阀。

直流式电磁阀一般采用24V直流电源,其特点是工作可靠、过载不会烧坏电磁线圈,噪声小、寿命长;但换向时间长、启动力小,工作时需直流电源。

交流式电磁阀一般采用220V电源,它的特点是不需特殊电源,启动力大,换向时间短;但换向冲击大、噪声大、易烧坏电磁线圈。

电磁阀使用方便,特别适合自动化作业,但对于换向时间要求调整,或流量大、行程长、移动阀芯需力大的场合来说,采用单纯电动式是不适宜的。

液动换向阀的阀芯移动是靠两端密封腔中的油液压差来移动的,推力较大,适用于压力高、流量大、阀芯移动长的场合。

电液换向阀是一种组合阀。电磁阀起先导作用,而液动阀是以其阀芯位置变化而改变

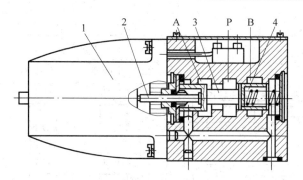

图 5.5　二位三通电磁换向阀

1—电磁铁；2—推杆；3—阀芯；4—复位弹簧

油路上油流方向，起"放大"作用。

3) 滑阀的中位机能

三位换向阀处于中位时，各通口的连通形式称为换向阀的中位机能。表 5.3 所示为常见的三位换向阀的中位机能。

表 5.3　三位换向阀的中位机能

滑阀机能	中位时的滑阀状态	中位符号		中位时的性能特点
		三位四通	三位五通	
O	$T(T_1)$　A　P　B　$T(T_2)$	A B / P T	A B / T_1 P T_2	各油口全部封闭，系统保持压力
H	$T(T_1)$ A　P　B　$T(T_2)$	A B / P T	A B / T_1 P T_2	各油口全部连通，泵卸荷
Y	$T(T_1)$　A　P　B　$T(T_2)$	A B / P T	A B / T_1 P T_2	P 口封闭保压，执行元件两腔与回油腔连通
J	$T(T_1)$　A　P　B　$T(T_2)$	A B / P T	A B / T_1 P T_2	P 口封闭保持压力，B 口与回油相通
C	$T(T_1)$ A　P　B　$T(T_2)$	A B / P T	A B / T_1 P T_2	执行元件 A 口与 P 相通，而 B 口封闭
P	$T(T_1)$　A　P　B　$T(T_2)$	A B / P T	A B / T_1 P T_2	P 口与 A、B 相连，可形成差动回路

滑阀机能	中位时的滑阀状态	中位符号		中位时的性能特点
		三位四通	三位五通	
K	T(T₁) A P B T(T₂)	A B P T	A B T₁ P T₂	P 与 A、T 相通,泵卸荷,B 口封闭
X	T(T₁) A P B T(T₂)	A B P T	A B T₁ P T₂	P、T、A、B 半开启接通,P 口保持一定压力
M	T(T₁) A P B T(T₂)	A B P T	A B T₁ P T₂	P 与 T 口相通,泵卸荷,A、B 口封闭
U	T(T₁) A P B T(T₂)	A B P T	A B T₁ P T₂	P 口封闭保持压力,A 与 B 连通

换向阀的中位机能不仅在换向阀阀芯处于中位时对系统工作状态有影响,而且在换向阀切换时对液压系统的工作性能也有影响。

选择换向阀的中位机能时应注意以下几点:

(1) 系统保压

在三位阀的中位时,当 P 口堵住,油泵即可保持一定的压力,这种中位机能如 O、Y、J、U 形,它适用于一泵多缸的情况。如果在 P、T 口之间有一定阻尼,如 X 形中位机能,系统也能保持一定压力,可供控制油路使用。

(2) 系统卸荷

系统卸荷即在三位阀处于中位时,泵的油直接回油箱,让泵的出口无压力,这时只要将 P 与 T 口接通即可,如 M 形中位机能。

(3) 换向平稳性和换向精度

在三位阀处于中位时,A、B 各自堵塞,如 O、M 形,当换向时,一侧有油压,一侧负压,换向过程中容易产生液压冲击,换向不平稳,但位置精度好。

若 A、B 与 T 口接通,如 Y 形则作用相反,换向过程中无液压冲击,但位置精度差。

(4) 启动平稳性

当三位阀处于中位时,有一工作腔与油箱接通,如 J 形,则工作腔中无油,不能形成缓冲,液压缸启动不平稳。

(5) 液压缸在任意位置上的停止和"浮动"问题

当 A、B 油口各自封死时,如 O、M 形,液压缸可在任意位置上锁死;当 A、B 口与 P 口接通时,如 P 形,若液压缸是单作用式液压缸时,则形成差动回路,若液压缸是双作用式液压缸时,则液压缸可在任意位置上停留。

当 A、B 通口与 T 口接通时,如 H、Y 形,则三位阀处于中位时,卧式液压缸任意浮动,可用手动机构调整工作台。

　　4）滑阀的换向可靠性

　　换向可靠性是对于电磁换向阀和用弹簧对中的液动换向阀而言的,就是在电磁铁通电后,在电磁力作用下,阀是否能保证可靠换向,而当电磁铁断电后,阀能否在弹簧力作用下可靠地复位。

　　解决换向可靠性的问题主要是分析电磁力、弹簧力和阀芯的摩擦阻力之间的关系,弹簧力应大于阀芯的摩擦阻力,以保证滑阀的复位;而电磁力又应大于弹簧力和阀芯摩擦阻力之和,以保证换向可靠性。

　　阀芯的摩擦阻力主要是作用于阀芯与阀体间的压力油产生的径向不平衡力引起的,也叫液压卡紧现象。产生液压卡紧现象的主要原因是在滑阀制造过程中有加工误差及装配误差,造成了在阀芯与阀体之间径向的间隙偏差,使得径向不平衡力产生,理论上在第 2 章已做过分析,解决的措施主要是在滑阀阀芯上沿圆周方向开环形平衡槽。影响阀芯的摩擦阻力的另外一个力就是液动力,这个力在第 2 章中也已介绍过。这两个力与通过阀的流量和压力有关,因此电磁阀要控制在一定的压力和流量范围内工作。

　　阀芯的摩擦阻力还与油液不纯、杂质进入滑阀缝隙、阀芯与阀孔间的间隙过小、当油温升高时阀芯膨胀而卡死等因素有关。

　　可见提升滑阀的换向可靠性应从多方面入手,特别要注意设计制造过程中的产品质量及使用过程中的油液的纯净度等问题。

5.3　压力控制阀

　　压力控制阀是利用作用于阀芯上的液压力和弹簧力相平衡来进行工作的,当控制阀芯移动的液压力大于弹簧力时,平衡状态被破坏,造成了阀芯位置变化,这种位置变化引起了两种工作状况的变化:一种是阀口开度大小变化(如溢流阀、减压阀),另一种是阀口的通断(如安全阀、顺序阀)。

5.3.1　溢流阀

1. 功用和性能

　　溢流阀的基本功用有两个。一个是通过阀口油液的经常溢流,保证液压系统中压力的基本稳定,实现稳压、调压或限压的作用,这种功用常用于定量泵系统中,与节流阀配合使用,如图 5.6(a)所示。

　　第二个是过载时溢流。平时系统工作时,阀口关闭,当系统压力超过调定的压力时,阀口才打开,可见,这时主要起安全保护作用,所

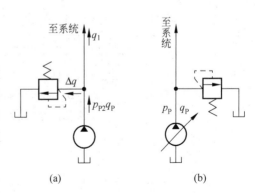

图 5.6　溢流阀的应用

(a) 稳压调压作用;(b) 安全保护作用

以也称安全阀。图 5.6(b)所示的是安全阀与变量泵配合使用的情况。

对溢流阀性能的要求主要有：

(1) 调压范围要大,且当流过溢流阀的流量变化时,系统中的压力变化要小,启闭特性要好。

(2) 灵敏度要高。

(3) 工作平稳,没有振动和噪声。

(4) 当阀关闭时,泄漏量要小。

溢流阀按其工作原理可分为直动式和先导式两种。

2. 直动式溢流阀

图 5.7 所示为直动式溢流阀的工作原理图。其中,P 为进油口,T 为出油口,阀芯在调压弹簧的作用下处于最下端,在阀芯中开有径向通孔 f,并且在径向通孔 f 与阀芯下部 c 之间开有一阻尼孔 g。工作时,压力油从进油口 P 进入溢流阀,通过径向通孔 f 及阻尼孔 g 进入阀芯的下部 c,此时作用于阀芯上的力的平衡方程为：

$$液体作用于阀芯底部的力＝弹簧力＋重力＋摩擦力＋液动力$$

即

$$pA = F_s + G + F_f + F_y \tag{5.1}$$

当等式左边的液压力小于等式右边的合力时,溢流阀阀芯不动,溢流阀无输出；而当等式左边的液压力大于等式右边的合力时,溢流阀阀芯上移,油液经溢流阀从出油口溢出。

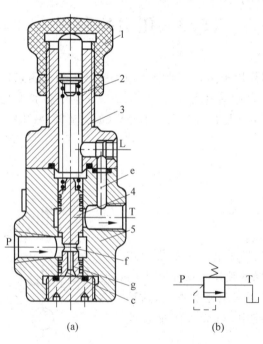

图 5.7 直动式溢流阀

(a) 结构图；(b) 职能符号

1—推杆；2—调节螺母；3—弹簧；4—锁紧螺母；5—阀盖

上述过程的稳定需要过渡阶段,该过程经振荡后达到平衡,这时由于阻尼小孔的存在使振幅逐渐衰减而趋于稳定。

这种直动式溢流阀当压力较高、流量较大时,要求弹簧的结构尺寸较大,在设计制造过程及使用中带来较大的不便,因此,不适合控制高压的场合。

3. 先导式溢流阀

先导式溢流阀一般用于中高压系统中,在结构上主要是由先导阀和主阀两部分组成,如图 5.8 所示的先导式溢流阀,其中 P 为进油口,T 为出油口,K 为控制油口。

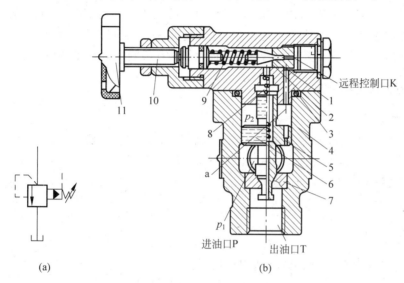

图 5.8 先导式溢流阀

(a) 符号图;(b) 结构图

1—先导阀阀芯;2—先导阀阀座;3—先导阀阀体;4—主阀阀体;5—阻尼孔;6—主阀阀芯;
7—主阀座;8—主阀弹簧;9—先导阀调压弹簧;10—调节螺钉;11—调压手轮

溢流阀工作时,油液从进油口 P 进入(油液的压力为 p_1),并通过阻尼孔 5 进入主阀阀芯上腔(油液的压力为 p_2),由于主阀上腔通过阻尼孔 a 与先导阀相通,因此油液通过孔 a 进入到先导阀的右腔中。先导阀阀芯 1 的开启压力是通过调压手轮 11 调节弹簧 9 的预压紧力来确定的,在进油压力没有达到先导阀的调定压力时,先导阀关闭,主阀的上、下腔油液压力基本相等(实际上这种阀的上端面积略大于下端面积,因此上腔作用力略大于下腔作用力),而在弹簧力的作用下,主阀阀芯关闭。当进油压力增高至打开先导阀时,油流通过阀孔 a、先导阀阀口、主阀中心孔至阀底下部的出油口 T 溢流回油箱。当油液通过主阀阀芯上的阻尼孔 5 时,在阻尼孔 5 的两端产生了压差,而这个压力差是随通过的流量而变化的,当它足够大时,主阀阀芯开始向上移动,阀口打开,溢流阀就开始溢流。

在这种溢流阀中,作用于主阀阀芯上的力平衡方程为

$$油液作用于阀芯下腔的力 = 油液作用于主阀阀芯上腔的力 + 主阀弹簧力 + 重力 + 摩擦力 + 液动力$$

$$p_1 A = p_2 A + F_s + G + F_f + F_y$$

得

$$(p_1 - p_2)A = F_s + G + F_f + F_y \tag{5.2}$$

式(5.2)与式(5.1)比较，与合力相平衡的液压力在直动式溢流阀中是阀芯底部的压力，而在先导式溢流阀中是主阀阀芯下腔的油液压力与主阀阀芯上腔的油液压力的差值，即 $p_1 - p_2$。因此，先导式溢流阀可以在弹簧较软、结构尺寸较小的条件下，控制较高的油液压力。

在阀体上有一个远程控制油口 K，它的作用是使溢流阀卸荷或进行二级调压。当把它与油箱连接时，溢流阀上腔的油直接回油箱，而上腔油压为零，由于主阀阀芯弹簧较软，因此，主阀阀芯在进油压力作用下迅速上移，打开阀口，使溢流阀卸荷；若把该口与一个远程调压阀连接时，溢流阀的溢流压力可由该远程调压阀在溢流阀调压范围内调节。

4. 溢流阀工作特性

1) 静态特性

由式(5.1)可知，直动式溢流阀在工作时，阀芯上受到的力平衡方程为

$$pA = F_s + G + F_f + F_y$$

若略去重力 G 和摩擦力 F_f，则有

$$pA = F_s + F_y$$

液动力为

$$F_y = 2C_d C_v \omega X_R \cos\theta \Delta p$$

式中，X_R 表示溢流阀的开度；C_v 为速度系数，取 1。
则有

$$p = \frac{F_s}{A - 2C_d \omega X_R \cos\theta} \tag{5.3}$$

可见，在这种阀中，出口处的压力主要是由弹簧力决定的，当调压弹簧调整好压力后，溢流阀进油腔的压力 p 基本是个定值。由于弹簧较软，所以，当溢流量变化时，进油压力 p 变化也很小，即阀的静态特性好。

在计算弹簧力时，设 X_c 为弹簧调整时的预压缩量，K_s 为弹簧刚度，弹簧力可表示为

$$F_s = K_s(X_c + X_R)$$

代入式(5.3)有

$$p = \frac{K_s(X_c + X_R)}{A - 2C_d \omega X_R \cos\theta} \tag{5.4}$$

当溢流阀开始溢流时，阀的开度 $X_R = 0$，我们将此时的溢流阀进油处的压力称为开启压力，用 p_0 表示：

$$p_0 = \frac{K_s \times c}{A} \tag{5.5}$$

而随着阀口的增大，溢流阀的溢流量达到额定流量时，我们将此时的溢流阀出口处的压力称为全流压力，用 p_n 表示。对于溢流阀来说，希望在工作时，当溢流量变化时系统中的压力较稳定，这一特性叫静态特性或启闭特性，常用开启比和静态调压偏差两个指标来描述。即

静态调压偏差：$p_n - p_0$

开启比：$\dfrac{p_0}{p_n}$

由上式可见,溢流阀的静态调压偏差越小,开启比越大,控制的系统越稳定,其静态特性越好。

确定开启压力,目前有如下规定:先确定将溢流量调至全流量时的额定压力;然后,在开启过程中,当溢流量加大到额定流量的1%时,系统压力称为溢流阀的开启压力;在闭合过程中,当溢流量减小到额定流量的1%时,系统压力称为溢流阀的闭合压力。

根据第2章中公式可计算通过溢流阀的流量,通过阀的溢流量为

$$q = C_d \omega X_R \sqrt{\frac{2\Delta p}{\rho}}$$

式中,X_R 可由式(5.4)、式(5.5)计算,代入 $\Delta p = p$ 得

$$q = \frac{C_d A \omega}{K_s + 2C_d \omega p \cos\theta}(p - p_c)\sqrt{\frac{2p}{\rho}} \tag{5.6}$$

式(5.6)就是直动式溢流阀的"压力-流量"特性方程,根据此方程绘制的曲线就是溢流阀的压力流量特性曲线。如图5.9所示,由曲线可知,压力随流量的变化越小,特性曲线越接近直线,溢流阀的静态特性越好。

2) 动态特性

溢流阀的动态特性是指阀在开启过程中的特性。当溢流阀开启时,其溢流量从零开始迅速增加到额定流量,相当于给系统加一个阶跃信号,而随之响应的是进口压力也随之迅速变化,经过一个振荡过程后,逐步稳定在调定的压力上。

如图5.10所示为溢流阀的动态响应检测结果,根据控制工程理论,若令起始稳态压力为 p_0,最终稳态压力为 p_n,$\Delta p_t = p_n - p_0$。

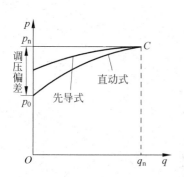

图 5.9　溢流阀的静态特性曲线

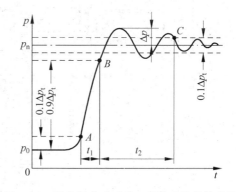

图 5.10　溢流阀启动时进口压力响应特性曲线

评价溢流阀动态特性指标主要有:

压力超调量 Δp:峰值压力与最终稳态压力的差值。

压力上升时间 t_1:压力达到 $0.9\Delta p_t$ 的时间与达到 $0.1\Delta p_t$ 的时间差值,即图5.10中的 A、B 时间间隔,该时间也称为响应时间。

过渡过程时间 t_2:当瞬时压力进入最终稳态压力上下 $0.05\Delta p_t$ 的控制范围内不再改变时间与 $0.9\Delta p_t$ 的时间差值,即图5.10中 B、C 时间间隔。

这些指标可通过检测结果依据控制工程理论的计算得出。由于溢流阀的动态响应过程

很快(一般在零点几秒就完成)。所以,目前靠人工检测是不可能的,现在的检测一般是应用传感元件,由计算机自动完成。计算机辅助检测包括数据采集、数据处理、结果分析、检测报告输出等,在较短的时间内便可给出阀的动态性能指标,其工作效率和检测精度都达到较高的标准。

5.3.2　减压阀

1. 功用和性能

减压阀的用途是降低液压系统中某一部分回路上的压力,使这一回路得到比液压泵所供油压力较低的稳定压力。减压阀常用在系统的夹紧装置、电液换向阀的控制油路、系统的润滑装置等。

对减压阀的要求是:减压阀出口压力要稳定,并且不受进口压力及通过油液流量的影响。

减压阀一般分为定值式减压阀、定差式减压阀和定比式减压阀,本节主要介绍定值式减压阀。

2. 定值式减压阀的结构和原理

同溢流阀一样,定值式减压阀分为直动式和先导式,这里以先导式为例介绍减压阀的工作原理。如图 5.11 所示的是先导式减压阀的结构原理图。由图 5.11 可见,先导式减压阀与先导式溢流阀的结构非常相似,但注意它们的不同点。

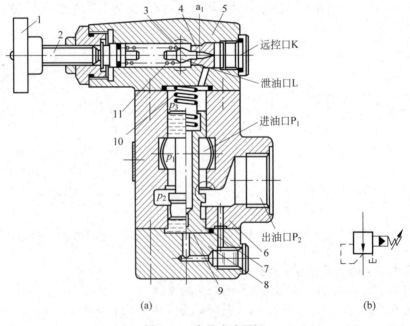

图 5.11　先导式减压阀

(a) 结构图;(b) 职能符号

1—调压手轮;2—调节螺钉;3—锥阀;4—阀座;5—先导阀体;
6—阀体;7—主阀阀芯;8—端盖;9—阻尼孔;10—主阀弹簧;11—调压弹簧

（1）在结构上，先导式减压阀的阀芯一般有三节，而先导式溢流阀的阀芯是二节；先导式减压阀的进油口在上、出油口在下，而先导式溢流阀则位置相反。

（2）在油路上，减压阀的出口与执行机构相连接，而溢流阀的出口直接回油箱，因此先导减压阀通过先导阀的油液有单独泄油通道，而先导式溢流阀则没有。

（3）在使用上，减压阀保持出口压力基本不变，而溢流阀保持进口压力基本不变。

（4）在原始状态下，减压阀进出口是常通的，而溢流阀则是常闭的。

先导式减压阀的工作原理如下，高压油从进油口 P_1 进入阀内，初始时，减压阀阀芯处于最下端，进油口 P_1 与出油口 P_2 是相通的，因此，高压油可以直接从出油口出去。但在出油口中，压力油又通过端盖 8 上的通道进入主阀阀芯 7 的下部，同时又可以通过主阀阀芯 7 中的阻尼孔 9 进入主阀芯的上端。从先导式溢流阀的讨论中得知，此时，主阀阀芯正是在上下油液的压力差与主阀弹簧力的作用下来工作的。

当出油口的油液压力较小时，即没有达到克服先导阀阀芯弹簧力的时候，先导阀阀口关闭，通过阻尼孔 9 的油液没有流动，此时，主阀阀芯上下端无压力差，主阀阀芯在弹簧力的作用下处于最下端；而当出油口的油液压力大于先导阀弹簧的调定压力时，油液经先导阀从泄油口 L 流出，此时，主阀阀芯上下端有压力差，当这个压力差大于主阀阀芯弹簧力时，主阀阀芯上移，阀口减小，从而降低了出油口油液的压力，并使作用于减压阀阀芯上的油液压力与弹簧力达到了新的平衡，而出口压力就基本保持不变。由此可见，减压阀是以出口油压力为控制信号，自动调节主阀阀口开度，改变液阻，保证油口压力的稳定。

5.3.3 顺序阀

1. 功用与性能

顺序阀主要是用来控制液压系统中各执行元件动作的先后顺序的，也可用来作为背压阀、平衡阀、卸荷阀等使用。

由于顺序阀的结构原理与溢流阀相似，因此，顺序阀的主要性能同溢流阀相同。但是，由于顺序阀主要控制执行元件的动作顺序，因此要求动作灵敏、调压偏差要小，在阀关闭时，密封性要好。

2. 结构与工作原理

从控制油液方式不同来分，顺序阀分为内控式（直控）和外控式（远控）两种。直控式就是利用进油口的油液压力来控制阀芯移动；远控式就是引用外来油液的压力来遥控顺序阀。同溢流阀和减压阀相同，在结构上顺序阀也有直动式和先导式两种。

如图 5.12 所示为先导式顺序阀的结构原理图。其中 P_1 为进油口，P_2 为出油口。从结构上看，顺序阀与溢流阀的基本结构相同。所不同的是由于顺序阀出口的油液不是回油箱，而是直接输出到工作机构。因此，顺序阀打开后，出口压力可继续升高，因此，通过先导阀的泄油需单独接回油箱。图 5.12（b）所示的是内控先导式顺序阀的结构，若将底盖旋转 90° 并打开螺堵，它将变成外控先导式顺序阀，如图 5.12（a）所示。

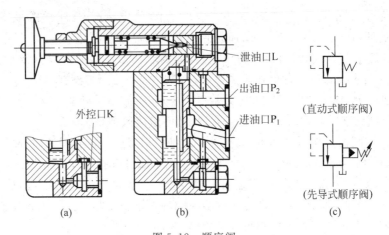

图 5.12　顺序阀

(a) 外控式；(b) 内控式；(c) 顺序阀职能符号

内控式顺序阀使用时,在压力没有达到阀的调定压力之前,阀口关闭。当压力达到阀的调定压力后,阀口开启,压力油从出口输出,驱动执行机构工作,此时,油液的压力取决于负载,可随着负载的增大继续增加,而不受顺序阀调定压力的影响。

外控式顺序阀底部的远程控制口 K 的作用是在顺序阀需要遥控时使用,当该控制口接到控制油路中时,其阀芯的移动就取决于控制油路上油液的压力,同顺序阀的入口油液压力无关。

外控顺序阀主要用于差动回路转工进回路的速度换接回路上。

5.3.4　压力继电器

1. 功用与性能

压力继电器与前面所述的几种压力阀功用不同,它并不是依靠控制油路的压力来使阀口改变,而是一个靠液压系统中油液的压力来启闭电气触点的电气转换元件。在输入压力达到调定值时,它发出一个电信号,以此来控制电气元件的动作,实现液压回路的动作转换、系统遇到故障的自动保护等功能。压力继电器实际上是一个压力开关。

压力继电器的主要性能有调压范围、灵敏度、重复精度、动作时间等。

2. 结构特点

如图 5.13 所示为一种机械方式的压力继电器,当液压力达到调定压力时,柱塞 1 上移通过顶杆 2 合上微动开关 4,发出电信号。

图 5.14 所示为一半导体式压力继电器,这种压力继电器装有带有电子回路的半导体压力传感器,其输出采用光电隔离的光隔接头,由于传感器部分是由半导体构成,压力继电器没有可动部分,所以耐用性好、可靠性高、寿命长、体积也小,特别适合于有抗振要求的场合。

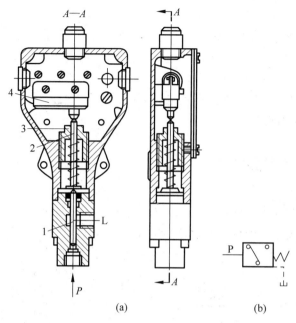

图 5.13 压力继电器

(a) 结构图；(b) 符号图

1—柱塞；2—顶杆；3—调节螺钉；4—微动开关

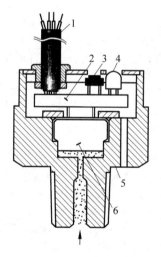

图 5.14 半导体式压力继电器

1—电缆线；2—电子回路；3—微调电容器；4—LED指示灯；5—外壳；6—压力传感器

5.4 流量控制阀

流量控制阀的功用主要是通过改变节流阀工作开口的大小或节流通道的长短,来调节通过阀口的流量,从而调节执行机构的运动速度。

对流量控制阀的要求主要有：

（1）足够的流量调节范围；

（2）较好的流量稳定性，即当阀两端压差发生变化时，流量变化要小；

（3）流量受温度的影响要小；

（4）节流口应不易堵塞，保证最小稳定流量；

（5）调节方便、泄漏要小。

5.4.1　节流口的流量特性

1. 节流口的形式

如图 5.15 所示为几种常见的节流口的形式。

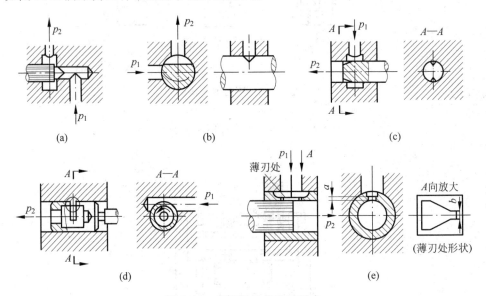

图 5.15　节流阀的节流口形式

（a）针式，针阀作轴向移动，调节环形通道的大小以调节流量；

（b）偏心式，在阀芯上开一个偏心槽，转动阀芯即可改变阀开口大小；

（c）三角沟式，在阀芯上开一个或两个轴向的三角沟，阀芯轴向移动即可改变阀开口大小；

（d）周向缝隙式，阀芯沿圆周上开有狭缝与内孔相通，转动阀芯可改变缝隙大小以改变阀口大小；

（e）轴向缝隙式，在套筒上开有轴向狭缝，阀芯轴向移动可改变缝隙大小以调节流量

2. 节流口的流量特性公式

油液流经各种节流口的流量计算公式见第 2 章，但是一般节流口介于薄壁小孔与细长孔之间，因此可用下面流量计算公式来计算：

$$q = KA(\Delta p)^m$$

式中，K 为流量系数，是由节流口形状及油液性质决定的；A 为节流口的开口面积；m 为节流指数，一般在 0.5～1 之间，薄壁小孔，$m=0.5$；细长孔，$m=1$。

3．影响流量稳定的因素

液压系统在工作时，希望节流口大小调节好之后，流量 q 稳定不变，但这在实际上是很难达到的。液压系统在工作时，影响流量稳定的主要因素有以下几个。

1）节流阀前后的压差 Δp

从节流口流量公式来看，流经节流阀的流量与其前后的压差成正比，并且与节流指数 m 有关，节流指数越大，影响就越大，可见，薄壁小孔（$m=0.5$）比细长孔（$m=1$）要好。

2）油温

油温的变化会引起黏度的变化，从而对流量产生影响。温度变化对于细长孔流量影响较大，但对于薄壁小孔，和油液流动时的雷诺数有关。从第 2 章讨论的结果得知，当雷诺数大于临界雷诺数时，温度对流量几乎没有影响，而当压差较小、开口面积较小时，流量系统与雷诺数有关，温度会对流量产生影响。

3）节流口的堵塞

当节流口面积较小时，节流口的流量会出现周期性脉动，甚至造成断流，这种现象称为节流口的堵塞。产生这种现象的主要原因：一方面工作时的高温、高压使油氧化，生成胶质沉淀物、氧化物等；另一方面，还有部分没过滤干净的机械杂质。这些东西在节流口附近形成附着层，随着附着层的逐渐增加，当达到一定厚度时造成节流口堵塞，形成周期性的脉动。

综上所述，同样条件下，水力半径大的比小的流量稳定性好，在使用上选择化学稳定性和抗氧化性好的油液精心过滤，效果会更好。

4．流量调节范围和最小稳定流量

流量调节范围是指通过节流阀的最大流量和最小流量之比，它同节流口的形状和开口特性有很大关系。一般可达 50 以上，三角沟式的流量调节范围较大，可达 100 以上。

节流阀的最小稳定流量也同节流口的开口形式关系密切，一般三角沟式可达 0.03～0.05L/min，薄壁小孔 0.01～0.015L/min。

5.4.2　节流阀

1．普通节流阀

如图 5.16 所示为普通节流阀的结构，这种节流阀的阀口采用轴向三角沟式。该阀在工作时，油液从进油口 P_1 进入，经孔 b，通过阀芯 1 上左端的阀口进入孔 a，然后从出油口 P_2 流出。节流阀流量的调节是通过调节螺母 3、推杆 2，推动阀芯移动改变阀口的开度而实现的。

2．单向节流阀

在液压系统中，如果要求单方向控制油液流量一般采用单向节流阀，如图 5.17 所示。该阀在正向通油时，即油液从 P_1 口进入，从 P_2 口输出。其工作原理如同普通节流阀；但油液反向流动，即从 P_2 口进入，推动阀芯压缩弹簧全部打开阀口，实现单方向控制油液的目的。

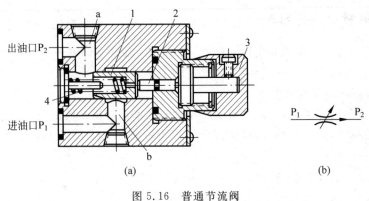

图 5.16 普通节流阀

(a)结构图；(b)符号图

1—阀芯；2—推杆；3—调节螺母；4—弹簧

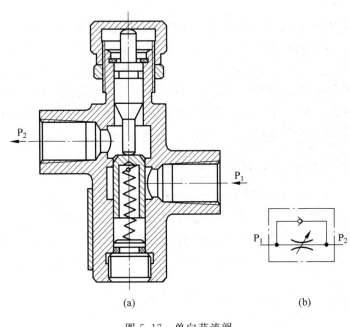

图 5.17 单向节流阀

(a)结构图；(b)图形符号

3. 单向行程节流阀

单向行程节流阀一般用于执行机构有快慢速度转换要求的场合。如图 5.18 所示的单向行程节流阀的结构图。其中,主阀为可调节流阀,当执行机构需要快速进给运动时,阀处于原始状态,阀芯在弹簧的作用下处于最上端,此时阀口全开,油液从进油口 P_1 进入,直接从出油口 P_2 输出;当执行机构快速进给结束后,转为工作进给时,运动件上的挡块则压下节流阀阀芯 1 上的滚轮,阀芯下移,节流口起作用,油液需经过节流阀才能输出,实现调节流量的目的;当反向通油时,油液从 P_2 进入,顶开单向阀的球形单向阀阀芯 2 直接从 P_1 流出。

4. 节流阀流量与两端压差的关系

从节流口流量计算公式 $q = KA(\Delta p)^m$ 知,节流阀流量与阀两端的压差成正比,其压差对流量影响的大小还要看节流指数 m,也就是说,与阀口的形式有关。图 5.19 所示为在不同的开口面积下的流量与压差之间的关系。

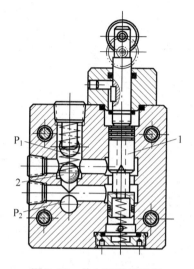

图 5.18 单向行程节流阀
1—节流阀阀芯;2—单向阀阀芯

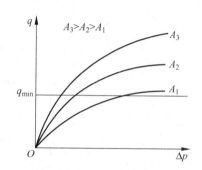

图 5.19 不同节流口开口面积压差与流量的关系

从图 5.19 可以看出,若获得相同的最小稳定流量 q_{min},选用较小压差 Δp,相对开口面积 A 就要大些,这样阀口不易堵塞,但同时曲线斜率较大,压差的变化引起流量变化较大,速度稳定性不好,所以 Δp 也不易过小。

5.4.3 调速阀

在节流阀中,即使采用节流指数较小的开口形式,由于节流阀流量是其压差的函数,故负载变化时,还是不能保证流量稳定。要获得稳定的流量,就必须保证节流口两端压差不随负载变化,按照这个思想设计的阀就是调速阀。

调速阀实际上是由节流阀与减压阀组成的复合阀。有的将减压阀做在前面,即先减压、后节流;有的将减压阀做在后面,即先节流、后减压。不论哪种,工作原理都基本相同。

下面就如图 5.20 所示的调速阀叙述一下其工作原理。

这是一种先减压、后节流的调速阀。调速阀进油口就是减压阀的入口,直接与泵的输出油口相接,入口的油液压力 p_1 是由溢流阀调定的,基本保持恒定。调速阀的出油口即节流阀的出油口与执行机构相连,其压力 p_2 由液压缸的负载 F 决定。减压阀与节流阀中间的油液压力设为 p_m,在节流阀的出口处与减压阀的上腔开有通孔 a。

调速阀在工作时,其流量主要是由节流阀阀口两端的压差 $p_m - p_2$ 决定的。当外负载 F 增大时,调速阀的出口压力 p_2 随之增大,但由于 p_2 与减压阀上腔 b 连通,因此,减压阀的上

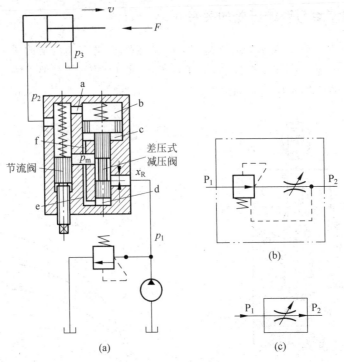

图 5.20　调速阀的工作原理图

(a) 工作原理图；(b) 职能符号；(c) 简化的职能符号

腔的油液压力也增加,由于减压阀的阀口是受作用于减压阀阀芯上的弹簧力与上下腔油液的压力差 p_1-p_m 而控制的,当上腔油液压力增大时,减压阀阀芯必然下移,使减压阀阀口 x_R 增大,作用于减压阀阀口的压差 p_1-p_m 减小,由于 p_1 基本不变,因此,势必有 p_m 增加,使得作用于节流阀两端的压差 p_m-p_2 基本保持不变,保证了通过调速阀的流量基本恒定。如果外负载 F 减小,根据前面的讨论,不难得出,作用于节流阀阀口两端的压差 p_m-p_2 仍保持不变。同样可保证调速阀的流量保持不变。

如图 5.21 所示是调速阀与节流阀的流量与压差的关系比较,由图可知,调速阀的流量稳定性要比节流阀好,基本可达到流量不随压差变化而变化。但是,调速阀特性曲线的起始阶段与节流阀重合,这是因为此时减压阀没有正常工作,阀芯处于最底端。要保证调速阀正常工作中,必须达到 0.4~0.5MPa 的压力差,这是减压阀能正常工作的最低要求。

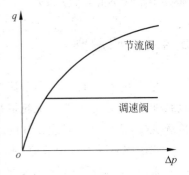

图 5.21　调速阀与节流阀的流量与压差的关系

5.4.4　温度补偿调速阀

如图 5.22 所示的温度补偿调速阀。其主要结构与普通节流阀基本相似,不同的是在阀芯上增加了一个温度补偿调节杆 2,一般用聚氯乙烯制造。工作时,主要利用聚氯乙烯的温度膨胀系数较大的特点。当温度升高时,油液的黏度降低,流量会增大,但调节杆自身的膨胀引起阀芯轴向的移动,以关小节流口,达到减小补偿温度升高对流量的影响的目的。

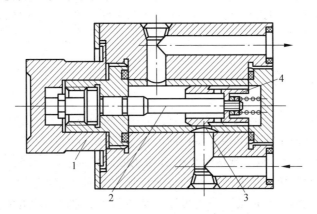

图 5.22　温度补偿调速阀结构图

1—手柄;2—温度补偿调节杆;3—节流口;4—节流阀芯

5.4.5　溢流节流阀

溢流节流阀是由差压式溢流阀 3 与节流阀 2 并联组成,如图 5.23 所示。

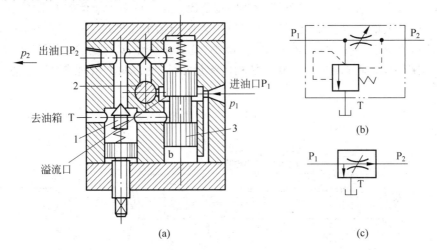

图 5.23　溢流节流阀

(a) 溢流节流阀结构图;(b) 职能符号;(c) 简化的职能符号

1—安全阀;2—节流阀;3—溢流阀

溢流节流阀的工作原理是,进油处 P_1 的高压油一部分经节流阀从出油口 P_2 去执行机构,而另一部分经溢流阀溢流至油箱中,而溢流阀的上、下端与节流口的前后相通。当负载增大引起出口 P_2 增大时,溢流阀阀芯也随之下移,溢流阀开口减小,P_1 随之增大,使得节流阀两端压差保持不变,保证了通过节流阀的油液的流量不变。

溢流节流阀同调速阀相比较其性能不一样,但起的作用是一样的。

对于调速阀,泵输出的压力是一定的,它等于溢流阀的调整压力,因此,泵消耗功率始终是很大的。而溢流节流阀的泵供油压力是随工作载荷而变化的,功率损失小;但流量是全流的,阀芯尺寸大,弹簧刚度大,流量稳定性不如调速阀;适用于速度稳定性要求较低而功率较大的泵系统中。

5.4.6 分流集流阀

分流集流阀实际上是分流阀、集流阀与分流集流阀的总称。分流阀的作用是使液压系统中由同一个能源向两个执行机构提供相同的流量(等量分流),或按一定比例向两个执行机构提供流量(比例分流),以实现两个执行机构速度同步或有一个定比关系。而集流阀则是从两个执行机构收集等流量的液压油或按比例地收集回油量,同样实现两个执行机构在速度上的同步或按比例关系运动。分流集流阀则是实现上述两个功能的复合阀。

1. 分流阀的工作原理

分流阀的结构如图 5.24 所示。分流阀由阀体 5、阀芯 6、固定节流口 2 及复位弹簧 7 所组成。工作时,若两个执行机构的负载相同,则分流阀的两个与执行机构相连接的出口油液压力 $p_3 = p_4$,由于阀的结构尺寸完全对称,因而输出的流量 $q_1 = q_2 = q_0/2$。若其中一个执行机构的负载大于另一个(设 $p_3 > p_4$),当阀芯还没运动,仍处于中间位置时,根据通过阀口的流量特性,必定使 $q_1 < q_2$,而此时作用在固定节流口 1、2 两端的压差的关系为 $(p_0 - p_1) < (p_0 - p_2)$,因而使得 $p_1 > p_2$。此时阀芯在作用于两端不平衡的压力下向左移,使节流口 3 增大、节流口 4 减小,从而使 q_1 增大、而 q_2 减小,直到 $q_1 = q_2$、$p_1 = p_2$,阀芯在一个新的平衡位置上稳定下来,保证了通向两个执行机构的流量相等,使得两个相同结构尺寸的执行机构速度同步。

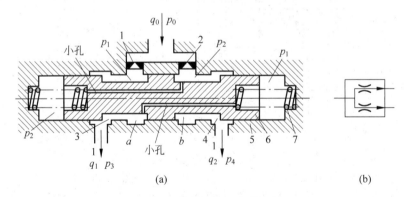

图 5.24 分流阀的工作原理图
(a) 工作原理图;(b) 符号
1,2—固定节流孔;3,4—可变节流口;5—阀体;6—阀芯;7—弹簧

2. 分流集流阀的工作原理

如图 5.25 所示为分流集流阀的结构图。初始时,阀芯 5、6 在弹簧力的作用下处于中间平衡位置。工作时分两种状态,即分流与集流。

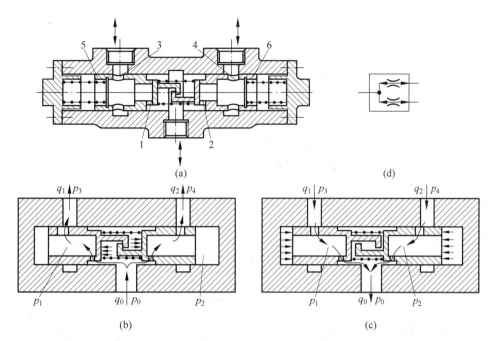

图 5.25 分流集流阀

(a)结构图;(b)分流时的工作原理;(c)集流时的工作原理;(d)符号

1,2—固定节流孔;3,4—可变节流口;5,6—阀芯

分流工作时,由于 p_0 大于 p_1 和 p_2,所以阀芯 5、6 相互分离,且靠结构相互勾住,假设 $p_4 > p_3$,必然使得 $p_2 > p_1$,使阀芯向左移,此时,节流口 3 相应减小,使得 p_1 增加,直到 $p_1 = p_2$,阀芯不再移动。由于两个固定节流口 1、2 的面积相等,所以通过的流量也相等,并不因 p_3、p_4 的变化而影响。

集流工作时,由于 p_0 小于 p_1 和 p_2,所以阀芯 5、6 相互压紧,仍设 $p_4 > p_3$,必然使得 $p_2 > p_1$,使相互压紧的阀芯向左移,此时,节流口 4 相应减小,使得 p_2 下降,直到 $p_1 = p_2$,阀芯不再移动。与分流工作时同理,由于两个固定节流口 1、2 的面积相等,所以通过的流量也相等,并不因 p_3、p_4 的变化而影响。

5.5 比例控制阀

比例控制阀是一种按输入的电气信号连续地按比例地对油流的压力、流量和方向进行远距离控制的阀。

目前在工业应用上的比例阀主要有两种形式:一种是在电液伺服阀的基础上降低设计制造精度而发展起来的;另一种是在原普通压力阀、流量阀和方向阀的基础上装上电-机械转换器以代替原有控制部分而发展起来的,是发展的主流,这种结构的比例控制阀与普通控制阀可以互换。同普通控制阀一样,比例控制阀按其用途和工作特点一般分为比例方向阀、比例压力阀和比例流量阀三大类。

1. 比例控制阀的特点

(1) 能实现自动控制、远程控制和程序控制。

(2) 能将电的快速、灵活等优点与液压传动功率大的特点结合起来。

(3) 能连续地、按比例地控制执行元件的力、速度和方向,并能防止压力或速度变化及换向时的冲击现象。

(4) 简化了系统,减少了液压元件的使用量。

(5) 具有优良的静态性能和适当的动态性能。

(6) 抗污染能力较强,使用条件、保养和维护与普通液压阀相同。

(7) 效率较高。

2. 电-机械转换器

目前,比例阀上采用的电-机械转换器主要有比例电磁铁、动圈式力电机、力矩电机、伺服电机和步进电机等形式。

1) 比例电磁铁

比例电磁铁是一种直流电磁铁,它是在传统湿式直流阀用开关电磁铁基础上发展起来的。它与普通电磁铁不同的是,普通电磁铁只要求有吸合和断开两个位置,并且为了增加吸力,在吸合时磁路中几乎没有气隙。而比例电磁铁则要求吸力与输入电流成正比,并在衔铁的全部工作位置上,磁路中都要保持一定的气隙。按比例电磁铁输出位移的形式,有单向移动式和双向移动式之分。因两种比例电磁铁的原理相似,这里只介绍如图 5.26 所示的一种双向移动式比例电磁铁。

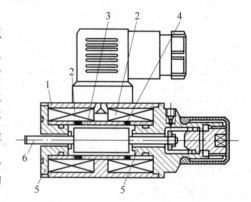

图 5.26　双向移动式比例电磁铁
1—壳体;2—线圈;3—导向套;
4—隔磁环;5—轭铁;6—推杆

在双向移动式比例电磁铁中,由两个单向直流比例电磁铁组成,在壳体内对称安装有两对线圈;一对为励磁线圈,它们极性相反互相串联或并联,由一恒流电源供给恒定的励磁电流,在磁路内形成初始磁通;另一对是控制线圈,它们极性相同且互相串联。工作时,仅有励磁电流时,左右两端的电磁吸力大小相等、方向相反,衔铁处于平衡状态,此时输出力为零。当有控制电流通过时,两控制线圈分别在左右两半环形磁路内产生差动效应,形成了与控制电流方向和大小相对应的输出力。由于采用了初始磁通,避开了铁磁材料磁化曲线起始阶段的影响。它不仅具有良好的位移-力水平特性,而且具有无零位死区、线性度好、滞环小、动态响应快等特点。

2) 动圈式力电机

动圈式力电机与比例电磁铁不同的是,其运动件是线圈而不是衔铁,当可动的控制线圈通过控制电流时,线圈在磁场中受力而移动,其方向由电流方向及固定磁通方向按左手法则来确定,力的大小则与磁场强度及电流大小成正比。

动圈式力电机具有滞环小、行程大、可动件质量小、工作频率较宽及结构简单等特点。

3）力矩电机

力矩电机是一种输出力矩或转角的电-机械转换器,它的工作原理与前面两种相似,由永久磁铁或激磁线圈产生固定磁场,通过控制线圈上的电流大小来控制磁通,从而控制衔铁上的吸力,使其产生运动。由于结构不同,其衔铁是带扭轴的可转动机构,因此衔铁失去平衡后产生力矩而使其偏转,但输出力矩较小。

力矩电机的主要优点是:自振频率高,功率/重量比大,抗加速度零漂性能好;其缺点是:工作行程很小,制造精度要求高,价格贵,抗干扰能力也不如动圈式力电机和动铁式比例电磁铁。

4）伺服电机

伺服电机是一种可以连续旋转的电-机械转换器,较常见的是永磁式直流伺服电机和并激式直流伺服电机,直流伺服电机的输出转速与输入电压成正比,并能实现正反向速度的控制。作为液压阀控制的伺服电机,它属于功率很小的微特电机,其输出转速与输入电压的传递函数可近似看作一阶延迟环节,机电时间常数一般约在十几毫秒到几十毫秒之间。

伺服电机具有启动转矩大、调速范围宽、机械特性和调节特性的线性度好、控制方便等特点。近几年出现的无刷直流伺服电机避免了电刷摩擦和换向干扰,因此更具有灵敏度高、死区小、噪声低、寿命长、对周围的电子设备干扰小等特点。

5）步进电机

步进电机是一种数字式旋转运动的电-机械转换器,它可将脉冲信号转换为相应的角位移。每输入一个脉冲信号时,电机就会相应转过一个步距角,其转角与输入的数字脉冲信号成正比,转速随输入的脉冲频率而变化。若输入反向脉冲信号,步进电机将反向旋转。步进电机工作时需要专门的驱动电源,一般包括变频信号源、脉冲分配器和功率放大器。

由于步进电机是直接用数字量控制的,因此可直接与计算机连接,且有控制方便、调速范围宽、位置精度较高、工作时的步数不易受电压波动和负载变化的影响。

3. 比例控制阀的比较及原理简介

前面介绍过,目前工业上使用的比例控制阀主要还是采用在原普通控制阀的基础上以电-机械转换器代替原控制部分的方法,构成了电磁比例压力阀、电磁比例方向阀、电磁比例流量阀等,因此,这里对各种阀的结构就不再一一做详细介绍,仅以一种电磁比例方向阀为例来说明其工作原理。比例控制阀比较见表5.4。

表 5.4 比例控制阀的比较

各种比例阀名称		结构分类	组成特点	应用
比例压力阀	比例溢流阀、比例减压阀、比例顺序阀	有直动和先导式	以电-机械转换器代替原手动调压弹簧控制机构,以控制油液压力	适合于控制液压参数超过3个以上的场合
比例流量阀	比例节流阀、比例调速阀、比例旁通型调速阀	有直动和先导式	以电-机械转换器控制阀口的开启量的大小	利用斜坡信号作用在方向比例阀上,可对机构的加速和减速进行有效的控制

续表

各种比例阀名称		结 构 分 类	组 成 特 点	应　用
比例方向阀	比例方向节流阀、比例方向调速阀	有直动和先导式,开环控制和阀芯位移反馈闭环控制两类	电-机械转换器既可以控制阀口的启闭又可以控制开启量的大小,既可以控制方向也可以控制流量。若用定差式减压阀或定差式溢流阀对阀口进行压力补偿,则构成比例调速阀	利用比例方向阀和压力补偿器实现负载补偿,可精确地控制机构的运动参数而不受负载影响

　　如图 5.27 所示为一种先导式比例方向控制阀的结构图。它是一种先导式开环控制的比例方向节流阀,其先导阀及主阀都是四边滑阀,该阀的先导阀是一双向控制的直动式比例减压阀。

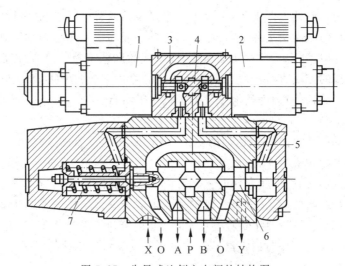

图 5.27　先导式比例方向阀的结构图
1,2—比例电磁铁;3—先导阀体;4—先导阀芯;5—主阀体;6—主阀芯;7—主阀弹簧

　　工作时,当比例电磁铁 1 通电时,先导阀芯右移,油液从 X 经先导阀芯及固定液阻等油路作用于主阀芯 6 的右端,推动主阀芯左移,主阀口 P 与 A、B 与 T 接通,此时,主阀芯上所开的节流槽与主阀体上控制台阶形成的滑阀开口芯根据连续供给比例电磁铁的输入信号而按比例地变化,以使得主阀通道所通过油液的流量按比例得到控制。

5.6　插装阀及叠加阀

5.6.1　插装阀

1. 插装阀概述

　　插装阀是 20 世纪 70 年代后发展起来的一种新型的阀,它是以插装单元为主体,配以盖板和不同的先导控制阀组合而成的具有一定控制功能的组件,可以根据需要组成方向阀、压力阀和流量阀。因插装阀基本组件只有两个油口,因此也被称为二通插装阀。

从逻辑关系上看,该阀相当于逻辑元件中的"非"门,因此也叫逻辑阀。

2. 插装阀的特点

与普通液压阀比较,插装阀具有以下特点:

(1) 通流能力较大,特别适合高压、大流量且要求反应迅速的场合。最大流量可达 100 000L/min。

(2) 阀芯动作灵敏,切换时响应快,冲击小。

(3) 密封性好,泄漏少,油液经阀时的压力损失小。

(4) 结构简单,不同的阀有相同的阀芯,一阀多能,易于实现标准化。

(5) 稳定性好,制造工艺性好,便于维修更换。

3. 插装阀的结构与工作原理

如图 5.28 所示的插装阀单元,也就是插装阀的主体是由阀套 1、阀芯 2、弹簧 3、盖板 4 及密封件组成。主阀芯上腔作用着由 X 口流入的油液的液压力和弹簧力,A、B 两个油口的油液压力作用于阀芯的下锥面,也是插装阀的主通道。其 X 口油液的压力起着控制主通道 A、B 的通断。盖板既可以用来固定插装件及密封,还起着连接插装件与先导件的作用。在盖板上也可装嵌节流螺塞等微型控制元件,还可安装位移传感器等电气附件,以便构成某种控制功能的组合阀。

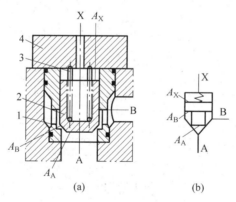

图 5.28　插装阀单元

(a) 结构图;(b) 图形符号

1—阀套;2—阀芯;3—弹簧;4—盖板

二通插装阀从工作原理上看就相当于一个液控单向阀,A、B 为两个工作油口,形成主通路,X 为控制油口,起控制作用,通过该油口中油液压力大小的变化可控制主阀芯的启闭及主通油路油液的流向及压力。将若干个不同控制功能的二通插装阀组装在一起,就组成了液压回路。

4. 插装阀控制组件

部分插装阀控制组件的组成原理图、图形符号或基本功能说明如表 5.5 所示。

表 5.5　部分插装阀控制组件的组成原理图及图形符号基本功能说明

各种控制阀名称		组成原理图	图形符号或基本功能说明
方向控制阀	插装单向阀		
	插装液控单向阀		
	插装换向阀		
压力控制阀	插装溢流阀		当 B 口接油箱时,相当于先导式溢流阀; 当 B 口接负载时,相当于先导式顺序阀
	插装卸荷阀		当二位二通电磁阀断电时,可做溢流阀使用; 当二位二通电磁阀通电时,即为卸荷阀

续表

各种控制阀名称		组成原理图	图形符号或基本功能说明
压力控制阀	插装减压阀		B 口为进油口,A 口为出油口,并且与控制腔 X、先导阀进口相通,由于控制油取自 A 口,因而能得到恒定的二次压力,相当于定压输出减压阀
流量控制阀	插装节流阀		A 为进油口,B 为出油口,在盖板上增加阀芯行程调节器,用以调节阀芯开度,达到控制流量的目的。阀芯上开有三角槽,作为节流口
	插装调速阀		在二通插装式节流阀前串联一个定差式减压阀就组成了二通插装式调速阀

5.6.2 叠加阀

叠加阀是在安装时以叠加的方式连接的一种液压阀,它是在板式连接的液压阀集成化的基础上发展起来的新型液压元件。

叠加阀是一种标准化的液压元件,同普通液压阀一样,根据用途不同可以分为方向控制阀、压力控制阀及流量控制阀,方向控制阀中只有换向阀不属于叠加阀系列。叠加阀在设计制作过程中,虽然功能不同,但相同孔径的叠加阀有着同样的外形尺寸、标准的油路通道及连接螺栓位置。叠加阀一般是以控制一个执行元件为一组,每组的最下端为底板(集成块),最上端是与之匹配的换向阀,中间按要求选择各种功能的叠加阀,每一个液压回路视执行元件的多少而由若干个叠加阀组组成。叠加阀式液压装置见图 5.29。

叠加阀的优点为:

(1) 组成回路的各单元叠加阀间不用管路连接,因而结构紧凑、体积小,由于管路连接引起的故障也少。

(2) 由于叠加阀是标准化元件,设计中仅需要绘出液压系统原理图即可,因而设计工作量小,设计周期短。

(3) 根据需要更改设计或增加、减少液压元件较方便、灵活。

(4) 系统的泄漏及压力损失较小。

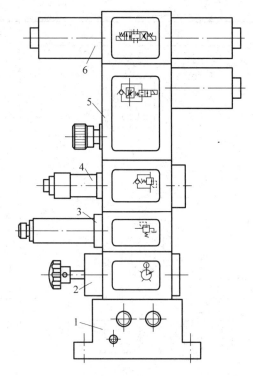

图 5.29 叠加阀式液压装置

1—底块；2—压力表开关；3—溢流阀；4—单向顺序阀；5—单向调速阀；6—换向阀

5.7 控制阀的选用

液压控制元件在液压系统中是用来控制和调节液流的压力、流量和流向的元件,故其选型的正确与否,直接关系到整个液压系统的性能。在选型过程中,通常要考虑的基本原则:

(1) 弄清液压控制元件的应用场合及性能要求,合理选择液压阀的中位机能和品种;

(2) 所选择的液压控制元件要能与液压系统的动力元件等配套;

(3) 优先选用已有的标准系列产品,尽量避免自行设计专用的液压控制元件;

(4) 在选用液压元件时,要注意其工作压力要低于其额定压力,通过液压元件的实际流量小于其额定流量;

(5) 如果液压元件与电气控制有关,要注意其额定电压与交直流的匹配关系;

(6) 综合考虑液压控制元件的连接方式、操纵方式、经济性和可靠性等因素。

课 堂 讨 论

课堂讨论:具有外控口的各种控制阀的选用。

案例：典型例题解析

例 5.1　如图 5.30 所示，两减压阀调定压力分别为 p_{J1} 和 p_{J2}，随着负载压力的增加，请问图(a)和图(b)两种连接方式中液压缸的左腔压力取决于哪个减压阀？为什么？另一个阀处于什么状态？

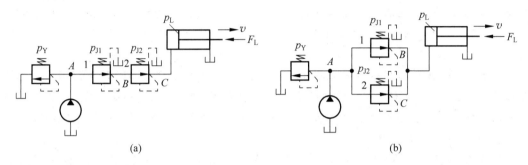

图 5.30　例 5.1 图

解：(1) 图(a)中液压缸的左腔压力取决于调定压力较低者。当 $p_{J1} > p_{J2}$ 时，随着负载压力的增加，阀 2 的导阀先被负载压力顶开，其阀芯首先抬起，把出口 C 点压力定在阀 2 的调定值 p_{J2} 上之后，随着流量的不断输入，阀 2 入口(即阀 1 出口)油压升高，阀 1 的阀芯抬起，使阀 1 出口(即 B 点)压力定为阀 1 的调定值 p_{J1}，对出口(C 点)压力无影响。当 $p_{J1} < p_{J2}$ 时，随着负载压力的增加，阀 1 先导阀首先被负载压力顶开，阀 1 起作用，使出口压力为阀 1 的调定值 p_{J1}，而阀 2 则因出口压力不会再升高，使其阀口仍处全开状态，相当于一个通道，不起减压作用。

(2) 图(b)中液压缸的左腔压力取决于调定压力较高者。假设 $p_{J2} > p_{J1}$，随着负载压力的增加，当达到阀 1 的调定值 p_{J1} 时，阀 1 开始工作，出口压力瞬时由阀 1 调定为 p_{J1}。因阀 2 的阀口仍全开，而泵仍不断供油，使液压缸的左腔油压继续增加，阀 1 不能使出口定压。此时因出口压力的增加，使阀 1 导阀开度加大，减压阀口进一步关小。当负载压力增加到阀 2 的调定值 p_{J2} 时(此时阀 1 的减压阀口是否关闭，取决于 p_{J2} 的值与使减压阀 1 阀口关闭的压力的大小关系)，阀 2 的阀芯抬起，起减压作用，使出口油压定在 p_{J2} 上，不再升高。此时阀 1 的入口、出口油压与阀 2 的相同，其导阀开度和导阀调压弹簧压缩量都比原调定值要大，减压阀口可能关闭或关小。

在上述两种回路中，由于减压阀的减压作用，使其过流量都比泵的供油量少，因此 A 点压力很快憋高，当达到溢流阀调定压力 p_Y 时，溢流阀开启，溢流定压，使泵的出口、即 A 点压力稳定在 p_Y 上。

例 5.2　如图 5.31 所示，顺序阀与溢流阀串联，其调定压力分别为 p_X 和 p_Y，随着负载压力的增加，请问液压泵的出口压力 p_P 为多少？若将两阀位置互换，液压泵的出口压力 p_P 又为多少？

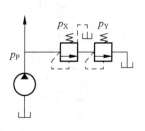

图 5.31　例 5.2 图

解：当 $p_X > p_Y$ 时,随着负载压力的增加,顺序阀入口油压逐渐升高到顺序阀的调定压力后,顺序阀打开,接通溢流阀入口,当溢流阀入口油压达到其调定压力时,溢流阀溢流,使其入口压力定在 p_Y 上,泵的出口油压则为顺序阀的调定压力 p_X；当 $p_Y > p_X$ 时,在顺序阀开启接通油路的瞬间,泵的压力为 p_X,但因负载趋于无穷大,泵仍在不断的输出流量,所以当泵出口油压憋高到溢流阀的调定值时,溢流阀打开,溢流定压。此时泵的出口压力为溢流阀的调定值 p_Y。

当两阀位置互换后,只有顺序阀导通,溢流阀才能工作。但当顺序阀导通时,其入口油压为其开启压力 p_X,此压力又经溢流阀出口、溢流阀体内孔道进入其阀芯上腔。所以溢流阀开启时,其入口油压必须大于等于其调定压力与顺序阀的开启压力之和,即泵的出口压力为 $p_X + p_Y$。

例 5.3 如图 5.32 所示为一压力阀的结构示意图。其中 1、2、3 是堵头,图示装配状态为该阀用作安全溢流阀时的情况。请通过改变上、下盖位置,堵头 1、2、3 的通闭情况及改变油口 A、B 的连接情况等方法,完成:(1)装配成减压阀；(2)装配成顺序阀；(3)装配成液控顺序阀。

解：(1)装配成减压阀

交换上、下盖的位置,上盖旋转 180°,取下堵头 2 作泄油口接油箱,A 为进油口,B 为出油口,该阀就可以当减压阀用。

(2)装配成顺序阀

将上盖旋转 180°,取下堵头 2 作泄油口接油箱,取掉堵头 1 接油箱,该阀就可以当顺序阀用。

(3)装配成液控顺序阀

将上盖旋转 180°,取下堵头 2 作泄油口接油箱,取掉堵头 1 接油箱,取掉堵头 3 作液控口,该阀就可以当液控顺序阀用。

例 5.4 如图 5.33 所示为一定位夹紧系统。请问:(1)1、2、3、4 各是什么阀? 各起什么作用?(2)系统的工作过程。(3)如果定位压力为 2MPa,夹紧缸 6 无杆腔面积 $A = 0.02m^2$,夹紧力为 50kN,1、2、3、4 各阀的调整压力为多少?

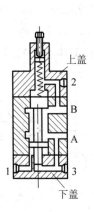

图 5.32　例 5.3 图

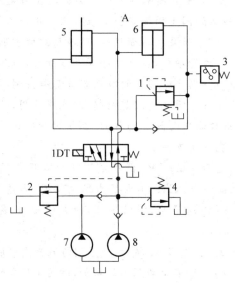

图 5.33　例 5.4 图

解：(1) 阀 1 是顺序阀，它的作用是使定位液压缸 5 先动作，夹紧液压缸 6 后动作。阀 2 是卸荷溢流阀，其作用是使低压泵 7 卸荷。阀 3 是压力继电器，其作用是当系统压力达到夹紧压力时，发出电信号，控制进给系统的电磁阀换向。阀 4 是溢流阀，当夹紧工件后起溢流稳压作用。

(2) 系统的工作过程是：电磁铁 1DT 通电，换向阀左位工作，双泵供油，定位液压缸 5 运动进行定位。此时系统压力小于顺序阀 1 的调定压力，所以缸 6 不动作。当定位动作结束后，系统压力升高到顺序阀 1 的调定压力时，顺序阀 1 打开，夹紧液压缸 6 运动。当夹紧后的压力达到所需要的夹紧力时，卸荷阀 2 使低压大流量泵 7 卸荷，此时高压小流量泵供油补偿泄漏，保持系统压力，夹紧力的大小由溢流阀 4 调节。

(3) 阀 1 调定压力 $p_1 = 2\text{MPa}$，阀 4 的调定压力 $p_4 = F/A = 50\,000/0.02 = 2.5\text{MPa}$，阀 3 的调定压力应大于 2.5MPa，阀 2 的调定压力 p_2 应介于 p_1、p_4 之间。

例 5.5　如图 5.34 所示系统中，负载 F 随着活塞从左向右的运动呈线性变化，活塞在缸的最左端时，负载最大，其值为 $F_1 = 10^4\text{N}$，活塞运动到缸的最右端时，负载最小，其值为 $F_2 = 5 \times 10^3\text{N}$，活塞无杆腔面积 $A = 2000\text{mm}^2$，油液密度 $\rho = 870\text{kg/m}^3$，溢流阀的调定压力 $p_Y = 10\text{MPa}$，节流口的节流系数 $C_q = 0.62$。求：(1) 若阀针不动，活塞伸出时的最大速度与最小速度之比为多少？(2) 若活塞位于缸中间时，缸的输出功率为 $P = 15\text{kW}$，针阀节流口的面积为多少？(3) 图中所绘阀的作用是什么？

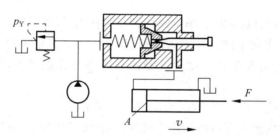

图 5.34　例 5.5 图

解：(1) 节流口的进口压力为溢流阀的调定压力，出口压力即是液压缸无杆腔压力，它随负载的不同而变化，由于负载随活塞的运动呈线性变化，所以压力也随活塞的运动呈线性变化，故

$$p_1 = \frac{F_1}{A} = \frac{10^4}{2000 \times 10^{-6}}\text{Pa} = 50 \times 10^5\text{Pa}\ \text{为最大压力}$$

$$p_2 = \frac{F_2}{A} = \frac{5 \times 10^3}{2000 \times 10^{-6}}\text{Pa} = 25 \times 10^5\text{Pa}\ \text{为最小压力}$$

所以通过节流阀的最大流量与最小流量之比，也就是活塞的最大运动速度和最小运动速度之比为

$$\frac{v_{\max}}{v_{\min}} = \frac{q_{\max}}{q_{\min}} = \frac{C_q A_T \sqrt{\dfrac{2}{\rho}(p_Y - p_2)}}{C_q A_T \sqrt{\dfrac{2}{\rho}(p_Y - p_1)}} = \sqrt{\frac{100 - 25}{100 - 50}} = 1.22$$

(2) 由于负载随活塞的运动呈线性变化，所以当活塞运动到液压缸中间时的压力为

$$p_3 = \frac{(F_1 + F_2)/2}{A} = \frac{(5 + 10) \times 10^3/2}{2000 \times 10^{-6}}\text{Pa} = 37.5 \times 10^5\text{Pa}$$

通过节流口的流量为

$$q_3 = \frac{P}{p_3} = \frac{15 \times 10^3}{37.5 \times 10^5}\,\mathrm{m^3/s} = 4 \times 10^{-3}\,\mathrm{m^3/s}$$

节流口面积为

$$A_\mathrm{T} = \frac{q_3}{C_\mathrm{q}\sqrt{\dfrac{2}{\rho}(p_\mathrm{Y} - p_3)}} = \frac{4 \times 10^3}{0.62\sqrt{\dfrac{2}{870} \times (100 - 37.5) \times 10^5}}\,\mathrm{m^2}$$

$$= 53.82 \times 10^{-6}\,\mathrm{m^2} = 53.82\,\mathrm{mm^2}$$

(3) 图 5.34 中所示阀为单向节流阀,泵经该阀供油给液压缸时,阀起节流作用,液压缸的油液经该阀回油时,阀反向导通,不起节流作用。

思考题与习题

5-1　什么是换向阀的"位"和"通"? 换向阀有几种控制方式? 其职能符号如何表示?

5-2　电液换向阀的先导阀,为什么选用 Y 型中位机能? 改用其他型机能是否可以? 为什么?

5-3　哪些阀可以做背压阀用? 单向阀当背压阀使用时,需采取什么措施?

5-4　若正处于工作状态的先导式溢流阀(阀前压力为某定值时),主阀芯的阻尼孔被污物堵塞后,阀前压力会发生什么变化? 若先导阀前小孔被堵塞,阀前压力会发生什么变化?

5-5　若将减压阀的进出油口反接,会出现什么现象?

5-6　试分析自控内泄式顺序阀与溢流阀的区别(从结构特征、在回路中的作用、性能特点加以分析)。

5-7　用结构原理图和职能符号,分别说明顺序阀、减压阀和溢流阀的异同点。

5-8　顺序阀和溢流阀是否可以互换使用?

5-9　图 5.35 为某溢流阀的流量-压力特性曲线,其调定压力 p_Y、开启压力 p_K、拐点压力 p_B 如图所示,将该阀分别用作安全阀和溢流阀时系统的工作压力各为多少?

5-10　在如图 5.36 所示的回路中,溢流阀的调定压力为 4MPa,若阀芯阻尼孔造成的损失不计,试判断下列几种情况下,压力表的读数为多少?

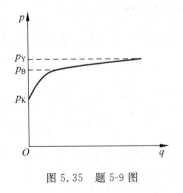

图 5.35　题 5-9 图

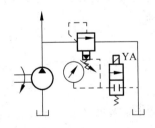

图 5.36　题 5-10 图

（1）YA 断电,负载为无限大时;

（2）YA 断电,负载压力为 2MPa 时;

（3）YA 通电,负载压力为 2MPa 时。

5-11　如图 5.37 所示的两个回路中,各溢流阀的调定压力分别为 $p_{Y1}=3$MPa,$p_{Y2}=$ 2MPa,$p_{Y3}=4$MPa,问当负载为无穷大时,液压泵出口的压力 p_P 各为多少?

5-12　如图 5.38 所示的回路中,溢流阀的调整压力为 $p_Y=5$MPa,减压阀的调整压力 $p_J=2.5$MPa。试分析下列情况,并说明减压阀的阀芯处于什么状态?

（1）当泵压力 $p_P=p_Y$ 时,夹紧缸使工件夹紧后,A、C 点的压力为多少?

（2）当泵压力由于工作缸快进而降到 $p_Y=1.5$MPa 时,A、C 点的压力各为多少?

（3）夹紧缸在未夹紧工件前作空载运动时,A、B、C 三点的压力各为多少?

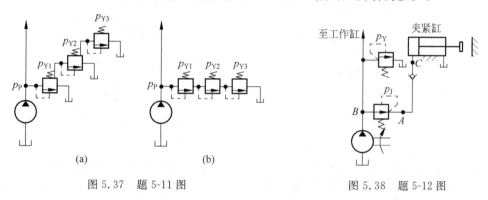

图 5.37　题 5-11 图　　　　　　　　　图 5.38　题 5-12 图

5-13　如图 5.39 所示（a）、（b）回路的参数相同,液压缸无杆腔面积 $A=50$cm²,负载 $F_L=10\ 000$N,试分别确定此两回路在活塞运动时和活塞运动到终点停止时 A、B 两处的压力。

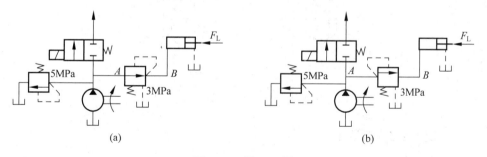

图 5.39　题 5-13 图

5-14　如图 5.40 所示的液压系统中,液压缸的有效面积 $A_1=A_2=100$cm²,缸 I 负载 $F_L=35\ 000$N,缸 II 运动时负载为零。不计摩擦阻力、惯性力和管路损失,溢流阀的调整压力为 4MPa,顺序阀的调整压力为 3MPa,减压阀的调整压力为 2MPa。求下列三种情况下,管路中 A、B 和 C 点的压力。

（1）液压泵启动后,两换向阀处于中位;

（2）1YA 通电,缸 I 活塞移动时和活塞运动到终点后;

（3）1YA 断电,2YA 通电,液压缸 II 活塞运动时及活塞碰到挡铁时。

5-15　如图 5.41 所示系统中,设重物和活塞总重 $F_G = 100kN$,活塞杆直径 $d = 150mm$,活塞直径 $D = 200mm$,单向顺序阀的调定压力为 3MPa,问 2DT 通电时,重物会不会因自重而下滑? 重物空程向下时,若不计摩擦,压力表读数为多少?

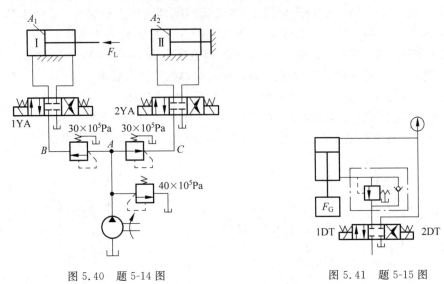

图 5.40　题 5-14 图　　　　　图 5.41　题 5-15 图

5-16　节流阀的最小稳定流量具有什么意义? 影响其数值的因素主要有哪些?

5-17　如图 5.42 所示为用插装阀组成的两组方向控制阀,试分析其功能相当于什么换向阀,并用标准的职能符号画出。

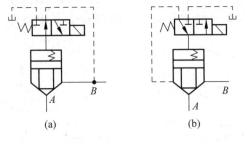

(a)　　　　　　　　(b)

图 5.42　题 5-17 图

5-18　比例阀的特点是什么?

液压辅助元件

重点、难点分析

　　液压油中的杂质对液压元件的磨损与堵塞和液压元件的泄漏是液压系统故障的主要来源。因此,对液压油的过滤和净化以及液压元件的密封是本章内容的重点。对于过滤器应掌握其典型结构及其特性(过滤精度等级、压力损失、应用场合等),过滤精度与系统工作压力间的关系及过滤器的安装等问题;对于密封主要了解密封的种类、密封的机理、密封件的特点与应用场合。

　　本章的难点是蓄能器有关计算,主要涉及蓄能器用于储存液压能时、用于缓解液压冲击时和用于吸收液压泵脉动时的容量计算;蓄能器输出液体体积的计算;皮囊式蓄能器用于系统保压时,所维持的最低压力与蓄能器的充气压之间的关系计算等。

6.1 过 滤 器

6.1.1 过滤器的功用

　　在液压系统中,由于系统内的形成或系统外的侵入,液压油中难免会存在杂质和污染物,它们中的颗粒不仅会加速液压元件的磨损,而且会堵塞阀件的小孔,卡住阀芯,划伤密封件,使液压阀失灵,系统产生故障。因此,必须对液压油中的杂质和污染物的颗粒进行清理。目前,控制液压油洁净程度的最有效方法就是采用过滤器。过滤器的主要功用就是对液压油进行过滤,控制油的洁净程度。

6.1.2 过滤器的性能指标

　　过滤器的主要性能指标有过滤精度、通流能力、压力损失等,其中过滤精度为主要指标。

1. 过滤精度

　　过滤器的工作原理是用具有一定尺寸过滤孔的滤芯对污物进行过滤。过滤精度就是指过滤器从液压油中所过滤掉的杂质颗粒的最大尺寸(以污物颗粒平均直径 d 表示)。目前所使用的过滤器,按过滤精度可分为四级:粗($d \geqslant 0.1\text{mm}$),普通($d \geqslant 0.01\text{mm}$),精($d \geqslant 0.001\text{mm}$)和特精过滤器($d \geqslant 0.0001\text{mm}$)。

过滤精度选用的原则是：使所过滤污物颗粒的尺寸要小于液压元件密封间隙尺寸的一半。系统压力越高，液压元件内相对运动零件的配合间隙越小，需要过滤器的过滤精度也就越高。液压系统的过滤精度，主要取决于系统的压力。不同液压系统对过滤器的过滤精度要求如表6.1所示。

表 6.1　各种液压系统的过滤精度要求

系统类别	润滑系统	传动系统		伺服系统	特殊要求系统
压力/MPa	0~2.5	≤7	7~35	≤35	≤21	≤35
颗粒度/mm	≤0.1	≤0.05	≤0.025	≤0.005	≤0.005	≤0.001

2. 通流能力

过滤器的通流能力一般用额定流量表示，它与过滤器滤芯的过滤面积成正比。

3. 压力损失

压力损失指过滤器在额定流量下的进出油口间的压差。一般过滤器的通流能力越好，压力损失也越小。

4. 其他性能

过滤器的其他性能主要指滤芯强度、滤芯寿命、滤芯耐腐蚀性等定性指标。不同过滤器这些性能会有较大的差异，可以通过比较确定各自的优劣。

6.1.3　过滤器的典型结构

按过滤机理，过滤器可分为机械过滤器和磁性过滤器两类。前者是使液压油通过滤芯的缝隙将污物的颗粒阻挡在滤芯的一侧；后者用磁性滤芯将所通过的液压油内铁磁颗粒吸附在滤芯上。在一般液压系统中常用机械过滤器，在要求较高的系统可将上述两类过滤器联合使用。在此着重介绍机械过滤器。

1. 网式过滤器

图6.1为网式过滤器结构图。它是由上端盖1、下端盖4之间连接开有若干孔的筒形塑料骨架3(或金属骨架)组成，在骨架外包裹一层或几层过滤网2。过滤器工作时，液压油从过滤器外通过过滤网进入过滤器内部，再从上盖管口处进入系统。此过滤器属于粗过滤器，其过滤精度为0.04~0.13mm，压力损失不超过0.025MPa，这种过滤器的过滤精度与铜丝网的网孔大小、铜网的层数有关。网式过滤器的特点是：结构简单，通油能力强，压力损失小，清洗方便；但是过滤精度低。一般安装在液压泵的吸油管口上用以保护液压泵。

2. 线隙式过滤器

图6.2为线隙式过滤器结构图。它是由端盖1、壳体2、带孔眼的筒形骨架3和绕在骨架外部的金属绕线4组成。工作时，油液从右端孔进入过滤器内，经线间的间隙、骨架上的

孔眼进入滤芯中再由左端孔流出。这种过滤器利用金属绕线间的间隙过滤,其过滤精度取决于间隙的大小。过滤精度有 $30\mu m$、$50\mu m$ 和 $80\mu m$ 三种精度等级,其额定流量为 $6\sim25L/min$,在额定流量下,压力损失为 $0.03\sim0.06MPa$。线隙式过滤器分为吸油管用和压油管用两种。前者安装在液压泵的吸油管道上,其过滤精度为 $0.05\sim0.1mm$,通过额定流量时压力损失小于 $0.02MPa$;后者用于液压系统的压力管道上,过滤精度为 $0.03\sim0.08mm$,压力损失小于 $0.06MPa$。这种过滤器的特点是:结构简单,通油性能好,过滤精度较高,所以应用较普遍;缺点是不易清洗,滤芯强度低;多用于中、低压系统。

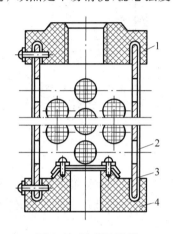

图 6.1　网式过滤器

1—上端盖;2—过滤网;3—骨架;4—下端盖

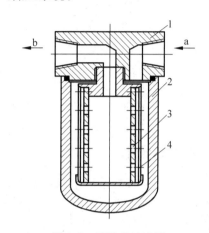

图 6.2　线隙式过滤器

1—端盖;2—壳体;3—骨架;4—金属绕线

3. 纸芯式过滤器

纸芯式过滤器(见图 6.3)以滤纸为过滤材料,把厚度为 $0.25\sim0.7mm$ 的平纹或波纹的酚醛树脂或木浆的微孔滤纸,环绕在带孔的镀锡铁皮骨架上,制成滤纸芯 2。油液从 a 经滤芯外面经滤纸进入滤芯内,然后从孔道 b 流出。为了增加滤纸的过滤面积,纸芯一般都做成折叠式。这种过滤器过滤精度有 $0.01mm$ 和 $0.02mm$ 两种规格,压力损失为 $0.01\sim0.04MPa$。其优点是过滤精度高;缺点是堵塞后无法清洗,需定期更换纸芯,强度低;一般用于精过滤系统。

4. 烧结式过滤器

图 6.4 为烧结式过滤器结构图。此过滤器是由端盖 1、壳体 2、滤芯 3 组成,滤芯是由颗粒状铜粉烧结而成。其过滤过程是:压力油从 a 孔进入,经铜颗粒之间的微孔进入滤芯内部,从 b 孔流出。烧结式过滤器的过滤精度与滤芯上铜颗粒之间的微孔的尺寸有关,选择不同颗粒的粉末,制成厚度不同的滤芯,就可获得不同的过滤精度。烧结式过滤器的过滤精度为 $0.001\sim0.01mm$,压力损失为 $0.03\sim0.2MPa$。这种过滤器的特点是强度大,可制成各种形状,制造简单,过滤精度高;缺点是难清洗,金属颗粒易脱落;常用于需要精过滤的场合。

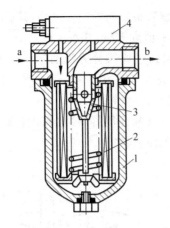

图 6.3   纸芯式过滤器

1—壳体；2—滤芯；3—弹簧；4—发信装置

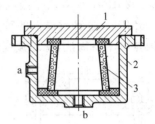

图 6.4   烧结式过滤器

1—端盖；2—壳体；3—滤芯

5. 磁性过滤器

磁性过滤器的滤芯采用永磁性材料,可将油液中对磁性敏感的金属颗粒吸附到上面。它常与其他形式的滤芯一起制成复合式过滤器,对金属加工机床的液压系统特别适用。

过滤器的图形符号见表 6.2。

表 6.2   过滤器的图形符号

粗过滤器	精过滤器	带发信装置的过滤器

6.1.4 过滤器的选用

选择过滤器时,主要根据液压系统的技术要求及过滤器的特点综合考虑。主要考虑的因素有:

(1) 系统的工作压力是选择过滤器精度的主要依据之一。系统的压力越高,液压元件的配合精度越高,所需要的过滤精度也就越高。

(2) 过滤器的通流能力是根据系统的最大流量而确定的。一般过滤器的额定流量不能小于系统的流量,否则过滤器的压力损失会增加,过滤器易堵塞,寿命也就缩短。但过滤器的额定流量越大,其体积及造价也越大,因此应选择合适的流量。

(3) 过滤器滤芯的强度是一个重要指标。不同结构的过滤器有不同的强度。在高压或冲击大的液压回路中,应选用强度高的过滤器。

6.1.5 过滤器的安装

过滤器的安装是根据系统的需要而确定的,一般可安装在图 6.5 所示的各种位置上。

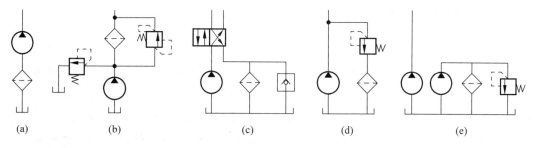

图 6.5　过滤器的安装

1. 安装在液压泵的吸油口

如图 6.5(a)所示,在泵的吸油口安装过滤器,可以保护系统中的所有元件,但由于受泵吸油阻力的限制,只能选用压力损失小的网式过滤器。这种过滤器过滤精度低,泵磨损所产生的颗粒将进入系统,对系统其他液压元件无法完全保护,还需其他过滤器串在油路上使用。

2. 安装在液压泵的出油口上

如图 6.5(b)所示,这种安装方式可以有效地保护除泵以外的其他液压元件,但由于过滤器是在高压下工作,滤芯需要有较高的强度。为了防止过滤器堵塞而引起液压泵过载或过滤器损坏,常在过滤器旁设置一堵塞指示器或旁路阀加以保护。

3. 安装在回油路上

如图 6.5(c)所示,将过滤器安装在系统的回油路上。这种方式可以把系统内油箱或管壁氧化层的脱落或液压元件磨损所产生的颗粒过滤掉,以保证油箱内液压油的清洁使泵及其他元件受到保护,由于回油压力较低,所需过滤器强度不必过高。

4. 安装在支路上

这种方式如图 6.5(d)所示,主要安装在溢流阀的回油路上,这时不会增加主油路的压力损失,过滤器的流量也可小于泵的流量,比较经济合理。但不能过滤全部油液,也不能保证杂质不进入系统。

5. 单独过滤

如图 6.5(e)所示,用一个液压泵和过滤器单独组成一个独立于系统之外的过滤回路,这样可以连续清除系统内的杂质,保证系统内清洁。一般用于大型液压系统。

6.2　蓄　能　器

6.2.1　蓄能器的功用

蓄能器的功用是将液压系统中液压油的压力能储存起来,在需要时重新放出。其主要作用具体表现在以下几个方面。

1. 作辅助动力源

某些液压系统的执行元件是间歇动作,总的工作时间很短,在一个工作循环内速度差别很大。使用蓄能器作辅助动力源可降低泵的功率,提高效率,降低温升,节省能源。图 6.6 所示的液压系统中,当液压缸的活塞杆接触工件慢进和保压时,泵的部分流量进入蓄能器 1 被储存起来,达到设定压力后,卸荷阀 2 打开,泵卸荷。此时,单向阀 3 使压力油路密封保压。当液压缸活塞快进或快退时,蓄能器与泵一起向缸供油,使液压缸得到快速运动,蓄能器起到补充动力的作用。

2. 保压补漏

对于执行元件长时间不动,而要保持恒定压力的液压系统,可用蓄能器来补偿泄漏,从而使压力恒定。如图 6.7 所示,液压系统处于压紧工件状态(机床液压夹具夹紧工件),这时可令泵卸荷,由蓄能器保持系统压力并补充系统泄漏。

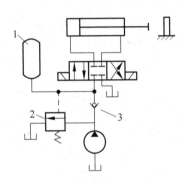
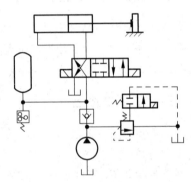

图 6.6　蓄能器作辅助动力源　　　　　　图 6.7　蓄能器作保压补漏
1—蓄能器;2—卸载荷;3—单向阀

3. 作紧急动力源

某些液压系统要求在液压泵发生故障或失去动力时,执行元件应能继续完成必要的动作以紧急避险、保证安全。为此可在系统中设置适当容量的蓄能器作为紧急动力源,避免事故发生。

4. 吸收脉动,降低噪声

当液压系统采用齿轮泵和柱塞泵时,因其瞬时流量脉动将导致系统的压力脉动,从而引起振动和噪声。此时可在液压泵的出口安装蓄能器吸收脉动、降低噪声,减少因振动损坏仪表和管接头等元件。

5. 吸收液压冲击

由于换向阀的突然换向、液压泵的突然停止工作、执行元件运动的突然停止等原因,液压系统管路内的液体流动会发生急剧变化，产生液压冲击。这类液压冲击大多发生于瞬间，系统的安全阀来不及开启，会造成系统中的仪表、密封损坏或管道破裂。若在冲击源的前端管路上安装蓄能器，则可以吸收或缓和这种压力冲击。

6.2.2　蓄能器的分类

蓄能器有各种结构形状，根据加载方式可分为重锤式、弹簧式和充气式三种。其中充气式蓄能器是利用气体的压缩和膨胀来储存和释放能量，用途较广，目前常用的是活塞式、气囊式、隔膜式蓄能器。

1. 重锤式蓄能器

重锤式蓄能器的结构原理图如图 6.8 所示，它是利用重物的位置变化来储存和释放能量的。重物 1 通过活塞 2 作用于液压油 3 上，使之产生压力。当储存能量时，油液从孔 a 经单向阀进入蓄能器内，通过柱塞推动重物上升；释放能量时，柱塞同重物一起下降，油液从 b 孔输出。这种蓄能器结构简单、压力稳定，但容量小、体积大、反应不灵活、易产生泄漏。目前只用于少数大型固定设备的液压系统。

2. 弹簧式蓄能器

图 6.9 为弹簧式蓄能器的结构原理图，它是利用弹簧的伸缩来储存和释放能量的。弹簧 1 的力通过活塞 2 作用于液压油 3 上。液压油的压力取决于弹簧的预紧力和活塞的面积。由于弹簧伸缩时弹簧力会发生变化，所形成的油压也会发生变化。为减少这种变化，一般弹簧的刚度不能太大，弹簧的行程也不能过大，从而限定了这种蓄能器的工作压力。这种蓄能器用于低压、小容量的液压系统。

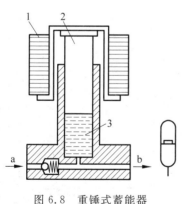

图 6.8　重锤式蓄能器
1—重块；2—柱塞；3—液压油

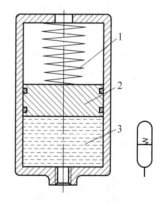

图 6.9　弹簧式蓄能器
1—弹簧；2—活塞；3—液压油

3. 活塞式蓄能器

活塞式蓄能器的结构如图 6.10 所示。活塞 1 的上部为压缩气体（一般为氮气），下部为压力油,气体由气门 3 充入,压力油经油孔 a 通入液压系统,活塞的凹部面向气体,以增加气体室的容积。活塞随下部压力油的储存和释放而在缸筒 2 内滑动。为防止活塞上下两腔互通而使气液混合,活塞上装有密封圈。这种蓄能器的优点是:结构简单,寿命长。其缺点是:由于活塞运动惯性大和存在密封摩擦力等原因,反应灵敏性差,不宜用作吸收脉动和液压冲击;缸筒与活塞配合面的加工精度要求较高;密封困难,压缩气体将活塞推到最低位置时,由于上腔气压稍大于活塞下部的油压,活塞上部的气体容易泄漏到活塞下部的油液中,使气液混合,影响系统的工作稳定性。

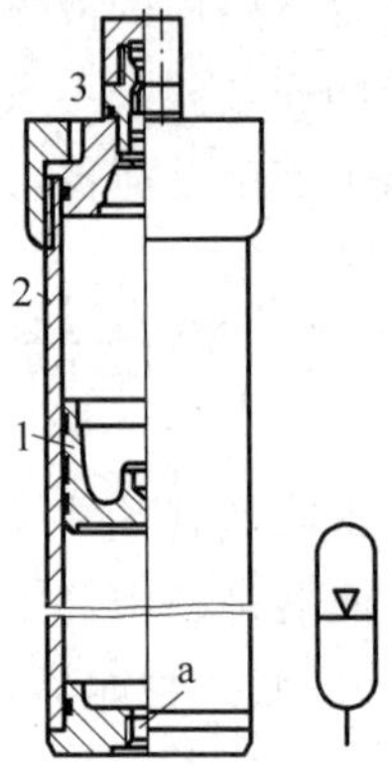

图 6.10　活塞式蓄能器
1—活塞;2—缸筒;3—气门

4. 气囊式蓄能器

气囊式蓄能器结构如图 6.11 所示。该蓄能器有一个均质无缝壳体 2,其形状为两端呈半球形的圆柱体。壳体的上部有个容纳充气阀的开口。气囊 3 用耐油橡胶制成,固定在壳体 2 的上部。由气囊把气体和液体分开。囊内通过充气阀 1 充进一定压力的惰性气体(一般为氮气)。壳体下端的提升阀 4 是一个受弹簧作用的菌形阀,压力油从此通入。当气囊充分膨胀时,即油液全部排出时,迫使菌形阀关闭,防止气囊被挤出油口。该种结构的蓄能器的优点是:气液密封可靠,能使油气完全隔离;气囊惯性小,反应灵敏;结构紧凑。其缺点是:气囊制造困难,工艺性较差。气囊有折合型和波纹型两种,前者容量较大,适用于蓄能,后者则是用于吸收冲击。

5. 隔膜式蓄能器

隔膜式蓄能器的结构如图 6.12 所示。该种蓄能器以耐油橡胶隔膜代替气囊,把气和油分开。其优点是壳体为球形,重量与体积之比值最小;缺点是容量小(一般在 0.95~11.4L 范围内);主要用于吸收冲击。

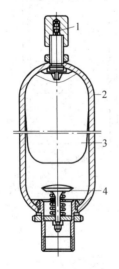

图 6.11　气囊式蓄能器
1—充气阀;2—壳体;3—气囊;4—提升阀

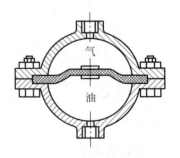

图 6.12　隔膜式蓄能器

6.2.3　蓄能器的容量计算

蓄能器的容量是选用蓄能器的主要指标之一。不同的蓄能器其容量的计算方法不同,下面介绍气囊式蓄能器容量的计算方法。

气囊式蓄能器在工作前要先充气,当充气后气囊会占据蓄能器壳体的全部体积,假设此时气囊内的体积为 V_0,压力为 p_0;在工作状态下,压力油进入蓄能器,使气囊受到压缩,此时气囊内气体的体积为 V_1,压力为 p_1;压力油释放后,气囊膨胀其体积变为 V_2,压力降为 p_2。由气体状态方程有

$$p_0 V_0^k = p_1 V_1^k = p_2 V_2^k = 常数$$

式中,k 为指数,其值由气体的工作条件决定。当蓄能器用来补偿泄漏、起保压作用时,因释放能量的速度很低,可认为气体在等温条件下工作,$k=1$;当蓄能器用作辅助动力源时,因释放能量较快,可认为气体在绝热条件下工作,$k=1.4$。

若蓄能器工作时要求释放的油液体积为 V,则由 $V=V_2-V_1$ 可求得蓄能器的容量

$$V_0 = V\left(\frac{1}{p_0}\right)^{\frac{1}{k}} \bigg/ \left[\left(\frac{1}{p_2}\right)^{\frac{1}{k}} - \left(\frac{1}{p_1}\right)^{\frac{1}{k}}\right] \tag{6.1}$$

为保证系统压力为 p_0 时,蓄能器还能释放压力油,应取充气压力 $p_0 < p_2$,对于波纹型气囊取 $p_0 = (0.6 \sim 0.65) p_2$,对于折合型气囊取 $p_0 = (0.8 \sim 0.85) p_2$,有利于提高其使用寿命。

6.2.4　蓄能器的安装和使用

在安装和使用蓄能器时应考虑以下几点:

(1) 不能在蓄能器上进行焊接、铆焊或机械加工;

(2) 蓄能器应安装在便于检查、维修并远离热源的位置;

(3) 必须将蓄能器牢固地固定在托架或基础上;

(4) 在蓄能器和泵之间应安装单向阀,以免泵停止工作时,蓄能器储存的压力油倒流而使泵反转;

(5) 用作降低噪声、吸收脉动和液压冲击的蓄能器应尽可能靠近振动源处;

(6) 气囊式蓄能器应垂直安装,油口向下。

6.3　油　　箱

6.3.1　油箱的作用和结构

油箱在液压系统中的主要功用是储存液压系统所需的足够油液,散发油液中的热量,分离油液中的气体及沉淀污物。另外对中小型液压系统,往往把泵和一些控制元件安装在油箱顶板上使液压系统结构紧凑。

油箱有整体式和分离式两种。整体式油箱是与机械设备机体做在一起,利用机体空腔部分作为油箱;此种形式结构紧凑,各种漏油易于回收,但散热性差,易使邻近构件发生热变形,从而影响机械设备精度,再则维修不方便,机械设备复杂。分离式油箱是一个单独的与主机分开的装置,它布置灵活,维修保养方便,可减少油箱发热和液压振动对工作精度的影响,便于设计成通用化、系列化的产品,因而得到广泛的应用。对一些小型液压设备,或为了节省占地面积或为了批量生产,常将液压泵-电动机装置及液压控制阀安装在分离式油箱的顶部组成一体,称为液压站。对大中型液压设备一般采用独立的分离油箱,即油箱与液压泵-电动机装置及液压控制阀分开放置。

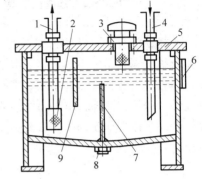

图 6.13　分离式油箱

1—吸油管;2—网式过滤器;3—空气过滤器;
4—回油管;5—顶盖;6—油面指示器;
7,9—隔板;8—放油塞

图 6.13 所示为小型分离式油箱。通常油箱用 2.5～5mm 钢板焊接而成。

6.3.2　油箱的设计要点

油箱除了其基本功用外,有时还兼作液压元件的安装台。因此设计油箱时应注意以下几点:

(1) 油箱应有足够的容量(通常取液压泵每分钟流量的 3～12 倍进行估算)。液压系统工作时油面应保持一定高度(一般不超过油箱高度的 80%),以防止液压泵吸空。为防止系统油液全部回油箱时溢出油箱,油箱容积还有一定余量。

(2) 油箱中应设吸油过滤器,要有足够的通流能力。因需经常清洗过滤器,所以在油箱结构上要考虑拆卸方便。

(3) 油箱底部做成适当斜度,并设放油塞。大油箱为清洗方便应在侧面设计清洗窗孔。油箱箱盖上应安装空气过滤器,其通气流量不小于泵流量的 1.5 倍,以保证具有较好的抗污能力。

(4) 在油箱侧壁安装油位指示器,以指示最低最高油位。为了防锈、防凝水,新油箱内壁经喷丸酸洗和表面清洗后,可涂一层与工作油液相容的塑料薄膜或耐油清漆。

(5) 吸油管及回油管要用隔板分开,增加油液循环的距离,使油液有足够时间分离气泡、沉淀杂质,隔板高度一般取油面高度的 3/4。吸油管离油箱底面距离 $H \geqslant 2D$(D 吸油管内径),距油箱壁不小于 $3D$,以利吸油通畅。回油管插入最低油面以下,防止回油时带入空气,距油箱底面距离 $h \geqslant 2d$(d 回油管内径),回油管排油口应面向箱壁,管端切成 $45°$,以增大通流面积。泄漏油管则应在油面以上。

(6) 油箱散热条件要好,必要时应安装温度计、温控器和热交换器。

(7) 大、中型油箱应设起吊钩或孔。

具体尺寸、结构可参看有关资料及设计手册。

6.3.3　油箱容积的确定

　　油箱的容积是油箱设计时需要确定的主要参数。油箱体积大时散热效果好,但用油多,成本高;油箱体积小时,占用空间少,成本降低,但散热条件不足。在实际设计时,可用经验公式初步确定油箱的容积,然后再验算油箱的散热量 Q_1,计算系统的发热量 Q_2,当油箱的散热量大于液压系统的发热量时($Q_1 > Q_2$),油箱容积合适;否则需增大油箱的容积或采取冷却措施(油箱散热量及液压系统发热量计算请查阅有关手册)。

　　油箱容积的估算经验公式为

$$V = aq \tag{6.2}$$

式中,V 为油箱的容积,L;q 为液压泵的总额定流量,L/min;a 为经验系数,min;其数值确定如下:对低压系统,$a = 2 \sim 4$min;对中压系统,$a = 5 \sim 7$min;对中、高压或高压大功率系统,$a = 6 \sim 12$min。

6.4　热 交 换 器

　　液压系统的大部分能量损失转化为热量后,除部分散发到周围空间外,大部分使油液温度升高。若长时间油温过高,则油液黏度下降,油液泄漏增加,密封材料老化,油液氧化,严重影响液压系统正常工作。因结构限制,油箱又不能太大,依靠自然冷却不能使油温控制在所希望的正常工作温度 20～65℃时,需在液压系统中安装冷却器,以控制油温在合理范围内。相反,如户外作业设备在冬季启动时,油温过低,油黏度过大,设备启动困难,压力损失加大并引起过大的振动。在此种情况,系统中应安装加热器,将油液升高到适合的温度。

　　热交换器是冷却器和加热器的总称,下面分别予以介绍。

6.4.1　冷却器

　　对冷却器的基本要求是在保证散热面积足够大,散热效率高和压力损失小的前提下,要求结构紧凑、坚固、体积小和重量轻,最好有自动控温装置以保证油温控制的准确性。

　　根据冷却介质不同,冷却器有风冷式、水冷式和冷媒式三种。风冷式利用自然通风来冷却,常用在行走设备上。冷媒式是利用冷媒介质如氟利昂在压缩机中作绝热压缩,散热器放热、蒸发器吸热的原理,把热油的热量带走,使油冷却,此种方式冷却效果最好,但价格昂贵,常用于精密机床等设备上。水冷式是一般液压系统常用的冷却方式。

　　水冷式利用水进行冷却,它分为有板式、多管式和翅片式。图 6.14 为多管式冷却器。油从壳体左端进油口流入,由于挡板 2 的作用,使热油循环路线加长,这样有利于和水管进行热量交换,最后从右端出油口排出。水从右端盖的进水口流入,经上部水管流到左端后,再经下部水管从右端盖出水口流出,由水将油液中的热量带出。此种方法冷却效果较好。

　　冷却器一般安装在回油管路或低压管路上。

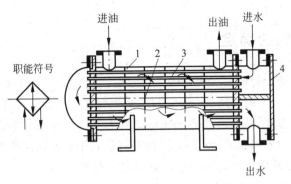

图 6.14　多管式冷却器
1—外壳；2—挡板；3—钢管；4—隔板

6.4.2　加热器

油液加热的方法有用热水或蒸汽加热和电加热两种方式。由于电加热器使用方便,易于自动控制温度,故应用较广泛,如图 6.15 所示,电加热器 2 用法兰固定在油箱 1 的内壁上。发热部分全浸在油液的流动处,便于热量交换。电加热器表面功率密度不得超过 $3W/cm^2$,以免油液局部温度过高而变质,为此,应设置联锁保护装置,在没有足够的油液经过加热循环时,或者在加热元件没有被系统油液完全包围时,阻止加热器工作。

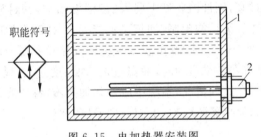

图 6.15　电加热器安装图
1—油箱；2—电加热器

有关冷却器、加热器具体结构尺寸、性能及设计参数可参看有关设计资料。

6.5　连　接　件

连接件的作用是用来连接液压元件和输送液压油的。连接件应保证有足够强度,没有泄漏,密封性能好,压力损失小,拆装方便等。连接件主要包括油管和管接头。

6.5.1　油管

1. 油管的种类

液压系统常用油管有钢管、紫铜管、塑料管、尼龙管、橡胶软管等。应当根据液压装置的工作条件和压力大小来选择油管,油管的特点及适用场合如表 6.3 所示。

表 6.3　管道的种类和适用场合

种　类		特点和适用场合
硬管	钢管	耐油、耐高压、强度高、工作可靠,但装配时不便弯曲,常在装拆方便处用作压力管道。中压以上用无缝钢管,低压用焊接钢管
	紫铜管	价高,承压能力低(6.5~10MPa),抗冲击和振动能力差,易使油液氧化,但易弯曲成各种形状,常用在仪表和液压系统装配不便处
软管	尼龙管	乳白色半透明,可观察流动情况。加热时可任意弯曲成形和扩口,冷却后即定形,安装方便。承压能力因材料而异(2.5~8MPa)。有发展前途
	塑料管	耐油,装配方便,长期使用会老化,只用作压力低于 0.5MPa 的回油管和泄油管
	橡胶软管	用于相对运动部件的连接,分高压和低压两种。高压软管由耐油橡胶夹几层钢丝编织网(层数越多耐压越高)制成,价高,用于压力管路。低压软管由耐油橡胶夹帆布制成,用于回油管路

2. 油管的特征尺寸

油管的特征尺寸为通(内)径 d,它代表油管的通流能力,为油管的名义尺寸,单位为 mm。油管的通流能力和特征尺寸可查相应手册。

3. 油管尺寸的计算

根据液压系统的流量和压力,油管的通径 d 可按下式计算:

$$d = 2\sqrt{\frac{q}{\pi v}} \tag{6.3}$$

式中,q 为通过油管的流量;v 为流速。

流速的推荐值:吸油管取 0.5~1.5m/s,回油管取 1.5~2m/s,压油管取 2.5~5m/s(压力高、流量大、管道短时取大值),控制油管取 2~3m/s,橡胶软管取值应小于 4m/s。

管道壁厚 δ 按下式计算:

$$\delta = \frac{pd}{2[\sigma]} \tag{6.4}$$

式中,p 为工作压力,Pa;d 为油管内径,mm;$[\sigma]$ 为油管材料的许用应力。

对铜管:$[\sigma] \leqslant 25$MPa;对钢管:$[\sigma] = \sigma_b/n$,σ_b 为管材的抗拉强度;n 为安全系数,当 $p \leqslant 7$MPa 时,取 $n=8$;当 7MPa$< p \leqslant 17.5$MPa 时,取 $n=6$;$p > 17.5$MPa 时,取 $n=4$。

计算出的油管内径和壁厚,应查阅有关手册圆整为标准系列值。

6.5.2　管接头

管接头是连接油管与液压元件或阀板的可拆卸的连接件。管接头应满足拆装方便、密封性好、连接牢固、外形尺寸小、压降小、工艺性好等要求。

常用的管接头种类很多,按接头的通路分:直通式、角通式、三通和四通式;按接头与阀体或阀板的连接方式分:螺纹式、法兰式等;按油管与接头的连接方式分:扩口式、焊接式、卡套式、扣压式、可拆卸式、快换式和伸缩式等。以下仅对后一种分类作一介绍。

1. 扩口式管接头

图 6.16(a)所示为扩口式管接头,它是利用油管 1 管端的扩口在管套 2 的压紧下进行密封。这种管接头结构简单,适用于铜管、薄壁钢管、尼龙管和塑料管的连接。

2. 焊接管接头

图 6.16(b)所示为焊接管接头,油管与接头内芯 1 焊接而成,接头内芯的球面与接头体锥孔面紧密相连,具有密封性好、结构简单、耐压性高等优点;缺点是焊接较麻烦,适用于高压厚壁钢管的连接。

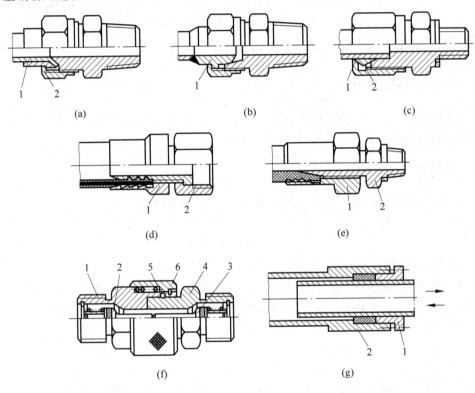

图 6.16　常用管接头

3. 卡套式管接头

图 6.16(c)为卡套式管接头,它是利用弹性极好的卡套 2 卡住油管 1 而密封。其特点是结构简单、安装方便,油管外壁尺寸精度要求较高。卡套式管接头适用于高压冷拔无缝钢管连接。

4. 扣压式管接头

图 6.16(d)所示为扣压式管接头,这种管接头是由接头外套 1 和接头芯子 2 组成。此接头适用于软管连接。

5. 可拆卸式管接头

图 6.16(e)为可拆卸式管接头。此接头的结构是在外套 1 和接头芯子 2 上作成六角形，便于经常拆卸软管。此接头适用于高压小直径软管连接。

6. 快换接头

图 6.16(f)为快换接头，此接头便于快速拆装油管。其原理为：当卡箍 6 向左移动时，钢珠 5 从插嘴 4 的环槽中向外退出，插嘴不再被卡住，可以迅速从插座 1 中抽出。此时管塞 2 和 3 在各自的弹簧力作用下将两个管口关闭，使油管内的油液不会流失。这种管接头适用于需要经常拆卸的软管连接。

7. 伸缩管接头

图 6.16(g)为伸缩管接头，这种管接头由内管 1、外管 2 组成，内管可以在外管内自由滑动并用密封圈密封。内管外径必须经过精密加工。这种管接头适用于连接件有相对运动的管道的连接。

6.6　密封装置

在液压元件及其系统中，密封装置用来防止工作介质的泄漏及外界灰尘和异物的侵入。其中起密封作用的元件即密封件。

外漏会造成工作介质的浪费，污染机器和环境，甚至引起机械操作失灵及设备人身事故。内漏会引起液压系统容积效率急剧下降，达不到所需的工作压力，甚至不能进行工作。侵入系统中的微小灰尘颗粒，会引起或加剧液压元件摩擦副的磨损，进一步导致泄漏。因此，密封件和密封装置是液压设备的一个重要组成部分。它工作的可靠性和使用寿命，是衡量液压系统好坏的一个重要指标。

通常根据两个需要密封的耦合面之间有无相对运动，把密封分为动密封和静密封。常用的密封方法有接触密封和间隙密封。

6.6.1　接触密封

液压系统中常用的接触式密封有活塞环密封和密封圈密封。

1. 活塞环密封

这种密封方法如图 6.17 所示。在活塞的环形槽中嵌放有开口的金属活塞环，其形状如图 6.17(b)所示。活塞环依靠其弹性变形所产生的张力紧贴在密封耦合面上，从而实现密封。这种密封能自动补偿磨损和温度变化的影响，适应的压力和温度范围较广，在高速条件下工作，摩擦力小，工作可靠，寿命长。其缺点是制造工艺复杂，活塞与密封面间为金属接触，不能实现完全密封。故只适用于高压、高速和高温场合。

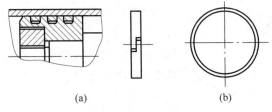

图 6.17 活塞环密封

2. 密封圈密封

密封圈密封是使用较广的一种密封方法。密封圈的材料要求具有较好的弹性、适当的机械强度、良好的耐热耐磨性、摩擦系数小、不易与液压油起化学反应等,目前多用耐油橡胶、尼龙等材料。

常用的密封圈按其断面形状可分为 O 形密封圈、Y 形密封圈和 V 形密封圈等几种。

1) O 形密封圈

如图 6.18 所示,O 形密封圈的截面为圆形,其主要材料为合成橡胶,是液压系统中使用最广的一种密封圈,主要用于静密封及滑动密封,转动密封用得较少。其优点是结构简单,动摩擦阻力较小,密封可靠,寿命长;缺点是在作动密封时,启动摩擦阻力较大。一般用于工作压力低于 0.5MPa 的液压系统。

O 形密封圈属于挤压密封,其工作原理如图 6.18 所示。当 O 形密封圈装入密封槽后,其截面受到一定的压缩变形。在无液压力时靠 O 形密封圈的弹性对接触面产生预接触压力 p_0,实现初始密封;当密封腔充入压力油后,在液压力 p 的作用下,O 形密封圈被挤到沟槽一侧,密封面上的接触压力上升,提高了密封效果。

任何形状的密封圈在安装时,必须保证适当的预压缩量,过小不能密封,过大则摩擦力增大,且易于损坏,因此,安装密封圈的沟槽尺寸和表面粗糙度必须按有关手册给出的数据严格保证。在动密封中,压力过大时,可设置密封挡圈以防止 O 形圈被挤入间隙中而损坏(见图 6.19)。

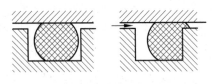

图 6.18 O 形密封圈原理图

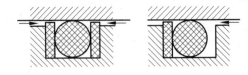

图 6.19 O 形密封圈挡圈设置

2) Y 形密封圈

如图 6.20(a)所示,Y 形密封圈的截面为 Y 形,一般用耐油橡胶制成,是一种密封性、稳定性和耐油性较好,摩擦阻力小,寿命较长,应用较广的密封圈。该密封圈主要用于往复运动的密封。根据截面长宽比例的不同,Y 形密封圈可分为宽断面和窄断面两种形式,其中窄断面密封圈又分等高唇和不等高唇两种(见图 6.20)。宽断面 Y 形密封圈一般用于工作压力 $p \leqslant 20\text{MPa}$、使用速度 $v \leqslant 0.5\text{m/s}$ 的场合。窄断面 Y 形密封圈一般用于工作压力 $p \leqslant 32\text{MPa}$ 的场合。

Y 形密封圈在安装时,唇口端应对着液压力高的一侧(见图 6.20(c))。当压力变化较大、滑动速度较高时,要使用支撑环,以固定密封圈(见图 6.20(b))。对于不等高唇密封圈,又有轴用(见图 6.20(d))和孔用(见图 6.20(e))之分,安装时,其短唇与密封面接触,滑动摩擦阻力小,耐磨性好,寿命长;其长唇与非运动表面有较大的预压缩量,摩擦阻力大,工作时不窜动。Y 形密封圈工作时受液压力作用使唇张开,分别贴在两密封耦合面上,起到密封作用。当液压力上升时,唇边与耦合面贴得更紧,接触压力更高,密封性能更好。

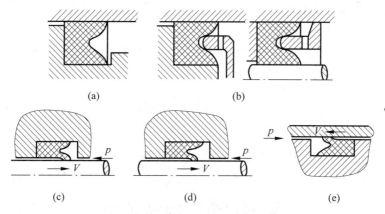

图 6.20　Y 形密封圈

(a) Y 形密封圈;(b) 带支撑的 Y 形密封圈;(c) 等高唇 Y 形密封圈;
(d) 不等高唇轴用型 Y 形密封圈;(e) 不等高唇孔用型 Y 形密封圈

3) V 形密封圈

如图 6.21 所示,V 形密封圈的截面为 V 形,一般用多层涂胶织物压制而成,并有三个不同截面的支撑环、密封环和压环组成,其密封环的数量由工作压力大小而定。安装时 V 形圈的开口应面向压力高的一侧。

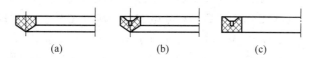

图 6.21　V 形密封圈

(a) 压环;(b) V 形密封圈;(c) 支撑环

V 形密封圈的接触面较长,密封性好,耐高压,寿命长,通过调节压紧力,可获得最佳的密封效果,但 V 形密封装置的摩擦阻力及结构尺寸较大,主要用于活塞及活塞杆的往复运动密封,其适应工作压力 $p \leqslant 50\text{MPa}$。

近年来,组合密封技术发展很快。一套组合密封可同时实现两个方向的密封,从而减少了密封件的数量和轴向尺寸,典型的组合密封件有:星形密封圈、斯特封、格来圈等。

6.6.2　间隙密封

间隙密封是非接触式密封,它是靠相对运动的配合表面间的微小间隙来实现密封的。这是一种最简单的密封方式,广泛应用于液压阀、泵和液压马达中。常见的结构形式有圆柱面配合(如滑阀与阀套之间)和平面配合(如液压泵的配流盘与转子端面之间)两种。

图 6.22 所示即为圆柱面配合的间隙密封。

间隙密封的密封性能与间隙大小、压力差、配合表面长度、直径和加工质量等因素有关。其中以间隙大小和均匀性对密封的性能影响最大(泄漏量与间隙的立方成正比),设计时可按有关手册给定的推荐值选用液压元件的间隙值。

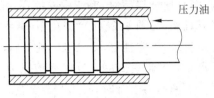

图 6.22 间隙密封

间隙密封的特点是结构简单、摩擦力小、经久耐用,但对于零件的加工精度要求较高,且难以完全消除泄漏,故适用于低压系统。

课 堂 讨 论

课堂讨论:新型密封元件的选用、不同工况下蓄能器的容量计算。

案例:典型例题解析

例 6.1　如图 6.23 所示的液压系统,泵的流量 $q_P=0.5\text{L/s}$,系统的最大工作压力(相对压力)$p_{max}=8\text{MPa}$,允许的压力降为 1MPa,执行元件做间歇运动,运动时 0.1s 内的用油量为 0.8L;间歇最短时间为 30s。确定系统中所用蓄能器的容量(假设蓄能器为波纹型气囊)。

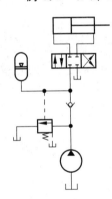

图 6.23　例 6.1图

解:因为泵的流量为 0.5L/s,远小于执行元件运动时 1s 内的用油量 8L,所以系统采用蓄能器短时大量供油。系统的最大相对压力为 8MPa,允许的压力降为 1MPa,所以蓄能器工作时的最高压力 $p_1=8\text{MPa}$,释放能量后的压力 $p_2=7\text{MPa}$。间歇时(30s)泵向蓄能器充油,其排油量为 $400(\text{mL/s})\times30\text{s}=12\text{L}$。因此,所确定蓄能器容量应小于 12L。具体计算如下:

(1) 蓄能器排油过程

蓄能器在 0.1s 内排油 0.8L,属绝热过程,$n=1.4$,$V_w=V_2-V_1=0.8\text{L}$,$V_2=0.8+V_1$,$p_0V_0^n=p_1V_1^n=p_2V_2^n=\text{const}$

所以
$$\left(\frac{p_1}{p_2}\right)^{\frac{1}{n}}=\frac{V_2}{V_1} \qquad \left(\frac{8}{7}\right)^{\frac{1}{1.4}}=\frac{0.8+V_1}{V_1}$$
$$V_1=7.99\text{L} \qquad V_2=8.79\text{L}$$

取 $p_0=0.62$,$p_2=0.62\times7=4.34\text{MPa}$,则

$$V_0=\left(\frac{p_1}{p_0}\right)^{\frac{1}{n}}V_1=\left(\frac{8}{4.34}\right)^{\frac{1}{1.4}}\times7.99\text{L}=12.37\text{L}$$

(2) 充油过程

在间歇的 30s 内,泵向蓄能器充油,因时间小于 1min,故也属绝热过程。充油时,泵应向蓄能器提供油量为 $V_P=V_0-V_1=(12.37-7.99)\text{L}=4.38\text{L}$

蓄能器的充油时间为 $t = V_P/q_P = 4.38/0.5 = 8.76s < 30s$

故该蓄能器的容量满足系统要求。

例 6.2　系统中液压泵的最大流量 $q = 40L/min$，最高工作温度为 $60℃$，油液的运动黏度 $\nu_{60} = 7.3cSt$，欲使系统供油管路液流处于层流状态，求导管直径。

解：油液流动时的雷诺数

$$Re = \frac{vd}{\nu_{60}} = \frac{4q}{\pi d^2} \times \frac{d}{\nu_{60}} = \frac{4 \times 40 \times 10^{-3}}{60 \times \pi \times 7.3 \times 10^{-6} \times d} < 2320$$

故

$$d > \frac{4 \times 40 \times 10^3}{60 \times \pi \times 7.3 \times 2320} = 0.0501m = 50.1mm$$

例 6.3　一波纹型气囊式蓄能器总容积 $V_0 = 4L$，系统最高工作压力 $p_1 = 6MPa$，最低工作压力 $p_2 = 3.5MPa$，求蓄能器所能输出的油液体积。

解：取充气压力 $p_0 = 0.65p_2 = 0.65 \times 3.5 = 2.275MPa$

当蓄能器慢速输油时，$n = 1$，则

$$V_w = V_0 p_0 \left(\frac{1}{p_2} - \frac{1}{p_1} \right) = 4 \times 2.275 \times \left(\frac{1}{3.5} - \frac{1}{6} \right)L = 1.083L$$

当蓄能器快速输油时，$n = 1.4$，则

$$V_w = V_0 p_0^{\frac{1}{1.4}} \left[\left(\frac{1}{p_2} \right)^{\frac{1}{1.4}} - \left(\frac{1}{p_1} \right)^{\frac{1}{1.4}} \right]$$

$$= 4 \times 2.275^{0.7143} \times \left[\left(\frac{1}{3.5} \right)^{0.7143} - \left(\frac{1}{6} \right)^{0.7143} \right]L = 0.94L$$

思考题与习题

6-1　过滤器有哪几种类型？分别有什么特点？

6-2　蓄能器的种类有哪些？安装使用时应注意哪些问题？

6-3　在某液压系统中，系统的最高工作压力为 $30MPa$，最低工作压力为 $15MPa$。若蓄能器充气压力为 $10MPa$，求当需要向系统提供 $6L$ 压力油时，选用多大容量的气囊式蓄能器？

6-4　容量为 $2.5L$ 的气囊式蓄能器，气体的充气压力为 $2.5MPa$，当系统的工作压力从 $p_1 = 7MPa$ 变化到 $p_2 = 5MPa$ 时，求蓄能器能输出油液的体积。

6-5　油管和管接头有哪些类型？各适用于什么场合？接头处是如何密封的？油管安装时应注意哪些问题？

6-6　设管道流量为 $25L/min$，若限制管内流速不大于 $5m/min$ 时，应选择多大内径的油管？

6-7　确定油箱容积时要考虑哪些主要因素？

6-8　在设计开式油箱结构时应考虑哪些因素？

6-9　常用的密封装置有哪些？各具备哪些特点？主要应用于液压元件哪些部位的密封？

第7章

液压基本回路

重点、难点分析

在液压设备中，能够实现负载动力参数的控制和调节是对系统的基本要求，调速与调压是完成上述功能的基本方法。调速回路与调压回路是本章的重点内容。在调速回路中重点掌握：液压系统的调速方式；每种调速回路的结构组成及其调速原理；各种调速方式的特点比较；节流调速回路及容积调速回路中如泵的工作压力、活塞运动速度或马达转速、活塞能克服的外载推力或马达能克服的外载扭矩、电动机的驱动功率、回路的效率等性能参数的计算。在调压回路中，要重点掌握：各种调压方法的原理与特点；平衡回路的平衡方法与适用场合；卸荷回路的卸荷方式与卸荷条件。其中调速回路是重点中的重点。在多缸控制回路中顺序动作回路和同步回路也是本章的重点内容。

本章的难点是：三种节流调速回路的速度-负载特性；液压效率的概念；三种容积调速回路的调速过程与特性；系统卸荷的卸荷方式；容积-节流调速的调速过程；同步回路中提高同步精度的补偿措施等。

7.1 压力控制回路

压力控制回路是利用压力控制阀来控制系统中油液的压力，以满足系统中执行元件对力和转矩的要求。压力控制回路主要包括调压、减压、增压、保压、卸荷、平衡、锁紧等多种回路。

7.1.1 调压回路

调压回路的功用是：使液压系统整体或某一部分的压力保持恒定或限定为不许超过某个数值。

调压回路又分为单级调压和多级调压回路。

1. 单级调压回路

图 7.1 为单级调压回路，这是液压系统中最为常见的回路，在液压泵的出口处并联一个溢流阀来调定系统的压力。

2. 多级调压回路

图 7.2 为多级调压回路。液压泵 1 的出口处并联一个先导式溢流阀 2，其远程控制口

上串接一个二位二通电磁换向阀3及一个远程调压阀4。当溢流阀2的调压低于远程调压阀4的调压时,则系统压力由溢流阀2决定;当溢流阀2的调压高于远程调压阀4时,则系统通过二位二通电磁换向阀3的换向可得到两种调定压力,左位接通,系统压力由溢流阀2决定,右位接通,系统压力由远程调压阀4决定。若将溢流阀的远程控制口接一个多位换向阀,并联多个调压阀,则可获得多级调压。

如果将图7.2回路中的溢流阀换成比例溢流阀,则可将此回路变成无级调压回路。

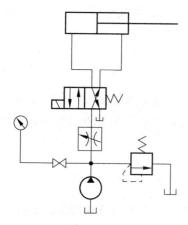

图7.1　单级调压回路

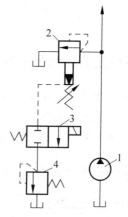

图7.2　多级调压回路

1—液压泵;2—先导式溢流阀;

3—二位二通电磁换向阀;4—远程调压阀

7.1.2　减压回路

减压回路的功用是:使系统中某一部分油路具有较低的稳定压力。

图7.3为减压回路,图中两个执行元件需要的压力不一样,在压力较低的回路上安装一个减压阀以获得较低的稳定压力,单向阀的作用是当主油路的压力较低时,防止油液倒流,起短时保压作用。

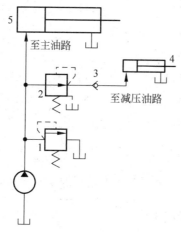

图7.3　减压回路

1—溢流阀;2—减压阀;3—单向阀;4,5—液压缸

为使减压阀的回路工作可靠,减压阀的最低调压不应小于 0.5MPa,最高压力至少比系统压力低 0.5MPa。当回路执行元件需要调速时,调速元件应安装在减压阀的后面,以免减压阀的泄漏对执行元件的速度产生影响。

7.1.3 增压回路

增压回路的功用是:提高系统中局部油路中的压力,使系统中的局部压力远远大于液压泵的输出压力。

1. 采用增压器的增压回路

图 7.4 是一种采用了增压器的增压回路。增压器的两端活塞面积不一样,因此,当活塞面积较大的腔中通入压力油时,在另一端,活塞面积较小的腔中就可获得较高的油液压力,增压的倍数取决于大小活塞面积的比值。

2. 采用气液增压缸的增压回路

图 7.5 是另一种增压回路,采用的是气液增压缸,该回路利用气液增压缸 1 将较低的气压变为液压缸 2 中较高的液压力。

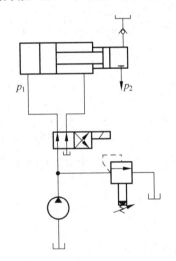

图 7.4 采用了增压器的增压回路

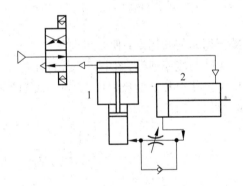

图 7.5 采用气液增压缸的增压回路

1—气液增压缸;2—液压缸

7.1.4 保压回路

保压回路的功用是:在执行元件工作中循环的某一阶段,保持系统中规定的压力。

1. 利用蓄能器的保压回路

图 7.6 是一种用于夹紧油路的保压回路,当三位四通电磁换向阀左位接通时,液压缸进

给,进行夹紧工作,当压力升至调定压力时,压力继电器发出信号,使二位二通电磁换向阀换向,油泵卸荷。此时,夹紧油路利用蓄能器进行保压。

2. 利用液压泵的保压回路

在系统压力较低时,大流量泵和小流量泵同时供油;当系统压力升高时,低压泵卸荷,高压泵起保压作用。

3. 利用液控单向阀的保压回路

图 7.7 所示是一种采用液控单向阀和电接触式压力表的自动补油式保压回路,主要是保证液压缸上腔通油时系统的压力在一个调定的稳定值,当 2YA 通电时,换向阀右位接通,压力油进入液压缸上腔,处于工作状态。当压力升至电接触式压力表上触点调定的上限压力值时,上触点接通,电磁铁 2YA 断电,换向阀处于中位,系统卸荷;当压力降至电接触式压力表上触点调定的下限压力值时,压力表又发出信号,电磁铁 2YA 通电,换向阀右位又接通,泵向系统补油,压力回升。

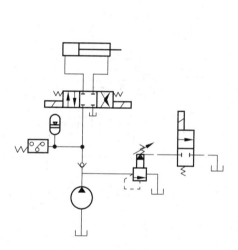

图 7.6 利用蓄能器的保压回路

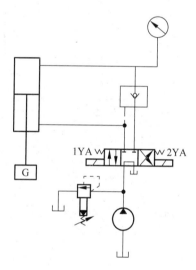

图 7.7 利用液控单向阀的保压回路

7.1.5 卸荷回路

卸荷回路的功用是:使液压泵处于接近零压的工作状态下运转,以减少功率损失和系统发热,延长液压泵和电动机的使用寿命。

(1) 采用溢流阀的卸荷回路,当二位二通电磁换向阀通电时,溢流阀的远程控制口与油箱接通,溢流阀打开,泵实现卸荷。

(2) 采用三位阀的中位机能的卸荷回路,当三位阀处于中位时,将回油孔与同泵相连的进油口接通(如 M 型),液压泵即可卸荷。

7.1.6　平衡回路

平衡回路的功用是：防止立式液压缸及其工作部件因自重而自行下落或在下行运动中因自重造成的运动失控。平衡回路一般采用平衡阀(单向顺序阀)。

图7.8就是采用平衡阀实现的平衡回路。在这个回路中,当活塞向下运动时,立式液压缸有杆腔中油液压力必须大于顺序阀的调定压力后才能将顺序阀打开,使回油进入油箱中,顺序阀可以根据需要调定压力,以保证系统达到平衡。

7.1.7　锁紧回路

锁紧回路的功用是：使执行机构在需要的任意运动位置上锁紧。如图7.9所示的就是一种利用双向液控单向阀(液压锁)的液压锁紧回路。

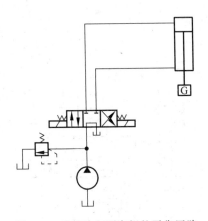

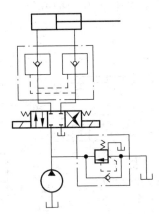

图7.8　采用单向顺序阀的平衡回路　　　　图7.9　采用液压锁的锁紧回路

7.2　速度控制回路

7.2.1　调速回路

1. 调速回路的基本概念

调速回路在液压系统中占有突出的重要地位,它的工作性能的好坏,对系统的工作性能起着决定性的作用。

对调速回路的要求：

(1) 能在规定的范围内调节执行元件的工作速度。

(2) 负载变化时,调好的速度最好不变化,或在允许的范围内变化。

(3) 具有驱动执行元件所需的力或力矩。

（4）功率损耗要小，以便节省能量，减小系统发热。

根据前述，我们知道，控制一个系统的速度就是控制液压执行机构的速度，在液压执行机构中：

液压缸速度 $$v = \frac{q}{A}$$

液压马达的速度 $$n = \frac{q}{V}$$

当液压缸设计好以后，改变液压缸的工作面积 A 是不可能的，因此对于液压缸的回路来讲，就必须采用改变进入液压缸流量的方式来调整执行机构的速度。而在液压马达的回路中，通过改变进入液压马达的流量 q 或改变液压马达排量 V 都能达到调速目的。

目前主要调速方式有：

（1）节流调速，由定量泵供油、流量阀调节流量来调节执行机构的速度。

（2）容积调速，通过改变变量泵或改变变量马达的排量来调节执行机构的速度。

（3）容积节流调速，综合利用流量阀及变量泵来共同调节执行机构的速度。

2. 节流调速回路

节流调速回路是通过在液压回路上采用流量调节元件（节流阀或调速阀）来实现调速的一种回路，一般又根据流量调节阀在回路中的位置不同分为进油节流调速、回油节流调速及旁路节流调速三种。

1）采用节流阀的进油节流调速回路

如图 7.10 所示为节流阀进油节流调速回路，这种调速回路采用定量泵供油，在泵与执行元件之间串联安装有节流阀，在泵的出口处并联安装一个溢流阀。这种回路在正常工作中，溢流阀是常开的，以保证泵的输出油液压力达到一个稳定的状态，因此，该回路又称为定压式节流调速回路。泵在工作中输出的油液根据需要一部分进入液压缸，推动活塞运动，一部分经溢流阀溢流回油箱。进入液压缸的油液流量的大小就由调节节流阀开口的大小来决定。

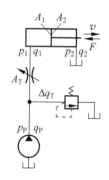

图 7.10　进油节流调速回路

（1）速度负载特性

在进油节流调速回路中，当液压缸在稳定工作状态下，其运动速度等于进入液压缸无杆腔的流量除以有效工作面积：

$$v = \frac{q_1}{A_1} \tag{7.1}$$

从回路上看，q_1 即是通过串联于进油路上的节流阀的流量，其值根据第 2 章油液流经阀口的流量计算公式有

$$q_1 = KA_T(\Delta p)^m \tag{7.2}$$

式中，K 为节流阀的流量系数；A_T 为节流阀的开口面积；m 为节流指数；Δp 为作用于节流阀两端的压力差，其值为

$$\Delta p = p_P - p_1 \tag{7.3}$$

p_P 为液压泵出口处的压力,是由溢流阀调定的,而 p_1 则是根据作用于活塞杆上的力平衡方程来决定的。

$$p_1 A_1 = F + p_2 A_2 \tag{7.4}$$

式中,F 为负载力,由于有杆腔的油液通过回油路直接回油箱,因此,p_2 为零。所以,有

$$p_1 = \frac{F}{A_1} \tag{7.5}$$

将式(7.5)、式(7.4)、式(7.3)、式(7.2)代入式(7.1)式中有

$$v = \frac{KA_T \left(p_P - \dfrac{F}{A_1}\right)^m}{A_1} = \frac{KA_T}{A_1^{m+1}}(p_P A_1 - F)^m \tag{7.6}$$

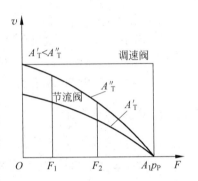

图 7.11   进油节流调速回路速度负载曲线

式(7.6)就是进油节流调速回路的速度负载公式,根据此式绘出的曲线即是速度负载特性曲线。如图 7.11 所示就是进油节流调速回路在节流阀不同开口条件下的速度负载曲线。从这个曲线上可以分析出,在节流阀同一开口条件下,液压缸负载 F 越小,曲线斜率越小,其速度稳定性越好;在同一负载 F 条件下,节流阀开口面积越小,曲线斜率越小,其速度稳定性越好。因此,进油节流调速回路适合于小功率、小负载的条件下。

速度稳定性常常还用速度刚性 K_v 来表示,速度刚性 K_v 是指速度因负载变化而变化的程度,也就是速度负载特性曲线上某点处斜率的负倒数。

$$\begin{cases} \dfrac{\partial}{\partial F} = \dfrac{CA_T}{A_1^{m+1}} m (p_P A_1 - F)^{m+1} (-1) \\[2mm] K_v = -\dfrac{1}{\tan\alpha} = -\dfrac{\partial F}{\partial \overline{w}} = \dfrac{p_P A_1 - F}{m\,\overline{w}} \end{cases} \tag{7.7}$$

由上面分析可知,速度刚性 K_v 越大,说明速度稳定性越好。

(2) 功率特性

功率特性是指功率随速度变化而变化的情况,在进油节流调速回路中,可以分为两种情况讨论。

第一种情况是在负载一定的条件下。此时,若不计损失,泵的输出功率 $P_P = p_P q_P$,作用于液压缸上的有效输出功率 $P_1 = p_1 q_1$,该回路的功率损失为

$$\begin{aligned} \Delta P &= P_P - P_1 = p_P q_P - p_1 q_1 \\ &= p_P(\Delta q + q_1) - p_1 q_1 \\ &= p_P \Delta q + q_1(p_P - p_1) \\ &= \Delta P_1 + \Delta P_2 \end{aligned}$$

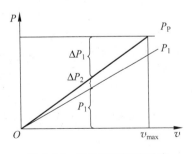

图 7.12   进油节流调速回路功率特性

上式中,ΔP_1 是油液通过溢流阀的功率损失,称为溢流损失;ΔP_2 是油液通过节流阀的功率损失,称为节流损失。可见,进油节流调速回路的功率损失是由溢流损失和节流损失两项组成的,如图 7.12 所示,随着速度的增加,有用功率在增加,而节流损失也在增加,而溢流损失在减

小。这些损失将使油温升高,因而影响系统的工作。

在外负载一定的条件下,泵压和液压缸进口处的压力都是定值,此时,改变液压缸的速度是靠调节节流阀的开口面积来实现的。

第二种情况是在外负载变化的条件下。在进油节流调速回路中,当外负载变化时,则液压缸的进油压力 p_1 也随之变化。此时,溢流阀的调定压力按最大 p_1 来调定。液压系统的有效功率为

$$P_1 = p_1 q_1 = p_1 K A_\mathrm{T} (p_\mathrm{P} - p_1)^m = p_1 K A_\mathrm{T} \left(p_\mathrm{P} - \frac{F}{A_1} \right)^m \tag{7.8}$$

由公式可见,P_1 是随 F 变化的一条曲线,且 $F = 0$ 时,$P_1 = 0$,$F = F_\mathrm{max} = p_\mathrm{P} A_1$ 时,$P_1 = 0$。其最大值出现在曲线的极值点。若节流阀开口为薄壁小孔,令 $m = 0.5$,则可求出该回路中的最大有效功率。

$$\frac{\partial P_1}{\partial F} = \frac{K A_\mathrm{T}}{A_1}(p_\mathrm{P} - p_1)^{0.5} - \frac{K p_1 A_\mathrm{T}}{A_1} \times 0.5 (p_\mathrm{P} - p_1)^{-0.5}$$

令上式＝0,有

$$p_\mathrm{P} - p_1 = 0.5 p_1$$

即

$$p_1 = \frac{2}{3} p_\mathrm{P} \tag{7.9}$$

时有效功率最大。

将式(7.9)代入式(7.8)中,再根据下式可计算出该回路的最大效率:

$$\eta = \frac{P_1}{P_\mathrm{P}} = \frac{p_1 q_1}{p_\mathrm{P} q_\mathrm{P}} = \frac{\dfrac{2}{3} p_\mathrm{P} q_1}{p_\mathrm{P} q_\mathrm{P}}$$

在上式中,若令 q_1 最大为 q_P,则系统的最大效率为 0.66。

从上面分析来看,进油节流调速回路不宜在负载变化较大的工作情况下使用,这种情况下,速度变化大,效率低,主要原因是溢流损失大。因此,在液压系统中有两种速度要求的场合最好用双泵系统。

2) 采用节流阀的回油节流调速回路

回油节流调速回路就是将节流阀装在液压系统的回油路上,如图 7.13 所示。仿照进油节流调速回路的讨论,我们对回油节流调速回路的速度负载特性和功率特性讨论如下。

(1) 速度负载特性

在回油节流调速回路中,当液压缸在稳定工作状态下,其运动速度等于流出液压缸有杆腔的流量除以有效工作面积:

$$v = \frac{q_2}{A_2} \tag{7.10}$$

从回路上看,q_2 即是通过串联于回油路上的节流阀的流量。

$$q_2 = K A_\mathrm{T} (\Delta p)^m \tag{7.11}$$

式中 Δp 为作用于节流阀两端的压力差,其值为

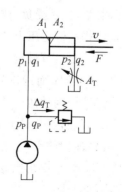

图 7.13　出油节流调速回路

$$\Delta p = p_2 \tag{7.12}$$

根据作用于活塞杆上的力平衡方程有

$$p_1 A_1 = F + p_2 A_2 \tag{7.13}$$

$$p_2 = \frac{p_1 A_1 - F}{A_2} \tag{7.14}$$

将式(7.14)、式(7.12)、式(7.11)代入式(7.10)中,又根据 $p_P = p_1$ 有

$$v = \frac{K A_T \left(\dfrac{p_1 A_1 - F}{A_2} \right)^m}{A_2} = \frac{K A_T}{A_2^{m+1}} (p_P A_1 - F)^m \tag{7.15}$$

公式(7.15)就是回油节流调速回路的速度负载公式。从公式可知,除了公式分母上的 A_1 变为 A_2 外,其他与进口节流调速回路的速度负载公式(7.6)是相同的,因此,其速度负载特性也一样。回油节流调速回路同样适合于小功率、小负载的条件下。

(2) 功率特性

这里只讨论负载一定的条件下,功率随速度变化而变化的情况。此时,若不计损失,泵的输出功率 $P_P = p_P q_P$,作用于液压缸上的有效输出功率 $P_1 = p_1 q_1 - p_2 q_2$,该回路的功率损失为

$$\begin{aligned}
\Delta P &= P_P - P_1 = p_P q_P - (p_1 q_1 - p_2 q_2) \\
&= p_P (q_P - q_1) + p_2 q_2 \\
&= p_P \Delta q + p_2 q_2 \\
&= \Delta P_1 + \Delta P_2
\end{aligned}$$

可见,回油节流调速回路的功率损失也同进油节流调速回路的一样,分为溢流损失和节流损失两部分。

(3) 进油与回油两种节流调速回路比较

进油节流调速与回油节流调速虽然其流量特性与功率特性基本相同,但在使用时还是有所不同,下面讨论几个主要不同。

首先,承受负负载的能力不同。所谓负负载就是与活塞运动方向相同的负载。比如起重机向下运动时的重力,铣床上与工作台运动方向相同的铣削(顺铣)等。很显然,出口节流调速回路可以承受负负载,而进口节流调速则不能,需要在回油路上加背压阀才能承受负负载,但需提高调定压力,功率损耗大。

其次,出口节流调速回路中油液通过节流阀时油液温度升高,但所产生的热量直接返回油箱时将散掉;而进口节流调速回路中,则进入执行机构中,增加系统的负担。

最后,当两种回路结构尺寸相同时,若速度相等,则进油节流调速回路的节流阀开口面积要大,因而,可获得更低的稳定速度。

在调速回路中,还可以在进、回油路中同时设置节流调速元件,使两个节流阀的开口能同时联动调节,以构成进出油的节流调速回路,比如由伺服阀控制的液压伺服系统经常采用这种调速方式。

3) 采用节流阀的旁路节流调速回路

如图 7.14 所示为旁路节流调速回路。在这种调速回路中,将调速元件并联安装在泵与

执行机构油路的一个支路上,此时,溢流阀阀口关闭,做安全阀使用,只有在过载时才会打开。泵出口处的压力随负载变化而变化,因此,也称为变压式节流调速回路。此时泵输出的油液(不计损失)一部分进入液压缸,另一部分通过节流阀进入油箱,调节节流阀的开口可调节通过节流阀的流量,也就是调节进入执行机构的流量,从而来调节执行机构的运行速度。

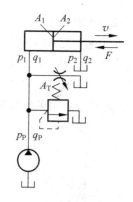

图 7.14　旁路节流调速回路

（1）速度负载特性

在旁路节流调速回路中,当液压缸在稳定工作状态下时,其运动速度等于进入液压缸无杆腔的流量除以有效工作面积,即

$$v = \frac{q_1}{A_1} \qquad (7.16)$$

从回路上看,q_1 等于泵的流量 q_P 减去通过并联于油路上的节流阀的流量 q_L:

$$q_1 = q_P - q_L \qquad (7.17)$$

通过节流阀的流量根据第 2 章油液流经阀口的流量计算公式有

$$q_L = KA_T(\Delta p)^m \qquad (7.18)$$

式中,Δp 为作用于节流阀两端的压力差,其值为

$$\Delta p = p_P \qquad (7.19)$$

p_P 等于 p_1,根据作用于活塞杆上的力平衡方程有

$$p_1 A_1 = F$$
$$p_1 = \frac{F}{A_1} \qquad (7.20)$$

将式(7.20)、式(7.19)、式(7.18)、式(7.17)代入式(7.16)中有

$$v = \frac{q_P - KA_T\left(\dfrac{F}{A_1}\right)^m}{A_1} \qquad (7.21)$$

式(7.21)就是旁路节流调速回路在不考虑泄漏情况下的速度负载公式,但是由于该回路在工作中溢流阀是关闭的,泵的压力是变化的,因此泄漏量也是随之变化的,其执行机构的速度也受到泄漏的影响,因此,液压缸的速度公式应为

$$v = \frac{q_P - K_1\left(\dfrac{F}{A_1}\right) - KA_T\left(\dfrac{F}{A_1}\right)^m}{A_1} \qquad (7.22)$$

式中,K_1 为泵的泄漏系数。同样,根据此式绘出的曲线即是速度负载特性曲线。如图 7.15 所示就是旁路节流调速回路在节流阀不同开口条件下的速度负载曲线。从这个曲线上可以分析出,液压缸负载 F 越大,其速度稳定性越好;节流阀开口面积越小,其速度稳定性越好。因此,旁路节流调速回路适合于功率、负载较大的条件下。

根据前述,亦可推出该回路的速度刚性 K_v:

$$K_v = -\frac{1}{\tan\alpha} = -\frac{\partial F}{\partial \overline{w}} = \frac{FA_1}{m(q_P - A_1\overline{w}) + (1-m)K_1\dfrac{F}{A_1}} \qquad (7.23)$$

（2）功率特性

在负载一定的条件下，若不计损失，泵的输出功率 $P_P = p_P q_P$，作用于液压缸上的有效输出功率 $P_1 = p_1 q_1$，该回路的功率损失为

$$\Delta P = P_P - P_1 = p_P q_P - p_1 q_1 = p_P(q_P - q_1) = p_P q_L$$

可见，该回路的功率损失只有一项，通过节流阀的功率损失，称为节流损失。其功率特性曲线如图 7.16 所示。

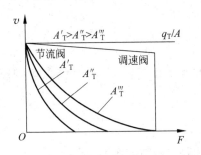

图 7.15   旁路节流调速回路的速度负载特性

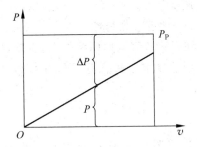

图 7.16   旁路节流调速回路的功率特性

由图 7.16 可见，这种回路随着执行机构速度的增加，有用功率在增加，而节流损失在减小。回路的效率是随工作速度及负载而变化的，并且在主回路中没有溢流损失和发热现象，因此适合于速度较高、负载较大、负载变化不大且对运动平稳要求不高的场合。

4）采用调速阀的调速回路

采用节流阀的节流调速回路，由于节流阀两端的压差是随着液压缸的负载变化的，因此其速度稳定性较差。如果用调速阀来代替节流阀，由于调速阀本身能在负载变化的条件下保证其通过内部的节流阀两端的压差基本不变，因此，速度稳定性将大大提高。如图 7.11、图 7.15 中所示采用调速阀的节流调速回路的速度负载特性曲线。当旁路节流调速回路采用调速阀后，其承载能力也不因活塞速度降低而减小。

在采用调速阀的进、回油调速回路中，由于调速阀最小压差比节流阀大，因此，泵的供油压力相应高，所以，负载不变时，功率损失要大些。在功率损失中，溢流损失基本不变，节流损失随负载线性下降。适用于运动平稳性要求高的小功率系统，如组合机床等。

在采用调速阀的旁路节流调速回路中，由于从调速阀回油箱的流量不受负载影响，因而其承载能力较强，效率高于前两种。此回路适用速度平稳性要求高的大功率场合。

3. 容积调速回路

容积调速回路主要是利用改变变量式液压泵的排量或改变变量式液压马达的排量来实现调节执行机构速度的目的。一般分为变量泵与执行机构组成的回路、定量泵与变量马达组成的回路或变量泵与变量马达组成的回路三种。

就回路的循环形式而言，容积式调速回路分为开式回路和闭式回路两种。

在开式回路中，液压泵从油箱中吸油，把压力油输给执行元件，执行元件排出的油直接回油箱，如图 7.17(a)所示，这种回路结构简单、冷却好，但油箱尺寸较大，空气和杂物易进入回路中，影响回路的正常工作。

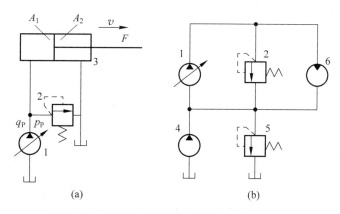

图 7.17　变量泵-定量执行元件的容积调速回路

（a）变量泵-液压缸（开式回路）；（b）变量泵-定量马达（闭式回路）

1—变量泵；2，5—溢流阀；3—液压缸；4—补油泵；6—定量马达

在闭式回路中，液压泵排油腔与执行元件进油管相连，执行元件的回油管直接与液压泵的吸油腔相连，如图 7.17(b) 所示。闭式回路油箱尺寸小、结构紧凑，且不易污染；但冷却条件较差，需要辅助泵进行换油和冷却。

1）变量泵与执行机构组成的容积调速回路

在这种容积调速回路中，采用变量泵供油，执行机构为液压缸或定量液压马达。如图 7.17 所示，图(a)为液压缸的回路，图(b)为定量马达的回路。在这两个回路中，溢流阀主要用于防止系统过载，起安全保护作用，图(b)中的泵 4 为补油泵，而溢流阀 5 的作用是控制补油泵 4 的压力。

这种回路速度的调节主要是依靠改变变量泵的排量。在图 7.17(a) 中，若不计液压回路及泵以外的元件泄漏，其运动速度与负载的关系为

$$v = \frac{q_P}{A_1} = \frac{q_T - k_1 \dfrac{F}{A_1}}{A_1} \cdot \tag{7.24}$$

式中，q_T 为变量泵的理论流量；k_1 为变量泵的泄漏系数。

根据式(7.24)可绘出该回路的速度负载特性曲线，如图 7.18(a) 所示。从图可以看出，在这种回路中，由于变量泵的泄漏，活塞的运动速度会随着外负载的变化而降低，尤其是在低速下，甚至会出现活塞停止运动的情况，可见该回路在低速条件下的承载能力是相当差的。

图 7.17(b) 是变量泵和定量马达的调速回路，在这种回路中，若不计损失，其转速为

$$n_M = \frac{q_P}{V_M} \tag{7.25}$$

马达的排量是定值，因此改变泵的排量，即改变泵的输出流量，马达的转速也随之改变。从第 3 章可知，马达的输出转矩为

$$T_M = \frac{p_P V_M}{2\pi} \eta_{Mm} \tag{7.26}$$

从式中可知，若系统压力恒定不变，则马达的输出转矩也就恒定不变，因此，该回路称为恒转矩调速，回路的负载特性曲线见图 7.18(b)。该回路调速范围大，可连续实现无级调速，一

般用于机床上做直线运动的主运动(如刨床、拉床等)。

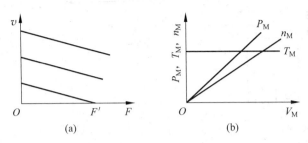

图 7.18 变量泵-定量执行元件容积调速回路特性曲线

(a) 变量泵-液压缸回路;(b) 变量泵-定量液压马达回路

2) 定量泵与变量马达组成的容积调速回路

图 7.19 所示为定量泵与变量马达组成的容积调速回路。在该回路中,执行机构的速度是靠改变变量马达 3 的排量来调定的,泵 4 为补油泵。

在这种回路中,液压泵为定量泵,若系统压力恒定,则泵的输出功率恒定。若不计损失,液压马达的输出转速与其排量反比,其输出功率不变,因此,该回路也称为恒功率调速,其速度负载特性曲线如图 7.19(b)所示。

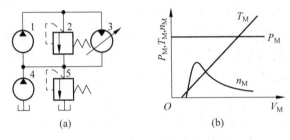

图 7.19 定量泵-变量马达的容积节流调速回路

(a) 调速回路;(b) 调速回路特性曲线

1—定量泵;2—安全阀;3—变量马达;4—补油泵;5—溢流阀

这种回路不能用马达本身来换向,因为换向必然经过"高转速—零转速—高转速",速度转换困难,也可能低速时带不动,存在死区,调速范围较小。

3) 变量泵与变量马达组成的容积调速回路

如图 7.20 所示为一种变量泵与变量马达组成的容积调速回路,在一般情况下,这种回路都是双向调速,改变双向变量泵 1 的供油方向,可使双向变量马达 2 的转向改变。单向阀 6 和 8 保证补油泵 4 能双向为泵 1 补油,而单向阀 7 和 9 能使安全阀 3 在变量马达正反向工作时都起过载保护作用。这种回路在工作中,改变泵的排量或改变马达的排量均可达到调节转速的目的。由图 7.20 可见,该回路实际上是上两种回路的组合,因此它具有上两种回路的特点。在调速过程中,第一阶段,固定马达的排量为最大,从小到大改变泵的排量,泵的输出流量增加,此时,相当于恒转矩调速;第二阶段,泵的排量固定到最大,从大到小调节马达的排量,马达的转速继续增加,此时,相当于恒功率调速。因此该回路的速度负载特性曲线是上两种回路的组合,其调速范围大大增加。

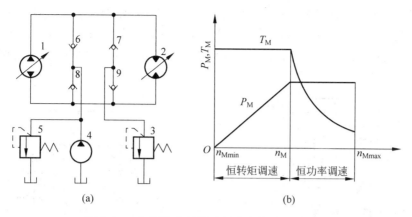

图 7.20   变量泵-变量马达的容积节流调速回路

(a) 调速回路图；(b) 特性曲线图

1—双向变量泵；2—双向变量马达；3—安全阀；4—补油泵；5—溢流阀；6～9—单向阀

4. 容积节流调速回路

容积节流调速回路就是容积调速回路与节流调速回路的组合，一般是采用压力补偿变量泵供油，而在液压缸的进油或回油路上安装有流量调节元件来调节进入或流出液压缸的流量，并使变量泵的输出流量自动与液压缸所需流量相匹配，由于这种调速回路没有溢流损失，其效率较高，速度稳定性也比容积调速和节流调速回路好。适用于速度变化范围大的中小功率场合。

1）限压式变量泵与调速阀组成的容积节流调速回路

如图 7.21 所示为限压式变量泵与调速阀组成的容积节流调速回路。在这种回路中，由限压式变量泵供油，为获得更低的稳定速度，一般将调速阀安装在进油路中，回油路中装有背压阀。

这种回路具有自动调节流量的功能。当系统处于稳定工作状态时，泵的输出流量与进入液压缸的流量相适应，若关小调速阀的开口，通过调速阀的流量减小，此时，泵的输出流量大于通过调速阀的流量，多余的流量迫使泵的输出压力升高，根据限压式变量泵的特性可知，变量泵将自动减小输出流量，直到与通过调速阀的流量相等；反之亦然。由于这种回路中泵的供油压力基本恒定，因此，也称为定压式容积节流调速回路。

2）差压式变量泵和节流阀组成的容积节流调速回路

如图 7.22 所示为差压式变量泵与节流阀的容积节流调速回路。在这种回路中，由差压式变量泵供油，用节流阀来调节进入液压缸的流量，并使变量泵输出的油液流量自动与通过节流阀的流量相匹配。由图 7.22 可见，变量泵的定子是在左右两个液压缸的液压力与弹簧力平衡下工作的，其平衡方程为

$$p_P A_1 + p_P (A - A_1) = p_1 A + F_s$$

故得出节流阀前后的压差为

$$\Delta p = p_P - p_1 = F_s / A \qquad (7.27)$$

由式中可看出，节流阀前后的压差基本是由泵右边柱塞缸上的弹簧力来调定的，由于弹

簧刚度较小,工作中的伸缩量也较小,因此基本是恒定值,作用于节流阀两端的压差也基本恒定,所以通过节流阀进入液压缸的流量基本不随负载的变化而变化。由于该回路泵的输出压力是随负载的变化而变化的,因此,这种回路也称为变压式容积节流调速回路。

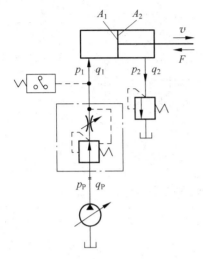

图 7.21　限压式变量泵与调速阀
的容积节流调速回路

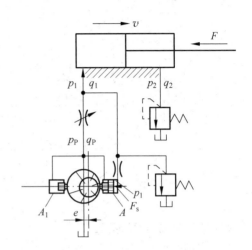

图 7.22　差压式变量泵与节流阀
的容积调速回路

这种调速回路没有溢流损失,而且泵的出口压力是随着负载的变化而变化的,因此,它的效率较高,且发热较少。这种回路适合于负载变化较大、速度较低的中小功率场合,如组合机床的进给系统等。

5. 三种调速回路特性比较

节流调速回路、容积调速回路、容积节流调速回路的特性比较见表 7.1。

表 7.1　三种调速回路特性比较

	节流调速回路	容积调速回路	容积节流调速回路
调速范围与低速稳定性	调速范围较大,采用调速阀可获得稳定的低速运动	调速范围较小,获得稳定低速运动较困难	调速范围较大,能获得较稳定的低速运动
效率与发热	效率低,发热量大,旁路节流调速较好	效率高,发热量小	效率较高,发热较小
结构(泵、马达)	结构简单	结构复杂	结构较简单
适用范围	适用于小功率轻载的中低压系统	适用于大功率、重载高速的中高压系统	适用于中小功率、中压系统,在机床液压系统中获得广泛的应用

7.2.2　快速运动回路

快速运动回路的功用就是提高执行元件的空载运行速度,缩短空行程运行时间,以提高系统的工作效率。常见的快速运动回路有以下几种。

1. 液压缸采用差动连接的快速运动回路

在前面液压缸中已介绍过，单杆活塞液压缸在工作时，两个工作腔连接起来就形成了差动连接，其运行速度可大大提高。如图 7.23 所示就是一种差动连接的回路，二位三通电磁阀右位接通时，形成差动连接，液压缸快速进给。这种回路的最大好处是在不增加任何液压元件的基础上提高工作速度，因此，在液压系统中被广泛采用。

2. 采用蓄能器的快速运动回路

如图 7.24 所示为采用蓄能器的快速运动回路。在这种回路中，当三位换向阀处于中位时，蓄能器储存能量，达到调定压力时，控制顺序阀打开，使泵卸荷。当三位阀换向使液压缸进给时，蓄能器和液压泵共同向液压缸供油，达到快速运动的目的。这种回路换向只能用于需要短时间快速运动的场合，行程不宜过长，且快速运动的速度是渐变的。

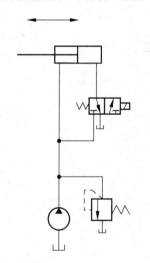

图 7.23　差动连接的快速运动回路

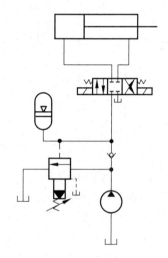

图 7.24　采用蓄能器的快速运动回路

3. 采用双泵供油系统的快速运动回路

如图 7.25 所示为双泵供油系统。泵 1 为低压大流量泵，泵 2 为高压小流量泵，阀 5 为溢流阀，用以调定系统工作压力。阀 3 为顺序阀，在这里作卸荷阀用。当执行机构需要快速运动时，系统负载较小，双泵同时供油；当执行机构转为工作进给时，系统压力升高，打开顺序阀 3，大流量泵 1 卸荷，小流量泵 2 单独供油。这种回路的功率损耗小，系统效率高，目前使用的较广泛。其结构可见图 3.16。

7.2.3　速度换接回路

速度换接回路的功用是在液压系统工作时，执行机构从一种工作速度转换为另一种工作速度。

1. 快速运动转为工作进给运动的速度换接回路

如图 7.26 所示为最常见的一种快速运动转为工作进给运动的速度换接回路,是由行程阀 3、节流阀 4 和单向阀 5 并联而成。当二位四通电磁换向阀 2 右位接通时,液压缸快速进给,当活塞上的挡块碰到行程阀,并压下行程阀时,液压缸的回油只能改走节流阀,转为工作进给;当二位四通电磁换向阀 2 左位接通时,液压油经单向阀 5 进入液压缸有杆腔,活塞反向快速退回。这种回路同采用电磁阀代替行程阀的回路比较,其特点是换向平稳,有较好的可靠性,换接点的位置精度高。

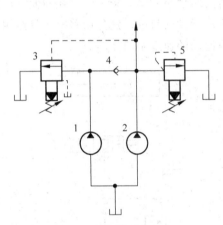

图 7.25　双泵供油系统

1—低压大流量泵;2—高压小流量泵;

3—顺序阀;4—单向阀;5—溢流阀

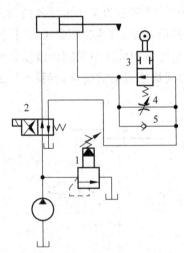

图 7.26　采用行程阀的快慢速度换接回路

1—溢流阀;2—二位四通电磁换向阀;

3—行程阀;4—节流阀;5—单向阀

2. 两种不同工作进给速度的速度换接回路

两种不同工作进给速度的速度换接回路一般采用两个调速阀串联或并联而成,如图 7.27 所示。

图 7.27(a)所示为两个调速阀并联,两个调速阀分别调节两种工作进给速度,互不干扰。但在这种调速回路中,一个阀处于工作状态,另一个阀则无油通过,使其定差减压阀处于最大开口位置,速度换接时,油液大量进入使执行元件突然前冲。因此,该回路不适合于在工作过程中的速度换接。

图 7.27(b)所示为两个调速阀串联。速度的换接是通过二位二通电磁阀的两个工作位置的换接。在这种回路中,调速阀 2 的开口一定要小于调速阀 1,工作时,油液始终通过两个调速阀,速度换接的平稳性较好,但能量损失也较大。

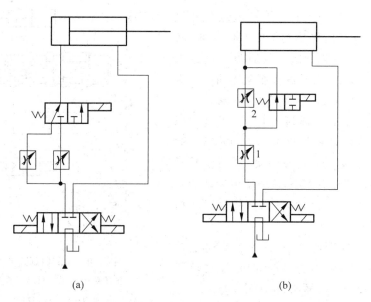

(a)　　　　　　　　　　　　　　(b)

图 7.27　两种工作进给速度的速度换接回路

(a) 两个调速阀并联的速度换接回路；(b) 两个调速阀串联的速度换接回路

7.3　方向控制回路

7.3.1　简单方向控制回路

一般的方向控制回路就是在动力元件与执行元件之间采用换向阀即可实现。如前面的图 7.26、图 7.27 所示。

7.3.2　复杂方向控制回路

复杂方向控制回路是指执行机构需要频繁连续地做往复运动或在换向过程上有许多附加要求时采用的换向回路。如在机动换向过程中因速度过慢而出现的换向死点问题，因换向速度太快而出现的换向冲击问题等。复杂方向控制回路有时间控制式和行程控制式两种。

1. 时间控制式换向回路

图 7.28 就是时间控制式换向回路。该换向回路由两个阀组成，即主换向阀 6 和先导换向阀 3。阀 6 起主油路换向作用，而先导换向阀 3 主要提供主换向阀 6 的换向动力——压力油的。主换向阀 6 两端的节流阀 5 和 8 控制主阀 6 的换向时间。

在图 7.28 所示位置，先导阀 3 的阀芯处于右端，泵输出的油液通过主换向阀 6 后，与液压缸的右端接通，活塞向左移动，而回油经换向阀 6 及节流阀 10 回油箱。当活塞带动工作台运动到终点时,工作台上的挡铁通过杠杆机构使先导阀3换向,使先导阀3的左位接通,液压泵输出的控制油经先导阀3、单向阀4后进入主换向阀6的左端,而右端的控制液压油经节流阀8回油箱。此时,阀6的阀芯右移,阀芯上的制动锥面逐渐关小回油通道b口,活塞速度减小。当换向阀移动至将阀口b全部关闭后,油路关闭,活塞停止运动。可见,换向阀换向时间取决于节流阀8的开口大小,调节节流阀8的开口即可调节换向时间,因此,该回路称为时间控制式换向回路。

这种回路主要用于工作部件运动速度较高,要求换向平稳,无冲击,但换向精度要求不高的场合,如平面磨床、插床、拉床等。

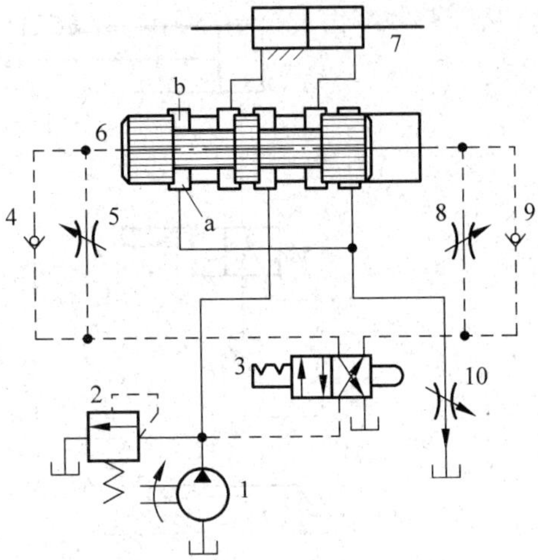

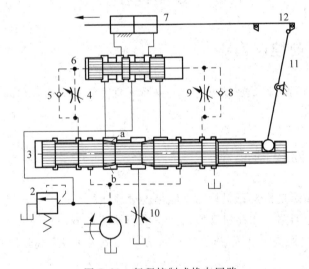

图 7.28　时间控制式换向回路
1—液压泵;2—溢流阀;3—先导换向阀;
4,9—单向阀;5—节流阀;6—主换向阀;
7—液压缸;8,10—可调节流阀

2. 行程控制式换向回路

图 7.29 是行程控制式换向回路。该回路也由两个阀所组成,即主换向阀6和先导阀3。但在这种回路中,主油路除了受主换向阀6的控制外,其回油还要通过先导阀3,同时受先导阀3的控制。

图 7.29　行程控制式换向回路
1—单向定量液压泵;2—溢流阀;3—先导阀;4,9—节流阀;5,8—单向阀;
6—主换向阀;7—液压缸;10—可调节流阀;11—连杆;12—执行元件

在图7.29所示位置,液压泵输出的油液经主换向阀6进入液压缸的右腔,活塞左移;液压缸左腔的油经换向阀6、先导阀3及节流阀10回油箱。当换向阀换向时,活塞杆上的拨块拨动先导阀3的阀芯移向右端,在移动过程中,先导阀阀芯上a口中的制动锥面将主油路的回油通道逐渐关小,实现对活塞的预制动,使活塞的速度减慢。当活塞的速度变得很慢时,换向阀的控制油路才开始切换,控制油通过先导阀 3、单向阀 5 进入主换向阀 6 的左端,而使主换向阀 6 的阀芯向右运动,切断主油路,使活塞完全停止运动,随即在相反的方向起动。可见,此种回路不论运动部件原来的速度如何,先导阀 3 总是要先移动一段固定行程使工作部件先进行预制动后,再由换向阀来换向。因此,该回路称为行程控制式换向回路。

这种回路换向精度高,冲出量小;但速度快时,制动时间短,冲击就大。另外,阀的制造精度较高,这种回路主要用于运动速度不大、换向精度要求高的场合,如外圆磨床等。

7.4　多缸动作回路

在液压系统中,用一个能源(泵)向多个执行元件(缸或马达)提供液压油,并能按各执行元件之间运动关系要求进行控制、完成规定动作顺序的回路,就称为多执行元件控制回路。

7.4.1　顺序动作回路

顺序动作回路的功用是:保证各执行元件严格地按照给定的动作顺序运动。顺序动作回路分为行程控制式、压力控制式及时间控制式。

1. 行程控制式顺序动作回路

行程控制式顺序动作回路就是将控制元件安放在执行元件行程中的一定位置,当执行元件触动控制元件时,就发出控制信号,继续下一个执行元件的动作。

图 7.30 是采用行程阀作为控制元件的行程控制式顺序动作回路。当电磁换向阀 3 通电后,右位接通,液压油进入液压缸 1 的无杆腔,缸 1 的活塞向右进给,完成第一个动作。当活塞上的挡块碰到二位四通行程阀 4 时,压下行程阀,使其上位接通,液压油通过行程阀 4 进入液压缸 2 的无杆腔,液压缸 2 的活塞向右进给,完成第二个动作。当电磁换向阀 3 断电后,其左位接通,液压油进入液压缸 1 的有杆腔,液压缸 1 向左后退,完成第三个动作。当缸 1 活塞上的挡块脱离二位四通行程阀 4 时,行程阀 4 的下位接通,液压油进入液压缸 2 的有杆腔,缸 2 随之向左后退,完成第四个动作。这种回路的换向可靠,但改变运动顺序较困难。

图 7.31 是采用电磁换向阀和行程开关的行程控制式顺序动作回路。当二位四通电磁换向阀 7 通电时,其左位接通,液压油进入液压缸 6 的无杆腔,缸 6 的活塞向右进给,完成第一个动作。当活塞上的挡块碰到行程开关 2 时,发出电信号,使二位四通电磁换向阀 8 通电,使其左位接通,液压油进入液压缸 5 的无杆腔,液压缸 5 的活塞向右进给,完成第二个动作。当缸 5 活塞上的挡块碰到行程开关 4 时,发出电信号,使二位四通阀电磁换向 7 断电,使其右位接通,液压油进入液压缸 6 的有杆腔,液压缸 6 的活塞向左退回,完成第三个动作。当缸 6 活塞上的挡块碰到行程开关 1 时,发出电信号,使二位四通电磁换向阀 8 断电,其右位接通,液压油进入液压缸 5 的有杆腔,液压缸 5 的活塞向左退回,完成第四个动作。当缸 5 活塞上的挡块碰到行程开关 3 时,发出电信号表明整个工作循环结束。这种回路使用调整方便,便于更改动作顺序,更适合采用 PLC 控制,因此,得到广泛的应用。

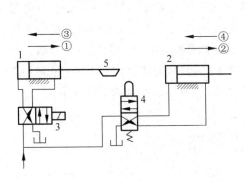

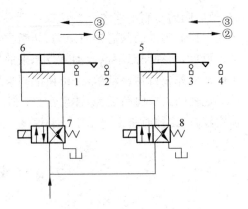

图 7.30 采用行程阀的双缸顺序动作回路

1,2—液压缸;3—电磁换向阀;

4—二位四通行程阀;5—挡块

图 7.31 采用电磁阀的双缸顺序动作回路

1~4—行程开关;5,6—液压缸;

7,8—二位四通电磁换向阀

2. 压力控制式顺序动作回路

图 7.32 是采用顺序阀的压力控制式顺序动作回路。当三位四通电磁换向阀处于左位时,液压油进入液压缸 A 的无杆腔,缸 A 向右运动,完成第一个动作。当缸 A 运动到终点时,油液压力升高,打开顺序阀 D,液压油进入液压缸 B 的无杆腔,缸 B 向右运动,完成第二个动作。当三位四通电磁换向阀处于右位时,液压油进入液压缸 B 的有杆腔,缸 B 向左运动,完成第三个动作。当缸 B 运动到终点时,油液压力升高,打开顺序阀 C,液压油进入液压缸 A 的有杆腔,缸 A 向左运动,完成第四个动作。

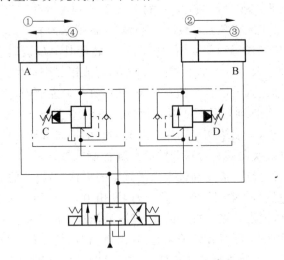

图 7.32 采用顺序阀的双缸顺序动作回路

还有采用压力继电器的压力控制顺序动作回路,这种回路控制比较方便、灵活,但油路中液压冲击容易产生误动作,目前应用较少。

3. 时间控制式顺序动作回路

时间控制式顺序动作回路是利用延时元件(如延时阀、时间继电器等)来预先设定多个执行元件之间顺序动作的间隔时间。如图 7.33 是一种采用延时阀的时间控制式顺序动作回路。当三位四通电磁换向阀左位接通时,油液进入液压缸 1,缸 1 的活塞向右运动,而此时,油液必须使延时阀 3 换向后才能进入液压缸 2,延时阀 3 的换向时间取决于控制油路(虚线所示)上的节流阀的开口大小,因此,实现了两个液压缸之间顺序动作的延时。

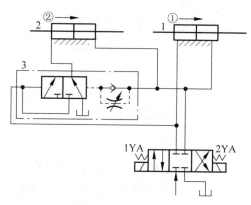

图 7.33　采用延时阀的双缸顺序动作回路
1,2—液压缸；3—延时阀

7.4.2　同步回路

同步回路的功用是：保证液压系统中两个以上执行元件以相同的位移或速度(或一定的速比)运动。

从理论上讲,只要保证多个执行元件的结构尺寸相同、输入油液的流量相同就可使执行元件保持同步动作,但由于泄漏、摩擦阻力、外负载、制造精度、结构弹性变形及油液中的含气量等因素,很难保证多个执行元件的同步。因此,在同步回路的设计、制造和安装过程中,要尽量避免这些因素的影响,必要时可采取一些补偿措施。如果想获得高精度的同步回路,则需要采用闭环控制系统才能实现。

1. 容积式同步运动回路

这种同步回路一般是利用相同规格的液压泵,执行元件可使用机械方式连接等方法实现同步动作。如图 7.34 所示是一种采用同步液压缸的同步回路,图中的单向阀的作用是当任意一个液压缸首先运动至终点时,使其进油腔中多余的液压油经安全阀 5 返回油箱中。还有采用同步马达的同步回路,两个同轴连接的相同规格的马达将等量油液提供给两个液压缸,此时需要补油系统来修正同步误差。

2. 节流式同步运动回路

图 7.35 是采用分流阀的同步回路。分流阀能保证进入两个液压缸的液压油等量且两

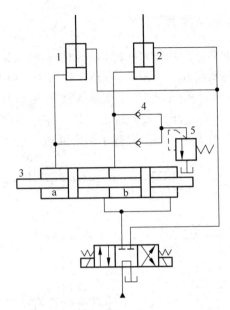

图 7.34　采用同步液压缸的同步回路

1,2—液压缸；3—同步液压缸；4—单向阀；5—安全阀

缸同步运动。若任意一个液压缸首先到达终点时,则可经过阀内节流口的调节,使油液进入另一个液压缸内,使其到达终点,以消除积累误差。

3. 采用电液比例阀的同步运动回路

图 7.36 所示为采用电液比例阀的同步运动回路,回路中调节流量的是普通调速阀 1 和

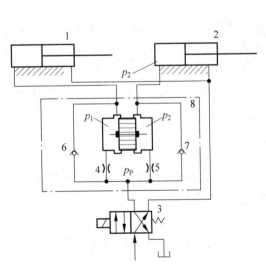

图 7.35　采用分流阀的同步回路

1,2—液压缸；3—二位四通换向阀；4,5—节流口；

6,7—单向阀；8—分流阀

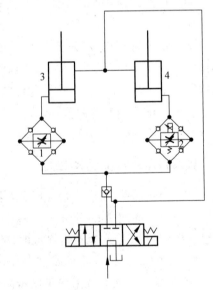

图 7.36　采用电液比例阀的同步回路

1—普通调速阀；2—电液比例调速阀；3,4—液压缸

电液比例调速阀 2,分别控制两个液压缸的运动。当两个液压缸出现位置误差后,检测装置会发出信号,自动调节比例阀的开度,以保证两个液压缸的同步。

如果想获得更高的同步精度,需采用电液伺服阀。

7.4.3　多缸工作运动互不干扰回路

多缸工作运动互不干扰回路的功用是:防止两个以上执行机构在工作时因速度不同而引起的动作上的相互干扰,保证各自运动的独立和可靠。

图 7.37 所示为双泵供油的多缸快慢速运动互不干扰回路。泵 5 是高压小流量泵,负责两个液压缸的工作进给的供油;泵 6 为低压大流量泵,负责两个液压缸快进时的供油。调速阀的作用是液压缸工作进给时调节活塞的运动速度。在这种回路中,每个液压缸均可单独实现快进、工进及快退的动作循环,两个液压缸的动作之间互不干扰。若采用叠加阀实现多缸互不干扰更为容易,如图 7.38 所示,因此在组合机床上被广泛采用。

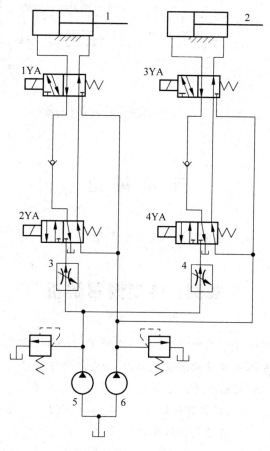

图 7.37　双泵供油的多缸快慢速运动互不干扰回路

1,2—液压缸;3,4—调速阀;5—高压小流量泵;6—低压大流量泵

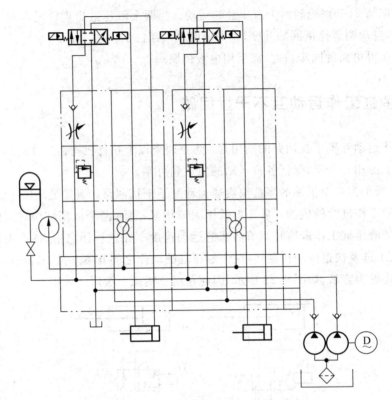

图 7.38　采用叠加阀的多缸互不干扰回路

课 堂 讨 论

课堂讨论：变量泵变量马达回路的调整方法与应用。

案例：典型例题解析

例 7.1　图 7.39 所示为一顺序动作回路,设阀 A、B、C、D 的调整压力分别为 p_A、p_B、p_C、p_D,定位动作负载为 0,若不计油管及换向阀、单向阀的压力损失,试分析确定:

(1) A、B、C、D 四元件间的压力调整关系;

(2) 当 1DT 瞬时通电后,定位液压缸作定位动作时,1、2、3、4 点的压力;

(3) 定位液压缸到位后,夹紧液压缸动作时,1、2、3、4 点处的压力;

(4) 夹紧液压缸到位后,1、2、3、4 点处的压力又如何?

解:(1) A、B、C、D 四元件间的压力调整关系为: $p_A > p_B > p_C$、$p_D < p_B$。

(2) 定位缸动作时,负载为 0,减压阀 B 阀口全开,所以 1、2、3、4 点的压力均为 0。

(3) 定位液压缸到位后,泵的出口压力逐渐升高,直到达到顺序阀 C 的调定压力,顺序

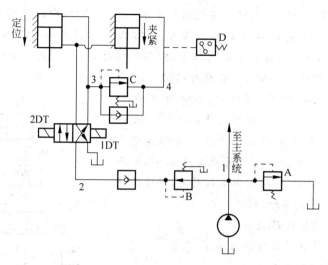

图 7.39　例 7.1 图

阀 C 打开,夹紧缸动作,假设夹紧缸负载压力为 $p_F(p_B > p_F > p_C)$,此时减压阀口仍旧全开,故此阶段 1、2、3、4 点的压力为: $p_1 = p_2 = p_3 = p_4 = p_F$。

(4) 当夹紧缸到位后,若主系统仍处于未接通的停止状态,泵的出口压力逐渐升高,直到达到溢流阀 A 的调定压力,溢流阀溢流保压,减压阀 B 的阀芯抬起,起减压作用,故各点的压力为: $p_1 = p_A$,$p_2 = p_3 = p_4 = p_B$。

例 7.2　请问如图 7.40(a)所示液压系统能否实现缸 A 运动到终点后,缸 B 才动作的功能? 若不能实现,请问在不能增加液压元件的条件下如何改进?

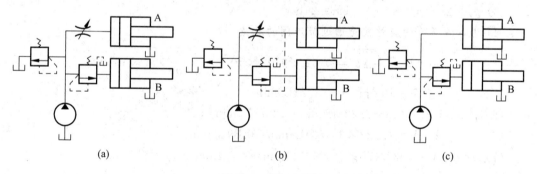

(a)　　　　　　　　　(b)　　　　　　　　　(c)

图 7.40　例 7.2 图

解: 不能实现所要求的顺序动作。这是因为节流阀和内控式顺序阀相并联,二者入口压力相同,都是溢流阀的调定压力。当顺序阀的调定压力小于或等于溢流阀的调定压力时,缸 A、B 同时动作;当顺序阀的调定压力大于溢流阀的调定压力时,缸 A 动作,顺序阀不工作,缸 B 始终不能动作。

将图(a)改成图(b)所示,就可以实现题目要求的顺序动作,即把内控式顺序阀改变为液控顺序阀。此时,当缸 A 先动作,到达终点后,节流阀出口压力憋高,当压力升高到液控顺序阀的调定压力时,顺序阀打开,缸 B 进油并动作,从而实现了缸 A 先动、缸 B 后动的顺序动作。

将图(a)改成图(c)所示,也可以实现题目要求的顺序动作,即把节流阀去掉。此时,将顺序阀的调定压力调整得比缸 A 的负载压力高,缸 A 就可以先动作,当缸 A 到达终点后,泵的出口压力升高,达到顺序阀的调定压力时,顺序阀打开,缸 B 进油并运动,故而实现了缸 A 先动、缸 B 后动的顺序动作。但这种回路中缸 A 的速度不可调。

例 7.3 在图 7.41 所示的油路中,已知:$F=9\mathrm{kN}$, $A_1=50\mathrm{cm}^2$,$A_2=20\mathrm{cm}^2$,液压泵的流量 $q_P=25\mathrm{L/min}$, 节流阀节流孔面积 $A_T=0.02\mathrm{cm}^2$,节流孔近似薄壁小孔,其前后的压差 $\Delta p=4\mathrm{bar}$,流量系数 $C_q=0.62$,背压阀的调整压力 $p_b=5\mathrm{bar}$,当活塞向右运动时,若通过换向阀和管道的压力损失不计,试求:

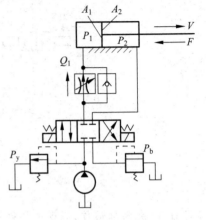

图 7.41 例 7.3 图

(1) 液压缸回油腔的压力 p_2;

(2) 液压缸进油腔的工作压力 p_1;

(3) 溢流阀的调整压力 p_y;

(4) 进入液压缸的流量 q_1;

(5) 溢流阀的流量 q_y;

(6) 通过背压阀的流量 q_b;

(7) 活塞向右运动的速度 v;

(8) 假设液压泵的效率 $\eta_{Pv}=0.8$,$\eta_{Pm}=0.9$,求驱动液压泵的电机功率 P。

解:(1) $p_2=p_b=5\mathrm{bar}$

(2) $p_1=\dfrac{F+p_2A_2}{A_1}=\dfrac{9000+5\times20\times10^1}{50\times10^{-4}}\mathrm{Pa}=20\times10^5\mathrm{Pa}=20\mathrm{bar}$

(3) $p_y=\Delta p+p_1=(4+20)\mathrm{bar}=24\mathrm{bar}$

(4) 进入液压缸的流量就是通过节流阀的流量

$$q_1=C_qA_T\sqrt{\dfrac{2}{\rho}\Delta p}=0.62\times0.02\times10^{-4}\times\sqrt{\dfrac{2}{900}\times4\times10^5}\,\mathrm{m^3/s}$$

$$=3.7\times10^{-5}\mathrm{m^3/s}=2.22\mathrm{L/min}$$

(5) $q_y=q_P-q_1=(25-2.22)\mathrm{L/min}=22.78\mathrm{L/min}$

(6) $q_b=q_1A_2/A_1=(2.22\times20/50)\mathrm{L/min}=0.89\mathrm{L/min}$

(7) $v=q_1/A_1=2.22/(50\times60\times10^{-4})\mathrm{mm/s}=7.4\mathrm{mm/s}$

(8) $P=\dfrac{p_yq_P}{\eta_{Pv}\eta_{Pm}}=\dfrac{24\times25\times10^2}{60\times0.8\times0.9}\mathrm{W}=1.38\times10^3\mathrm{W}=1.38\mathrm{kW}$

例 7.4 如图 7.42 所示为一种采用增速缸的液压机液压系统回路。柱塞与缸体一起固定在机座上,大活塞与活动横梁相连可以上下移动。已知 $D=400\mathrm{mm}$,$D_1=120\mathrm{mm}$,$D_2=160\mathrm{mm}$,$D_3=360\mathrm{mm}$,液压机的最大压下力 $F=3000\mathrm{kN}$,移动部件自重为 $G=20\mathrm{kN}$,摩擦阻力忽略不计,液压泵的流量 $q_P=65\mathrm{L/min}$。问:

(1) 液控单向阀 C 和顺序阀 B 的作用是什么?

(2) 顺序阀 B 和溢流阀的调定压力为多少?

(3) 通过液控单向阀 C 的流量为多少?

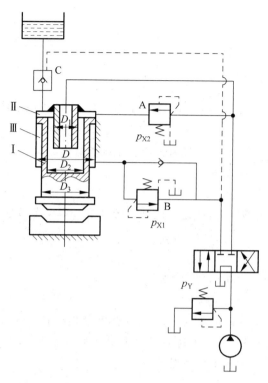

图 7.42　例 7.4 图

解：(1) 液控单向阀 C 的作用是在大活塞向下快速运动时向Ⅱ腔补充油液和大活塞向上运动回程时回油，当大活塞向下快速运动时，换向阀处于左位，液压泵向Ⅰ腔输油，由于没有负载，泵的输出压力很小，顺序阀 A 不通，所以随着大活塞的下移，Ⅱ腔压力小于大气压，油箱就可以通过单向阀 C 向Ⅱ腔补充油液。当大活塞和横梁接触到工件时，负载增加，泵的出口压力升高，达到顺序阀 A 的调定压力时，顺序阀 A 打开，液压泵同时向Ⅰ腔和Ⅱ腔供油，单向阀 C 关闭，停止补油。当大活塞向上运动回程时，由于液控单向阀的液控口接通液压泵的出口，液控单向阀反向导通，使Ⅱ腔油液流回油箱。

顺序阀 B 的作用是在大活塞和横梁停在上端的时候保持压力，以免由于其自重而下落，它也可以在活塞和横梁向下运动的时候产生背压，防止由于负载的突然减小造成前冲现象。其主要作用是保持压力。

(2) $p_{X1} = \dfrac{4G}{\pi(D^2 - D_3^2)} = \dfrac{4 \times 20\,000}{\pi(400^2 - 360^2) \times 10^{-6}}\text{Pa} = 8.38 \times 10^5\,\text{Pa}$

在压制工件时，Ⅰ腔和Ⅱ腔同时进油，所以

$$p_Y = \frac{4F}{\pi D^2} = \frac{4 \times 3000 \times 10^3}{\pi \times 400^2 \times 10^{-6}}\text{Pa} = 23.9 \times 10^6\,\text{Pa} = 23.9\,\text{MPa}$$

(3) 当液控单向阀 C 用于补充油液时，有

$$q_{C1} = \frac{4q_P}{\pi D_2^2} \times \frac{\pi(D^2 - D_2^2)}{4} = q_P \times \frac{D^2 - D_2^2}{D_2^2}$$

$$= 65 \times \frac{400^2 - 160^2}{160^2}\text{L/min} = 341\,\text{L/min}$$

当液控单向阀 C 用于回油时，有

$$q_{C1} = \frac{4q_P}{\pi(D^2 - D_3^2)} \times \frac{\pi(D^2 - D_2^2)}{4} = q_P \times \frac{D^2 - D_2^2}{D^2 - D_3^2}$$

$$= 65 \times \frac{400^2 - 160^2}{400^2 - 360^2} \text{L/min} = 287 \text{L/min}$$

例 7.5 如图 7.43 所示，已知 $q_P = 10$L/min，$p_Y = 5$MPa，两节流阀均为薄壁小孔型节流阀，其流量系数均为 $C_q = 0.62$，节流阀 1 的节流面积 $A_{T1} = 0.02 \text{cm}^2$，节流阀 2 的节流面积 $A_{T2} = 0.01 \text{cm}^2$，油液密度 $\rho = 900 \text{kg/m}^3$，当活塞克服负载向右运动时，求：

(1) 液压缸左腔的最大工作压力；

(2) 溢流阀的最大溢流量。

解: (1) 要使活塞能够运动，通过节流阀 1 的流量必须大于通过节流阀 2 的流量，即

$$C_q A_{T1} \sqrt{\frac{2(p_P - p)}{\rho}} > C_q A_{T2} \sqrt{\frac{2p}{\rho}}$$

$$0.02 \sqrt{5 - p} > 0.01 \sqrt{p}$$

$$p < 4 \text{MPa}$$

(2) 当节流阀的通流量最小时，溢流阀的溢流量最大。在节流面积一定的情况下，当节流阀两端的压差最小时(因节流阀的进口压力由溢流阀调定，所以当其出口压力最大时)，其通流量最小。故通过节流阀的最小流量为

$$q_{T1min} = C_q A_{T1} \sqrt{\frac{2(p_P - p)}{\rho}} = 0.62 \times 0.02 \times 10^{-4} \sqrt{\frac{2 \times (5 - 4) \times 10^6}{900}} \text{m}^3/\text{s}$$

$$= 5.845 \times 10^{-5} \text{m}^3/\text{s} = 3.5 \text{L/min}$$

则溢流阀的最大溢流量为

$$q_{Ymax} = q_P - q_{T1min} = (10 - 3.5) \text{L/min} = 6.5 \text{L/min}$$

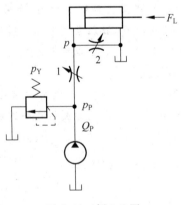

图 7.43　例 7.5 图

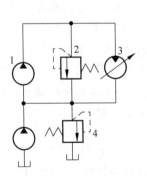

图 7.44　例 7.6 图

例 7.6 在图 7.44 所示的定量泵-变量马达回路中，定量泵 1 的排量 $V_P = 80 \times 10^{-6} \text{m}^3/\text{r}$，转速 $n_P = 1500 \text{r/min}$，机械效率 $\eta_{Pm} = 0.84$，容积效率 $\eta_{Pv} = 0.9$，变量液压马达的最大排量 $V_{Mmax} = 65 \times 10^{-6} \text{m}^3/\text{r}$，容积效率 $\eta_{Mv} = 0.9$，机械效率 $\eta_{Mm} = 0.84$，管路高压侧压力损失 $\Delta p = 1.3$MPa，不计管路泄漏，回路的最高工作压力 $p_{max} = 13.5$MPa，溢流阀 4 的调整压力 $p_Y = 0.5$MPa，变量液压马达驱动扭矩 $T_M = 34$N·m，为恒扭矩负载。求：

（1）变量液压马达的最低转速及其在该转速下的压力降；

（2）变量液压马达的最高转速；

（3）回路的最大输出功率。

解：（1）$n_{Mmin} = \dfrac{V_P n_P \eta_{Pv} \eta_{Mv}}{V_{Mmax}} = \dfrac{80 \times 1500 \times 0.9 \times 0.9}{65}$ r/min $= 1495$ r/min

$$\Delta p_M = \dfrac{2\pi T_M}{V_{Mmax} \eta_{Mm}} = \dfrac{2\pi \times 34}{65 \times 10^{-6} \times 0.84} \text{Pa} = 3.91 \times 10^6 \text{Pa} = 3.91 \text{MPa}$$

（2）马达的入口最大压力

$$p_{Mmax} = p_{max} - \Delta p = (13.5 - 1.3)\text{MPa} = 12.2\text{MPa}$$

马达的最大压力降

$$\Delta p_{Mmax} = p_{Mmax} - p_Y = (12.2 - 0.5)\text{MPa} = 11.7\text{MPa}$$

由于马达输出的是恒扭矩，所以

$$V_{Mmax} \Delta p_M \eta_{Mm} = V_{Mmin} \Delta p_{Mmax} \eta_{Mm}$$

$$V_{Mmin} = \dfrac{V_{Mmax}}{\Delta p_{Mmax}} \Delta p_M = \dfrac{65 \times 10^{-6}}{11.7} \times 3.91 \text{m}^3/\text{r} = 21.7 \times 10^{-6} \text{m}^3/\text{r}$$

马达的最大转速

$$n_{Mmax} = \dfrac{V_{Mmax}}{V_{Mmin}} n_{Mmin} = \dfrac{65 \times 10^{-6}}{21.7 \times 10^{-6}} \times 1495 \text{r/min} = 4478 \text{r/min}$$

（3）$P_{Mmax} = T_M \times 2 n_{Mmax} \pi = (34 \times 4478 \times 2\pi \div 60)\text{W} = 15\,936\text{W}$

实验：节流调速实验

实验内容：进油路节流调速回路、回油路节流调速回路、旁油路节流调速回路以及调速阀进油路调速回路。

实验目的：通过实验能更深刻地了解各种节流调速回路的速度负载特性，作出速度负载特性曲线，并分析比较不同节流调速回路的性能。

其实验原理见 7.2.1 节调速回路中的节流调速回路部分。

思考题与习题

7-1　试说明由行程阀与液动阀组成的自动换向回路（见图 7.45）的工作原理。

7-2　如图 7.46 所示双向差动回路。A_1、A_2 和 A_3 分别为液压缸左右腔和柱塞缸的工作面积，且 $A_1 > A_2$，$A_2 + A_3 > A_1$。输入流量为 q。试问图示状态液压缸的运动方向及正反向速度各多大？

7-3　三个溢流阀的调定压力如图 7.47 所示。试问泵的供油压力有几级？数值各是多少？

7-4　如图 7.48 所示的卸荷回路，当电磁铁 1Y 或 2Y 通电后液压缸并不动作，请分析原因，并提出改进措施。

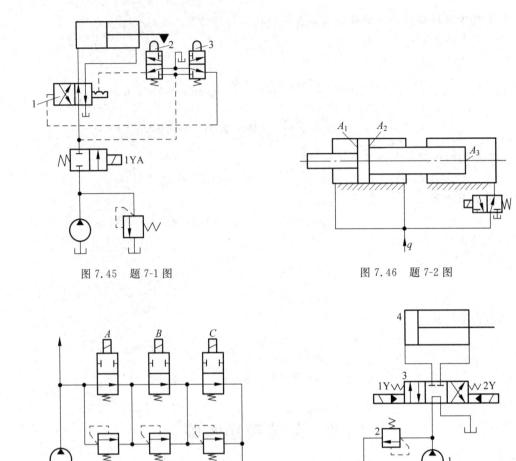

图 7.45　题 7-1 图　　　　　　　　　　图 7.46　题 7-2 图

图 7.47　题 7-3 图　　　　　　　　　　图 7.48　题 7-4 图

7-5　在三种采用节流阀的节流调速回路中，在节流阀口从全开到逐渐关小的过程中是否都能调节液压缸的速度？溢流阀是否都处于溢流稳压工作状态？节流阀口能起调速作用的通流面积临界值 A_{Tcr} 为多大？设负载为 F，液压缸左右两腔的工作面积分别为 A_1、A_2，泵的流量为 q（理论流量为 q_{TP}，泄漏系数为 k_1，溢流阀的调定压力为 p_Y，不计调压偏差）、油液密度为 ρ，节流阀口看作是薄壁孔，流量系数为 C_q。

7-6　如图 7.49 所示，液压泵输出流量 $q_P=10$ L/min。缸的无杆腔面积 $A_1=50$ cm²，有杆腔面积 $A_2=25$ cm²。溢流阀的调定压力 $p_y=2.4$ MPa。负载 $F=10$ kN。节流阀口视为薄壁孔，流量系数 $C_q=0.62$。油液密度 $\rho=900$ kg/m³。试求：

（1）节流阀口通流面积 A_T 为 0.02 cm² 和 0.01 cm² 时的缸速 v、泵压 p_P、溢流功率损失 ΔP_y 和回路效率 η。

（2）当 $A_T=0.01$ cm² 和 0.02 cm² 时，若负载 $F=0$，则泵压和缸的两腔压力 p_1 和 p_2 多大？

（3）当 $F=10$ kN 时，若节流阀最小稳定流量为 50×10^{-3} L/min，对应的 A_T 和缸速 v_{min}

多大？若将回路改为进油节流调速回路，则 A_T 和 $v_{\min}$ 多大？两者比较说明什么问题？

7-7　能否用普通的定值减压阀后面串联节流阀来代替调速阀工作？在三种节流调速回路中试用，其结果会有什么差别？为什么？

7-8　如图 7.50 所示为采用调速阀的进油节流调速回路，回油腔加背压阀。负载 $F=9000$N。缸的左右两腔面积分别为 $A_1=50$cm^2，$A_2=20$cm^2。背压阀的调定压力 $p_b=0.5$MPa。调速阀两端最小压差 $\Delta p=0.4$MPa。不计管道和换向阀压力损失。试问：

(1) 欲使缸速恒定，不计调压偏差，溢流阀最小调定压力 p_y 多大？

(2) 背压若增加了 Δp_b，溢流阀调定压力的增量 Δp_y 应有多大？

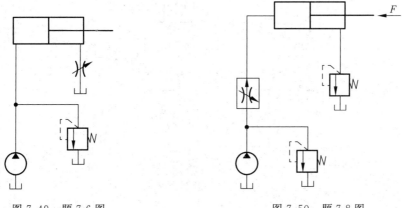

图 7.49　题 7-6 图　　　　　　　　图 7.50　题 7-8 图

7-9　如图 7.51 所示回路可以实现"快进→一工进→二工进→快退→停止"的动作循环，且一工进速度比二工进快，试说明系统的工作原理，并列出电磁铁动作顺序表。

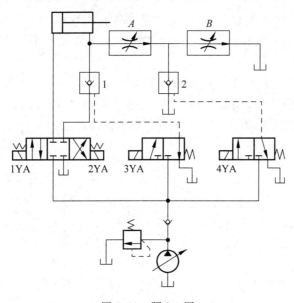

图 7.51　题 7-9 图

7-10　如图 7.52 所示，双泵供油、差动快进-工进速度换接回路有关数据如下：泵的输出流量 $q_1=16$L/min，$q_2=16$L/min，所输油液的密度 $\rho=900$kg/m^3，运动黏度 $\nu=20\times$

$10^{-6}\,\text{m}^2/\text{s}$；缸的大小腔面积 $A_1=100\,\text{cm}^2$，$A_2=60\,\text{cm}^2$；快进时的负载 $F=1\text{kN}$；油液流过方向阀时的压力损失 $\Delta p_v=0.25\text{MPa}$，连接缸两腔的油管 $ABCD$ 的内径 $d=1.8\text{cm}$，其中 ABC 段因较长($L=3\text{m}$)，计算时需计其沿程压力损失，其他损失及由速度、高度变化形成的影响皆可忽略。试求：

(1) 快进时缸速 v 和压力表读数。

(2) 工进时若压力表读数为8MPa，此时回路承载能力多大(因流量小，不计损失)？液控顺序阀的调定压力宜选多大？

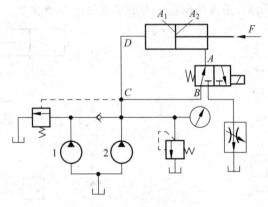

图 7.52　题 7-10 图

7-11　如图 7.53 所示调速回路中，泵的排量 $V_P=105\text{mL/r}$，转速 $n_P=1000\text{r/min}$，容积效率 $\eta_{Pv}=0.95$。溢流阀调定压力 $p_y=7\text{MPa}$。液压马达排量 $V_M=160\text{mL/r}$，容积效率 $\eta_{Mv}=0.95$，机械效率 $\eta_{Mm}=0.8$，负载扭矩 $T=16\text{N}\cdot\text{m}$。节流阀最大开度 $A_{Tmax}=0.2\text{cm}^2$ (可视为薄壁孔口)，其流量系数 $C_q=0.62$，油液密度 $\rho=900\text{kg/m}^3$，不计其他损失。试求：

(1) 通过节流阀的流量和液压马达的最大转速 n_{max}、输出功率 P 和回路效率 η，并解释为何效率很低。

(2) 若将 p_y 提高到 8.5MPa，n_{Mmax} 将为多大？

7-12　试说明如图 7.54 所示容积调速回路中单向阀 A 和 B 的功用。在缸正反向移动时，为向系统提供过载保护，安全阀应如何接？试作图表示之。

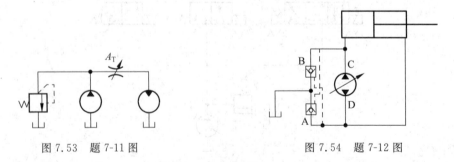

图 7.53　题 7-11 图　　　　　图 7.54　题 7-12 图

7-13　如图 7.55(a)所示液压回路，限压式变量叶片泵调定后的流量压力特性曲线如图 7.55(b)所示，调速阀调定的流量为 2.5L/min，液压缸两腔的有效面积 $A_1=2A_2=50\text{cm}^2$，不计管路损失，求：

（1）缸的左腔压力 p_1；

（2）当负载 $F=0$ 和 $F=9000\text{N}$ 时的右腔压力 p_2；

（3）设泵的总效率为 0.75，求当负载 $F=9000\text{N}$ 时系统的总效率。

7-14　如图 7.56 所示为一速度换接回路，要求能实现"快进→工进→停留→快退"的工作循环，压力继电器控制换向阀切换。问该回路能实现要求的动作吗？请说明原因。

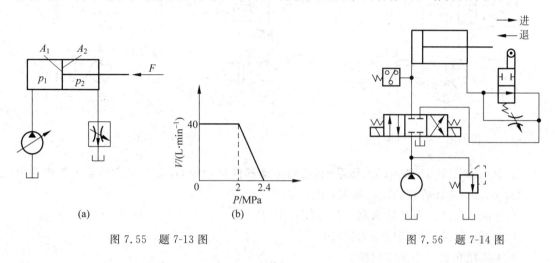

图 7.55　题 7-13 图　　　　　　　　　图 7.56　题 7-14 图

7-15　请问如图 7.57 所示的两种回路能否通过电磁阀 3 的通电、断电实现活塞的换向和两个方向上的调速。

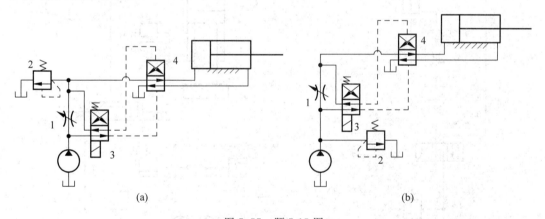

(a)　　　　　　　　　　　　　　(b)

图 7.57　题 7-15 图

7-16　如图 7.58 所示，已知两活塞向右运动时缸Ⅰ和缸Ⅱ的负载压力分别为 $p_{\text{F1}}=3\text{MPa}$，$p_{\text{F2}}=2\text{MPa}$。顺序阀、减压阀和溢流阀的调整压力分别为 $p_{\text{X}}=4\text{MPa}$，$p_{\text{J}}=3\text{MPa}$，$p_{\text{Y}}=7\text{MPa}$，三种阀全开时的压力损失均为 0.2MPa，其他阀的压力损失忽略不计。试说明在图示状态下两液压缸是如何动作的，两缸运动和停止时 A、B、C、D 四点处的压力是如何变化的？

7-17　如图 7.59 所示，A、B 为完全相同的两个液压缸，负载 $F_1>F_2$。已知节流阀能调节缸速并不计压力损失。试判断图（a）和图（b）中，哪个缸先动？哪个缸速度快？说明原因。

7-18　试说明图 7.60 所示平衡回路是怎样工作的？回路中的节流阀能否省去？为什么？

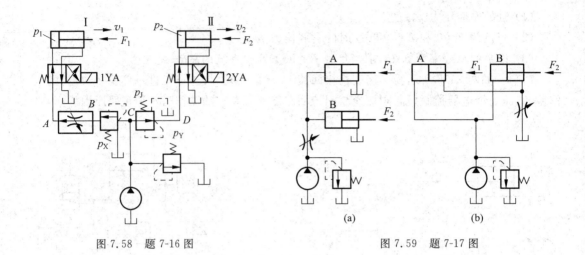

图 7.58　题 7-16 图　　　　　　　　　　　图 7.59　题 7-17 图

7-19　如图 7.61 所示的液压系统,已知运动部件重量为 G,泵 1 和 2 的最大工作压力分别为 p_1、p_2,不计管路的压力损失,问:

(1) 阀 4、5、6、9 各是什么阀? 各有什么作用?

(2) 阀 4、5、6、9 的调定压力如何?

(3) 系统包含哪些基本回路?

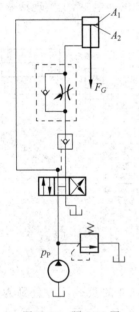

图 7.60　题 7-18 图

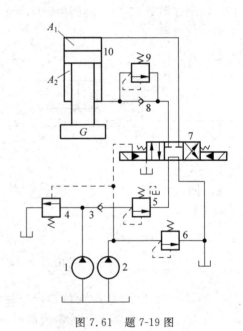

图 7.61　题 7-19 图

第 8 章

典型液压系统

重点、难点分析

  典型液压系统是对以前所学的液压件及液压基本回路的结构、工作原理、性能特点、应用,对液压元件基本知识的检验与综合,也是将上述知识在实际设备上的具体应用。因为液压传动应用十分广泛,受篇幅的限制,在此只能选择金属切削设备的动力头、锻压机械的压力机、轻工机械的注塑机和工程机械的挖掘机的液压系统为代表,分析这些系统的组成、工作原理、系统特点,从而达到读懂中等以上复杂程度的液压传动系统的学习目的。

  本章的重点与难点均是对典型液压系统工作原理图的阅读和各系统特点的分析。对于任何液压系统,能否读懂系统原理图是正确分析系统特点的基础,只有在对系统原理图读懂的前提下,才能对系统在调速、调压、换向等方面的特点给以恰当的分析和评价,才能对系统的控制和调节采取正确的方案。因此,掌握分析液压系统原理图的步骤和方法是重中之重的内容。

8.1　液压系统图的阅读和分析方法

1. 液压系统图的阅读

  要能正确而又迅速地阅读液压系统图,首先,必须掌握液压元件的结构、工作原理、特点和各种基本回路的应用,了解液压系统的控制方式、职能符号及其相关标准。其次,结合实际液压设备及其液压原理图多读多练,掌握各种典型液压系统的特点,对于今后阅读新的液压系统,可起到以点带面、触类旁通和熟能生巧的作用。

  阅读液压系统图一般可按以下步骤进行:

  (1) 全面了解设备的功能、工作循环和对液压系统提出的各种要求。

  例如组合机床液压系统图,它是以速度转换为主的液压系统,除了能实现液压滑台的快进→工进→快退的基本工作循环外,还要特别注意速度转换的平稳性等指标。同时要了解控制信号的来源、转换以及电磁铁动作表等,这有助于我们能够有针对性地进行阅读。

  (2) 仔细研究液压系统中所有液压元件及它们之间的联系,弄清各个液压元件的类型、原理、性能和功用。

  对一些用半结构图表示的专用元件,要特别注意它们的工作原理,要读懂各种控制装置及变量机构。

(3) 仔细分析并写出各执行元件的动作循环和相应的油液所经过的路线。

为便于阅读,最好先将液压系统中的各条油路分别进行编码,然后按执行元件划分读图单元,每个读图单元先看动作循环,再看控制回路、主油路。要特别注意系统从一种工作状态转换到另一种工作状态时,是由哪些元件发出的信号,又是使哪些控制元件动作并实现的。

阅读液压系统图的具体方法有传动链法、电磁铁工作循环表法和等效油路图法等。

2. 液压系统图的分析

在读懂液压系统原理图的基础上,还必须进一步对该系统进行一些分析,这样才能评价液压系统的优缺点,使设计的液压系统性能不断完善。

液压系统图的分析可考虑以下几个方面:

(1) 液压基本回路的确定是否符合主机的动作要求。

(2) 各主油路之间、主油路与控制油路之间有无矛盾和干涉现象。

(3) 液压元件的代用、变换和合并是否合理、可行。

(4) 液压系统的特点、性能的改进方向。

8.2　YT4543型动力滑台液压系统

8.2.1　概述

组合机床是一种高效率的专用机床,它由通用部件和部分专用部件组成,其工艺范围广、自动化程度高,在成批和大量生产中得到了广泛的应用。液压动力滑台是组合机床上的一种通用部件,根据加工要求,滑台台面上可设置动力箱、多轴箱或各种用途的切削头等工作部件,以完成钻、扩、铰、镗、刮端面、倒角、铣削及攻螺纹工序。

为了缩短加工的辅助时间,满足各种工序的进给速度要求,动力滑台的液压系统必须具有良好的速度换接性能与调速特性。对组合机床动力滑台液压系统的要求如下:

(1) 在电气和机械装置的配合下,可以根据不同的加工要求,实现多种工作循环,如"快进→工进→快退→原位"或"快进→一工进→二工进→快退→原位"等。

(2) 能实现快进和快退,YT4543型的快速运动速度为6.5m/min。

(3) 有较大的工进调速范围,以适应不同工序的工艺要求。YT4543型的进给范围为6.6~660mm/min。在变负载或断续负载下,能保证动力滑台进给速度的稳定。

(4) 进给行程终点的重复位置精度要求较高。根据不同的工艺要求,可选择相应的行程终点控制方法。

(5) 合理解决快进和工进速度相差悬殊的问题,提高系统效率,减少发热。

(6) 有足够的承载能力。YT4543型的最大进给力为45kN。

8.2.2　YT4543型动力滑台液压系统的工作原理

图8.1为YT4543型动力滑台液压系统图。下面以实现二次工作进给的自动循环为

例,说明其工作原理。

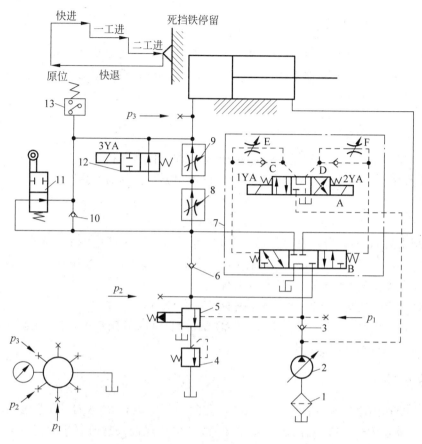

图 8.1　YT4543 型动力滑台液压系统图

1—过滤器;2—限压式变量泵;3,6,10—单向阀;4—背压阀;5—顺序阀;
7—电液换向阀;8,9—调速阀;11—下行程阀;12—电磁阀;13—压力继电器

1. 快进

按下启动按钮,电磁铁 1YA 通电,电液换向阀 7 的先导阀 A 左位工作,液动换向阀 B 在控制压力油作用下将左位接入系统。

进油路:油箱→过滤器 1→泵 2→阀 3→阀 7→阀 11→液压缸左腔。

回油路:液压缸右腔→阀 7→阀 6→阀 11→液压缸左腔。

液压缸两腔连通,实现差动快进。由于快进阻力小,系统压力低,变量泵输出最大流量。

2. 第一次工作进给

当滑台快进到预定位置时,挡块压下行程阀 11,切断快进通道,这时压力油经调速阀 8、电磁阀 12 进入液压缸左腔。由于液压泵供油压力高,顺序阀 5 已被打开。

进油路:油箱→过滤器 1→泵 2→阀 3→阀 7→阀 8→阀 12→液压缸左腔。

回油路:液压缸右腔→阀 7→阀 5→阀 4→油箱。

工进时系统压力升高,变量泵自动减小其输出流量,且与一工进调速阀8的开口相适应。

3. 第二次工作进给

一工进终了时,挡块压下行程开关使3YA通电,这时压力油经调速阀8和9进入液压缸的左腔。液压缸右腔的回油路线与一工进时相同。此时,变量泵输出的流量自动与二工进调速阀9的开口相适应。

4. 死挡铁停留

当滑台以二工进速度行进碰到死挡铁时,滑台即停留在死挡铁处,此时液压缸左腔压力升高,使压力继电器13动作,发出电信号给时间继电器。停留时间由时间继电器调定。

5. 快退

停留结束后,时间继电器发出信号,使电磁铁1YA、3YA断电,2YA通电,这时电液换向阀7的先导阀A右位工作,液动换向阀B在控制压力油作用下将右位接入系统。

进油路:泵2→阀3→阀7→液压缸右腔。

回油路:液压缸左腔→阀10→阀7→油箱。

滑台返回时负载小,系统压力下降,变量泵流量自动恢复到最大,且液压缸右腔的有效作用面积较小,故滑台快速退回。

6. 原位停止

当滑台快退到原位时,挡块压下终点行程开关,使电磁铁2YA断电,电磁阀A和液动换向阀B都处于中位,液压缸两腔油路封闭,滑台停止运动。这时泵输出的油液经阀3和阀7排回油箱,泵在低压下卸荷。

滑台液压系统的上述工作情况,也可用电磁铁工作循环表或等效油路图等来描述。

8.2.3 YT4543型动力滑台液压系统的特点

(1) 采用容积节流调速回路,无溢流功率损失,系统效率较高,且能保证稳定的低速运动、较好的速度刚性和较大的调速范围。

在回油路上设置背压阀,提高了滑台运动的平稳性。把调速阀设置在进油路上,具有启动冲击小、便于压力继电器发讯控制、容易获得较低速度等优点。

(2) 限压式变量泵加上差动连接的快速回路,既解决了快慢速度相差悬殊的难题,又使能量利用经济合理。

(3) 采用行程阀实现快慢速换接,其动作的可靠性、转换精度和平稳性都较高。一工进和二工进之间的转换,由于通过调速阀8的流量很小,采用电磁阀式换接已能保证所需的转换精度。

(4) 限压式变量泵本身就能按预先调定的压力限制其最大工作压力,故在采用限压式变量泵的系统中,一般不需要另外设置安全阀。

(5) 采用换向阀式低压卸荷回路,可以减少能量损耗,结构也比较简单。

（6）采用三位五通电液换向阀，具有换向性能好、滑台可在任意位置停止、快进时构成差动连接等优点。

8.3 MLS₃-170 型采煤机及其液压牵引系统

现代综合机械化长臂采煤工作面大都采用滚筒式采煤机采煤，国产 MLS₃-170 型采煤机可以作为此类采煤机的代表，其外形结构如图 8.2 所示。

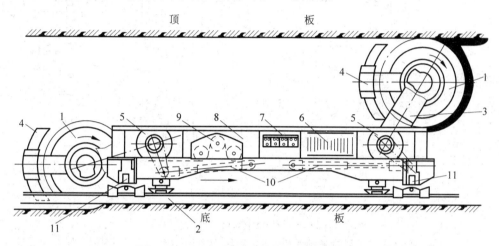

图 8.2 MLS₃-170 型采煤机外形结构示意图

1—割煤滚筒；2—刮板运输机；3—摇臂；4—挡煤板；5—减速箱；6—电动机；
7—控制箱；8—液压牵引部；9—牵引链轮；10—调高液压缸；11—调料液压缸

在割煤滚筒 1 的螺旋形叶片上装有截齿，当滚筒在煤壁内旋转时便可将煤切下，并装入工作面刮板运输机 2 的溜槽中运走。采煤机骑在运输机的槽帮上。沿工作面全长有一条张紧的牵引锚链，它与采煤机牵引部的牵引链轮 9 相啮合，链轮转动，就牵引着采煤机沿煤壁往复运动，连续采煤。

采煤机的工作条件恶劣，传动功率大而工作空间又极受限制，故要求其传动部件的单位功率的质量越小越好；由于它的移动速度低且负载大，故其牵引部必须具有很大的传动比（$i=250\sim300$）和牵引力（$120\sim400$ kN），并要求能够进行无级调速。要求整个系统应具有完善可靠的安全保护功能，且操作灵活方便。这种传动系统采用液压传动和控制是适宜的。

此外，滚筒式采煤机的滚筒高度调节、机身倾斜度调整以及挡煤板翻转等，通常也都采用液压传动系统完成，它们多为与牵引部液压系统无关的简单开式系统。

MLS₃-170 型采煤机的液压牵引系统如图 8.3 所示。

主泵 1 为具有恒功率变量机构的斜轴式轴向柱塞泵，马达 2 为与主泵同规格的斜轴式定量柱塞马达。

主泵恒功率变量机构包括泵位调节器、液压恒功率调节器和电机恒功率调节器三个部分（见图 8.3）。泵位调节器 15 实际上是一手动伺服变量机构，包括调速杆 15.1、大弹簧

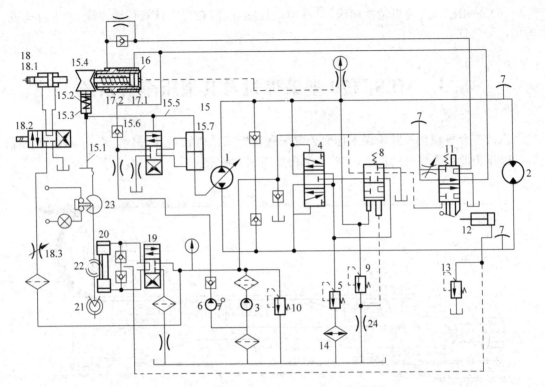

图 8.3　MLS₃-170 型采煤机的液压牵引系统

1—主泵；2—马达；3—辅助泵；4—单向阀细节流阀；5—背压阀；6—手动汽油泵；7—排气孔；

8—超压关闭阀；9—高压安全阀；10—溢流阀；11—手动操作开关阀；12—液压缸；

13—溢流阀；14—冷却器；15—泵位调节器；16—开关活塞；17—液压恒功率调节器；18—电机恒功率调节器；

19—电磁阀；20—锯条活塞液压缸；21—手柄；22—齿轮；23—开关圆盘；24—节流孔

15.2、弹簧套 15.3、V 形槽板 15.4、反馈杠杆 15.5、伺服滑阀 15.6 和变量活塞 15.7。在大弹簧尚未压缩的自由状态下,调节器各个零件所处的位置都对应于泵位的零位。摇动手柄 21 或转动齿轮 22,通过丝杠、螺母推动调速杆上、下移动,便可在任一方向上压缩大弹簧。假设其压缩量为 x_0,这时如果开关活塞 16 处于右位(解锁)松开 V 形槽板,则 V 形槽板将在大弹簧力的作用下也沿相同的方向(如图向上或向下)移动 x_0。位移 x_0 又通过反馈杠杆推动伺服滑阀,从而使变量活塞移动 x_P。于是主泵便以与此相应的方向和排量工作。因此,可以直接利用泵位调节器对马达进行手动调速及换向。但实际上只用它作为系统运行速度和运动方向的给定装置,而利用液压恒功率调节器和电机恒功率调节器在给定的速度范围内进行自动调速。

液压恒功率调节器 17 由装在开关活塞 16 中的一个小柱塞 17.1 和平衡弹簧 17.2 构成。小柱塞一端与系统的高压侧相通,所受的液压力与弹簧力始终相平衡。故小柱塞的伸出距离 x_1 与系统的液压力成正比,它实际上就是系统的压力反馈测量装置;电机恒功率调节器 18 包括一个行程可调的小活塞 18.1 和一个三位四通电磁阀 18.2。这两个调节器的柱塞轴线和油塞轴线在同一直线上,并与主泵的零位相对应。电磁阀 18.2 由电流反馈系统测得的电流信号控制,是一个具有死区的继电器型非线性控制环节。小活塞的外伸距离为 x_2。此系统主要环节的方框图如图 8.4 所示。

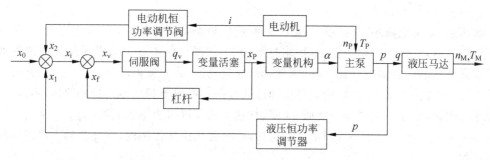

图 8.4　MLS_3-170 型采煤机牵引部液压控制系统方块图

x_0—给定位移；x_1—液压恒功率调节器的位移；x_2—电机恒功率调节器的位移；

$x_i = x_0 - x_1 - x_2$；x_f—反馈杠杆位移；$x_v = x_i - x_f$；q_v—伺服阀流量；x_P—变量活塞位移；

α—变量机构转角；n_P、T_P—泵输入的转速和力矩；p、q—泵输出的压力和流量；

n_M、T_M—液压马达输出的转速和力矩；i—电机恒功率调节器的控制电流

　　系统工作时,开关活塞在低压控制油的作用下总是处于最右边的松开位置,泵位调节器的 V 形槽板便在大弹簧的作用下向着预先给定的方向如图向上或向下移动 x_0 距离(即 V 形槽板的位置偏离恒功率调节器的活塞轴线的距离为 x_0),使主泵以相应的排量工作。随着系统液压力上升,液压功率调节器的小柱塞 17.1 逐渐外伸,其端部压向 V 形槽的侧面,迫使 V 形槽板带动伺服滑阀向主泵排量减少的方向运动,系统自动减速,其调节规律近似恒功率特性。当系统压力足够高时,小柱塞完全伸出,迫使 V 形槽板回到零位,系统自动停止牵引。这时如果系统压力下降,小柱塞又将在平衡弹簧作用下收缩,放松 V 形板槽而使系统增速。

　　实践证明,采煤机牵引部消耗的功率虽然仅为全部功率的 10%～15%,但电动机的总输出功率与其牵引速度成比例。因此通过调节牵引速度亦可调整电动机的总输出功率。

　　当电动机超载运转时(负载电流 i 大于额定电流 i_0 的 1.05 倍),电机恒功率调节器的电磁阀 18.2 左位工作,小活塞外伸,迫使 V 形槽板向着主泵排量减少的方向运动,系统自动减速,电动机功率随之下降。当 $i \leqslant 1.05i_0$ 时,阀 18.2 复位到中位,小活塞自由浮动,不影响液压恒功率调节器 17 对槽板的控制。电动机保持满载工况。如果电动机长时间超载运转,则小活塞就可能完全伸出,而迫使采煤机停止牵引;当电动机欠载运转时($i < 0.95i_0$),电磁阀 18.2 右位工作,小活塞收缩,放松 V 形槽板而使系统增速,电动机功率亦随之增加。显然,电动机满载工况就是继电器型非线性控制环节的死区。为了避免小柱塞运动速度过快,致使系统增速(或减速)的加速度过大,在小活塞的进油路设有一个可调节流阀 18.3,将系统的减速时间调整为 20s 左右;并利用小活塞两端的有效面积不同,使系统的增速时间约为减速时间的 1.8 倍。

　　开关活塞 16 的位置由开关阀 11 控制。开关阀位于上位时,开关活塞左移(外伸),压迫 V 形槽板,使泵位调节器回零(上锁),系统停止牵引;开关阀位于下位时,则开关活塞右移(收缩),松开 V 形槽板(解锁),系统便以给定的牵引速度和牵引方向开始工作,并根据载荷的变化自动调速。开关阀具有两种操作方式:即手动直接操作和用液压缸 12 操作。阀端的低压控制油液既能对开关阀的工作位置起控制作用,又能对系统起低压保护作用。即当低压控制系统失压($i \leqslant 0.5MPa$)时,开关阀就在弹簧力的作用上复位,开关活塞上锁,系统

停止牵引。

　　液压缸 12 由电磁阀 19 控制。阀 19 同时还控制锯条活塞液压缸 20,通过齿轮、丝杆调节泵位调节器,以调定牵引速度,其作用与手柄 21 相同。由于开关阀操纵缸的控制油液是通过齿条活塞的中心轴向外输送的,因此,阀 19 启动后,首先就推动操纵液压缸打开开关阀解锁,然后才使齿条活塞运动,给定牵引速度或换向。操纵缸只能单向运动解锁,不能上锁。欲停止牵引时,还需手动操作开关阀 11 复位,这个动作同时也迫使操纵杆复位,油液经溢流阀 13(调定压力为 1.5MPa)返回油箱。电磁阀 19 是用按钮控制的,在此基础上可以实现无线电遥控。

　　为了避免换向操作时系统突然反向运转,在丝杠轴上装有一个开关圆盘 23,盘周边开有一个缺口,当插销落入此缺口时,信号灯亮,电磁阀 19 的电源切断,表示主泵已到达零位,系统原方向的牵引运动停止。然后继续反向摇手柄或启动反向按钮,才能实现系统换向和给定牵引速度。

　　超压关闭阀 8 和高压安全阀 9 用于系统超压时的快速保护。当系统压力达到其额定压力(15MPa)时,超压关闭阀 8 下位工作,辅助泵 3 来的油断路。开关阀上位工作,开关活塞 16 左腔通油箱,开关活塞 16 迅速上锁,系统停止牵引;同时系统的高压油经阀 8、阀 5 回油箱。高压油路压力降低,超压关闭阀又自动复位,使系统又处于待启动状态。如果超压关闭阀由于故障而在调定压力下不能及时动作,则系统压力将继续升高而使高压安全阀 9 开启(其调定压力略大于 15MPa)溢流,保护系统;同时由于节流孔 24 的作用,还有约 4MPa 的压力加于超压关闭阀下端,加力使它动作。

　　辅助泵 3、单向阀组、单向阀细节流阀 4、背压阀 5 与冷却器 14 构成了系统的热交换回路。背压阀 5 的调定压力为 1.5MPa,为系统提供低压控制油液,溢流阀 10 的调定压力为2.5MPa。手动汽油泵 6 给系统启动前充油,同时经排气孔 7 排除系统中残留的气体。

　　采煤机上行采煤时,泵向马达供油,马达正转,绞车缠绕钢丝绳。正常工作时绞车钢丝绳和采煤机牵引线速度相等,系统压力恒定。若有微小差异,系统压力有变化,恒压泵可自动调节绞盘转速使二者线速度相同。若采煤机突然下滑则液压马达处于泵状态,系统压力升高,钢丝绳牵引力加大防止采煤机下滑。若下滑超速时,泵和采煤机停止运转,液压机械系统使绞车制动。采煤机下行采煤时泵保持恒压,马达也处于泵状态,此时采煤机的牵引速度和绞车放绳速度一致。

8.4　1m³ 挖掘机液压系统

　　液压挖掘机的发展非常迅速。由于近几年高新技术的采用,挖掘机的新特点显示出来。在主机中装有电子控制以后,能自动监测发动机和液压系统的全部功能,避免事故发生,安全可靠;液压负荷传感系统,可以控制一个或多个执行工作元件,微调性能非常好;液压系统优化后,采用两台变量泵,使执行元件具有高度的独立作业又可使挖掘机进行平稳的负荷操作,缩短了工作循环周期;计算机控制的发动机-泵(E-P)系统中使用功率模式选择器、发动机转速传感系统和自动怠速系统,可根据施工现场情况提供最佳的作业模式。

　　目前采用电子控制负荷传感系统的最新型的液压挖掘机,将液压系统、电子系统和其他机械系统合并成一个集成组件,即机电一体化系统。由于具有先进的智能技术,驾驶员在操纵挖掘机时,可根据作业工况选择合适的功能模式,使可自动进行合适的挖掘作业,并具有极高的可靠性,大大提高生产效率,减轻了操作人员的劳动强度。

8.4.1　单斗液压挖掘机的组成及作业程序

单斗液压挖掘机是工程机械中重要的机械,它广泛应用于工程建筑、施工筑路、水利工程、国防工事等土石方施工机械以及矿山采掘作业。按其传动形式可分为机械式和液压式两类挖掘机。目前中型挖掘机几乎全部采用了液压传动。液压挖掘机较之机械式挖掘机具有体积小、重量轻、操作灵活方便、挖掘力大、易于实现过载保护等特点。采用恒功率变量泵还可以充分有效地利用发动机功率。近几年发展起来的负荷传感控制技术在挖掘机液压系统中的应用,使机器在满足控制机各种功能的前提下,更加节省功率、提高效率,有更佳的经济性、可靠性和先进性。

单斗液压挖掘机工作过程由动臂升降、斗杆收放、铲斗转动、平台回转、整机行走等动作组成。为了提高作业效率,在一个循环作业中可以组成复合动作。

(1)挖掘作业,铲斗和斗杆复合进行工作。

(2)回转作业,动臂提升同时平台回转。

(3)卸料作业,斗杆和铲斗工作同时大臂可调整位置高度。

(4)铲斗返回,平台回转、动臂和斗杆配合回到挖掘开始位置,进入下一个挖掘循环,在挖掘过程中应避免平台回转。

图 8.5 所示为单斗挖掘机的示意图。

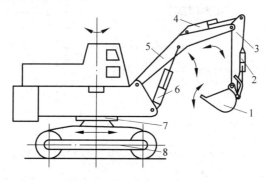

图 8.5　单斗挖掘机示意图

1—铲斗；2—铲斗缸；3—斗杆；4—斗杆缸；5—动臂；6—动臂缸；7—平台回转机械；8—整机行走机构

8.4.2　单斗全液压挖掘机的液压系统

图 8.6 所示是 EX400 型单斗全液压挖掘机液压系统原理图,由图可知,该系统属多泵变量系统。泵组 22 中含三台液压泵:前后泵为主泵,是恒功率斜轴式轴向柱塞泵,主要用于向各工作装置供油;中间是辅助齿轮泵,主要用于向各工作装置提供控制用油。下面分别介绍各工作装置的动作循环。

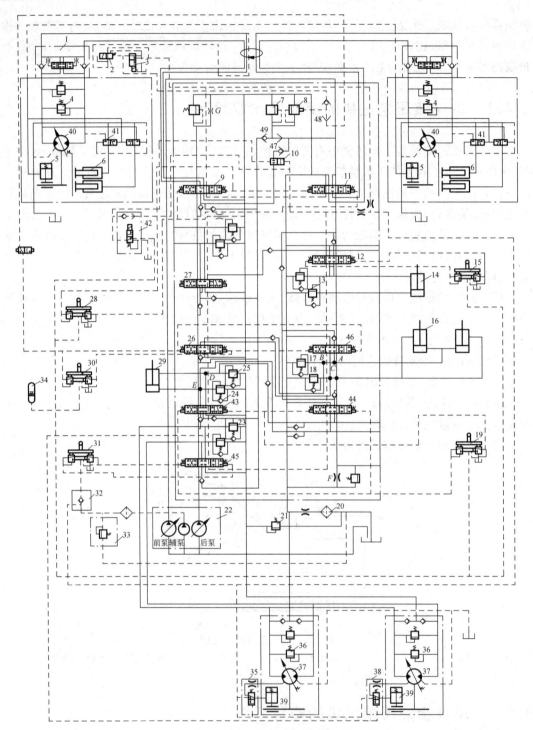

图 8.6　1m³ 单斗液压挖掘机液压系统原理图

1—平衡阀组；2—二位三通阀；3—二位三通电磁阀；4,36—过载阀；5—制动缸；6—转角控制缸；7—高压主安全阀；
8—低压主安全阀；9,11,12,26,44～46—三位八通液控换向阀；10—二位二通液控阀；13,17,18,23,24,
25—过载补油阀；14—铲斗液压缸；15,19,28,30,31—减压式远程操纵阀；16—动臂液压缸；20—冷却器；
21—背压阀；22—液压泵组；27—三位九通液控换向阀；29—斗杆缸；32,47—单向阀；33—溢流阀；34—蓄能器；
35,38—二位三通液控换向阀；37—回转液压马达；39—制动液压缸；40—液压行走马达；41—速度调节阀；
42—电液阀；43—三位十通液控换向阀；48,49—梭阀

1. 动臂升降

动臂的升降动作由换向阀 26、46 联合供油,液动换向阀由减压式手动远程操纵阀 30 控制,其控制油液由辅助泵供给。当阀 30 向左操纵时,从辅助泵来的控制油液经单向阀 32 到达阀 30 及阀 26 的左端、阀 46 的右端,使阀 26 左位工作,阀 46 右位工作。从前泵供给的液压油经换向阀 46 到达 A 点,从后泵来的液压油经换向阀 26 到达 B 点,共同流入动臂液压缸 16 的无杆腔;有杆腔的油液经换向阀 46 流回油箱。此时动臂举升。同理,当液压阀 30 向右操纵时动臂下降。

动臂举升的设定压力由过载阀 17 保证,设定压力为 32MPa;动臂下降设定压力为 30MPa。

2. 斗杆收放

当将减压式手动远程操纵阀 19 置于右位工作时,如同以上控制过程,斗杆换向阀 44 左位、43 右位工作;两主液压泵压力油在 E 点汇合进入斗杆缸 29 无杆腔,有杆腔的油经换向阀 44 左位回油箱,斗杆收起。此时系统压力由工况过载补油阀 24 调节,设定压力为 32MPa。

当阀 19 左位工作时,斗杆换向阀 44 右位、43 左位工作,两主液压泵压力油在 D 点汇合进入斗杆缸 29 有杆腔,无杆腔的油经换向阀 44 右位回油箱,斗杆放下。此时系统的最高压力由过载补油阀 25 限制,其设定压力为 30MPa。

3. 铲斗翻转

铲斗翻转由减压式手动远程操纵阀 15、三位八通液控换向阀 12 和控制铲斗液压缸 14 动作。

同上述工作过程一样,当操纵减压式手动远程操纵阀 15,使之处于左、右不同位置时,换向阀 12 就处于左位、右位工作,使铲斗缸 14 有杆腔或无杆腔供油,实现铲斗的挖掘或卸料作业。此时系统压力由过载补油阀 13 调节,设定压力为 30MPa。

4. 平台回转

平台的回转由减压式手动远程操纵阀 31、三位八通液控换向阀 45 控制,斜盘式回转液压马达 37 实现平台回转,制动液压缸 39 用于平台制动。

当减压式手动远程操纵阀 31 置于左、右位时,换向阀 45 即处于左位或右位工作,从而使斜盘式回转液压马达 37 向左或向右转动。液压马达的过载压力由设在回转液压马达各自回路上的过载阀 36 设定,其设置值为 24.5MPa;液压马达的真空补油由两个单向阀控制。

制动液压缸 39 的作用是控制平台的制动,当换向阀 45 处于中位时,从辅助泵来的控制液压油进入二位三通液动换向阀 35、38 的液控端,使该阀处于下位工作,此时控制油液又进入制动液压缸 39 的有杆腔,压缩制动缸无杆腔的弹簧,使活塞上升,从而带动制动机构抱紧液压马达的制动轮实现平台制动;当换向阀 45 处于左右位时,由于二位三通阀无控制油压,阀 35、38 处于上位工作,制动液压缸 39 的有杆腔通过阀 35、38 分别经回转液压马达 37

的泄漏通道与油箱连接,在弹簧作用下使制动液压缸 39 处于松开状态。

5. 整机行走

整机的行走有斜盘式液压行走马达 40、转角控制缸 6 实现,用刹车制动缸 5 实现制动,其回路的控制分别由换向阀 2、3、9、11,平衡阀组 1,过载阀 4,高、低压力安全阀 7、8,梭阀 48、49 及减压阀式手动远程操纵阀 28 实施。

整机行走时液压泵组 22 供油。当操纵减压式手动远程操纵阀 28 处于左右不同的位置时,三位八通液控换向阀 9、11 也同时处于左、右不同工作位置,液压泵组 22 供给的液压油经换向阀到达左右液压行走马达 40,驱动履带向前或向右运动。

为了使液压行走马达 40 能实现限速、真空补油,设有液压平衡阀组 1(含单向阀及液控三位四通平衡阀);为了能选择回路压力,设有二位三通电磁阀 3,通过梭阀 48、49 实现分别选择高压安全阀 7 及低压安全阀 8 的控制;为了实现制动液压马达及控制斜盘式液压马达的倾斜转角,回路中设置了液控二位四通阀 41、制动缸 5 及转角控制缸 6。

8.4.3 系统特点

单斗全液压挖掘机属中型挖掘机,其主要特点为:

(1)采用恒功率斜盘式轴向柱塞泵供油,系统效率高,功率损失小。

(2)多路换向阀采用减压式手动远程控制阀操纵,使换向压力逐渐提高,换向平稳,操纵轻松且手感好,操纵位置可调性高。

(3)多路换向阀采用串并联方式,安全性好,且具有一定的复合操纵性。

(4)系统具有多个载荷限定阀,使各工作过程设置不同的限定压力,合理利用功率,满足不同工况。

(5)油箱冷却器单设,使系统温升小,油箱体积小,工作稳定性高,适合长时间工作作业。

(6)各阀采用集中阀板安装,结构紧凑,可靠性高。

(7)系统可实现各种动作同时进行的复合操作。主要有:动臂升降与斗杆收放合流复合操作;平盘回转与整机行走合流复合操作;动臂升降与整机行走合流复合操作;斗杆收放与整机行走合流复合操作;铲斗翻转与整机行走合流复合操作。

8.5 YB32-200 型压力机液压系统

8.5.1 概述

压力机是工业部门广泛使用的压力加工设备,其中四柱式压力机最为典型,常用于可塑性材料的压制工艺,如冲压、弯曲、翻边、薄板拉伸等,也可进行校正、压装及粉末制品的压制成形工艺。

对压力机液压系统的基本要求是:

(1)为完成一般的压制工艺,要求主缸(上液压缸)驱动上滑块实现"快速下行→慢速加压→保压延时→快速返回→原位停止"的工作循环;要求顶出缸(下液压缸)驱动下滑块实现"向上顶出→向下退回→原位停止"的工作循环,如图 8.7 所示。

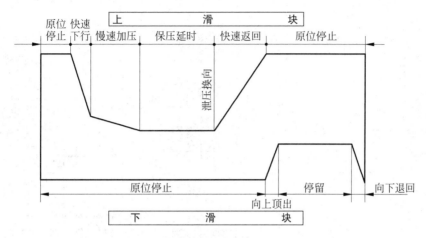

图 8.7 YB32-200 型压力机的工作循环

(2)液压系统中的压力要经常变换和调节,为了产生较大的压制力以满足工作要求,系统的压力较高,一般工作压力范围为 10~40MPa。

(3)液压系统功率大,空行程和加压行程的速度差异大,因此要求功率利用合理。

(4)压力机为高压大流量系统,对工作平稳性和安全性要求较高。

8.5.2 液压系统的工作原理

图 8.8 所示为 YB32-200 型万能压力机的液压系统。液压泵为恒功率式变量轴向柱塞泵,用来供给系统以高压油,其压力由远程调压阀调定。

1. 主缸活塞快速下行

按下启动按钮,电磁铁 1YA 通电,先导阀和主缸换向阀左位接入系统,

其进油路:液压泵→顺序阀→主缸换向阀→单向阀 3→主缸上腔。

回油路:主缸下腔→液控单向阀 2→主缸换向阀→顶出缸换向阀→油箱。

这时主缸活塞连同上滑块在自重作用下快速下行,尽管泵已输出最大流量,但主缸上腔仍因油液不足而形成负压,吸开液控单向阀 1,充液筒内的油便补入主缸上腔。

2. 主缸活塞慢速加压

上滑块快速下行接触工件后,主缸上腔压力升高,液控单向阀 1 关闭,变量泵通过压力反馈,输出流量自动减小,此时上滑块转入慢速加压。

3. 主缸保压延时

当系统压力升高到压力继电器的调定值时,压力继电器发出信号使 1YA 断电,先导阀和主缸换向阀恢复到中位。此时液压泵通过换向阀中位卸荷,主缸上腔的高压油被活塞密

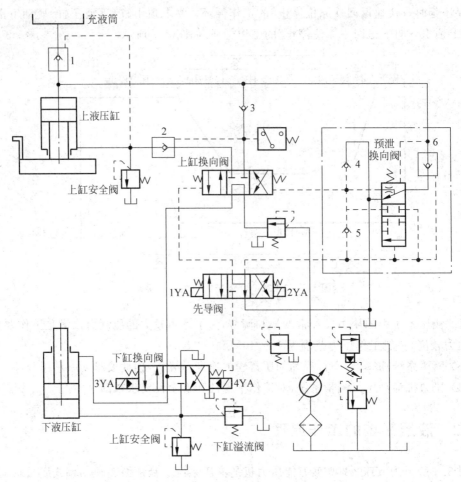

图 8.8　YB32-200 型万能压力机的液压系统

1,2,6—液控单向阀；3,4,5—单向阀

封环和单向阀所封闭,处于保压状态。接受电信号后的时间继电器开始延时,保压延时的时间可在 0~24min 内调整。

4. 主缸泄压后快速返回

由于主缸上腔油压高、直径大、行程长,缸内油液在加压过程中储存了很多能量,为此,主缸必须先泄压后再回程。

保压结束后,时间继电器使电磁铁 2YA 通电,先导阀右位接入系统,控制油路中的压力油打开液控单向阀 6 内的卸荷小阀芯,使主缸上腔的油液开始泄压。压力降低后预泄换向阀芯向上移动,以其下位接入系统,控制油路即可使主缸换向阀处于右位工作,从而实现上滑块的快速返回。其主油路为:

进油路：液压泵→顺序阀→主缸换向阀→液控单向阀 2→主缸下腔。

回油路：主缸上腔→液控单向阀 1→充液筒。

充液筒内液面超过预定位置时,多余油液由溢流管流回油箱。单向阀 4 用于主缸换向阀由左位回到中位时补油;单向阀 5 用于主缸换向阀由右位回到中位时排油至油箱。

5. 主缸活塞原位停止

上滑块回程至挡块压下行程开关,电磁铁 2YA 断电,先导阀和主缸换向阀都处于中位,这时上滑块停止不动,液压泵在较低压力下卸荷。

6. 顶出缸活塞向上顶出

电磁铁 4YA 通电时,顶出缸换向阀右位接入系统。其油路为:

进油路:液压泵→顺序阀→主缸换向阀→顶出缸换向阀→顶出缸下腔。

回油路:顶出缸上腔→顶出缸换向阀→油箱。

7. 顶出缸活塞向下退回和原位停止

4YA 断电、3YA 通电时油路换向,顶出缸活塞向下退回。当挡块压下原位开关时,电磁铁 3YA 断电,顶出缸换向阀处于中位,顶出缸活塞原位停止。

8. 顶出缸活塞浮动压边

作薄板拉伸压边时,要求顶出缸既保持一定压力,又能随着主缸上滑块一起下降。这时 4YA 先通电、再断电,顶出缸下腔的油液被顶出缸换向阀封住。当主缸上滑块下压时,顶出缸活塞被迫随之下行,顶出缸下腔回油经下缸溢流阀流回油箱,从而建立起所需的压边力。

8.5.3　液压系统的主要特点

(1) 采用高压大流量恒功率式变量泵供油,既符合工艺要求又节省能量,这是压力机液压系统的一个特点。

(2) 压力机是典型的以压力控制为主的液压系统。本机具有远程调压阀控制的调压回路,使控制油路获得稳定低压 2MPa 的减压回路,高压泵的低压(约 2.5MPa)卸荷回路,利用管道和油液的弹性变形及靠阀、缸密封的保压回路,采用液控单向阀的平衡回路,此外,系统中还采用了专用的泄压回路。

(3) 本压力机利用上滑块的自重作用实现快速下行,并用充液阀对主缸上腔充液。这一系统结构简单,液压元件少,在中、小型压力机中常被采用。

(4) 采用电液换向阀,适合高压大流量液压系统的要求。

(5) 系统中的两个液压缸各有一个安全阀进行过载保护。两缸换向阀采用串联接法,这也是一种安全措施。

8.6　XS-ZY-250A 型注塑机比例液压系统

8.6.1　概述

塑料注射成形机简称注塑机,用于热塑形塑料的成形加工。它是将颗粒状的塑料加热熔化到流动状态,以高速、高压注入模腔,并保压一定时间,经冷却后成形为塑料制品。在塑料机械设备中,注塑机应用最广。

XS-ZY-250A 型注塑机属中、小型注塑机,每次理论最大注射容量分别为 201cm³、254cm³、314cm³(ϕ40mm、ϕ45mm、ϕ50mm 三种机筒螺杆的注射量,本机装 ϕ50mm 机筒螺杆,其他机筒螺杆由用户提出要求,另外选购),锁模力为 1600kN。该机要求液压系统完成的主要动作有:合模和开模、注射座前移和后退、注射、保压以及顶出等。根据塑料注射成形工艺,注射机的工作循环如图 8.9 所示。

图 8.9　注塑机的工作循环图

8.6.2　液压系统的工作原理

图 8.10 为 XS-ZY-250A 型注塑机比例液压系统原理图。该注塑机采用了液压-机械式合模机构。合模液压缸通过对称五连杆机构推动模板进行开模与合模。连杆机构具有增力和自锁作用,依靠连杆弹性变形所产生的预紧力来保证所需的合模力。液压系统采用了比例压力和比例流量阀实现对压力和流量的控制,相对于其他类型的注塑机液压系统,使用的液压元件少、回路简单,压力、速度变换时冲击小,便于实现远程控制和程序控制,为实现微

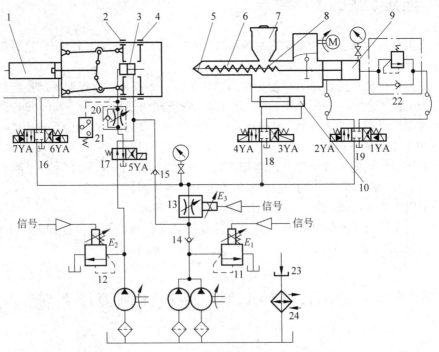

图 8.10　XS-ZY-250A 型注塑机比例液压系统原理图

1—合模缸;2,4—锁模装置;3—顶出缸;5—喷嘴;6—加热器;7—料仓;8—送料螺旋;9—注射缸;
10—注射座移动缸;11,12—比例压力阀;13—比例流量阀;14,15—单向阀;16~19—换向阀;
20—单向节流阀;21—压力继电器;22—单向顺序阀;23—磁芯过滤器;24—冷却器

机控制奠定了基础。表 8.1 是 XS-ZY-250A 型注塑机动作循环及电磁铁动作顺序表。现将液压系统的工作原理说明如下。

表 8.1 XS-ZY-250A 型注塑机动作循环及电磁铁动作顺序

动作 \\ 电磁铁		1YA	2YA	3YA	4YA	5YA	6YA	7YA	E_1	E_2	E_3
合模	快速							+	+	+	+
	慢速、低压							+	+	+	+
	慢速、高压							+		+	+
注射座前移				+/−						+	+
注射		+								+	+
保压		+								+	+
预塑、防流涎				+						+	+
注射座后退					+/−					+	+
开模							+		+	+	
顶出缸运动						+				+	
螺杆后退			+							+	+

1. 合模

合模过程按快、慢两种速度顺序进行,整个合模过程可分为三个阶段。

(1) 快速合模 电磁铁 7YA 通电,同时对比例阀 E_1、E_2、E_3 施加控制信号(0～10V 电压信号或 4～20mA 电流信号)控制系统相应的压力和流量,液压泵输出的压力油(由于负载小,所以压力低、流量大)经比例流量阀 13、换向阀 16 进入合模缸左腔,推动活塞带动连杆进行快速合模,合模缸右腔的油液经换向阀 16 和磁芯过滤器 23、冷却器 24 回油箱。

(2) 慢速、低压合模 由于是低压合模,缸的推力较小,即使在两个模板间有硬质异物,继续进行合模动作也不致损坏模具表面,从而起保护模具的作用。合模缸的速度受比例流量阀 13 的影响。

(3) 慢速、高压合模 提高控制信号 E_2 的电压信号,此时比例压力阀 12 输出的压力随之升高;此时控制信号 E_1 的电压信号为零(断电),从而实现双联泵卸荷。由于压力高而流量小,所以实现了高压合模,模具闭合并使连杆产生弹性变形,从而牢固地锁紧模具。

2. 注射座整体前移

电磁铁 3YA 通电,比例压力阀 12 控制系统压力,液压泵的压力油经阀 18 进入注射座移动缸 10 的右腔,推动注射座整体向前移动,单向阀 14 左腔的油液则经阀 18 和磁芯过滤 23、冷却器 24 回油箱。

3. 注射

注射过程按慢、快、慢三种速度注射,同时对比例阀 E_1、E_2、E_3 施加控制信号,注射速度大小由比例流量阀 13 的电压信号控制。

此时电磁铁 1YA 通电,液压泵输出的压力油经阀 19、阀 22 进入注射缸 9 的右腔,缸 9

左腔的油液经阀 19、磁芯过滤器 23 和冷却器 24 回油箱。

4. 保压

电磁铁 1YA 处于通电状态,此时控制信号 E_1 的电压信号为零(断电),实现双联泵卸荷。由于保压时只需要极少的油液,所以系统工作在高压、小流量状态。

5. 预塑、冷却

液压马达使左旋螺杆旋转后退,料斗中的塑料颗粒进入料筒,并被转动着的螺杆带至前端,进行加热预塑。当螺杆后退到预定位置时,停止转动,准备下一次注射。在模腔内的制品冷却成形。

6. 防流涎

电磁铁 3YA 通电,液压泵输出的压力油经阀 18 进入注射座移动缸 10 的右腔,使喷嘴继续与模具保持接触,从而防止了喷嘴端部流涎。

7. 注射座后退

电磁铁 4YA 通电,液压泵输出的压力油经阀 18 进入注射座移动缸 10 的左腔,右腔通油箱,使注射座后退。

8. 开模

各泵同时工作,同时对比例阀 E_1、E_2、E_3 施加控制信号,电磁铁 6YA 通电,液压泵输出的压力油经比例流量阀 13、换向阀 16 进入合模缸右腔,推动活塞带动连杆进行开模,合模缸左腔的油液经换向阀 16 和磁芯过滤器 23、冷却器 24 回油箱。工艺要求开模过程为"慢速→快速→慢速",其速度大小的调整通过比例流量阀 13 的控制信号来实现。

9. 顶出缸运动

(1)顶出缸前进　电磁铁 5YA 通电,对比例阀 E_2 施加控制信号(此时 E_1、E_3 控制信号为零,比例流量阀 13 关闭),系统压力由比例压力阀 12 控制。液压泵输出的压力油经阀 17、20 直接进入顶出缸 4 左腔,顶出缸右腔则经阀 17 回油,于是推动顶出杆顶出制品。

(2)顶出缸后退　电磁铁 5YA 断电,液压泵输出的压力油经阀 17 进入顶出缸 3 的右腔,顶出缸左腔则经阀 20、17 回油,于是顶出缸后退。

10. 装模、调模

安装、调整模具时,采用的是低压、慢速开、合动作。

(1)开模　电磁铁 6YA 通电,液压泵输出的压力油经比例阀 13、阀 16 进入合模缸 1 的右腔,使模具打开。

(2)合模　电磁铁 7YA 通电、6YA 断电,液压泵输出的压力油使合模缸合模。

(3)调模　采用液压马达(图 8.10 中未示出液压回路部分)来进行,液压泵输出的压力油驱动液压马达旋转,传动到中间一个大齿轮,再带动 4 根拉杆上的齿轮螺母同步转动,通过齿轮螺母移动调模板,从而实现调模动作。另外还有手动调模,只要扳手动齿轮,便能实现调模板进退动作,但移动量很小(0.1mm),所以手动调模只作微调用。

11. 螺杆后退

电磁铁 2YA 通电,对比例阀放大器 E_2、E_3 施加控制信号,液压油进入注射缸 9 的左腔,右腔回油,返回初始位置,为下一动作循环做准备。

由以上分析可以看出,注塑机液压系统中的执行元件数量多,是一种速度和压力均变化较多的系统。在完成自动循环时,主要依靠行程开关;而速度和压力的变化则主要靠比例阀控制信号的变化来得到。

8.6.3 XS-ZY-250A 型注塑机液压系统的特点

(1)由于注塑机通常要将熔化的塑料以 $40\sim150$MPa 的高压注入模腔,模具合模力要大,否则注射时会因模具闭合不严而产生塑料制品的溢边现象。系统中采用液压-机械式合模机构,合模液压缸通过增力和自锁作用的五连杆机构进行合模和开模,这样可使合模缸压力相应减小,且合模平稳、可靠。最后合模是依靠合模液压缸的高压,使连杆机构产生弹性变形来保证所需的合模力,并把模具牢固地锁紧。

(2)为了缩短空行程时间以提高生产效率,又要考虑合模过程中的平稳性,以防损坏制品和模具,所以合模机构在合模、开模过程中需要有慢速—快速—慢速的顺序变化,系统中的快速是用液压泵通过低压、大流量供油来实现的。

(3)考虑到塑料品种、制品的几何形状和模具浇注系统不同,因而注射成形过程中的压力和速度的比例是可调的。

(4)为了使注射座喷嘴与模具浇口紧密接触,注射座移动液压缸右腔在注射、保压时,应一直与压力油相通,从而使注射座移动缸活塞具有足够的推力。

(5)为了使塑料充满容腔而获得精确的形状,同时在塑料制品冷却收缩过程中,熔融塑料可不断补充,以防止充料不足而出现残次品,在注射动作完成后,注射缸仍通压力油来实现保压。

(6)为了满足用户对注射工艺的要求,有三种不同直径和长径比的螺杆及螺杆头供选用。

(7)调模采用液压马达驱动,因而给装拆模具带来极大的方便。

(8)采用了比例压力和比例流量阀,简化了液压元件及系统,提高了系统的可靠性。

8.7 $\phi710$ 盘式热分散机比例压力和流量复合控制液压系统

8.7.1 概述

盘式热分散机是处理废纸的专用设备,它能有效地对废纸浆料中的胶黏物、油脂、石蜡、塑料、橡胶或油墨粒子等杂质进行分散处理,以改进纸张的外观质量,提高纸张性能,工作过程中将浓缩至30%以上的废纸浆经动静磨盘之间的间隙分散并细化至粉末状,然后送至下一造纸工序。造纸工艺要求移动磨盘实现精确的定位控制,其定位精度要求在±0.02mm以内,动静盘间隙调节范围在0~15mm内,同时具有维修时机体进退功能。盘式热分散机自动化程度高,其控制部分要求磨盘定位系统采用双闭环(即功率负荷闭环和间隙调整闭环)恒间隙控制,并保证在主电机功率调节范围内准确地调整间隙。

8.7.2 盘式热分散机液压系统的工作原理

盘式热分散机的液压原理如图8.11所示。液压泵启动后,由于电磁阀的电磁铁均处于断电状态,因此,动盘进给缸12、机体维修缸17均停留在原始位置;此时,液压泵经比例溢流阀8(此时比例溢流阀的控制电压为零)卸荷。当比例溢流阀8的控制电压在2V(目的是避开比例阀的死区)以上并且1YA通电时,电磁换向阀9换向处于左位,动盘进给缸12的无杆腔经液控单向阀10、单向节流阀11进油,有杆腔经比例流量阀13、冷却器14回油,活塞杆伸出;当2YA通电时,电磁换向阀9处于右位,动盘进给缸12的有杆腔进油,无杆腔回

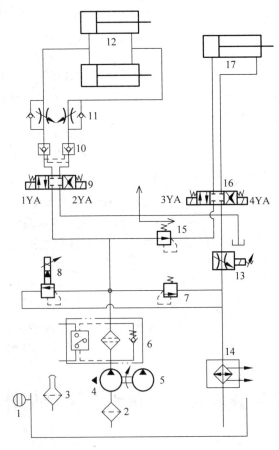

图8.11 盘式热分散机的液压原理图

1—液位计;2—过滤器;3—空气过滤器;4—定量泵;5—电动机;6—精密过滤器;7—溢流阀;
8—比例溢流阀;9,16—电磁换向阀;10—液控单向阀;11—液压锁;12—动盘进给缸;
13—比例流量阀;14—冷却器;15—溢流阀;17—机体维修缸

油,活塞杆缩回,完成工作循环。应当说明的是:在实际工作过程中,动盘进给缸 12 经刚性连接将位移信号经位移传感器、A/D 转换模块输送到 PLC,通过 PLC 的处理,再经 D/A 转换,控制比例流量阀的开度大小,从而实现对液压缸的实时控制恒间隙的目的;同理,根据主电机电流的反馈信号,控制比例压力阀的压力大小,实现对主电机的恒功率(恒电流)控制。

在该工作循环过程中,比例流量阀 13 控制热分散机的位移和间隙大小,比例溢流阀 8 根据负载大小控制主电机工作在恒功率状态。当 3YA 通电时,电磁换向阀 16 换向处于左位,机体维修缸 17 的无杆腔进油,有杆腔回油,活塞杆伸出;当 4YA 通电时,电磁换向阀 16 换向处于右位,机体维修缸 17 有杆腔进油,无杆腔回油,活塞杆缩回,完成工作全过程。

应当注意的是:系统压力只有在比例溢流阀 8 有控制电压的情况下才能随着控制电压的变化而变化,液压执行元件才能工作;溢流阀 7 起安全阀的作用,其目的是当比例溢流阀 8 本身或其控制器有故障时,整个液压系统的压力不至于突然大幅升高,以保护磨片和主电机。

8.7.3 盘式热分散机液压系统的特点

(1)盘式热分散机液压系统采用了比例压力和比例流量复合控制,大大简化了系统结构和元件数量,通过比例控制阀和 PLC 的结合,实现了磨盘定位系统双闭环(即功率负荷闭环和间隙调整闭环)恒间隙控制,并保证了主电机功率在其调节范围内准确地调整间隙。

(2)比例流量阀采用了反比例控制,即电压信号为零时,其开口量最大,电压信号为 10V 时,比例流量阀完全关闭,便于系统调试。

(3)采用单向节流阀的目的是便于粗调执行元件的速度,采用液控单向阀的目的是为了保证液压系统的电磁换向阀处于断电状态时磨盘间隙保持不变。

(4)整个液压系统采用了叠加式液压元件,应特别注意液控单向阀与单向节流阀的位置,以及与液控单向阀相叠加的电磁换向阀的中位机能(必须是 Y 型或 H 型)。

(5)由于液压系统 24h 连续工作,所以液压泵的排量要在满足使用要求的前提下尽量小,同时配有冷却器,以确保系统温升在规定范围内。

8.8 漂浮式液压海浪变阻尼发电液压系统

8.8.1 概述

随着石化燃料的日益枯竭和环境污染的日趋加剧,有效利用清洁、可再生的海洋能源,成为世界各主要沿海国家的战略性选择。山东大学开展了漂浮式液压海浪变阻尼发电装置的研究,研究成果有助于解决海岛居民和海上设施的用电问题,还可以为西沙、南沙等边远驻军提供清洁能源,具有显著的社会效益,对改善我国的能源结构,保障能源安全,缓解所面临的能源紧缺、温室效应和环境污染等问题都将具有重大的现实意义。

漂浮式液压海浪变阻尼发电装置总体方案如图 8.12 所示。系统主要由导向柱、浮体、主浮筒、发电室、调节、水力约束盘等部分组成。浮体 2 在海浪的作用下沿导向柱 1 上下运动,并带动液压缸产生高压油,高压油驱动液压马达旋转,带动发电机发电。能量转换过程:波浪能→液压能→电能。

图 8.12　漂浮式液压海浪变阻尼发电
装置总体方案

1—导向柱;2—浮体;3—主浮筒;

4—发电室;5—调节舱;6—水力约束盘

底架主要对主浮筒起到水力约束的作用,在波浪经过时,保持主浮筒基本不产生任何运动。而浮体则在波浪的作用下沿导向柱做往复运动。液压缸与主浮筒连接在一起,活塞杆与浮体的龙门架连接在一起,浮体与主浮筒的相对运动转变为活塞杆与液压缸的相对运动,从而输出液压能。发电室用于放置液压和发电系统的。调节舱用于调节主体平衡位置,通过向调节舱中注水、沙,可以降低主体的位置,增加被淹没的高度,最终使浮体处于导向柱的中间位置处。由于系统的浮力大于其所受的重力,整体处于漂浮状态,潮涨潮落时,海浪发电站能够随液面高度的变化而变化。

各模块的具体功能如下:

(1)顶盖与主浮筒连接。顶盖上开有可供液压缸伸出的孔、维修人员进出的入孔和通气孔。为防止海水进入主浮筒,顶盖上的通气孔设置了倒 U 形弯管,并在头部锥形上开有多个小孔。

(2)主浮筒上端与顶盖相连、下端与发电室相连。主浮筒在提供浮力的同时,固定了液压缸和导向装置。在装置正常工作时,主浮筒上端有部分露出水面。

(3)浮体与液压缸的活塞杆连接,液压缸与主浮筒连接。浮体在波浪的作用下沿着导向柱做往复移动,从而将所采集到的波浪能转换为液压能。

(4)导向柱连接在主浮筒上。导向柱保证了浮体的运动轨迹,减少了浮体对主浮筒的磨损和冲击。导向柱采用可以水润滑的减摩材料,减少了浮体运动的阻力,提高了吸收波浪能的效率。

(5)发电室上端与主浮筒连接,下端与调节舱连接。发电室用于放置液压系统和发电系统,同时也为装置提供了较大的浮力。

(6)调节舱上端与发电室相连,下端与底架相连。调节舱主要用于在实际投放时,调节主浮筒的平衡位置。在初始状态时调节舱里是常压空气,在实际投放时,若平衡位置高于预定的位置,则可以通过向调节舱中注水来降低主浮筒露出海面的高度。

(7)水力约束盘上端与调节舱连接,下端与锚链连接。水力约束盘的平板能够起到水力约束的作用,在波浪经过时,能够减少主浮筒的运动幅度。桁架的作用是降低平板的高度,使得平板所处水域的运动更加平缓。

8.8.2　漂浮式液压海浪变阻尼发电液压系统工作原理

漂浮式液压海浪变阻尼发电液压系统原理如图 8.13 所示。本实例装机总容量为

110kW ,三台发电机的功率分别是 55kW、37kW、18kW,根据不同的波浪条件自动接入三台发电机之中的一台。

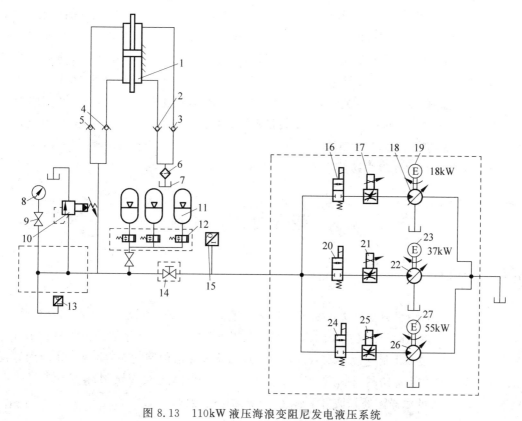

图 8.13　110kW 液压海浪变阻尼发电液压系统

1—双出杆液压缸；2~5—单向阀；6—过滤器；7—油箱；8—耐振压力表；9—高压球阀；

10—溢流阀；11—蓄能器；12—两位两通电磁换向阀；13—压力传感器；14—截止阀；

15—流量传感器；16,20,24—两位两通电磁换向阀；17,21,25—调速阀；

18,22,26—单向变量液压马达；19,23,27—发电机

　　海浪带动双出杆液压缸 1 的两个活塞杆上下运动,当液压缸 1 上腔经单向阀 3 和过滤器 6 吸油时,则下腔就是工作腔压油,此时缸筒上升,下腔的高压油经过单向阀 4 进入单向变量液压马达 18、22、26,从而驱动发电机 19、23、27 进行发电;反之亦然,当液压缸 1 下腔经单向阀 2 和过滤器 6 吸油时,则上腔就是工作腔压油,此时缸筒下降,上腔的高压油经过单向阀 5 进入单向变量液压马达 18、22、26,从而驱动发电机 19、23、27 进行发电。

　　在单向阀 2 和单向阀 3 的作用下,保证双出杆液压缸 1 低压腔经单向阀 2 和单向阀 3、过滤器 6 从油箱中吸油;在单向阀 4 和单向阀 5 的作用下,保证双出杆液压缸 1 工作腔经单向阀 4 和单向阀 5 流向液压马达,驱动发动机发电,保证系统中液压油不会倒流回双出杆液压缸 1 中。

　　在发电液压系统内部,蓄能器 11 和两位两通电磁换向阀 12 发挥着重要的作用,当系统压力比较高时,它能有效地存储瞬时不能利用的能量;当系统压力过低时,可以释放能量用以补充系统下降的压力。在压力传感器 13、两位两通电磁换向阀 12 以及控制系统的作用下,可以实现对在不同工作海况下蓄能器 11 开启数量的控制,从而充分发挥出液压系统蓄

能、稳压、缓冲能量脉动的作用,使发电电压保持稳定,提高发电品质。

通过溢流阀 10 调定液压系统的工作压力不超过最高值,保障整个液压系统的安全。压力传感器 13 将检测到的液压系统的压力转化为电信号发送给控制装置。根据检测到的波浪状态,控制电磁换向阀 16、20、24 分别动作,自动选择三套发电单元中的一个,从而实现液压海浪发电液压系统随波浪状况的变阻尼控制和变功率发电,充分利用液压系统吸收的能量,显著提高发电效率。此外,调速阀 17、21、25 分别用于调定流向液压马达 18、22、26 的流量,流量传感器 15 将检测到的液压系统的流量转化为电信号发送给控制装置,波浪的速度与液压系统流量的大小是成正比的,控制装置根据检测到的液压系统流量大小,进而控制调速阀 17、21、25 的工作状态,实现对流向液压马达 18、22、26 的流量的控制,使得液压马达 18、22、26 的转速稳定在额定转速附近,提升发电效率。

8.9　蛟龙号液压系统

8.9.1　概述

"蛟龙号"是目前世界上同类产品中工作深度最大的深海载人潜水器,由我国自行设计、集成创新,具有自主知识产权。2012 年 6 月,"蛟龙号"在太平洋马里亚纳海沟共完成了 3次 7000 m 下潜,最大下潜深度 7062 m,创造了我国载人深潜的新纪录,实现了我国深海技术发展的新突破和重大跨越,标志着我国深海载人技术达到国际领先水平,使我国具备了在全球 99.8% 以上的海洋深处开展科学研究、资源勘探的能力。

8.9.2　蛟龙号液压系统的工作原理

液压系统是"蛟龙号"载人潜水器上非常重要的动力源,主要为应急抛弃系统、主压载系统、可调压载系统、纵倾调节系统、作业系统以及导管桨回转机构等提供液压动力。它通过有效的压力补偿,可以在高压环境下工作,而不需要设计坚实的耐压壳体结构来保护。其安装在潜水器的非耐压结构支架上,从而可为潜水器设计节省更多的耐压空间,降低耐压球壳结构设计的难度,同时提高了整个潜水器的安全性和可靠性。

"蛟龙号"载人潜水器液压系统原理如图 8.14 所示,主液压源通过主阀箱为主副机械手阀箱、开关式机械手阀箱、纵倾调节系统液压马达以及导管桨回转机构供油。主油箱内设置液位传感器和温度传感器,分别对其液位和温度进行监测。主阀箱内设置压力传感器,监测主液压源压力;副液压源通过副阀箱为主副机械手抛弃机构、开关式机械手抛弃机构、主压载水箱低压截止阀、主压载水箱高压截止阀、停止下潜抛弃机构、上浮抛弃机构、可调压载海水阀 AD、可调压载海水阀 BC 以及可调压载海水阀 E 供油。副油箱内设置液位传感器和温度传感器,分别对其液位和温度进行监测。副阀箱内设置压力传感器,监测副液压源压力;应急液压源内部集成了泵源和阀箱,为水银释放阀、主蓄电池电缆切割机构供油。应急液压源内设置了压力传感器,监测应急液压源压力。

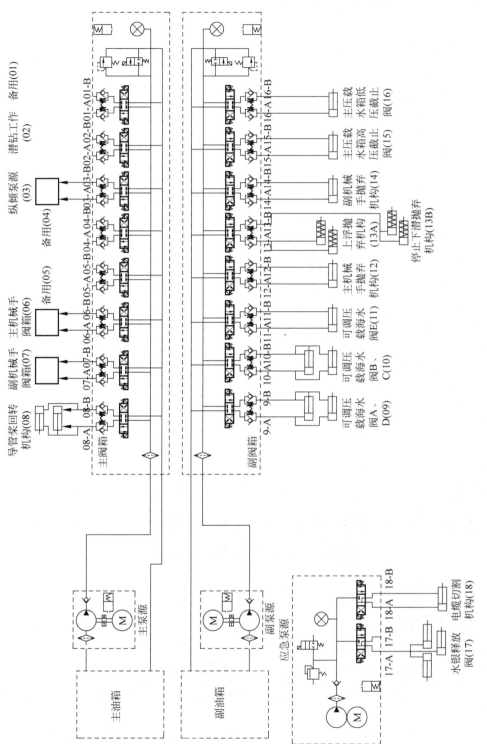

图 8.14　"蛟龙号"载人潜水器液压系统原理图

8.9.3　蛟龙号液压系统的特点

系统设置三套液压源,主液压源为大流量液压用户提供动力,副液压源为小流量液压用户提供动力,应急液压源为水银释放、主蓄电池电缆切割等应急液压用户提供动力。应急液压源采用应急 24VDC 电源供电,在潜水器主蓄电池箱(110VDC)需要应急抛弃或水银应急抛弃时使用。液压系统主要技术指标和性能参数如下:

(1) 工作环境:深海 7000 m;

(2) 具备良好的防腐特性;

(3) 主液压源:工作压力 18MPa,流量 15L/min,电机采用 110VDC 供电;

(4) 副液压源:工作压力 21MPa,流量 8L/min,电机采用 110VDC 供电;

(5) 应急液压源:工作压力 21MPa,流量 1.2L/min,电机采用 24VDC 供电;

(6) 系统具有压力、温度、液位监测功能;

(7) 系统具有输入输出管系自动压力补偿功能。

液压系统最大流量需求发生在主从式机械手或开关式机械手作业时,流量为 12L/min。

"蛟龙号"深海工作环境水温基本保持在 1~2℃,属于超高压低温极限工作环境,而系统最高工作温度可维持低于 40℃。Shell Tellus 22♯ 液压油在 1~40℃温度范围内满足使用要求,系统采用 Shell Tellus 22♯ 液压油。

课 堂 讨 论

课堂讨论:如何分析液压系统、读图方法。

案例:ϕ710 盘式热分散机比例压力和流量复合控制液压系统常见故障分析

故障现象 1:系统进给工作正常,压力为 8MPa,但机体维修缸不动作(使用现场故障)。

排除过程:到现场后,发现液压系统一切正常,但机体维修缸不能前进或后退,电磁阀 16 换向正常,油路无泄漏,机体(自重 8.55t)却无法合拢。在正常情况下 3MPa(减压阀 15 的调定压力)以上就能保证机体维修缸轻松推开或合拢。观察现场情况:发现机体维修缸安装偏斜,且固定端强度不够,油缸又处于最后端位置,机体导轨有划伤,判断问题就在此处!

排除方法:把油缸拆掉,让其在无负载的情况下往复运动,然后把机体注油孔全部用高压气吹干净,并往导轨上均匀注润滑脂。安装油缸后启动液压站,机体推开、合拢自如(3MPa),故障得以排除。

故障现象 2：系统无压力(调试过程故障)。

排除过程：

(1) 检查电机转向,是否接反。

(2) 检查比例溢流阀放大器 ①~② 0~10V,③~④ 0~24V,"+/−"极是否接反。

(3) 检查液压泵、溢流阀是否损坏。

(4) 检查管路以及连接件是否有泄漏的地方。

排除方法：经排查均无以上现象,最后判断是"冷却器"回油口不通。将回油路打通后,问题排除。

故障现象 3：液压泵启动后,压力达到设定值 9.1MPa,0.5h 内压力下降至 4.0MPa 后稳定不变,重新启动液压站还是同样故障(使用现场故障)。

排除过程：在排除油路泄漏,溢流阀、比例压力阀没有问题的条件下,问题集中在液压泵上。打开油箱后发现泵体发热严重,且吸油过滤器完全被纸浆纤维糊住,根本无法吸油。

排除方法：把油箱内的液压油完全排掉,全面清洗油箱(发现油箱内有很多纸纤维),更换液压泵、吸油过滤器并加注经过滤的液压油。重新启动,系统工作压力设定在 8MPa,且无压力波动情况。

故障现象 4：系统工作正常,压力为 8MPa,进给液压缸在定位点有自走现象,导致精度降低(使用现场故障)。

原因分析：

(1) 叠加式单向节流阀与液控单向阀排列位置不对,造成液控单向阀控制腔有背压,造成液控单向阀打开,定位精度降低。

(2) 液控单向阀本身的质量差,造成定位精度降低。

(3) 液压油被污染。

故障排除：经检查叠加式单向节流阀与液控单向阀排列位置正确,由于位置错误造成的故障原因排除;更换了液控单向阀,现象仍无变化,液控单向阀质量问题得以排除;问题集中在液压油的污染问题上,经检查液压油液有轻微污染,通过进一步过滤液压油,并清洗了液控单向阀,问题得以解决。

故障现象 5：维修缸工作正常,系统工作正常,压力为 8MPa,动盘进给缸只能进刀却无法退刀(使用现场故障)。

原因分析：

(1) 动盘进给缸的主液压阀退刀电磁铁未通电或阀芯被卡住。

(2) 控制退刀侧的单向节流阀调得太小。

(3) 比例流量阀放大器故障或受到电磁干扰。

(4) 比例流量阀本身的故障。

故障排除：原因(1)、(2)很快排除,主要集中在原因(3)和原因(4)上。

对于故障原因(3)、控制器本身的故障也很快排除。怀疑是否是高压(1.5 万 V)电机产生磁场造成电磁阀失灵(液压站距电机接线盒仅 0.5m),然后做一个屏蔽罩把液压站罩起来,同时把控制柜、液压站接地处理,但启动电机后,液压站还是无法进刀。这样问题集中在比例流量阀本身的故障上来,因为热分散机启动后,振动特别强,人站在旁边就能感觉到楼板振动,由于这时流量极小,阀芯处于半关闭状态,振动大造成阀芯波动,从而无法进刀,更换比例流量阀后,一切正常,故障得以解决。

思考题与习题

8-1 怎样阅读和分析一个液压系统?

8-2 读懂图 8.1 的液压系统后,列出电磁铁工作循环表,并分析该油路由哪些基本回路组成,这些回路的选择是否合理?

8-3 图 8.3 所示的 MLS$_3$-170 型采煤机的液压牵引系统有什么特点? 说明各个元件和基本回路的作用是什么。

8-4 图 8.8 所示的液压系统由哪些基本回路组成? 重点分析各种压力控制回路和上缸快速下行运动的特点。对应第 5 章中插装阀的有关知识,将其转化为插装阀液压回路。

8-5 分析图 8.10 所示的注塑机比例液压控制系统由哪些基本回路组成? 其特点有哪些?

8-6 图 8.15 所示为一定位夹紧系统,问 A、B、C、D 各是什么阀? 起什么作用? 说明系统的工作原理。

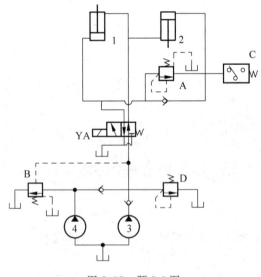

图 8.15 题 8-6 图

第 9 章

液压系统的设计与计算

能设计中等复杂程度的液压系统是学习液压课程的目的之一。要能独立设计出符合使用要求的液压系统,必须掌握前 8 章的基本内容。在此基础上熟悉液压系统的设计步骤,明确设计要求,合理使用设计资料,正确地选取设计参数后,就可以完成设计任务。因此,对设计要求的分析、设计资料的查找与熟悉、设计参数的选取是本章的重点。

由于初学者缺乏设计经验,对于系统回路设计、参数选取难以做到合理恰当。所以,系统液压回路的设计与液压参数的选取是本章的难点。

9.1 液压系统的设计步骤和方法

液压系统设计是整机设计的重要组成部分,其设计计算方法因人而异。本节介绍液压系统常见的设计计算方法,并通过一个实例做了进一步说明。液压系统设计的主要步骤如下:

(1) 明确液压系统的设计要求;

(2) 选定执行元件,进行工况分析,明确系统的主参数;

(3) 拟定液压系统原理图;

(4) 计算和选择液压元件;

(5) 液压系统性能验算;

(6) 绘制工作图、编制技术文件。

上述设计步骤是一般的程序,在实际工作中,这些步骤并不是一成不变的,应视具体情况灵活掌握。

9.1.1 液压系统设计要求

在设计液压系统前需明确以下几方面的内容:

(1) 明确主机哪些动作需要液压系统来完成。

(2) 明确对液压系统的动作和运动要求。根据主机的设计要求,确定液压执行元件的数量、运动形式、工作循环、行程范围及各执行元件动作顺序、同步、连锁等要求。

(3) 确定液压执行元件承受的负载和运动速度的大小及其变化范围。

（4）明确对液压系统的性能要求，如调速性能、运动平稳性、转换位置精度、效率、温升、自动化程度、可靠性程度、使用与维修的方便性。

（5）明确液压系统的工作条件，如温度、湿度、振动干扰、外形尺寸、经济性等要求。

9.1.2　液压系统的工况分析和系统的确定

对执行元件进行负载分析与运动分析，又称为液压系统的工况分析。工况分析就是分析每个液压执行元件在各自工作过程中负载与速度的变化规律，一般执行元件在一个工作循环内负载、速度随时间或位移而变化的曲线用负载循环图和速度循环图表示。

1. 负载分析

液压缸与液压马达运动方式不同，但它们的负载都是由工作负载、惯性负载、摩擦负载、背压负载等组成的。

工作负载 F_w 包括切削力、夹紧力、挤压力、重力等，其方向与液压缸运动方向相反时为正，相同时为负。

惯性负载 F_a 为运动部件在启动和制动时的惯性力，加速时为正，减速时为负。

摩擦负载包括导轨摩擦阻力 F_f 和密封装置处的摩擦力 F_s，前者在确定摩擦系数后即可计算，后者与密封装置类型、液压缸制造质量和液压油压力有关，一般通过取机械效率 $\eta_m = 0.90 \sim 0.97$ 来考虑。

背压负载 F_b 是液压缸回油路上背压力 p_b 所产生的阻力，初算时可暂不考虑，需要估算时背压力 p_b 可按表9.1选取。

液压缸在各工作阶段中负载按表9.2中表达式来计算，再以液压缸所经历的时间 t 或行程 S 为横坐标作出 F-t 或 F-S 负载循环图。对于简单液压系统可只计算快速运动阶段和工作阶段。在负载难以计算时可通过实验来确定，也可以根据配套主机的规格确定液压系统的承载能力。

表9.1　液压系统背压力

系统结构情况	背压力 p_b/MPa	
用节流阀的回路节流调速系统	0.3～0.5	对中高压液压系统背压力数值应放大50%～100%
用调速阀的回路节流调速系统	0.5～0.8	
回油路上有背压阀的系统	0.5～1.5	
采用辅助泵补油的闭式回路	0.8～1.5	

表9.2　液压缸各工作阶段负载计算

工作阶段	负载 F	
启动加速阶段	$F=(F_f+F_a\pm F_G)/\eta_m$	F_G 为运动部件自重在液压缸运动方向的分量，液压缸上行时取正，下行时取负
快进、快退阶段	$F=(F_f\pm F_G)/\eta_m$	
工进阶段	$F=(F_f\pm F_w\pm F_G)/\eta_m$	
减速制动阶段	$F=(F_f-F_a\pm F_G)/\eta_m$	

2. 运动分析

按各执行元件在工作中的速度 v 以及位移 S 或经历的时间 t 绘制 v-S 或 v-t 速度循环图。图 9.1 即为某一组合机床液压滑台的负载和速度循环图。

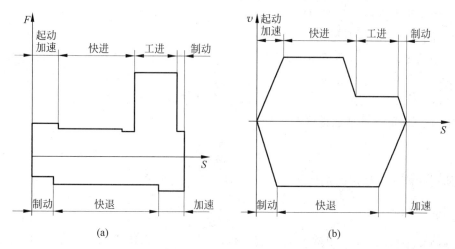

(a)　　　　　　　　　　(b)

图 9.1　组合机床液压滑台负载和速度循环图

9.1.3　确定液压系统的主要参数

液压系统的主要参数——工作压力和流量是选择液压元件的主要依据，而系统的工作压力和流量分别取决于液压执行元件工作压力、回路上压力损失和液压执行元件所需流量、回路泄漏，所以确定液压系统的主要参数实质上是确定液压执行元件的主要参数。

1. 初选液压系统的主要参数

执行元件工作压力是确定其结构参数的重要依据。工作压力选得低一些，对液压系统工作平稳性、可靠性和降低噪声等都有利，但液压系统和元件的体积、重量就相应增大；工作压力选得过高，虽然液压元件结构紧凑，但对液压元件材质、制造精度和密封要求都相应提高，制造成本也相应提高。执行元件的工作压力一般可根据负载进行选择，见表 9.3。有时也可参照或类比相同的主机选定执行元件的压力。

表 9.3　按负载选择执行元件工作压力

负载 F/kN	<5	5~10	10~20	20~30	30~50	>50
工作压力 p/MPa	1	1.5~2	2.5~3	3~4	4~5	>5

2. 确定执行元件的主要结构参数

（1）确定液压缸主要结构参数　根据负载分析得到的最大负载 F_{max} 和初选的液压缸工作压力 p，再设定液压缸回油腔背压力 p_b 以及杆径比 d/D，即可由第 4 章中液压缸的力平衡公式来求出缸的内径 D、活塞杆直径 d 和缸的有效工作面积 A,其中 D、d 值应圆整为标准值。

对于工作速度低的液压缸,要校验其有效面积 A,即要满足

$$A \geqslant q_{min} / v_{min} \tag{9.1}$$

式中,q_{min} 为回路中所用流量阀的最小稳定流量,或容积调速回路中变量泵的最小稳定流量;v_{min} 为液压缸应达到的最低运动速度。

如果不满足式(9.1),则必须加大液压缸的有效工作面积 A,然后复算液压缸 D、d 及工作压力 p。

(2) 确定液压马达排量 V_M　由马达的最大负载扭矩 T_{max}、初选的工作压力 p 和预估的机械效率 η_{Mm},即可计算马达排量 V_M 为

$$V_M = \frac{2\pi T_{max}}{p\eta_{Mm}} \tag{9.2}$$

为使马达能达到稳定的最低转速 n_{min},其排量 V_M 应满足

$$V_M \geqslant \frac{q_{min}}{n_{min}} \tag{9.3}$$

式中,q_{min} 的意义与式(9.1)中的相同。按求得的排量 V_M、工作压力 p 及要求的最高转速 n_{max} 从产品样本中选择合适的液压马达,然后由选择的液压排量 V_M、机械效率 η_{Mm} 和回路中的背压力 p_b 复算液压马达的工作压力。

3. 画执行元件的工况图

在执行元件主要结构参数确定后,就可由负载循环图和速度循环图画出执行元件的工况图,即执行元件在一个工作循环中的工作压力 p、输入流量 q、输入功率 P 对时间的变化曲线图。当系统中有多个执行元件时,把各个执行元件的 q-t 流量图、P-t 功率图按系统总的工作循环综合得到总流量图和总功率图。执行元件的工况图显示系统在整个循环回路中压力、流量、功率的分布情况及最大值所在的位置,是选择液压元件、液压基本回路及为均衡功率分布而调整设计参数的依据。

9.1.4　液压系统图的拟定

拟定液压系统图是整个液压系统设计中最重要的一步。它是从油路原理上来具体体现设计任务中提出的各项性能要求的。拟定液压系统包括两项内容:
(1) 分析、对比选出合适的液压回路;
(2) 把选出的回路组成液压系统,常采用经验法,也可用逻辑法。

1. 液压回路的选择

选择液压回路的依据是前面的设计要求和工况图,这一步往往会出现多种方案,因为满足同一种设计要求的液压回路往往不止一种;为此,选择必须与分析、对比紧密结合起来进行,在这里,收集、整理和参考同种类型液压系统先进回路的成熟经验是十分必要的。

机床液压系统中,调速回路是核心,它一旦确定,其他回路就对应确定下来了,因此液压

回路的选择工作必须从调速回路开始。选择各种回路一般考虑如下事项。

（1）调速回路　根据工况图上压力、流量和功率的大小以及系统对温升、工作平稳性等方面的要求选择调速回路。

例如，压力较小，功率较小（≤3kW），工作稳定性要求不高的场合宜采用节流阀式调速回路；负载变化较大，速度稳定性要求较高的场合宜采用调速阀式调速回路。功率中等（3～5kW）的场合可采用节流阀式调速回路，或容积式调速回路，亦可采用容积-节流式调速回路。功率较大（5kW），要求温升小而稳定性要求不太高的场合宜采用容积调速回路。

调速方式决定之后油路循环形式基本上也就确定了。例如节流调速、容积-节流调速回路，选用开式回路；容积调速回路选用闭式回路。

当工作循环中需要多个执行元件，且其总工况图上流量变化较大时，可用蓄能器，选用小规格的液压泵。

（2）快速运动回路和速度换接回路　快速运动回路与调速回路密切相关，它在调速回路考虑油源形式和系统效率、温升等因素时已考虑进去了，调速回路一经确定运动基本上也就确定了。

速度换接回路的结构形式基本上由系统中调速回路和快速运动回路的形式决定，选择时考虑得较多的是采用机械控制式或控制式换接，前者换接精度高、换接平稳、工作可靠，后者结构简单、调整方便、控制灵活。

采用电气控制式换接时，系统中有时要安装压力继电器（或电接点压力表），压力继电器（或电接点压力表）应放在动作变化时压力变化显著的地方。

（3）压力控制回路　压力控制回路种类很多，有的已包含在调速回路中，有的则须根据系统要求专门进行选择（如卸压、保压回路）。

选择各种压力控制回路时，应仔细推敲这种回路在选用时所须考虑的问题以及各种方案的特点和适用场合。以卸荷回路为例：选择时要考虑卸荷所造成的功率损失、温升、流量和压力的瞬间变化等，为此系统压力不高、流量不大，或油箱容量较大、系统间隙工作（因而有可能使液压缸停止运转）的场合只设置溢流回路就可以了，在其他的场合则须采用二位二通换向阀式卸荷回路或先导型溢流阀式卸荷回路等。

（4）多缸回路　与单缸回路相比，须多考虑一个多缸之间的相互关系问题，这项关系不外是同时动作时的同步问题、互不干扰问题，先后动作时的顺序问题和不动作时的卸荷问题。

2. 液压系统的合成

液压系统要求的各个液压回路选好之后，再配上一些测压、润滑之类的辅助油路，就可以进行液压系统的合成了，开展这项工作时须注意以下几点：

（1）尽可能多地归并掉作用相同或相近的元件，力求系统结构简单。

（2）并出来的系统应保证其循环中的每一个动作都安全可靠，相互之间没有干扰。

（3）尽可能使归并出来的系统保持效率高，发热少。

（4）系统中各种元件的安放位置应正确，以便充分发挥其工作性能。

（5）归并出来的系统应经济合理，不可盲目追求先进，脱离实际。

9.1.5 液压元件的计算和选择

液压元件的计算主要是计算元件工作压力和通过的流量,此外还有电机效率和油箱容量。元件应尽量选用标准元件,只有在特殊情况下才设计专用元件。

1. 确定液压泵的容量及驱动电机的功率

1)计算液压泵的工作压力

液压泵的工作压力是根据执行元件的工作性质来确定的:若执行元件在工作行程终点,运动停止时才需要最大压力,这时液压泵的工作压力就等于执行元件的最大压力。

若执行元件在工作行程过程中需要最大压力,则液压泵的工作压力应满足

$$p_P \geqslant p_1 + \sum \Delta p_1 \tag{9.4}$$

式中,p_1 为执行元件的最大工作压力;$\sum \Delta p_1$ 为进油路上的压力损失(系统管路未曾画出以前按经验选取,一般节流调速和简单的系统:$\sum \Delta p_1 = 0.2 \sim 0.5 \text{MPa}$;进油路有调速阀及管路复杂的系统:$\sum \Delta p_1 = 0.5 \sim 1.5 \text{MPa}$)。

2)计算液压泵的流量

液压泵的流量 q_P 按执行元件工况图上最大工作流量和回路的泄漏量确定。

(1)单液压泵供给多个同时工作的执行元件时

$$q_P \geqslant k \left(\sum q_i \right) \text{max} \tag{9.5a}$$

式中,k 为回油泄漏折算系数,$k = 1.1 \sim 1.3$;$\left(\sum q_i \right) \text{max}$ 为同时工作的执行元件流量之和的最大值。

(2)采用差动连接的液压缸时

$$q_P \geqslant k(A_1 - A_2) v_{\max} \tag{9.5b}$$

式中,A_1、A_2 分别为液压缸无杆腔、有杆腔的有效工作面积;$v_{\max}$ 为液压缸或活塞的最大移动速度。

(3)采用蓄能器储存压力油时

按系统在一个工作周期中的平均工作流量来选择

$$q_P \geqslant k \sum_{i=1}^{n} \left(\frac{v_i}{T} \right) \tag{9.5c}$$

式中,T 为机器工作周期;v_i 为每个执行元件在工作周期中的总耗油量;n 为执行元件个数。

2. 选择液压泵的规格

前面计算的 p_P 仅是系统的静态压力。系统在工作过程中常因过渡过程内的压力超调或周期性的压力脉动而存在着动态压力,其值远远超过静态压力。所以液压泵的额定压力应比系统最高压力大出 $25\% \sim 60\%$。至于液压泵的 Q 应与系统所需的最大流量相适应。

3. 驱动电机的功率

（1）若工况上的 $p\text{-}t$ 与 $q\text{-}t$ 曲线变化比较平缓，则电机所需功率为

$$P_{\mathrm{P}} = p_{\mathrm{P}} q_{\mathrm{P}} / \eta_{\mathrm{P}} \tag{9.6a}$$

（2）$p\text{-}t$ 与 $q\text{-}t$ 曲线起伏较大，则需按上式分别算出电动机在各个循环阶段内所需的功率（注意液压泵在各个阶段内的功率是不同的），然后用下式求出电动机的平均功率：

$$P_{\mathrm{P}} = \sqrt{\sum_{i=1}^{n} \frac{P_{\mathrm{P}_i}^2 t_i}{\displaystyle\sum_{i=1}^{n} t_i}} \tag{9.6b}$$

式中，$P_{\mathrm{P}_i} = P_{\mathrm{P}_1}, P_{\mathrm{P}_2}, P_{\mathrm{P}_3}, \cdots, P_{\mathrm{P}_n}$ 为整个循环中每一动作阶段内所需的功率；$t_i = t_1, t_2, t_3, \cdots, t_n$ 为整个循环中每一动作阶段所占用的时间。

求出了平均功率后还要返回去检查每一阶段内电动机的超载量是否在允许值范围内（电动机一般允许短期超载 25%）。

4. 确定其他元件的规格

1）选择控制阀

控制阀的规格是根据系统最高压力和通过该阀的实际流量在标准元件的产品样本中选取的。进行这项工作时应注意：液压系统有串联油路和并联油路之分。油路串联时系统的流量即为油路中各处通过的流量；油路并联且各油路同时工作时，系统的流量等于各条油路通过的流量总和，油路并联且油路顺序工作时的情况与油路串联时相同。元件选定的额定压力和流量应尽可能与其计算所需之值接近，必要时，应允许通过元件的最大实际流量超过其额定流量的 20%。

2）确定管道尺寸

管道尺寸取决于通过的最大流量和管内允许的液体流速，管道的壁厚取决于所承受的工作压力。在实际设计中，管道尺寸常常是由已选定的液压元件连接口处的尺寸决定的。

3）确定油箱容量

液压系统中的散热主要依靠油箱：油箱体积大，散热快，但占地面积大；油箱体积小则油温较高。一般中、低压系统中油箱的容积可按经验公式计算。

9.1.6　液压系统性能的估算

液压系统设计完成之后，需要对它的技术性能进行验算，以便判断其设计质量或从几个方案中选出最好的设计方案。然而液压系统的性能验算是一个复杂的问题，目前详细验算尚有困难，只能采用一些经过简化的公式，选用近似的粗略的数据进行估算，并以此来定性地说明系统性能上的一些主要问题。设计过程中如有经过生产实践考验的同类型系统可供参考或有较可靠的实验结果可供使用，则系统的性能估算就可省略。

1. 系统压力损失验算

在系统管路布置确定后，即可计算管路的沿程压力损失 Δp_λ、局部压力损失 Δp_ξ 和液

体流过阀类元件的局部压力损失 Δp_v，它们的计算公式详见第 2 章。管路中总的压力损失为

$$\sum \Delta p = \Delta p_\lambda + \Delta p_\xi + \Delta p_v \tag{9.7}$$

进油路和回油路上的压力损失应分别计算，并且回油路上的压力损失要折算到进油路上去。当计算出的压力损失值比确定系统工作压力时选定的压力损失值大得多时，就应重新调整有关阀类元件规格和管道尺寸，以降低系统的压力损失。

2. 系统发热温升的验算

液压系统中所有的能量损失将转变为热量，使油温升高、系统泄漏增大，影响系统正常工作。若系统的输入功率为 P_i，输出功率为 P_o，则单位时间的发热量 H_i 为

$$H_i = P_i - P_o = P_i(1 - \eta) \tag{9.8}$$

式中，η 为系统效率。工作循环中有 n 个工作阶段，要根据各阶段的发热量求出系统的平均发热量。若第 j 个工作阶段时间为 t_j，则

$$H_i = \frac{\sum_{j=1}^{n}(P_{ij} - P_{oj})t_j}{\sum_{j=1}^{n}t_j} \tag{9.9}$$

系统中产生的热量由各个散热面散发至空气中去，但绝大部分热量是经油箱散发的。油箱在单位时间内的散热量可按下式计算

$$H_o = KA\Delta t \tag{9.10}$$

式中，A 为油箱散热面积；Δt 为油液的温升；K 为散热系数，单位是 $W/(m^2 \cdot ℃)$，通风条件很差时 $K=8\sim10$，通风条件良好时 $K=14\sim20$，风扇冷却时 $K=20\sim25$，用循环水冷却时 $K=110\sim175$。

当系统达到热平衡时，$H_i = H_o$，则系统温升 Δt 为

$$\Delta t = \frac{H_i}{KA} \tag{9.11}$$

一般机械允许油液温升 $25\sim30℃$，数控机床油液温升应小于 $25℃$，工程机械等允许油液温升 $35\sim40℃$。若按式(9.11)算出油液温升超过允许值时，系统必须采取适当的冷却措施。

9.1.7　绘制工作图、编制技术文件

液压系统的工作原理图确定以后，将液压系统的压力、流量、电动机功率、电磁铁工作电压、液压系统用油牌号等参数明确在技术要求中提出，同时要绘制出执行元件动作循环图、电磁铁动作顺序表等内容。紧接着，绘制工作图。工作图包括液压系统装配图、管路布局图、液压集成块、泵架、油箱、自制零件图等。

1. 液压系统的总体布局

液压系统的总体布局方式有两种：集中式布局、分散式布局。

（1）集中式布局是将整个设备液压系统的执行元件装配在主机上，将油泵电机组、控制阀组、附件等集成在油箱上组成液压站。这种形式的液压站最为常见，具有外形整齐美观、便于安装维护、外接管路少、可以隔离液压系统的振动、发热对主机精度的影响等优点。

（2）分散式布局是将液压元件根据需要安装在主机相应的位置上，各元件之间通过管路连接起来，一般主机支撑件的空腔兼作油箱使用，其特点是占地面积小、节省安装空间，但元件布局零乱、清理油箱不便。

2. 液压阀的配置形式

（1）板式配置　这种配置方式把板式液压元件用螺钉固定在油路板上，油路板上钻、攻有与阀口对应的孔，通过油管将各个液压元件按照液压原理图连接起来。其特点是连接方便、容易改变元件之间的连接关系，但管路较多，目前应用越来越少。

（2）集成式配置　这种配置方式把液压元件安装在集成块上，集成块既做油路通道使用，又做安装板使用。集成式配置有三种方式：第一种方式是叠加阀式，这种形式的液压元件（换向阀除外）既作控制阀用，又作通道体用，叠加阀用长螺栓固定在集成块上，即可组成所需的液压系统；第二种方式为块式集成结构，集成块是通用的六面体，上下两面是安装面或连接面，四周一面安装管接头，其余三面安装液压元件，元件之间通过内部通道连接，一般一个集成块与其上面连接的阀具有一定的功能，整个液压系统通过螺钉连接起来；第三种方式为插装式配置，将插装阀按照液压基本回路或特定功能回路插装在集成块上，集成块再通过螺钉连接起来组成液压系统。集成式配置方式应用最为广泛，是目前液压工业的主流，其特点是外接管路少、外观整齐、结构紧凑、安装方便。

3. 集成块设计

液压阀的配置形式一旦确定，集成块的基本形式也随之确定。现在除插装式集成块外，叠加式、块式集成块均已经形成了系列化产品，生产周期大幅度缩短。设计集成块时，除了考虑外形尺寸、油孔尺寸外，还要考虑清理的工艺性、液压元件以及管路的操作空间等因素。中高压液压系统集成块要确保材料的均匀性和致密性，常用材料为 45# 锻钢或热轧方坯；低压液压系统集成块可以采用铸铁材料；集成块表面经发蓝或镀镍处理。

4. 编制技术文件

编制技术文件包括设计计算说明书，液压系统使用维护说明书，外购、外协、自制件明细、施工管路图等内容。

9.2　液压系统设计实例

设计一台卧式单面钻镗两用组合机床，其工作循环是"快进→工进→快退→原位停止"；工作时最大轴向力为 30kN，运动部件重为 19.6kN；快进、快退速度为 6m/min，工进速度为

0.02～0.12m/min；最大行程 400mm，其中工进行程 200mm；启动换向时间 $\Delta t = 0.2$s；采用平导轨，其摩擦系数 $f = 0.1$。

9.2.1　负载分析与速度分析

1. 负载分析

已知工作负载 $F_w = 30$kN，重力负载 $F_G = 0$，按启动换向时间和运动部件重量计算得到惯性负载 $F_a = 1000$N，摩擦阻力 $F_f = 1960$N。

取液压缸机械效率 $\eta_m = 0.9$，则液压缸工作阶段的负载值见表 9.4。

表 9.4　液压缸在各工作阶段的负载值

工 作 循 环	计 算 公 式	负载 F/N
启动加速	$F = (F_f + F_a)/\eta_m$	3289
快进	$F = F_f/\eta_m$	2178
工进	$F = (F_f + F_w)/\eta_m$	35 511
快退	$F = F_f/\eta_m$	2178

2. 速度分析

已知快进、快退速度为 6m/min，工进速度范围为 20～120mm/min，按上述分析可绘制出负载循环图和速度循环图(略)。

9.2.2　确定液压缸主要参数

1. 初选液压缸的工作压力

由最大负载值查表 9.3，取液压缸工作压力为 4MPa。

2. 计算液压缸结构参数

为使液压缸快进与快退速度相等，选用单出杆活塞缸差动连接的方式实现快进，设液压缸两有效面积为 A_1 和 A_2，且 $A_1 = 2A_2$，即 $d = 0.707D$。为防止钻通时发生前冲现象，液压缸回油腔背压 p_2 取 0.6MPa，而液压缸快退时背压取 0.5MPa。

由工进工况下液压缸的平衡力平衡方程 $p_1 A_1 = p_2 A_2 + F$，可得

$$A_1 = F/(p_1 - 0.5p_2) = 35\ 511/(4 \times 10^6 - 0.5 \times 0.6 \times 10^6)\text{cm}^2 \approx 96\text{cm}^2$$

液压缸内径 D 就为

$$D = 4\sqrt{\frac{4A_1}{\pi}} = \sqrt{\frac{4 \times 96}{\pi}}\text{cm} = 11.06\text{cm}$$

对 D 圆整，取 $D = 110$mm。由 $d = 0.707D$，经圆整得 $d = 80$mm。计算出液压缸的有效工作面积 $A_1 = 95\text{cm}^2$，$A_2 = 44.77\text{cm}^2$。

工进时采用调速阀调速，其最小稳定流量 $q_{min} = 0.05$L/min，设计要求最低工进速度

$v_{\min}=20\text{mm}/\min$，经验算可知满足式(9.1)的要求。

3. 计算液压缸在工作循环各阶段的压力、流量和功率值

差动时液压缸有杆腔压力大于无杆腔压力，取两腔间回路及阀上的压力损失为 0.5MPa，则 $p_2=p_1+0.5(\text{MPa})$。计算结果见表 9.5。由表 9.5 即可画出液压缸的工况图(略)。

表 9.5　液压缸工作循环各阶段压力、流量和功率值

工作循环		计算公式	负载 F/kN	回油背压 p_2/MPa	进油压力 p_1/MPa	输入流量 q_1 $/(10^{-3}\text{m}^3/\text{s})$	输入功率 P/kW
快进	启动加速	$p_1=\dfrac{F+A_2(P_2-P_1)}{A_1-A_2}$ $q_1=(A_1-A_2)v_1$ $P=p_1q_1$	3289	$p_2=p_1+0.5$	1.10	—	—
	恒速		2178		0.88	0.50	0.44
工进		$p_1=\dfrac{F+A_2P_2}{A_1}$ $q_1=A_1v_1$ $P=p_1q_1$	35 511	0.6	4.02	0.003~0.019	0.012~0.076
快退	启动加速	$p_1=\dfrac{F+A_1P_2}{A_2}$ $q_1=A_2v_1$ $P=p_1q_1$	3289	0.5	1.79	—	—
	恒速		2178	0.5	1.55	0.448	0.69

9.2.3　拟定液压系统图

1. 选择基本回路

(1) 调速回路　因为液压系统功率较小，且只有正值负载，所以选用进油节流调速回路。为有较好的低速平稳性和速度负载特性，可选用调速阀调速，并在液压缸回路上设置背压。

(2) 泵供油回路　由于系统最大流量与最小流量之比为156，且在整个工作循环过程中的绝大部分时间里泵在高压小流量状态下工作，为此应采用双联泵(或限压式变量泵)，以节省能源和提高效率。

(3) 速度换接回路和快速回路　由于快进速度与工进速度相差很大，为了换接平稳，选用行程阀控制的换接回路。快速运动通过差动回路来实现。

(4) 换向回路　为了换向平稳，选用电液换向阀。为便于实现液压缸中位停止和差动连接，采用三位五通阀。

(5) 压力控制回路　系统在工作状态时高压小流量泵的工作压力由溢流阀调整，同时用外控顺序阀实现低压大流量泵卸荷。

2. 回路合成

对选定的基本回路在合成时,有必要进行整理、修改和归并。具体方法为:

(1) 防止工作进给时液压缸进油路、回油路相通,需接入单向阀 7。

(2) 要实现差动快进,必须在回油路上设置液控顺序阀 9,以阻止油液流回油箱。此阀通过位置调整后与低压大流量泵的卸荷阀合二为一。

(3) 为防止机床停止工作时系统中的油液回油箱,应增设单向阀。

(4) 设置压力表开关及压力表。

合并后完整的液压系统如图 9.2 所示。

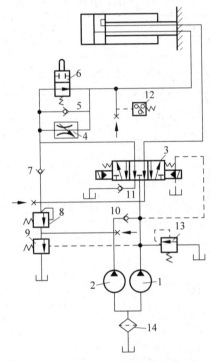

图 9.2　液压系统原理图

1—低压大流量泵;2—高压小流量泵;3—电液换向阀;4—调速阀;

5,7,10,11—单向阀;6—行程阀;8—背压阀;9—液控顺序阀;

12—压力继电器;13—溢流阀;14—吸油过滤器

9.2.4　液压元件的选择

1. 液压泵及驱动电机功率的确定

1) 液压泵的工作压力

已知液压缸最大工作压力为 4.02MPa,取进油路上压力损失为 1MPa,则小流量泵最高工作压力为 5.02MPa,选择泵的额定压力应为 $p_n = (5.02 + 5.02 \times 25\%)$MPa $= 6.27$MPa。大流量泵在液压缸快退时工作压力较高,取液压缸快退时进油路上压力损失为 0.4MPa,则大流量泵的最高工作压力为 $(1.79 + 0.4)$MPa $= 2.19$MPa,卸荷阀的调整压力应高于此值。

2）液压泵流量计算

取系统的泄漏系数 $k=1.2$，则泵的最小供油量 q_P 为

$$q_P = kq_{1max}$$
$$= 1.2 \times 0.5 \times 10^{-3} \, m^3/s$$
$$= 0.6 \times 10^{-3} \, m^3/s$$
$$= 36 L/min$$

由于工进时所需要的最大流量是 $1.9 \times 10^{-5} \, m^3/s$，溢流阀最小稳定流量为 $0.05 \times 10^{-3} \, m^3/s$，小流量泵最小流量为

$$q_{P_1} = k_{q_1} + 0.05 \times 10^{-3} \, m^3/s$$
$$= 7.25 \times 10^{-5} \, m^3/s$$
$$= 4.4 L/min$$

大流量泵最小流量为

$$q_{P_2} = q_P - q_{P_1}$$
$$= (36 - 4.4) L/min$$
$$= 31.6 L/min$$

3）确定液压泵规格

对照产品样本可选用 YB1-40/6.3 双联叶片泵，额定转速 960r/min，容积效率 η_v 为 0.9，大小泵的额定流量分别为 34.56L/min 和 5.43L/min，满足以上要求。

4）确定液压泵驱动功率

液压泵在快退阶段功率最大，取液压缸进油路上压力损失为 0.5MPa，则液压泵输出压力为 2.05MPa。液压泵的总效率 $\eta_P=0.8$，液压泵流量 40L/min，则液压泵驱动调集所需的功率 P 为

$$P = p_P q_P / \eta_P$$
$$= 2.05 \times 10^6 \times 40 \times 10^{-3} \, W$$
$$= 1708 W$$

据此选用 Y112M-6-B5 立式电动机，其额定功率为 2.2kW，转速为 940r/min，液压泵输出流量为 33.84L/min、5.33L/min，仍能满足系统要求。

2. 元件、辅件选择

根据实际工作压力以及流量大小即可选择液压元、辅件（略）。油箱容积取液压泵流量的 6 倍，管道由元件连接尺寸确定。在系统管路布置确定以前，回路上压力损失无法计算，以下仅对系统油液温升进行验算。

9.2.5　系统油液温升验算

系统在工作中绝大部分时间处在工作阶段，所以可按工作状态来计算温升。

设小流量泵工作状态压力为 5.02MPa，流量为 5.33L/min，经计算其输入功率为 557W。大流量泵经外控顺序阀卸荷，其工作压力等于阀上的局部压力损失数值 Δp_v。阀额

定流量为 63L/min,额定压力损失为 0.3MPa,大流量泵流量为 33.84L/min,则 Δp_v 为

$$\Delta p_v = 0.3 \times 10^6 \times \left(\frac{33.84 + 44.77 \times 5.33/95}{63}\right)^2 \text{Pa} = 0.1 \times 10^6 \text{Pa}$$

大流量泵的输入功率经计算为 70.5W。

液压缸的最小有效功率为

$$P_o = F \cdot V = (30\,000 + 1960) \times 0.02/60 \text{W} = 10.7 \text{W}$$

系统单位时间内的发热量为

$$H_i = P_i - P_o = (557 + 70.5 - 10.7) \text{W} = 616.8 \text{W}$$

当油箱的高、宽、长比例在 1∶1∶1 到 1∶2∶3 范围内,且油面高度为油箱高度的 80% 时,油箱散热面积近似为

$$A = 6.66 \sqrt[3]{V^2}$$

式中,A 为散热面积,m^2;V 为油箱有效容积,m^3。

取油箱有效容积 V 为 0.25m^3,散热系数 K 为 $15\text{W}/(\text{m}^2 \cdot \text{℃})$,可得

$$t = \frac{H_i}{KA} = \frac{616.8}{15 \times 6.66 \sqrt[3]{0.25^2}} \text{℃} = 15.6\text{℃}$$

即在温升许可范围内。

思考题与习题

9-1　设计液压系统一般经过哪些步骤?要进行哪些方面的计算?

9-2　如何拟定液压系统原理图?

9-3　设计一台小型液压压力机的液压系统,要求实现"快速空程下行→慢速加压→保压→快速回程→停止"的工作循环,快速往返速度为 3m/min,加压速度为 40~250mm/min,压制力为 200 000N,运动部件总重量为 20 000N。

9-4　某立式组合机床采用的液压滑台快进、快退速度为 6m/min,工进速度为 80mm/min,快速行程为 100mm,工作行程为 50mm,启动、制动时间为 0.05s。滑台对导轨的法向力为 1500N,摩擦系数为 0.1,运动部分质量为 500kg,切削负载为 30 000N。试对液压系统进行负载分析。

9-5　一台专用铣床,铣头驱动电机功率为 7.5kW,铣刀直径为 120mm,转速为 350r/min。工作行程为 400mm,快进、快退速度为 6m/min,工进速度为 60~1000m/min,加、减速时间为 0.05s。工作台水平放置,导轨摩擦系数为 0.1,运动部件总重量为 4000N。试设计该机床的液压系统。

液压伺服系统

重点、难点分析

    液压伺服系统是液压控制的主要内容,本教材的主要内容是介绍液压传动,对于液压伺服系统的内容只能作简要的介绍。通过本章的学习,使学生对液压伺服系统有一个总体了解,并为深入学习液压伺服系统奠定一定的基础。本章的重点是液压伺服系统的基本工作原理、伺服系统工作的主要特点、液压伺服控制元件及电液伺服阀的原理与用途;难点是电液伺服阀的工作原理与液压伺服系统的特点。

10.1 概　　述

10.1.1 液压伺服系统的工作原理

    图 10.1 所示为一种车床上液压仿形刀架的示意图,用它来说明液压伺服系统的工作原理最为方便。仿形刀架装在车床拖板后部,随拖板一起作纵向移动,并按照样件的轮廓形状车削工件;样件安装在床身支架上,是固定不动的。液压泵站则放在车床附近的地面上,与仿形刀架以软管相连。

    仿形刀架的活塞杆固定在刀架底座上,缸体 6、杠杆 8、伺服阀体 7 是和刀架 3 连在一起的,可在刀架底座的导轨上沿液压缸轴向移动。伺服阀阀芯 10 在弹簧的作用下通过阀杆 9 将杠杆 8 上的触销 11 压在样件 12 上。由液压泵 14 来的油经过滤器 13 通入伺服阀的 A 腔,并根据阀芯所在位置经 B 或 C 腔通入液压缸的上腔或下腔,使刀架 3 和车刀 2 退离或切入工件 1。

    当杠杆 8 上的触销还没有碰到样件 12 时,伺服阀阀芯 10 在弹簧的作用下处于最下端位置,液压泵 14 来的油通过伺服阀上的 C 腔进入液压缸的下腔,液压缸上腔的油则经伺服阀上的 B 腔流回油箱。仿形刀架快速向左下方移动,接近工件。当杠杆 8 的触销 11 触着样件时,触销尖不再移动,刀架继续向前运动,使杠杆绕触销尖摆动,阀杆 9 和阀芯 10 便在阀体 7 中相对地向后退,直到 A 腔和 C 腔间的通路切断、液压缸下腔不再进压力油、刀架不再前进时为止。这样就完成了刀架的快速趋近运动。

    车削圆柱面时,拖板 5 沿着导轨 4 的纵向移动使杠杆的触销沿着样件的圆柱表面滑动,伺服阀阀口不打开,没有油进入液压缸,整个仿形刀架除了跟随拖板一起纵向移动外没有别的运动,因此工件上车出来的是圆柱面。

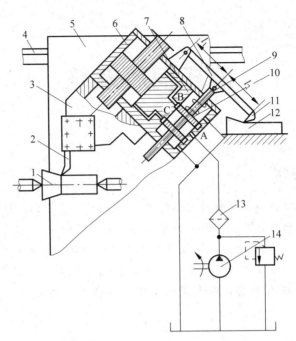

图 10.1　液压仿形刀架

1—工件；2—车刀；3—刀架；4—导轨；5—拖板；6—缸体；7—阀体；
8—杠杆；9—阀杆；10—阀芯；11—触销；12—样件；13—过滤器；14—液压泵

当杠杆触销碰到样件 12 上的凸肩、凹槽、斜面或成形表面时,触销尖得到一个向前或向后的位移输入,杠杆的摆动(以杠杆和缸体的铰接点为支点)使阀芯 10 受到一个向前或向后的位移输入,阀口打开,刀架便相应地作向前或向后的移动,并在移动过程中通过杠杆的反方向摆动(以触销尖为支点),使阀口逐渐关小,直到阀芯恢复到两边的阀口都不打开时为止。触销不断地得到位移输入,刀架也不断地更动其位置,就这样刀架的运动完全跟踪着触销来进行,在工件上加工出相应的形状来。

仿形加工结束时,通过电磁阀(图中未画出)使阀芯移到最上端位置,这时伺服阀上的 A 腔和 B 腔接通,液压泵输来的油大量进入液压缸上腔,液压缸下腔的油通过伺服阀上的 C 腔流回油箱,仿形刀架快速后退。

车床仿形加工的调整比较简单。加工一批零件时,可先用普遍方法做出一个样件来,然后用这个样件复制出一批零件。这种方法适合于中、小批生产中使用。

综上所述,液压伺服控制的基本原理就是液压流体动力的反馈控制,即利用反馈连接(图 10.1 的反馈连接是通过阀体和缸体的刚性连接来实现的)得到偏差信号(伺服阀的开口量),再利用偏差信号去控制液压能源输入到系统的能量,使系统向着减小偏差的方向变化,从而使系统的实际输出与希望值相符。

这种系统,移动伺服阀阀芯所需的功率很小,而系统输出的功率却可以达到很大,因此这是一个功率放大装置。功率放大所需要的能量由液压能源供给,供给能量的控制是根据伺服系统偏差的大小自动进行的。

10.1.2　液压伺服系统的构成

实际的液压伺服系统无论多么复杂,都是由一些基本元件所组成的,并可以用图 10.2 所示的方块图表示。其中,输入元件给出输入信号,加于系统的输入端。反馈测量元件测量系统的输出量,并转换成反馈信号,加于系统的输入端与输入信号进行比较,从而构成了反馈控制。输入信号和反馈信号应转换成相同形式的物理量,以便进行比较。输入元件和反馈测量元件可以是机械的、电气的、气动的、液压的或它们的组合形式。

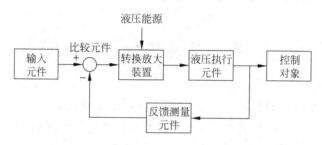

图 10.2　液压伺服系统的构成

比较元件将反馈信号与输入信号进行比较,产生偏差信号加于放大装置。比较元件有时并不单独存在,而是与输入元件、反馈测量元件或放大装置一起,由同一结构元件来完成。如图 10.1 中的伺服阀,同时完成比较、放大两种功能。

在伺服系统中,输入元件、反馈测量元件和比较元件经常组合在一起,称为误差(或偏差)检测器。

转换放大装置的功用是将偏差信号的能量形式进行变换并加以放大,输入到执行机构。转换放大装置的输出级是液压的,前置级可以是电动的、液压的、气动的、机械的或它们的组合形式。

执行机构产生调节动作加以控制对象,实现调节任务。在液压伺服系统中,执行机构可以是液压缸、摆动液压缸或液压马达。

概括起来,液压伺服系统由以下 4 个最基本的部分组成,即偏差检测器、转换放大装置(包括能源)、执行机构和控制对象。

除此而外,为了改善伺服系统的性能,还可以增加串联校正装置和局部反馈装置。串联校正装置和局部反馈装置可以是电气的、机械的、气动的、液压的或它们的组合形式。

应当指出,以上我们是按组成元件的功能来研究系统的构成,这些组成元件的功能可以用不同方法来实现。功能元件与结构元件是有区别的,同一个结构元件有时可以完成几种功能,也可能几个结构元件组合在一起完成一个功能。把组成系统的结构元件划归为哪一类功能元件都是有条件的,这主要看是否便于研究问题。

10.1.3　液压伺服系统的分类

液压伺服系统的种类很多,可以从不同的角度分类,每一种分类方法都体现一定的特点。

(1) 按系统输出量的名称分类,可分为位置控制系统、速度控制系统、加速度控制系统和力或压力控制系统。

(2) 按系统输出功率的大小分类,可分为功率伺服系统和仪器伺服系统(200 W 以下)。

(3) 按拖动装置的控制方式和控制元件的类型分类,可分为节流式(主要控制元件为伺服阀)和容积式(主要控制元件为变量泵或变量马达)两大类。

(4) 按系统中信号传递介质的形式分类,可分为机液伺服系统、电液伺服系统和气液伺服系统等。

(5) 按输出量是否进行反馈来分类,可分为闭环液压伺服系统和开环液压伺服系统。

10.2　典型的液压伺服控制元件

伺服控制元件是液压伺服系统中最重要、最基本的组成部分,它起着信号转换、功率放大及反馈等控制作用。从结构形式上液压伺服控制元件可分为滑阀、射流管阀和喷嘴挡板阀等,下面简要介绍它们的结构原理及特点。

10.2.1　滑阀

滑阀式伺服阀在构造上与前面讲过的滑阀式换向阀相类似,也是由彼此可作相对滑动的阀芯和阀体组成,但它的配合精度较高。换向阀阀芯台肩与阀体沉割槽间轴向重叠长度是毫米级的,而伺服阀是微米级的,并且公差要求很严格。根据滑阀控制边数(起控制作用的阀口数)的不同,有单边控制式、双边控制式和四边控制式三种类型滑阀。

图 10.3 所示为单边滑阀的工作原理。滑阀控制边的开口量 x_s 控制着液压缸右腔的压力和流量,从而控制液压缸运动的速度和方向。来自泵的压力油进入单杆液压缸的有杆腔,通过活塞上小孔 a 进入无杆腔,压力由 p_s 降为 p_1,再通过滑阀唯一的节流边流回油箱。在液压缸不受外负载作用的条件下,$p_1 A_1 = p_s A_2$。当阀芯根据输入信号往左移动时,开口量 x_s 增大,无杆腔压力 p_1 减小,于是 $p_1 A_1 < p_s A_2$,缸体向左移动。因为缸体和阀体刚性连接成一个整体,故阀体左移又使 x_s 减小(负反馈),直至平衡。

图 10.4 所示为双边滑阀的工作原理。压力油一路直接进入液压缸有杆腔,另一路经滑阀左控制边的开口 x_{s1} 和液压缸无杆腔相通,并经滑阀右控制边的开口 x_{s2} 流回油箱。当滑阀向左移动时,x_{s1} 减小,x_{s2} 增大,液压缸无杆腔压力 p_1 减小,两腔受力不平衡,缸体向左移动。反之缸体向右移动。双边滑阀比单边滑阀的调节灵敏度高,工作精度高。

图 10.5 所示为四边滑阀的工作原理。滑阀有 4 个控制边,开口 x_{s1}、x_{s2} 分别控制进入液压缸两腔的压力油,开口 x_{s3}、x_{s4} 分别控制液压缸两腔的回油。当滑阀向左移动时,液压缸左腔的进油口 x_{s1} 减小,回油口 x_{s3} 增大,使 p_2 迅速减小;与此同时,液压缸右腔的进油口 x_{s2} 增大,回油口 x_{s4} 减小,使 p_1 迅速增大,这样就使活塞迅速左移。与双边滑阀相比,四边滑阀同时控制液压缸两腔的压力和流量,故调节灵敏度更高,工作精度也更高。

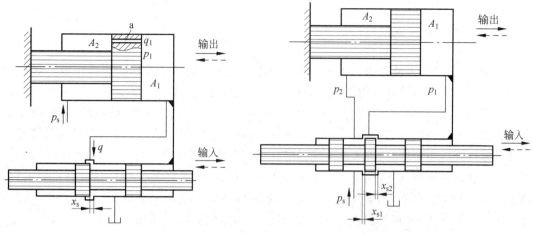

图 10.3　单边滑阀的工作原理

图 10.4　双边滑阀的工作原理

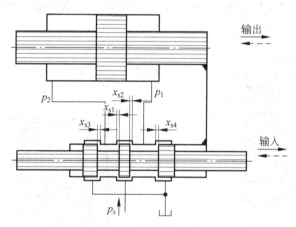

图 10.5　四边滑阀的工作原理

　　由上可知,单边、双边和四边滑阀的控制作用是相同的,均起到换向和节流作用。控制边数越多,控制质量越好,但其结构工艺性也越差。通常情况下,四边滑阀多用于精度要求较高的系统;单边、双边滑阀用于一般精度系统。

　　在滑阀初始平衡的状态下,阀的开口有负开口($x_s<0$)、零开口($x_s=0$)和正开口($x_s>0$)三种形式,如图 10.6 所示。具有零开口的滑阀,其工作精度最高;负开口有较大的不灵敏区(死区),较少采用;具有正开口的滑阀,工作精度较负开口高,但功率损耗大,稳定性也较差。

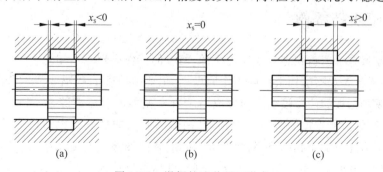

图 10.6　滑阀的三种开口形式

10.2.2 射流管阀

图 10.7 所示为射流管阀的工作原理。射流管阀由射流管 1 和接收板 2 组成。射流管可绕 O 轴左右摆一个不大的角度,接收板上有两个并列的接收孔 a、b,分别与液压缸两腔相通。压力油从管道进入射流管后从锥形喷嘴射出,经接收孔进入液压缸两腔。当喷嘴处于两接收孔的中间位置时,两接收孔内油液的压力相等,液压缸不动。当输入信号使射流管绕 O 轴向左摆动一小角度时,进入孔 b 的油液压力就比进入孔 a 的油液压力大,液压缸向左移动。由于接收板和缸体连接在一起,接收板也向左移动,形成负反馈,喷嘴恢复到中间位置,液压缸停止运动。同理,当输入信号使射流管绕 O 轴向右摆动一小角度时,进入孔 a 的压力大于孔 b 的压力,液压缸向右移动,在反馈信号的作用下,最终停止。

射流管阀的优点是结构简单、动作灵敏、工作可靠;它的缺点是射流管运动部件惯性较大、工作性能较差、射流能量损耗大、效率较低,供油压力过高时易引起振动。此种控制阀只适用于低压小功率场合。

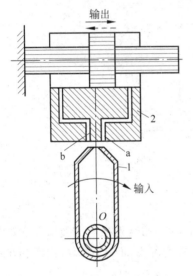

图 10.7 射流管阀的工作原理

1—射流管;2—接收板

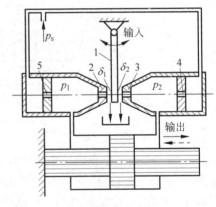

图 10.8 双喷嘴挡板阀的工作原理

1—挡板;2、3—喷嘴;4、5—节流小孔

10.2.3 喷嘴挡板阀

喷嘴挡板阀有单喷嘴式和双喷嘴式两种,两者的工作原理基本相同。

图 10.8 所示为双喷嘴挡板阀的工作原理,它主要由挡板 1、喷嘴 2 和 3、固定节流小孔 4 和 5 元件组成。挡板和两个喷嘴之间形成两个可变截面的节流缝隙 δ_1 和 δ_2。当挡板处于中间位置时,两缝隙所形成的节流阻力相等,两喷嘴腔内的油液压力则相等,即 $p_1 = p_2$,液压缸不动。压力经节流小孔 4 和 5、缝隙 δ_1 和 δ_2 流回油箱。当输入信号使挡板向左偏摆时,可变缝隙 δ_1 关小、δ_2 开大、p_1 上升、p_2 下降,液压缸缸体向左移动。因负反馈作用,当喷

嘴跟随缸体移动到挡板两边对称位置时,液压缸停止运动。

喷嘴挡板阀的优点是结构简单,加工方便,运动部件惯性小,反应快,精度和灵敏度高;缺点是无功损耗大,抗污染能力较差;喷嘴挡板阀常用作多级放大伺服控制元件中的前置级。

10.3 电液伺服阀

电液伺服阀既是电液转换元件,也是功率放大元件,它能够将小功率的电信号输入转换为大功率的液压能(压力和流量)输出,在电液伺服系统中,将电气部分与液压部分连接起来,实现电液信号的转换与放大。电液伺服阀具有体积小、结构紧凑、功率放大系数高、直线性好、死区小、灵敏度高、动态性能好、响应速度快等优点,因此在液压控制系统中得到广泛的应用。

图 10.9 是电液伺服阀的工作原理图,它由电磁和液压两个部分组成。电磁部分是永磁式力矩马达,由永久磁铁、导磁体、衔铁、控制线圈和弹簧所组成;液压部分是结构对称的两级液压放大器,前置级是双喷嘴挡板阀,功率级是四通滑阀。滑阀通过反馈杆与衔铁挡板组件相连。

力矩马达把输入的电信号(电流)转换为力矩输出。无信号电流时,衔铁由弹簧支承在左右导磁体的中间位置,通过导磁体和衔铁间隙处的磁通都是 ϕ_d,并且方向相同,力矩马达无力矩输出。此时,挡板处于两个喷嘴的中间位置,喷嘴挡板输出的控制压力相等,滑阀在反馈杆小球的约束下也处于中间位置,阀无液压信号输出。若有信号电流输入时,控制线圈产生控制磁通 ϕ_k,其大小和方向由信号电流的大小和方向决定。如果通入的电流方向使衔铁上端为 N 极,下端为 S 极,如图 10.10 所示,在右边气隙中,ϕ_d 与 ϕ_k 同向,而在左边气隙中,ϕ_d 与 ϕ_k 反向,因此右边气隙合成磁通大于左边的合成磁通,于是,在衔铁上产生顺时针方向的磁力矩,使衔铁顺时针方向偏转。同时,使挡板向左偏移,喷嘴挡板的左间隙减小而右间隙增大,控制压力左大右小,推动滑阀右移。同时,使反馈杆产生弹性变形,对衔铁挡板组件产生一个逆时针方向的反力矩。当作用在衔铁挡板组件上的磁力矩、反馈杆上的反力矩等诸力矩达到平衡时,滑阀停止运动,取得一个平衡位置,并有相应的流量输出。当负载压差一定时,阀的输出流量与信号电流成比例。当输入信号电流反向时,阀的输出流量也反向。所以,这是一种流量控制电液伺服阀。

从上述原理可知,滑阀位置是通过反馈杆变形力反馈到衔铁上使诸力平衡而决定的,所以称为力反馈式电液伺服阀。因为采用两级液压放大,所以又称为力反馈两级电液伺服阀。

电液伺服阀的基本构成可用图 10.11 所示的方块图表示。电气机械转换器将小功率的电信号转变为阀的运动,然后通过阀的运动又去控制液压流体动力(压力和流量)。电气机械转换器的输出力或力矩很小,在流量比较大的情况下,无法用它来直接驱动功率阀,此时,需要增加液压前置放大级,将电气机械转换器的输出加以放大,再来控制功率阀,这就构成了多级电液伺服阀,前置级可以采用滑阀、喷嘴挡板阀或射流管阀,功率级几乎都是采用滑阀。电液伺服阀的具体应用见 10.4 节。

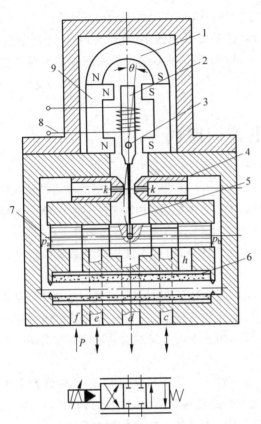

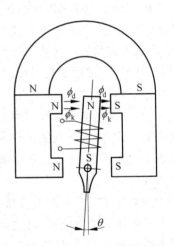

图 10.9 电液伺服阀的工作原理图及图形符号

图 10.10 力矩马达磁通变化情况

1—永久磁铁;2—衔铁;3—扭轴;4—喷嘴;5—挡板;

6—过滤器;7—滑阀;8—线圈;9—轭铁(导磁体)

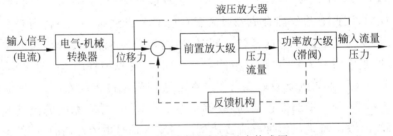

图 10.11 电液伺服阀的基本构成图

10.4 液压伺服系统实例

10.4.1 钢带卷曲机光电液伺服跑偏控制系统

图 10.12 为钢带卷曲机光电液伺服跑偏控制系统图,图 10.13 为其系统方块图。系统由光电检测器、电放大器、电液伺服阀、液压缸、卷曲机和液压动力源所组成。电机驱动卷曲机的卷筒将轧制的带钢连续卷曲成钢卷,卷曲机可由伺服液压缸沿水平方向拖动。

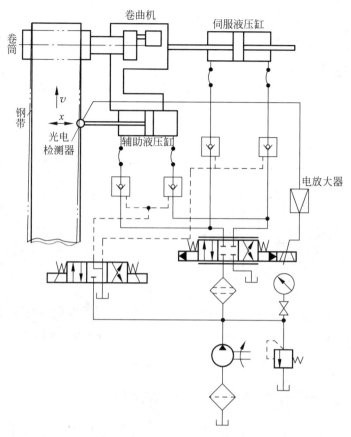

图 10.12　钢带卷曲机光电液伺服跑偏控制系统原理图

图 10.13　系统方块图

如图 10.14 所示,光电检测器由光源和光电二极管接收器组成,光电管作为电放大器的输入桥。钢带正常卷曲时,钢带将光电检测器光源的光照遮去一半,光电二极管接收一半光照,其电阻为 R_1。调整电桥电阻,使 $R_1 R_3 = R_2 R_4$,电桥平衡无输出。因此,电液伺服阀感应线圈无电信号输入,阀芯处于中位,伺服液压缸两腔不通压力油,活塞停止不动。当轧制传送来的钢带跑偏,带边偏离检测器中央,如向左偏离时,光电二极管接收的光照增大,电阻值 R_1 随之减小,电桥失去平衡,形成调节偏差信号 u_g。此信号经电放大器放大后在伺服阀差动连接的线圈上产生差动电流 Δi,于是伺服阀阀芯向右产生相应的位移量,输出与差动电流 Δi 成正比的流量,使伺服液压缸拖动卷曲机的卷筒向跑偏方向跟踪,实现钢带自动卷齐。由于检测器安装在卷曲机移动部件上,随同卷筒跟踪实现位置反馈,很快使检测器中央又对准带边,于是电桥再次平衡无输出,伺服阀阀芯回到中位,伺服缸停止动作,完成了一次自动纠偏过程。

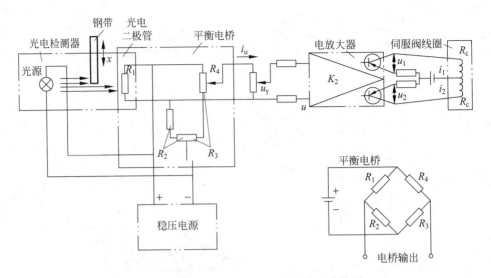

图 10.14 光电液伺服跑偏控制系统电路简图

系统中的辅助液压缸用于拖动检测器,以便在卷完一卷切断钢带前自动退出检测器,而在卷曲下一卷时又使之自动复位对准带边。双向液压锁用来锁紧液压缸,防止卷曲机和检测器的滑动。

10.4.2 电液伺服阀两液压缸同步控制系统

图 10.15 中两液压缸 C_1、C_2 要求运动时的位置保持同步。F_1、F_2 为两液压缸的位置传感器,它们反映的两液压缸实际位置的信号 u_1、u_2 在伺服放大器中进行比较和放大。当两液压缸有位置偏差,即不同步时,u_1 与 u_2 的偏差经放大器处理后将偏差电流 $\pm i$ 输给电液伺服阀 SV,向位置落后的液压缸多供油,向位置超前的液压缸少供油以保持两液压缸同步。

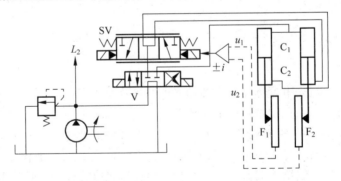

图 10.15 电液伺服阀两液压缸同步控制系统原理图

10.4.3 汽轮机调节系统

汽轮机带动发电机发电供给用户时,其电频率直接取决于汽轮机的转速。为了在负荷变化的情况下使电频率维持在一定的范围内,就要对汽轮机的转速进行调节,这个任务由汽轮机调节系统来完成。

频率的调节对工农业生产意义很大,很多部门,如纺织、造纸、广播电台等,对频率的变化范围都有严格的要求。

设有一台汽轮机带动一台发电机单独向用户供电时(见图 10.16),并且假定在初始状态时汽轮机的主力矩等于发电机的反力矩(忽略摩擦力矩)。当用户的耗电量增加时,发电机的反力矩增加,这时主力矩小于反力矩,汽轮机拖不动发电机,因而转速逐渐降低。这时要求开大进气阀门,增加汽轮机的功率。这样一方面可以满足用户的电力需求;另一方面又可保持汽轮机的转速,保证供电质量。相反,当用户耗电量减少时,即主力矩大于反力矩,这时转速会升高,它要求关小汽轮机的调节气门。所以,按照汽轮发电机组的工作特点,在转速降低时,应开大调节气门,转速升高时应关小调节气门。

图 10.17 表示一种调节系统的原理图。系统由调速器、杠杆、滑阀、液压缸、调节气门等组成。

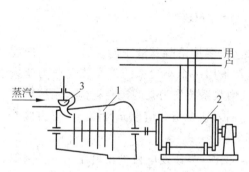

图 10.16　汽轮发电机组
1—汽轮机;2—发电机;3—进气阀

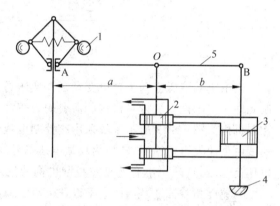

图 10.17　汽轮机调节系统原理图
1—调速器;2—滑阀;3—液压缸;4—调节气门;5—杠杆

调速器用来检测汽轮机的转速,当汽轮机转速不等于给定值(由调速器弹簧的预紧力决定)时,调速器滑环 A 便移动,通过杠杆带动滑阀移动,滑阀输出压力油,驱动液压缸带动调节气门移动,使调节气门开大或关小,改变汽轮机的输出功率,实现新的平衡。调节系统的方块图如图 10.18 所示。这里存在两个反馈回路,一个是汽轮机与调速器之间的主反馈通路,另一个是液压缸与滑阀之间的局部反馈通路。液压缸与滑阀之间的局部反馈可以提高调节系统的稳定性。主反馈可以保证调节系统工作的精确性,但由于从调速器动作到机组转速达到相应的给定值有一段时间滞后,时间滞后将造成系统的波动,甚至不稳定。局部反馈的时间滞后小,它能及时地把调节气门的开度情况送回滑阀,使阀门不发生严重地过调节,减小了转速的波动,增加了调节系统工作的稳定性。

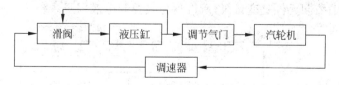

图 10.18　汽轮调节系统的方块图

10.4.4　电液速度伺服控制系统

图 10.19 表示速度控制电液伺服系统的原理图,该系统控制滚筒的转速,使之按照速度指令变化。

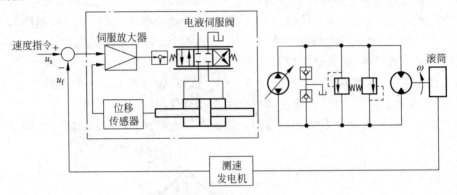

图 10.19　电液速度伺服控制系统原理图

该系统的液压拖动装置由变量泵和液压马达组成,变量泵既是液压能源又是主要的控制元件。由于操纵变量泵机构所需要的力较大,通常采用一个小功率的放大装置作为变量控制机构。图 10.19 所示系统采用阀控制电液位置伺服系统作为泵的控制机构。系统输出速度由测速发电机检测,转换为反馈电压信号 u_f,与输入速度指令信号 u_g 相比较,得出偏差电压信号 $\Delta u = u_g - u_f$,作为变量控制机构的输入信号。

当速度指令 u_g 一定时,滚子以某个给定速度 ω_0 工作,测速发电机输出电压为 u_{f0},则偏差电压 $\Delta u_0 = u_g - u_{f0}$,这个偏差电压对应于一定的液压缸位置,从而对应于一定的泵流量输出,这是个一阶有差系统。在工作过程中,如果负载、摩擦力、温度或其他原因引起速度变化时,则 $u_f \neq u_{f0}$,假如 $\omega > \omega_0$,则 $u_f > u_{f0}$,而 $\Delta u = u_g - u_f < \Delta u_0$,使液压缸输出位移减小,于是泵输出流量减小,液压马达速度便自动下调至给定值。反之,如果速度下降,则 $u_f < u_{f0}$,因而 $\Delta u > \Delta u_0$,使液压缸输出位移增大,于是泵输出流量增大,速度便自动回升至给定值。可见速度是根据指令信号 u_g 自动加以调节的。

在这个系统中,内部控制回路(图 10.19 中的虚线)可以闭合也可以不闭合。当内部控制回路不闭合时,该系统是个速度伺服系统。若闭合内部控制回路,便消除了变量控制机构中液压缸的积分作用,系统实际上不再是一个速度伺服系统,而成了一个速度调节器。

图 10.19 所示的系统,在内部控制回路闭合的情况下,将速度指令变为位置指令,测速发电机改为位移传感器,就可以进行位置的伺服控制。

系统的方块图如图 10.20 所示。该系统的指令信号、反馈信号以及小功率信号是电量,而液压拖动装置的控制元件是变量泵,所以称为泵控制电液伺服系统。

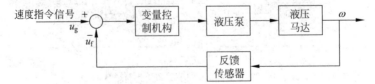

图 10.20　泵控制电液伺服系统方块图

课 堂 讨 论

课堂讨论：非对称液压缸如何选用伺服阀？

思考题与习题

10-1　简要说明液压伺服系统的工作原理和构成以及它所具有的突出优点。

10-2　说明喷嘴挡板阀和射流管阀的工作原理和特点。

10-3　试比较单边滑阀、双边滑阀和四边滑阀的控制性能和加工工艺性。

10-4　分析图 10.21 所示自动控制举重装置的工作原理，并用方块图表示其构成。

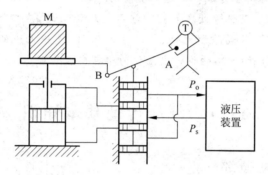

图 10.21　自动控制的举重装置

10-5　若将液压仿形刀架上的控制滑阀与液压缸分开，成为一个系统中的两个独立部分，仿形刀架能工作吗？试作分析说明。

10-6　如果双喷嘴挡板式电液伺服阀有一喷嘴被堵塞，会出现什么现象？

10-7　试拟出电液伺服阀的工作原理方块图。

第 11 章

气 压 传 动

　　气压传动是以压缩空气为工作介质,以气体的压能传递动力的传动方式。它具有成本低、效率高、污染少、便于控制等特点,在木工机械、包装机械、修理机械、轻工机械等设备中应用十分广泛。气动系统除包括气源装置、执行元件、控制元件及气动辅件外,还有用于完成一定逻辑功能的气动逻辑元件和感测、转换、处理气动信号的气动传感器及信号处理装置。学习气压传动时,应当注意与液压传动的异同点,将气源装置、气动控制元件、气动基本回路、气压系统的设计作为重点内容;将气动逻辑元件的回路的设计方法作为难点内容处理。

11.1　气压传动基本知识

11.1.1　气压传动概述

　　气压传动(Pneumatic)是以空气压缩机为动力源,以压缩空气为工作介质,进行能量传递或信号传递的工程技术,是实现各种生产控制、自动控制的重要手段之一。

11.1.2　气压传动的组成

　　一个典型的气压传动系统由 4 个部分组成:气源装置、气动执行元件、气动控制元件、气动辅助元件,详细划分参见表 11.1。

表 11.1　典型气压传动系统的组成部分

类别	品　　种	功　能　说　明
气源装置	空气压缩机	作为气压传动与控制的动力源
	后冷却器	清除压缩空气中的固态、液态污染物
	储气罐	稳压和蓄能
	过滤器	清除压缩空气中的固态、液态和气态污染物,以获得洁净干燥的压缩空气,提高气动元件的使用寿命和气动系统的可靠性
	干燥器	进一步清除压缩空气中水分(水蒸气)
	自动排水器	自动排出冷凝水

类别	品　种		功 能 说 明
气动执行元件	直线气缸		推动工件作直线运动
	摆动气缸		推动工件在一定角度范围内作摆动
	气动马达		推动工件作连续旋转运动
	气爪		抓起工件
	复合气缸		实现各种复合运动,如直线运动加摆动的伸摆运动
气动控制元件	压力阀	减压阀	降压并稳压
		增压阀	增压
	流量阀	单向节流阀	控制气缸的运动速度
		排气节流阀	装在换向阀的排气口,用来控制气缸的运动速度
		快速排气阀	可使气动元件和装置迅速排气
	方向阀	电磁阀	能改变气体的流动方向或通断的元件,其控制方式有电磁控制、气压控制、人力(手动)控制和机械控制等
		气控阀	
		人控阀	
		机控阀	
		单向阀	气流只能正向流动,不能反向流动
		梭阀	两个进口中只要有一个有输入,便有输出(或门)
		双压阀	两个进口都有输入时才有输出(与门)
	比例阀		输出压力(或流量)与输入信号(电压或电流)成比例变化
气动辅助元件	润滑元件	油雾器	将润滑油雾化,随同压缩空气流入需要润滑的部位
		集中润滑元件	可供多点润滑的油雾器
	消声器		降低排气噪声
	排气洁净器		降低排气噪声,并能分离掉排出空气中所含的油雾和冷却水
	压力开关		当气压达到一定值,便能接通或断开电触点
	管道及管接头		连接各种气动元件
	气液转换器		将气体压力转换成相同压力的液体压力,以便实现气压控制液压驱动
	液压缓冲器		用于吸收冲击能量,并能降低噪声
	气动显示器		有气信号时予以显示的元件
	气动传感器		将待测物理量转换成气信号,供后续系统进行判断和控制。可用于检测尺寸精度、定位精度、计数、尺寸分选、纠偏、液位控制、判断有无等
	真空元件	真空发生器	利用压缩空气的流动形成一定真空度的元件
		真空吸盘	利用真空直接吸吊物体的元件
		真空压力开关	用于检测真空压力的电触点开关
		真空过滤器	过滤掉从大气中吸入的灰尘等,保证真空系统不受污染

11.1.3　气压传动的优缺点

气压传动与其他的传动和控制方式相比,其主要优缺点如下。

1. 优点

(1) 气动装置简单、轻便,安装维护简单。

(2) 压力等级低,使用安全。

(3) 工作介质——空气取之不尽,用之不竭;排气处理简单,泄漏不会污染环境,成本低。

(4) 输出力及工作速度的调节非常容易;气缸动作速度一般为 50~500mm/s,比液压和电气方式的动作速度快。

(5) 可靠性高,使用寿命长;电器元件的有效动作次数约为数百万次,而新型电磁阀(如 SMC 的一般电磁阀)的寿命大于 3000 万次,小型阀超过 2 亿次;适于标准化、系列化、通用化。

(6) 利用空气的可压缩性,可储存能量,实现集中供气;可短时间释放能量,以获得间歇运动中的高速响应;可实现缓冲,对冲击负载和过负载有较强的适应能力;在一定条件下,可使气动装置有自保持能力。

(7) 具有防火、防爆、耐潮湿的能力;与液压方式相比,气动方式可在恶劣的环境(高温、强振动、强冲击、强腐蚀和强辐射等)下进行正常工作。

(8) 由于空气的黏性很小,流动的能量损失远小于液压传动,宜于远距离输送和控制,压缩空气可集中供应。

2. 缺点

(1) 由于空气有压缩性,气缸的动作速度易受负载的影响,平稳性不如液压传动,采用气液联动方式可以克服这一缺陷。

(2) 目前气动系统的压力级一般小于 0.8MPa,系统的输出力较小,且传动效率低。

(3) 气压传动装置的信号传递速度限制在声速(约 340m/s)范围内,所以它的工作频率和响应速度远不如电子装置,并且信号要产生较大的失真和延滞,也不便于构成较复杂的回路,但这个缺点对工业生产过程不会造成困难。

(4) 工作介质——空气没有润滑性,系统中必须采取措施进行给油润滑。

(5) 噪声大,尤其在超声速排气时需要加装消声器。

11.2　气源装置和辅助元件

气源装置和气动辅助元件是气动系统的两个不可缺少的重要组成部分。气源装置给系统提供足够清洁、干燥且具有一定压力和流量的压缩空气;气动辅助元件是元件连接和提高系统可靠性、使用寿命以及改善工作环境等所必需的。

11.2.1　气源装置

气源装置是气压系统的动力源,气源装置的主体是空气压缩机,空气压缩机产生的压缩空气须经降温、净化、减压、稳压等一系列处理才能给气动系统提供清洁、干燥且具有一定压力和流量的压缩空气。

1. 压缩空气品质对气动系统的影响

由空气压缩机排出的压缩空气虽然可以满足气动系统工作时的压力和流量要求,但其

温度高达 $140 \sim 170℃$,且含有汽化的润滑油、水蒸气和灰尘等污染物,这些污染物将对气动系统造成下列不利影响。

(1) 混在压缩空气中的油蒸汽可能聚集在储气罐、管道、气动元件的空腔里形成易燃物,有爆炸危险。另外润滑油被汽化后形成一种有机酸,使气动元件、管道内表面腐蚀、生锈,影响其使用寿命。

(2) 压缩空气中含有的水分,在一定压力温度条件下会饱和而析出水滴,并聚集在管道内形成水膜,增加气流阻力;如遇低温($0℃$以下)或膨胀排气降温等,水滴会结冰而阻塞通道和节流小孔或使管道附件等胀裂;游离的水滴形成冰粒后,冲击元件内表面而使元件遭到损坏。

(3) 混在空气中的灰尘等污染物沉积在系统内,与凝聚的油分、水分混合形成胶状物质,堵塞节流孔和气流通道,使气动信号不能正常传递,气动系统工作不稳定;同时还会使配合运动部件间产生研磨磨损,降低元件的使用寿命。

(4) 压缩空气温度过高,会加速气动元件中各种密封件、膜片和软管材料等的老化,且温差过大,元件材料会发生胀裂,降低使用寿命。

因此,由空气压缩机排出的压缩空气必须经过降温、除油、除水、除尘和干燥,使之品质达到一定要求后,才能使用。

2. 气动系统对压缩空气的要求

(1) 要求压缩空气具有一定的压力、足够的流量,能满足气动系统的要求。

(2) 对压缩空气具有一定的净化要求,不得含有水分、油分;所含灰尘等杂质颗粒的平均尺寸不超过以下数值:

① 气缸、膜片和截止式气动元件不大于 $50\mu m$;

② 气动马达、硬配滑阀不大于 $25\mu m$;

③ 射流元件不大于 $10\mu m$。

(3) 有些气压装置和气压仪表还要求压缩空气的压力波动要小,能稳定在一定范围之内才能正常工作。

3. 气源装置的组成和布置

气源装置一般由 4 个部分组成:

(1) 气压发生装置——空气压缩机。

(2) 净化、储存压缩空气的装置和设备,如后冷却器、油水分离器、干燥器、储气罐等。

(3) 传输压缩空气的管道系统,如管道、管接头、气电、电气、气液转换器等。

(4) 气动三联件。

实际中根据气动系统对压缩空气品质的要求来设置气源装置。一般气源装置的组成和布置如图 11.1 所示。

空气压缩机 1 产生一定压力和流量的压缩空气,其吸气口装有空气过滤器,以减少进入压缩机中空气的污染程度;冷却器 2(又称后冷却器)将压缩空气温度从 $140 \sim 170℃$降至$40 \sim 50℃$,并使高温汽化的油分、水分凝结出来;油水分离器 3 使降温冷凝出的油滴、水滴杂质等从压缩空气中分离,并从排污口除去;储气罐 4 和 7 储存压缩空气以平衡空气压缩

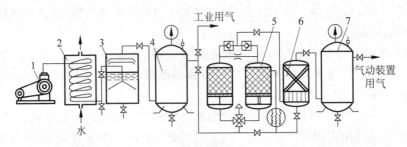

图 11.1 气源装置的组成和布置示意图
1—空气压缩机；2—冷却器；3—油水分离器；4,7—储气罐；5—干燥器；6—过滤器

机流量和设备用气量,并稳定压缩空气压力,同时还可以除去压缩空气中的部分水分和油分;干燥器 5 进一步吸收、排除压缩空气中的水分、油分等,使之变成干燥空气;过滤器 6(又称一次过滤器)进一步过滤除去压缩空气中的灰尘颗粒杂质。储气罐 4 中的压缩空气可用于一般要求的气动系统,储气罐 7 输出的压缩空气可用于要求较高的气动系统(如气动仪表、射流元件等组成的系统)。

4. 空气压缩机及选用

1) 空气压缩机

空气压缩机简称空压机,是气源装置的主要设备,用以将电动机输出的机械能转化为气体的压力能。

按可输出压力的大小,分为低压($0.2\sim1.0$MPa)、中压($1.0\sim10$MPa)、高压(>10MPa)三大类;按工作原理分为容积型(通过缩小单位质量气体体积的方法来获得压力)和速度型(通过提高单位质量气体的速度并使动能转化为压力能来获得压力)。速度型又因气体流动方向和机轴方向夹角不同分为离心式(方向垂直)和轴流式(方向平行)。

常见的低压、容积式空压机按结构不同可分为活塞式、叶片式、螺杆式。图 11.2 所示为活塞式空压机的工作示意图,其基本原理同液压泵,由一个可变的密闭空间的变化产生吸排气,加上适当的配流机构来完成工作过程。但由于空气无自润滑性而必须另设润滑外加润滑剂,这带来了空气中混有污油的问题。为解决这个问题可在空压机的材料或结构上设法制成无油润滑空压机。

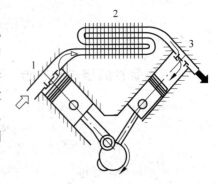

图 11.2 活塞式空压机
1,3—活塞；2—中间冷却器

2) 空压机的选用

首先按系统特点确定空压机的类型,再根据系统所需压力和流量确定空压机的额定输出压力和吸入流量(一般空压机铭牌上所标排气量)。

通常情况下,额定输出压力按系统中执行元件最高使用压力增加 0.2MPa 估算。因吸入流量表示的是标准状态下的体积流量,故应先将系统所需压缩空气量换算成标准状态下的空气量,再根据最大耗气量(系统中不设储气罐)或平均耗气量(设储气罐)来确定。考虑到各种泄漏和备用,实际选定的空压机吸入流量应为计算吸入流量的 1.3～1.5 倍。

空压机应使用专用润滑油并定期更换,启动前应检查润滑油位,用手使机轴转动几圈,以保证启动时的润滑。启动前和停车后,都应及时排出空压机气罐中的水分。

空压机的安装地点要能保证吸入空气的质量,留有维护保养空间并注意噪声污染,如超标应采用隔音措施。

11.2.2　压缩空气净化设备

压缩空气净化设备一般包括后冷却器、油水分离器、空气过滤器、干燥器、储气罐等。

1. 后冷却器

后冷却器一般安装在空压机的出口管路上,其作用是把空压机排出的压缩空气的温度由 140～170℃降至 40～50℃或更低,使得其中大部分的水汽、油气转化成液态,以便于排出。

后冷却器的冷却方式有风冷和水冷两种。风冷式冷却器的工作原理如图 11.3 所示。它是靠风扇产生的冷空气流吹向带散热片的热气管道来降温的。其优点为不需水源、占地面积小、重量轻、运转成本低和易于维修。缺点是冷却能力较小,入口空气温度一般不高于 100℃。水冷式冷却器的结构形式有蛇管式、列管式、散热片式、套管式等,图 11.4 所示为水冷式冷却器的结构示意图。热的压缩空气由管内流过,冷却水在管外水管中流动以进行冷却,在安装时应注意压缩空气和水的流动方向。不管何种冷却器均应设置排水设施,以便排出压缩空气中的冷凝水。

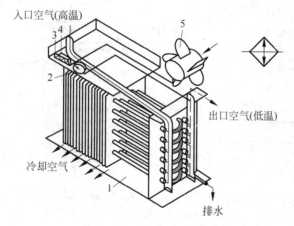

图 11.3　风冷式后冷却器工作原理图

1—冷却器；2—出口温度计；3—指示灯；4—按钮开关；5—风扇

选用冷却器时要注意产品样本给出的技术参数中的额定流量的测定条件。实际使用系统与测定条件不同时,同样流量下的出口温度可能不同;且一般样本中给的额定流量都是折合成标准状态下的流量,应注意和使用条件下有压流量的换算。

使用时应注意通风,冷却水量应在额定范围内,注意水质,配管尺寸应大于等于标准连接尺寸,要注意定期排放冷凝水。

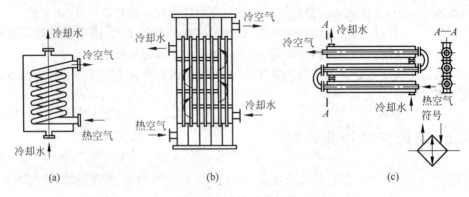

图 11.4　水冷式冷却器

(a) 蛇管式冷却器；(b) 列管式冷却器；(c) 套管式冷却器

2. 油水分离器

油水分离器的作用是分离清除压缩空气中凝聚的水分和油分等杂质,使压缩空气得到初步净化。其结构形式有环形回转式、离心旋转式、水浴式及以上形式的组合使用。主要是利用回转产生离心撞击、水洗等方式,使水、油等液滴和其他杂质颗粒从压缩空气中分离。油水分离器的结构示意图如图 11.5 和图 11.6 所示。

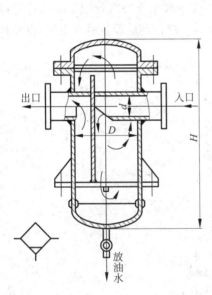

图 11.5　撞击并环形回转式油水分离器

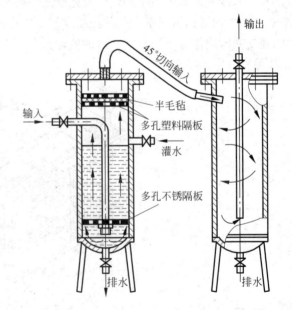

图 11.6　水浴和离心式油水分离器

3. 空气过滤器

空气过滤器的作用是滤除压缩空气中的杂质微粒,除去液态的油污和水滴,使压缩空气进一步净化,但不能除去气态物质。

常用的有一次过滤器和二次过滤器(也称分水滤气器),这里主要讲分水滤气器。

　　分水滤气器与减压阀、油雾器常组合使用,合称为气动三联件。其排水方式有手动和自动之分。常见的普通手动排水分水滤气器如图 11.7 所示。

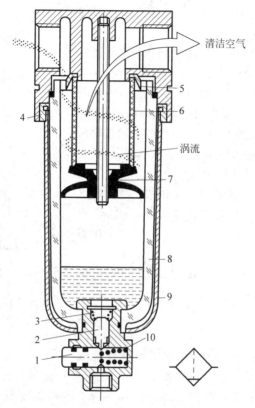

清洁空气

涡流

图 11.7　分水滤气器结构原理

1—按钮；2—阀芯；3—锥形弹簧；4—卡圈；5—导流片；6—滤芯；
7—挡水板；8—水杯；9—保护罩；10—复位弹簧

　　其基本工作原理为:间隙过滤、离心分离。从入口流入的压缩空气,经导流片 5 的切线方向进入缺口并高速旋转,液态油、水及固态杂质受离心作用,被甩到水杯 8 内壁上,流至杯底,除去液态油水和较大杂质的压缩空气,再通过滤芯 6 进一步除去微小固态颗粒而从出口流出。挡水板 7 用来防止水杯底部液态油水被卷回气流中。按动按钮 1 时可将杯底液态油水排出。

　　滤芯有金属网型、烧结型和纤维聚结型,金属网型只是表面起过滤作用。

　　选用时主要根据气动系统所需过滤精度和所用空气流量来选择相应产品。应注意当一般样本上给出的额定流量未特别注明时,均为出口压力为进口压力的 95% 时的标准状态下的流量。水分离效率是指在规定压力和流量下被分离水分与输入水分之比。通过过滤器的流量过小、流速太低、离心力太小不能有效清除油水和杂质;流量过大、压力损失太大,水分离效率也降低。故应尽可能按实际所需标准状态下的流量选分水滤气器的额定流量。

　　安装时应垂直放置,设于用气设备附近温度较低处,并注意排水和定期清洗,过滤器的压降超过 0.05MPa 时应更换滤芯。

4. 干燥器

　　压缩空气经各种净化过滤装置后仍含有一定量的水蒸气。只要系统工作温度低于其露

点就会有水滴析出而产生不利影响。要清除气态水分
必须使用干燥器。

干燥器有冷冻式、吸附式和高分子隔膜式等多种
不同形式。

吸附式干燥器是使压缩空气流过栅板、干燥吸附
剂（如焦炭、硅胶、铝胶、分子筛、滤网）等，使之达到干
燥、过滤除去气态水分的目的。图 11.8 所示为一种吸
附式干燥器。使用中应注意吸附剂的再生，故一般气动
系统均设置两套干燥器交替工作。为避免吸附剂被油污
染而影响吸湿能力，应在进气管道上安装除油器。

高分子隔膜式干燥器是利用只能让水蒸气透过而
可阻挡氮气和氧气的中空特殊高分子隔膜，将大量水
蒸气由少量压缩空气透过隔膜带出干燥器，不需设置
排水器。从出口便可获得干燥的压缩空气。其工作原
理如图 11.9 所示。

使用时大流量选择冷冻式干燥器，小流量可选吸
附式或高分子隔膜式干燥器。

5. 储气罐

储气罐的作用是消除压力脉动；依靠绝热膨胀和
自然冷却使压缩空气降温而进一步分离其中水分；储存一定量空气做备用和应急气源。

储气罐一般采用立式焊接结构，如图 11.10 所示。一般高度 H 为内径 D 的 2～3 倍，进
气口在下、出气口在上，应尽量加大进出口之间的距离。罐上应设有安全阀（压力为 1.1 倍
的工作压力）、压力表和清洗孔，下部需设排水阀。气罐容积 V_c 的确定因使用目的不同而
异。以消除压力脉动为主要目的时可按以下经验公式选定：

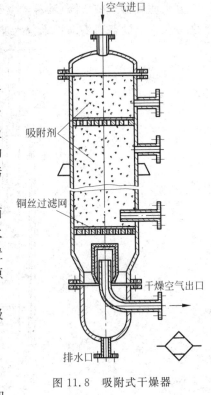

图 11.8　吸附式干燥器

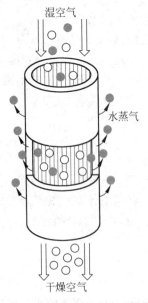

图 11.9　高分子隔膜式干燥器

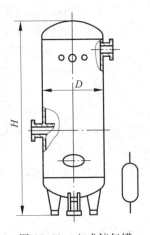

图 11.10　立式储气罐

当空压机吸入流量 $q_c[\mathrm{m^3/min(ANR)}]$ 小于 6 时，$V_c(\mathrm{m^3})$ 为 $0.2q_c$；q_c 大于 30 时，V_c 为 $0.1q_c$；q_c 在 6～30 之间时，V_c 为 $0.15q_c$。如做备用或应急气源时应按实际所需压缩空气量来设计。

气源净化装置中所有元件均为压力容器，应遵守压力容器的有关规定，必须经 1.5 倍的工作压力耐压试验并有合格证明书。

11.2.3　油雾器

气动元件内部有许多相对滑动部分，有些相对滑动部分之间还有密封圈。为了减少相对运动件之间的摩擦力、保证正常动作、减少磨损以防止泄漏、延长元件寿命，保证良好的润滑是非常重要的。

由于空气无自润滑性，所以必须外加润滑剂。润滑可分为不给油润滑和喷油雾润滑两种。由于喷雾润滑的不确定性和调整给油量的复杂性，目前在许多不允许有油雾的场合大量使用不给油润滑。在食品、药品、电子、高级喷漆及某些轻工行业中不给油润滑已相当普及。

不给油润滑一般采用两种方式：第一是在有相对摩擦的表面采用合适的有自润滑性的材料(也可在材料生产过程中加入某些添加剂)；第二是在密封件上采用带有滞留槽的特殊结构，在槽中存有润滑剂并定期更换。不给油润滑不仅节省了润滑设备和润滑油，改善了工作环境，而且确保了润滑效果。其润滑效果不受工况变化的影响，也不会因油雾器中忘记加油而造成事故。一般来说不给油润滑元件的价格要高于给油雾润滑元件。

给油雾润滑元件中最主要的就是油雾器。它是一种特殊注油装置，能将润滑油经气流引射出来并雾化后混入气流中，随压缩空气流入需要润滑部位，达到润滑的目的。

普通油雾器(也称一次油雾器)的结构原理图如图 11.11 所示。

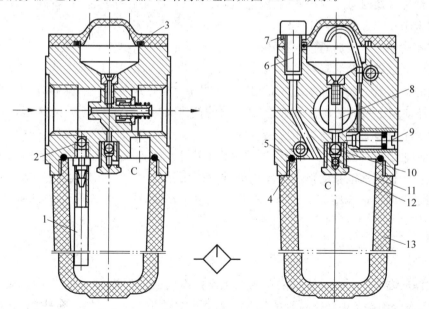

图 11.11　普通油雾器

1—吸油管；2，10—钢球；3—视油器；4—螺母螺钉；5—密封圈；6—油塞；7—密封垫；
8—喷嘴组件；9—节流阀；11—弹簧；12—阀座；13—存油杯

压缩空气由输入口输入后，通过喷嘴组件 8 起引射作用，并通过组件前小孔进入阀座 12 的腔内。阀座 12 与钢球 10、弹簧 11 组成一个有泄漏的特殊单向阀，如图 11.12(a)所示。初始通过时钢球被压下（见图 11.12(c)），由于此单向阀密封不严，压缩空气会漏入存油杯 13 中，使其内部压力升高。结果钢球 10 上下压差减小，在弹簧 11 作用下使钢球处于中间位置（见图 11.12(b)）。这样压缩空气通过阀座 12 上的小孔进入存油杯 13 的上腔 C，油面受压，润滑油经吸油管 1

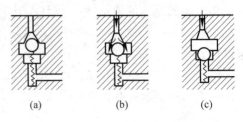

图 11.12　特殊单向阀的工作情况
(a) 不工作时（截止状态）；
(b) 工作（进气）时（工作状态）；
(c) 初始通气（加油）时（反关闭状态）

将钢球 2 顶起，油便不断地经节流阀 9 流入滴油管，再滴入喷嘴组件 8 中，被主通道中气流引射出，雾化后从输出口输出。滴油管上部有透明油窗，可观察节流阀 9 调节的滴油量。喷嘴组件 8 由组件体、挡板及弹簧等件组成，组件体上纵向开有一中心射流孔及若干通气孔，气体流量较小时，这些通气孔在弹簧和挡板作用下处于封闭状态。气流通过中心引射孔完成引射作用。当气体流量变大时，由于压差加大克服弹簧力使挡板移动，打开外围通气孔，使通流面积加大，以适应气体流量的变化。其实质是一自动可变节流装置。

这种油雾器可以在不停气状态下加油。拧松油塞 6，油杯中压缩空气逐渐排空（由于油塞上开有半截小孔），此时油杯上腔 C 通大气，钢球 10 上下表面压力差增大，钢球 10 被压缩空气压在阀座上（见图 11.12(c)）和初始进气时一样。由于泄漏量很小，压缩空气基本上不会进入油杯，而钢球 2 此时因底部无压力而在重力作用下下移封住吸油管 1，以防止压缩空气倒灌入油杯。此时可经油塞 6 向油杯中加油至规定液面后拧紧油塞，特殊单向阀过一会儿后又进入工作状态（见图 11.12(b)），油雾器又重新开始工作。

油雾器的使用应根据通过油雾器的流量和油雾粒径大小来选择。应注意样本给出的额定流量是什么状态下的流量，一般均以标准状态给出，实际使用流量应尽可能和额定流量相近。安装时油雾器一般在分水滤气器和减压阀之后、换向阀之前。油雾器应尽量靠近换向阀；它与换向阀之间的管路容积加上 0.15 倍的换向阀与气缸间容积应小于气缸行程容积，当通道中有节流装置时上述容积应减半。

安装时进出口不能接错，垂直设置并尽可能高于润滑部位。应注意保持正常油面，不应过高或过低。使用油液黏度除高温环境外推荐采用黏度为 $32\text{mm}^2/\text{s}$ 的透平油。滴油量应根据使用条件调整，一般以 10m^3（ANR）空气供给 1cm^3 润滑油为基准。

11.2.4　气动三联件

分水滤气器、减压阀、油雾器依次无管化连接而成的组件称为气动三联件，如图 11.13 所示，是多数气动设备中必不可少的气源装置。大多数情况下，三件组合使用，其安装次序依进气方向为分水过滤器、减压阀、油雾器。三联件应安装在用气设备的近处。压缩空气经过三联件的最后处理，将进入各气动元件及气动系统。因此，三联件是气动元件及气动系统使用压缩空气质量的最后保证。其组成及规格,须由气动系统具体的用气要求确定,可以少于三件,只用一件或两件,也可多于三件。

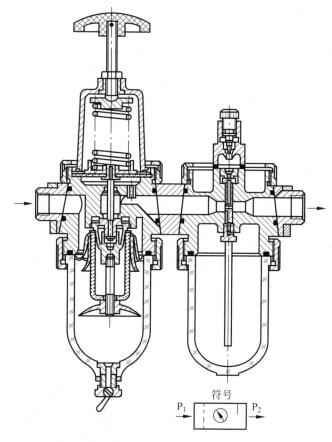

符号

P_1 P_2

图 11.13 气动三联件

11.2.5 消声器

气动系统一般不设排气回路,用后的压缩空气通常经方向阀直接排入大气。当余压较高时,最大排气速度在声速附近,空气急剧膨胀及形成的涡流现象将产生强烈的噪声。噪声大小与排气速度、排气量和排气通道的形状有关,一般在 80~120dB 之间。为减少噪声污染必须采取消声措施,通常采用在气动系统的排气口(如换向阀、快排阀)外装设消声器来降低排气噪声。消声器是通过对气流产生阻尼或增大排气面积等措施降低排气速度和功率来降噪的。常用的有吸收型、膨胀干涉型、膨胀干涉吸收型消声器。

1. 吸收型消声器

其原理是让气流通过多孔的吸声材料,靠流动摩擦生热而使气体压力能转化为热能耗散,从而减少排气噪声。吸收型消声器结构简单,对中高频噪声一般可降低 20dB,但排气阻力较大,因常装于换向阀的排气口,如不及时清洗更换可能引起背压过高。吸声材料大多使用聚氯乙烯纤维、玻璃纤维、铜粒烧结等,结构如图 11.14 所示。选用时依据排气口直径来选即可,使用中注意定期清洗,以免堵塞后影响换向阀的正常使用。

2. 膨胀干涉型

这种消声器的直径比排气孔径大得多。通过气流在消声器内的扩散、减速、碰撞反射、互相干涉而消耗能量降低噪声,最后经孔径较大的外壳排入大气。常见的各种内燃机的排气管上都装有这种消声器,它主要用于消除中、低频噪声,尤其是低频噪声。这种消声器结构简单、排气阻力小、不易堵塞,但体积较大,不能在换向阀上装置,故常用于集中排气的总排气管。

3. 膨胀干涉吸收型

它是前两种消声器的组合应用,其结构如图 11.15 所示。气流由斜孔引入,在 A 室膨胀、扩散、减速并被器壁反射至 B 室。在 B 室内气流互相撞击、干涉,进一步降低速度而消耗能量。最后再通过敷设在消声器内壁的吸声材料被阻尼降噪后排入大气。这种消声器消声效果较好,低频约可降低 20dB,高频可降低 45dB。但结构复杂,排气阻力较大,且需定期清洗更换,只宜用于集中排气的总排气管。

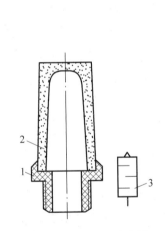

图 11.14　吸收型消声器

1—连接螺钉；2—吸声材料；3—图形符号

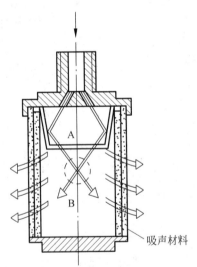

吸声材料

图 11.15　膨胀干涉型消声器

11.3　气动执行元件

气动执行元件将压缩空气的压力能转换为机械能,驱动机构做直线往复运动、摆动或旋转运动。气动执行元件分为气缸和气动马达两大类,其中气缸又分直线往复运动的气缸和摆动气缸,用于实现直线运动和摆动；气动马达用于实现连续回转运动。

11.3.1　气缸

1. 气缸的分类

一般按气缸的结构特征、功能、驱动方式或安装方法等进行分类。以结构特征分类为例：

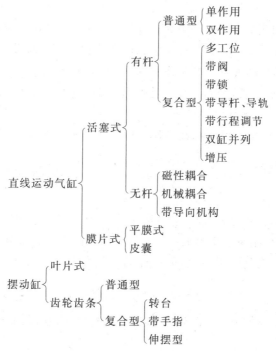

2. 普通气缸的结构原理

图 11.16 为最常用的单杆双作用普通气缸的基本结构，气缸一般由缸筒、前后缸盖、活塞、活塞杆、密封件和紧固件等零件组成。

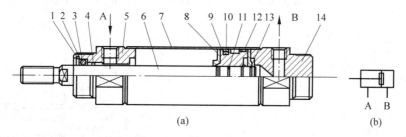

图 11.16　普通双作用气缸

(a) 结构图；(b) 职能符号

1,13—弹簧挡圈；2—防尘圈；3—滚珠；4—导向套；5—杆侧端盖；6—活塞杆；7—缸筒；8—缓冲垫；
9—活塞；10—活塞密封圈；11—密封圈；12—耐磨环；14—无杆侧端盖

缸筒在前后缸盖之间固定连接。有活塞杆侧缸盖为前缸盖，缸底侧则为后缸盖。一般在缸盖上开有排气通口，有的还设有气缓冲机构。前缸盖上，设有密封圈、防尘圈，同时还设有导向套，以提高气缸的导向精度。活塞杆与活塞紧固连接。活塞上除有密封圈防止活塞左右两腔相互串气外,还有耐磨环以提高气缸的导向性;带磁性开关的气缸,活塞上装有磁环。活塞两侧常装有橡胶垫作为缓冲垫。如果是气缓冲,则活塞两侧沿轴线方向设有缓冲柱塞,同时缸盖上有缓冲节流阀,排气阻力增加,产生排气背压,形成缓冲气垫,起到缓冲作用。

3. 摆动气缸

摆动气缸是利用压缩空气驱动活塞或叶片带动输出轴,在一定角度范围内往复回转运动的气动执行元件。常见的摆动气缸有齿轮齿条式和叶片式两大类。

(1) 齿轮齿条式摆动气缸　其工作原理是:气压推动活塞带动与其连接的齿条做直线运动,齿条推动齿轮做回转运动,由齿轮轴输出力矩并驱动负载机构做摆动。结构图参见摆动液压缸。

(2) 叶片式摆动气缸　其结构及工作原理与摆动液压缸类似,不再赘述。

4. 其他常用气缸

1) 膜片式气缸

如图 11.17 所示为膜片式气缸,它主要由膜片和中间硬芯相连来代替普通气缸中的活塞,依靠膜片在气压作用下的变形来使活塞杆前进。活塞的位移较小,一般小于 40mm;平膜片的行程为其有效直径的 1/10,有效直径的定义为

$$D_{\mathrm{m}} = \frac{1}{3}(D^2 + Dd + d^2) \tag{11.1}$$

这种气缸的特点是结构紧凑、重量轻、维修方便、密封性能好、制造成本低,广泛应用于化工生产过程的调节器上。

2) 气爪

气爪用于抓起工件,一般是在气缸活塞杆上连接一个传动机构,来带动爪指作直线平移或绕某支点开闭,以夹紧或释放工件。图 11.18 是日本 SMC 产品 MHT2 系列气爪的结构原理图。气缸 1 的活塞杆推动接头 2 伸缩,通过杠杆 3,则手指 4 可绕轴 5 摆动进行开闭。

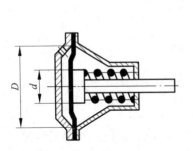

图 11.17　膜片式气缸

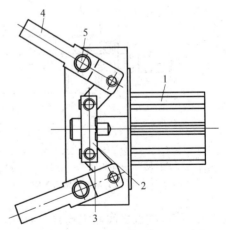

图 11.18　SMC 产品 MHT2 系列气爪的结构原理图
1—气缸;2—接头;3—杠杆;4—手指;5—轴

5. 气缸的基本设计计算

1）气缸的输出力

气缸输出力的设计计算可参考液压缸的设计计算。

气缸的机械效率 η 与气缸缸径 D 和工作压力 p 有关。当缸径增大,工作压力 p 提高时,摩擦力在理论输出力中所占的比例明显减小,机械效率提高。气缸的效率一般在 0.7～0.95 之间。

2）负载率 θ

从对气缸运行特性的研究可知,要精确确定气缸的实际输出力是很困难的。于是在分析气缸性能和确定气缸的输出力时,常用到负载率的概念。气缸的负载率 θ 定义为

$$负载率\ \theta = \frac{气缸的实际负载 F}{气缸的理论输出力 F_t} \times 100\% \tag{11.2}$$

气缸的实际负载是由实际工况所决定的,若确定了气缸负载率,则由定义就能确定气缸的理论输出力,从而可以计算气缸的缸径。气缸负载率的选取与气缸的负载性能、安装工况及气缸的运动速度有关。对于阻性负载,如气缸用作气动夹具,负载不产生惯性力,一般选取负载率为 0.8;对于惯性负载,如气缸用来推送工件,负载将产生惯性力,负载率 θ 的取值如下:

$\theta \leqslant 0.65$　当气缸低速运动,$v < 100\text{mm/s}$ 时;

$\theta \leqslant 0.5$　当气缸中速运动,$v = 100 \sim 500\text{mm/s}$ 时;

$\theta \leqslant 0.35$　当气缸高速运动,$v > 500\text{mm/s}$。

3）缸径计算

气缸缸径的设计计算需根据其负载大小、运行速度和系统工作压力来决定。首先,根据气缸安装及驱动负载的实际工况,分析计算出气缸轴向实际负载,再由气缸平均运行速度来选定气缸的负载率,初步选定气缸工作压力(一般为 0.4～0.6MPa),再由 F/θ,计算出气缸理论输出力,最后计算出缸径及杆径,并按标准圆整得到实际所需的缸径和杆径。

通常将 $\phi10\text{mm}$ 以下称为微型缸,$\phi10 \sim \phi25\text{mm}$ 称为小型缸,$\phi32 \sim \phi100\text{mm}$ 称为中型缸,大于 $\phi100\text{mm}$ 称为大型缸。缸径的 ISO 标准系列常用有 2.5,4,6,10,12,16,20,25,32,40,50,63,80,100,125,140,160,180,200,250,300。

例 11.1　气缸推动工件在水平导轨上运动。已知工件等运动件质量为 $m = 250\text{kg}$,工件与导轨间的摩擦系数 $\mu = 0.25$,气缸行程 s 为 400mm,经 1.5s 时间工件运动到位,系统工作压力 $p = 0.4\text{MPa}$,试选定气缸缸径。

解:气缸实际轴向负载 $F = \mu mg = 0.25 \times 250 \times 9.81\text{N} = 613.13\text{N}$

气缸平均速度　$v = \dfrac{s}{t} = \dfrac{400}{1.5}\text{mm/s} \approx 267\text{mm/s}$

选定负载率　$\theta = 0.5$

则气缸理论输出力　$F_t = \dfrac{F}{\theta} = \dfrac{613.13}{0.5}\text{N} = 1226.3\text{N}$

双作用气缸理论推力　$F_t = \dfrac{1}{4}\pi D^2 \cdot p$

气缸缸径 $D=\sqrt{\dfrac{4F_1}{\pi p}}=\sqrt{\dfrac{4\times1226.3}{3.14\times0.4}}\mathrm{mm}\approx62.48\mathrm{mm}$

按标准选定气缸缸径为 63mm。

4）活塞杆的计算和稳定性校核

气缸活塞杆的计算和稳定性校核参见液压缸的设计计算。

5）缓冲计算

缓冲结构位于气缸的两行程终端,如图 11.19 所示,高速运行的气缸在行程终端要对缸盖产生冲击,造成机件变形或损坏,对此,必须采用缓冲装置。当运动的活塞 2 接近到行程终端、进入缓冲行程时,缓冲柱塞 1 进入缓冲柱塞孔 5,堵死主排气通道。这样,排气只能通过有较大气阻的节流阀 4,使得缓冲气室 3 内的气体被活塞 2 压缩后,压力升高,形成较高的背压,吸收活塞等所具有的惯性动能,迫使活塞迅速减速,最后停止下来。调节节流阀 4 的开度,可控制气缸的速度。

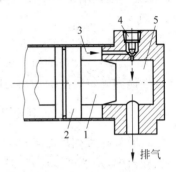

图 11.19　缓冲结构
1—缓冲柱塞；2—活塞；3—缓冲气室；
4—节流阀；5—缓冲柱塞孔

从缓冲柱塞进入缓冲柱塞孔起,到活塞停下来为止,活塞所走的行程称为缓冲行程。为了达到缓冲目的,缓冲气室内空气绝热压缩所能吸收的压缩能必须大于活塞等运动部件所具有的动能。

$$E_p=\frac{k}{k-1}p_1V_1\left[\left(\frac{p_2}{p_1}\right)^{\frac{k-1}{k}}-1\right] \tag{11.3}$$

$$E_v=\frac{1}{2}mv^2 \tag{11.4}$$

式中,p_1 为缓冲气室内初始绝对压力；p_2 为缓冲结束后缓冲气室内的绝对压力；V_1 为缓冲气室内的容积；k 为空气绝热指数,$k=1.4$；m 为活塞等运动部件的总质量；v 为缓冲开始前活塞的运动速度。

在式(11.4)中,缓冲气室内的容积为

$$V_1=\frac{1}{4}\pi(D^2-d_1^2)\cdot L_1 \tag{11.5}$$

式中,D 为气缸缸径；d_1 为缓冲柱塞直径；L_1 为缓冲柱塞长度。

目前工程上常取 $\dfrac{p_2}{p_1}=5$,将 V_1 及比值 $\dfrac{p_2}{p_1}=5$ 代入式(11.3)得

$$E_p=3.19p_1(D^2-d_1^2)\cdot L_1 \tag{11.6}$$

6）气缸的耗气量计算

气动执行元件的耗气量是设计选择气源系统的重要依据。气缸的耗气量是指气缸往复运动时所消耗的压缩空气量,并将它换算成自由空气量。

下面以单杆双作用气缸为例进行计算。

(1) 最大空气耗气量 q_{max}

最大空气耗气量 q_{max} 是指气缸活塞以其最大工作运行速度完成一次行程所需要的耗气量：

$$q_{\max} = \frac{\pi(2D^2 - d^2)L}{4\eta v t} \times \frac{p + 0.1}{0.1} \tag{11.7}$$

式中,D 为缸径;d 为杆径;L 为气缸行程;t 为气缸一次往复行程所需要的时间;p 为工作压力;ηv 为气缸的容积效率,通常取 0.9~0.95。

(2) 平均耗气量 q

将式(11.7)中的气缸行程由累计行程 $N \cdot L$ 来代替(N 为气缸每秒钟的往复次数),可计算平均耗气量 q。

平均耗气量 q 除与气缸的结构尺寸 D 和工作压力 p 有关外,还取决于气缸单位时间内的往复动作次数。

11.3.2　气动马达

气动马达是将压缩空气的压力能转换成旋转的机械能的装置,在气压传动中使用最广泛的是叶片式、活塞式和齿轮式三种气动马达,气动马达的工作原理与相应类型的液压马达类似。

叶片式气动马达主要用于风动工具、高速旋转机械及矿山机械等。

与电动马达和液压马达比较,气动马达突出的特点是:

(1) 具有防爆性能。由于气动马达的工作介质空气本身的特性和结构设计上的考虑,能够在工作中不产生火花,故适合于有爆炸、高温、多尘的场合,并能用于空气极其潮湿的环境,而无漏电的危险。

(2) 马达本身的软特性使之能长期满载工作,温升较小,且有过载保护的性能。

(3) 有较高的启动转矩,能带载启动。

(4) 换向容易,操作简单,可以实现无级调速。

(5) 与电动机相比,单位功率尺寸小,重量轻,适用于安装在位置狭小的场合及手工工具上。

但是,气动马达也有输出功率小、耗气量大、效率低、噪声大和易产生振动等缺点。

11.4　气动控制元件

在气动系统中,气动控制元件是用来控制和调节压缩空气的压力、流量和方向的阀类,使气动执行元件获得要求的力、动作速度和改变运动方向,并按规定的程序工作。

11.4.1　气动控制元件的分类及特性

1. 气动控制元件的分类

控制阀按其作用和功能可分为压力控制阀、流量控制阀和方向控制阀三大类,除这三类外,还有能实现一定逻辑功能的逻辑元件。

按控制方式来分,气动控制阀可分为开关控制和连续控制两类。

2. 气动控制元件的结构特性

所有的控制阀其结构中都有阀芯、阀体和操作控制机构三部分,通过操作调节机构带动阀芯在阀体内运动,改变阀芯对阀体上孔口的覆盖面积(即开口大小),从而控制孔口的气体通断或压力、流量的大小。按阀的结构,控制阀基本上可以分为两大类:截止式和滑柱式。

1) 截止式

图 11.20 为截止式阀的主要结构及工作原理图。截止式阀的阀芯沿着阀座轴向移动,其直径大于阀门通道直径,对阀门通道起着开关作用,控制进气和出气。

在图 11.20(a)中,当阀芯移动量 $l=D/4$ 时,阀门便全部开启。而对于图 11.20(b)所示结构而言,当阀芯移动量 $l=(D^2-d^2)/4D$ 时,阀门便全部开启。

该类阀用于手动操作时,多为小通径规格的阀,对于大流量或高压情况时往往采用先导式控制。

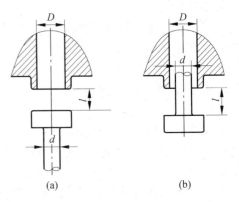

图 11.20　截止式阀
(a) 阀芯在管道外部;(b) 阀芯在管道内部图

2) 滑柱式

这种阀是利用带有环形槽的圆柱阀芯在阀套内做轴向移动来改变气流的通路,其基本结构参见液压滑阀式换向阀。

11.4.2　压力控制元件

调节和控制压力大小的气动元件称为压力控制阀,它包括减压阀(调压阀)、安全阀(溢流阀)、顺序阀、压力比例阀、增压阀及多功能组合阀等。

在气压传动系统中,由于主管路中的压力高于每台装置所需的压力,且压力波动较大,因此每台气动装置的供气压力都要用减压阀减压,并保持出口侧压力稳定。

当管路中的压力超过允许压力时,为保证系统工作安全,则可用安全阀(溢流阀)来实现自动溢流排气,使系统压力下降,如储气罐顶部必须安装安全阀。

顺序阀是当进口压力或先导压力达到设定值时,便允许从进口侧向出口侧流动的阀。采用顺序阀按压力大小来控制两个以上的气动执行元件顺序动作。顺序阀常与单向阀并联,构成单向顺序阀。

1. 减压阀

减压阀按压力调节方式,有直动式减压阀和先导式减压阀。

1) 直动式减压阀(SMC—AR 系列)

利用手轮直接调节调压弹簧的压缩量来改变阀的出口压力的阀,称为直动式减压阀。

图 11.21 为普通型减压阀的结构原理图,普通型减压阀受压部分的结构有活塞式和膜片式两种。

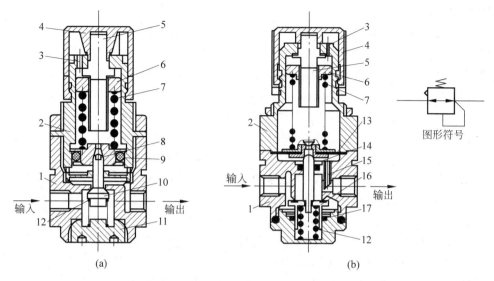

图 11.21　直动式减压阀的结构原理图

(a) 活塞式（AR10）；(b) 膜片式（AR30）

1—下阀体；2—上阀体；3—排气孔；4—手轮；5—调节杆；6—螺母；7—调压弹簧；8—活塞；
9—活塞密封圈；10—阀杆；11—弹簧座；12—复位弹簧；13—膜片组件；14—阀杆密封圈；
15—反馈管；16—阀芯；17—阀芯密封圈

活塞式减压阀受压部分的有效面积大，但活塞存在滑动阻力，通常为小通径减压阀，连接方式有管式和模块式。图 11.21(a) 是非平衡活塞式减压阀，阀杆 10 下部为一次侧压力。当一次侧压力及设定压力变化时，阀杆自身所受气压力便出现变化，与原来的弹簧力失去平衡，故压力特性不好。

图 11.21(b) 是平衡膜片式减压阀，阀芯 16 的下部与二次侧压力相通，故阀芯上下所受气压力是平衡的，压力的变动（不论一次侧还是二次侧）不影响阀芯上下气压力的平衡，故这种结构形式的阀的压力特性好。

膜片式减压阀的工作原理是：将手轮外拉，见到黄色圈后，顺时针旋转手轮，调压弹簧被压缩，推动膜片组件下移，通过阀杆，打开阀芯，则进口气压力经阀芯节流降压，有压力输出。出口压力气体经反馈管进入膜片下腔，在膜片上产生一个向上的推力。当此推力与调压弹簧力平衡时，出口压力便稳定在一定值。

若进口压力有波动，譬如压力瞬时升高，则出口压力也随之升高。作用在膜片上的推力增大，膜片上移，向上压缩弹簧，从膜片组件中间的溢流孔有瞬时溢流。靠复位弹簧及气压力的作用，使阀杆上移，阀门开度减小，节流作用增大，使出口压力回降，直至达到新的平衡为止。重新平衡后的出口压力基本上恢复至原值。

如进口压力不变，输出流量变化，使出口压力发生波动（增高或降低）时，依靠溢流孔的溢流作用和膜片上力的平衡作用推动阀杆，仍能起稳压作用。当输出流量为零时，出口气压力通过反馈管进入膜片下腔，推动膜片上移，复位弹簧力推动阀杆上移，阀芯关闭，保持出口气压力一定。当输出流量很大时，高速流使反馈管处静压下降，即膜片下腔的压力下降，阀门开度加大，仍能保持膜片上的力平衡。

逆时针旋转手轮，调压弹簧力不断减小，阀芯逐渐关闭，膜片下腔中的压缩空气，经溢流孔不断从排气孔排出,直至最后出口压力降为零。

调压完成后,将手轮压回,手轮被锁住,以保持调定压力一定,故称为锁定型手轮。如果难于锁住,左右稍许转动手轮再推压便可。

溢流式减压阀常用于二次侧负载变动的场合,如进行频繁调整的场合、二次侧有容器(如气缸)的场合。在使用过程中,经常要从溢流孔排出少量气体。在介质为有害气体(如煤气)的气路中,为防止污染工作场所,应选用无溢流孔的减压阀,即非溢流式减压阀。非溢流式减压阀必须在其出口侧装一个小型放气阀,才能改变出口压力并保持其稳定。譬如要降低出口压力,除调节非溢流式减压阀的手轮外,还必须开启放气阀,向室外放出部分气体(见图 11.22)。非溢流式减压阀也常用于经常耗气的吹气系统和气动马达。

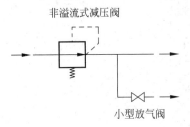

图 11.22 非溢流式减压阀的使用

2) 先导式减压阀(SMC—AR5 系列)

用压缩空气的作用力代替调压弹簧力以改变出口压力的阀,称为先导式减压阀。它调压操作轻便,流量特性好,稳压精度高,压力特性也好,适用于通径较大的减压阀。

先导式减压阀调压用的压缩空气,一般是由小型直动式减压阀供给的。若将这个小型直动式减压阀与主阀合成一体,称为内部先导式减压阀。若将它与主阀分离,则称为外部先导式减压阀,它可实现远距离控制。仅以内部先导式减压阀为例介绍其结构原理。

图 11.23 是普通型内部先导式减压阀的结构原理图。顺时针旋转手轮,调压弹簧被压缩,上膜片组件推动先导阀芯开启,输入气体通过恒节流孔流入上膜片下腔,此气压力与调压弹簧力相平衡。上膜片下腔与下膜片上腔相通,气压推下膜片组件,通过阀杆将主阀芯打开,则有出口压力。同时,此出口压力通过反馈孔进入下膜片下腔,与上腔压力相平衡,以维持出口压力不变。

2. 单向顺序阀

单向顺序阀是由顺序阀与单向阀并联组合而成。它依靠气路中压力的作用而控制执行元件的顺序动作。其工作原理如图 11.24 所示,当压缩空气进入腔 4 后,作用在活塞 3 上的力大于弹簧 2 的力时,将活塞顶起,压缩空气从 P 口经腔 4、腔 6 到 A 口,然后输出到气缸或气控换向阀。当切换气源,压缩空气从 A 流向 P 时,顺序阀关闭,此时腔 6 内的压力高于腔 4 内压力,在压差作用下,打开单向阀,反向的压缩空气从 A 到 T 排出,如图 11.24(b)所示。

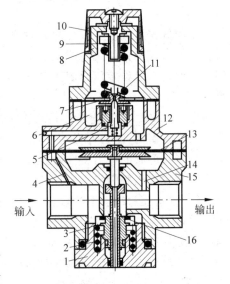

图 11.23 普通型内部先导式减压阀的结构原理图

1—下阀盖;2—复位弹簧;3—主阀芯;
4—恒节流孔;5—先导阀芯;6—上膜片下腔;
7—上膜片;8—上阀盖;9—调压弹簧;
10—手轮;11—上膜片组件;12—中盖;
13—下膜片组件;14—反馈孔;
15—阀体;16—阀杆

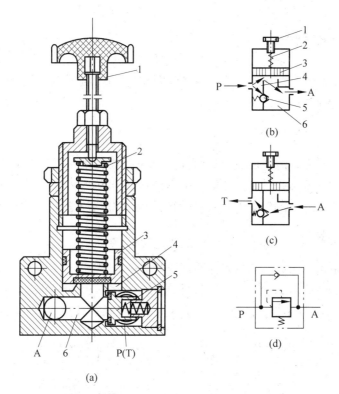

图 11.24　单向顺序阀工作原理

（a）结构图；（b）开启状态；（c）关闭状态；（d）图形符号

1—调节手轮；2—弹簧；3—活塞；4,6—工作腔；5—单向阀

3. 安全阀

安全阀也是溢流阀。安全阀在系统中起过压保护作用，工作原理如图 11.25 所示。当系统中气体压力在调定范围内时，作用在活塞 3 上的压力小于弹簧 2 的力，活塞关闭阀口，安全阀处于关闭状态。当系统压力升高，作用在活塞 3 上的压力大于弹簧的预压力时，活塞 3 被顶起，阀门开启，压缩空气从 P 到 T 排气，直到系统压力降至调定范围以下，活塞 3 又重新关闭阀口。开启压力的大小与弹簧的预压缩量有关。

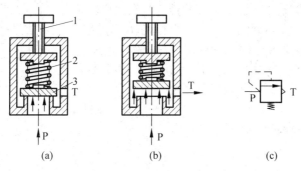

图 11.25　安全阀的工作原理

（a）关闭状态；（b）开启状态；（c）职能符号

1—调节手轮；2—调压弹簧；3—活塞（阀芯）

11.4.3　流量控制元件

流量控制阀是通过改变阀的通流面积来实现流量(或流速)控制的元件。流量控制阀包括节流阀、单向节流阀、排气消声节流阀等。

1. 节流阀

节流阀是依靠改变阀的通流面积来调节流量的。要求节流阀对流量的调节范围要宽，能进行微小流量的调节，调节精确，性能稳定，阀芯开度与通过的流量成正比。

阀芯节流孔口形状对节流阀的调节特性影响很大，常用节流口形状结构参见液压节流阀。

2. 单向节流阀

单向节流阀是由单向阀和节流阀并联而成的组合式控制阀，常用作气缸的速度控制，又称为速度控制阀，如图11.26所示。当气流沿着一个方向，由P→A流动时，经过节流阀节流；旁路的单向阀关闭，在相反方向上(A→P)气流可以通过开启的单向阀自由流过。

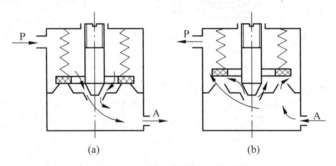

图11.26　单向节流阀工作原理

单向节流阀常用于气缸的调速和延时回路中，使用时应尽可能直接安装在气缸上。

3. 排气消声节流阀

排气消声节流阀只能安装在元件的排气口处，用来调节执行器排入大气的流量，以改变气动执行机构的速度。排气节流阀常带有消声器以减小排气噪声，并能防止环境中的粉尘通过排气口污染元件，图11.27所示为排气消声节流阀。

11.4.4　方向控制元件

能改变气体流动方向或通断的控制阀称为方向控制阀。如向气缸一端进气，并从另一端排气；再反过来，从另一端进气，一端排气，这种流动方向的改变，便要使用方向

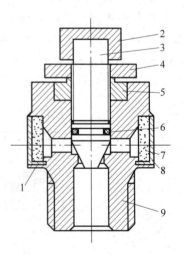

图11.27　排气消声节流阀
1—衬垫；2—调节手轮；3—节流阀芯；
4—锁紧螺母；5—导向套；6—O形圈；
7—消声材料；8—盖；9—阀体

控制阀。

1. 方向控制阀的分类

方向控制阀的品种规格相当多,了解其分类就比较容易掌握它们的特征,以利于选用。

1) 按阀内气流的流通方向分类

按阀内气流方向,方向控制阀可分为换向阀和单向阀两大类。可以改变气流流动方向的控制阀称为换向型控制阀,简称换向阀,如气控阀、电磁阀等。气流只能沿一个方向流动的控制阀称为单向型控制阀,如单向阀、梭阀、双压阀和快速排气阀等。

2) 按控制方式分类

按控制方式可分为电磁控制阀、气压控制阀、人力控制阀、机械控制阀和时间控制阀。

3) 按动作方式分类

按动作方式分类,可分为直动式和先导式。直接依靠电磁力、气压力、人力和机械力使阀芯换向的阀,称为直动式换向阀。直动式阀的通径较小。通径小的直动式电磁阀常称作微型电磁阀,常用于小流量控制或作为先导式电磁阀的电磁先导阀。

先导式气阀由先导阀和主阀组成。依靠先导阀输出的气压力,通过控制活塞等推动主阀芯换向。通径大的换向阀大都为先导式换向阀。

先导式气阀又分成内部先导式和外部先导式。先导控制的气源是由主阀内部气压提供的阀为内部先导式;先导控制气源是由外部供给的则为外部先导式。外部先导式换向阀的切换不受换向阀使用压力大小的影响,故同直动式阀一样可在低压或真空压力条件下工作。

4) 按切换通口数目分类

阀的切换通口包括入口、出口和排气口,但不包括控制口。按切换通口数目分,有二通阀、三通阀、四通阀和五通阀等。

5) 按阀芯的工作位置数分类

阀芯的每个工作位置表明了阀芯在阀内的切换状态,实现了换向阀各通口之间的通路连接。阀芯的工作位置简称"位",有几个工作位置就是几位阀(如二位阀、三位阀等)。阀的静止位置(即未加控制信号或被操作的位置)称为零位。

有两个通口的二位阀称为二位二通。它可实现气路的通或断。有三个通口的二位阀称为二位三通阀,在不同的工作位置可实现 P、A 相通,或 A、T 相通。

三位阀有三个工作位置。当阀芯处于中间位置时,各通口处于关断状态,则称为中位封闭式阀;若出口都与排气口相通,称为中位减(泄)压式阀;若出口都与入口相通,则称为中位加压式阀;若在中位减压式阀的两个出口都装上单向阀,则称为中位止回式阀。

换向阀的阀芯处于不同的工作位置时,各通口之间的通断状态是不同的。若将它们分别表示在一个长方形的方框中,就构成了换向阀的图形符号。常见的二位和三位换向阀的图形符号见表 11.2。

表 11.2　二位和三位换向阀的图形符号

	二位	三位			
		中位封闭式	中位泄压式	中位加压式	中位止回式
二通	A P				
三通	A P T	A T P			
四通	A B P T	B A T P	B A T P	B A T P	
五通	A B T P T	A B T P T	A B T P T	A B T P T	A B T P T

6) 按控制数分类

按控制数可分成单控式和双控式。

单控式是指阀的一个工作位置由控制信号获得(控制信号可以是电信号、气信号、人力信号或机械信号等),另一个工作位置是当控制信号消失后,靠其他力来获得(称为复位方式)。靠弹簧力复位称为弹簧复位;靠气压力复位称为气压复位;靠弹簧力和气压力复位称为混合复位。气压复位阀的使用压力很高时,复位力大,工作稳定。若使用压力较低,则复位力小,阀芯动作就不稳定。为弥补这个不足,可加一复位弹簧,形成混合复位,混合复位可减小复位活塞直径。二位阀的复位状态也称作零位。

双控式是指阀有两个控制信号。对二位阀,两个阀位分别由一个控制信号获得。当一个控制信号消失,另一个控制信号未加入时,能保持原有阀位不变的,称为具有记忆功能的阀。对三位阀,每个控制信号控制一个阀位。当两个控制信号都不存在时,靠弹簧力和(或)气压力使阀芯处于中间位置。

7) 按阀芯结构形式分类

常用的阀芯结构形式有截止式、滑柱式两大类,在此基础上还有同轴截止式和滑板式等。

8) 按密封形式分类

按密封形式分为弹性密封和间隙密封,如图 11.28 所示。

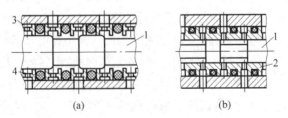

图 11.28　阀的密封形式

(a) 弹性密封;(b) 间隙密封

1—阀芯;2—阀套;3—隔套;4—密封圈

弹性密封又称为软质密封,即在各工作腔之间用合成橡胶材料等制成的各种密封圈来保证密封。与间隙密封相比,对阀芯、阀套制造精度及对工作介质的过滤精度要求低一些,基本无泄漏,但滑动阻力比间隙密封大,切换频率不高,使用时要注意润滑及避免环境温度过高(一般为 5～70℃)。

间隙密封又称为硬质密封或金属密封。它是靠阀芯与阀套内孔之间很小的间隙(2～5μm)来维持密封。因密封间隙很小,所以对元件制造精度要求高,对工作介质中的杂质敏感,要求气源过滤精度高于 5μm。在气源质量有保证的前提下,其阀芯滑动阻力小,换向灵敏,动作频率高,使用寿命长,但存在微小泄漏。

9) 按连接方式分类

阀的连接方式有管式连接、板式连接、法兰连接和集成式连接等几种。

10) 按流通能力分类

一种是按阀的名义通径或连接口径分类,另一种是按有效截面积分类。准确反映阀的流通能力的是有效截面积,在欧美常用 C_v 值(流速系数)表示流通能力。

2. 换向型方向控制阀

1) 电磁换向阀

电磁换向阀是气动控制元件中最主要的元件。按动作方式来分有直动式和先导式;按密封形式来分有间隙密封和弹性密封;按所用电源分有直流电磁换向阀和交流电磁换向阀。

(1) 直动式电磁换向阀

直动式电磁换向阀是利用电磁力直接推动阀杆(阀芯)换向。根据操纵线圈的数目有单线圈和双线圈,可分为单电控和双电控两种,图 11.29 所示为单电控直动式电磁阀工作原理。电磁线圈未通电时,P、A 断开,A、T 相通;电磁线圈通电时,电磁力通过阀杆推动阀芯向下移动,使 P、A 接通,T、A 断开。

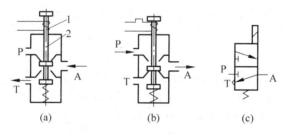

图 11.29　单电控直动式电磁阀工作原理
(a) 断电状态;(b) 通电状态;(c) 符号
1—电磁线圈;2—阀芯

图 11.30 所示为双电控直动式电磁阀工作原理。电磁铁 1 通电、电磁铁 3 断电时,阀芯 2 被推至右侧,A 口有输出,B 口排气。若电磁铁 1 断电,阀芯位置不变,仍为 A 口有输出,B 口排气,即阀具有记忆功能,直到电磁铁 3 通电,则阀芯被推至左侧,阀被切换,此时 B 口有输出,A 口排气。同样,电磁铁 3 断电时,阀的输出状态保持不变,使用时两电磁铁不允许同时得电。

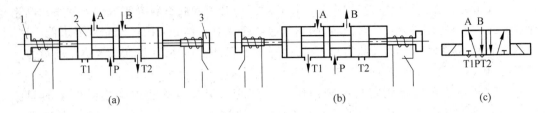

图 11.30　双电控直动式电磁阀工作原理

1,3—电磁铁；2—阀芯

直动式电磁阀的特点是结构简单、紧凑，换向频率高，但当用于交流电磁铁时，如果阀杆卡死就有可能烧坏线圈。阀杆的换向行程受电磁铁吸合行程的控制，因此只适用于小型阀。

（2）先导式电磁方向阀

先导式电磁方向阀是由小型直动式电磁阀和大型气控换向阀构成。图 11.31 所示为先导式单电控换向阀的工作原理图，它是利用直动式电磁阀（二位三通电控阀）输出的先导气压来操纵大型气控换向阀（主阀）换向的，其电控部分又称为电磁先导阀。

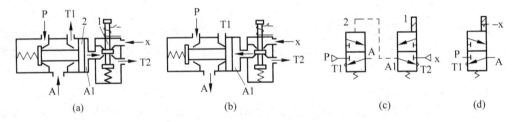

图 11.31　先导式单电控换向阀的工作原理图

（a）断电状态；（b）通电状态；（c）详细符号；（d）简化符号

1—电磁先导阀；2—主阀

图 11.32 所示为先导式双电控换向阀的工作原理，先导阀的气源可以从主阀引入，也可以从外部引入。

2）气控换向阀

气控换向阀是靠外加的气压力使阀换向，外加的气压力称为控制压力。在原理上，相对于先导式电磁换向阀去掉了电磁先导阀，而保留了主阀部分。

图 11.33 所示为气控换向阀工作原理图，单控式气控换向阀靠弹簧力复位。

对双气控或气压复位的气控换向阀，如果阀两边气压控制腔所作用的操作活塞面积存在差别，导致在相同控制压力同时作用下驱动阀芯的力不相等，而使阀换向，则该阀为差压控制阀。

对气控换向阀在其控制压力到阀控制腔的气路上串接一个单向节流阀和固定气室组成的延时环节就构成延时阀。控制信号的气体压力经单向节流阀向固定气室充气，当充气达到主阀动作要求的压力时，气控换向阀换向、阀切换，延时时间可通过调节节流阀开口大小来调整。

3）机械控制换向阀

靠机械外力使阀芯切换的阀称为机械控制换向阀（简称机控阀），它利用执行机构或者

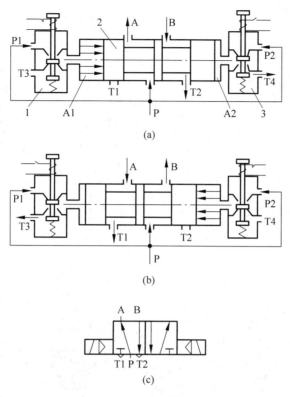

图 11.32 先导式双电控换向阀的工作原理

1,3—电磁先导阀；2—主阀

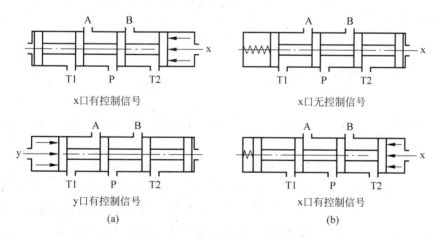

图 11.33 气控换向阀工作原理图

（a）双气控滑阀；（b）单气控滑阀

其他机构的机械运动，借助阀上的凸轮、滚轮、杠杆或撞块等机构来操作阀杆，驱动阀换向。常用机械操作形式如图 11.34 所示。机控阀不能用作挡块或停止器使用。

4）人力控制换向阀

靠手或脚使阀芯换向的阀称为人力控制换向阀。常用的手动阀头部结构如图 11.35 所示。

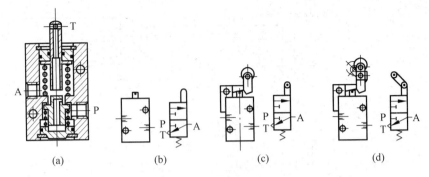

图 11.34　常用的机械控制方式

(a)结构；(b)直动式；(c)滚轮杠杆式；(d)单向滚轮杠杆式

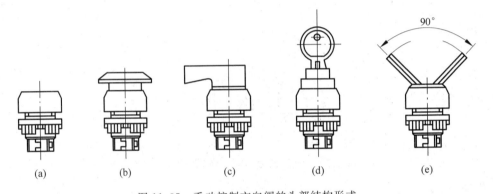

图 11.35　手动控制方向阀的头部结构形式

手动阀和机控阀,常用来产生气信号用于系统控制,但其操作频率不太高。

3. 单向型方向控制阀

1) 单向阀

气流只能向一个方向流动而不能反方向流动的阀称为单向阀,单向阀有两个通口。

2) 梭阀

梭阀的作用主要在于选择信号,相当于"或"门逻辑功能。图 11.36 所示为梭阀,它由两个单向阀组合而成。梭阀有两个进气口 P_1、P_2,一个出气口 A,其中 P_1、P_2 都可与 A 口相通,但 P_1 与 P_2 口不相通。P_1 与 P_2 口中任何一个有信号输入,A 口都有输出。若 P_1 与 P_2 都有信号输入,则先加入的一侧(当 $p_1 = p_2$ 时)或信号压力高的一侧的气信号通过 A 口输出,另一侧被堵死。图 11.36 所示为应用于手动和自动操作的选择回路。

3) 双压阀

双压阀的作用相当于"与"门逻辑功能。图 11.37 所示为双压阀,有两个入口 P_1、P_2,一个输出口 A。只有当两个输入都进气时,A 口才有输出,当 P_1 与 P_2 口输入的气压不等时,气压低的通过 A 口输出。双压阀常应用在安全互锁回路中,当工件定位信号压下机控阀和工件夹紧信号压下机控阀之后,双压阀才有输出,使气控阀换向,钻孔缸进给。定位信号和夹紧信号仅有一个时,钻孔缸不会进给。

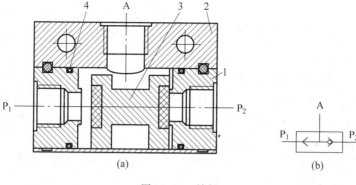

图 11.36　梭阀

(a) 结构图；(b) 符号

1—阀座；2—阀体；3—阀芯；4—O 形圈

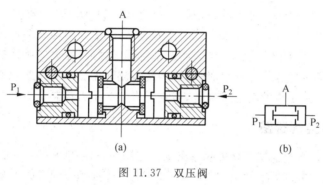

图 11.37　双压阀

(a) 结构图；(b) 符号

4) 快速排气阀

当进口压力下降到一定值时,出口有压气体自动从排气口迅速排气的阀称为快速排气阀。图 11.38 所示为快速排气阀,当 P 口进气后,阀芯关闭排气口 T,P 与 A 相通,A 有输出;当 P 口无气体输入时,A 口的气体使阀芯将 P 口封住,A 与 T 接通,气体快速排出。快速排气阀用于气缸或其他元件需要快速排气的场合,此时气缸的排气不通过较长的管路和换向阀,而直接由快速排气阀排出,通口流通面积大、排气阻力小。

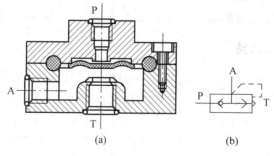

图 11.38　快速排气阀

(a) 结构图；(b) 符号

11.5 气动基本回路

一个复杂的气动控制系统,往往是由若干个气动基本回路组合而成的。设计一个完整的气动控制回路,除了能够实现预先要求的程序动作以外,还要考虑调压、调速、手动和自动等一系列的问题。因此,熟悉和掌握气动基本回路的工作原理和特点,可为设计、分析和使用比较复杂的气动控制系统打下良好的基础。

气动基本回路种类很多,其应用的范围很广。本节主要介绍压力控制、速度控制和方向控制基本回路的工作原理及选用。

11.5.1 压力控制回路

在一个气动控制系统中,进行压力控制主要有两个目的。第一是为了提高系统的安全性,在此主要指控制一次压力。如果系统中压力过高,除了会增加压缩空气输送过程中的压力损失和泄漏外,还会使配管或元件破裂而发生危险。因此,压力应始终控制在系统的额定值以下,一旦超过了所规定的允许值时,能够迅速溢流降压。第二是给元件提供稳定的工作压力,使其能充分发挥元件的功能和性能,这主要指二次压力控制。

1. 一次压力控制回路

一次压力控制是指把空气压缩机的输出压力控制在一定值以下。一般情况下,空气压缩机的出口压力为 0.8MPa 左右,并设置储气罐,储气罐上装有压力表、安全阀等,如图 11.39 所示。图中气源 1 的选取可根据使用单位的具体条件,采用压缩空气站集中供气或小型空气压缩机单独供气,只要它们的容量能够与用气系统压缩空气的消耗量相匹配即可。当空气压缩机的容量选定以后,在正常向系统供气时,储气罐中的压缩空气压力由压力表 4 显示出来,其值一般低于安全阀 3 的调定值,因此安全阀通常处于关闭状态。当系统用气量明显减少,储气罐中的压缩空气过量而使压力升高到超过安全阀的调定值以下时,安全阀自动开启溢流,使罐中压力迅速下降,当罐中压力降至安全阀的调定值以上时,安全阀自动关闭,使罐中压力保持在规定范围内。可见,安全阀的调定值要适当,若调得过高,则系统不够安全,压力损失和泄漏也要增加;若调得过低,则会使安全阀频繁开启溢流而消耗能量。安全阀压力的调定值,一般可根据气动系统工作压力范围,调整在 0.7MPa 左右。

2. 二次压力控制回路

二次压力控制是指把空气压缩机输送出来的压缩空气,经一次压力控制后作为减压阀的输入压力 p_1,再经减压阀减压稳压后所得到的输出压力 p_2(称为二次压力),作为气动控制系统的工作气压使用。可见,气源的供气压力 p_1 应高于二次压力 p_2 所必需的调定值。在选用图 11.40 所示的回路时,可以用三个分离元件(即空气过滤器、减压阀和油雾器)组合而成,也可以采用气动三联件的组合件。在组合时三个元件的相对位置不能改变,由于空气过滤器的过滤精度较高,因此,在它的前面还要加一级粗过滤装置。若控制系统不需要加油雾器,则可省去油雾器或在油雾器之前用三通接头引出支路即可。

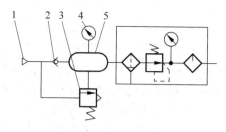

图 11.39　一次压力控制回路

1—气源；2—单向阀；3—安全阀；

4—压力表；5—储气罐

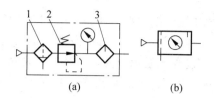

图 11.40　二次压力控制回路

(a) 详图；(b) 简图

1—空气过滤器；2—减压阀；3—油雾器

3. 高低压选择回路

在实际应用中,某些气动控制系统需要有高、低压力的选择。例如,加工塑料门窗的三点焊机的气动控制系统中,用于控制工作台移动的回路其工作压力为 0.25~0.3MPa,而用于控制其他执行元件的回路的工作压力为 0.5~0.6MPa。对于这种情况若采用调节减压阀的办法来解决,会感到十分麻烦,因此可采用如图 11.41 所示的高、低压选择回路。该回路只要分别调节两个减压阀,就能得到所需的高压输出和低压输出。在实际应用中,需要在同一管路上有时输出高压,有时输出低压,此时可选用图 11.42 所示回路。当换向阀有控制信号 K 时,换向阀换向处于上位,输出高压;当无控制信号 K 时,换向阀处于图示位置,输出低压。

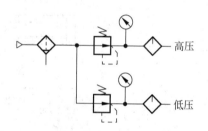

图 11.41　高低压选择回路

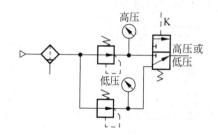

图 11.42　用换向阀选择高低压回路

在上述几种压力控制回路中,所提及的压力,都是指常用的工作压力值(一般为 0.4~0.5MPa),如果系统压力要求很低,如气动测量系统,其工作压力在 0.05MPa 以下,此时使用调节的线性度较差的普通减压阀就不合适了,应选用精密减压阀或气动定值器。

11.5.2　方向控制回路

方向控制回路又称换向回路,它是通过换向阀的换向来改变执行元件的运动方向的。因为控制换向阀的方式较多,所以方向控制回路的方式也较多,下面介绍几种较为典型的方向控制回路。

1. 单作用气缸的换向回路

单作用气缸的换向回路如图 11.43 所示。当电磁换向阀通电时,该阀换向,处于右位。此时,压缩空气进入气缸的无杆腔,推动活塞并压缩弹簧使活塞杆伸出。当电磁换向阀断电时,该阀复位至图示位置。活塞杆在弹簧力的作用下回缩,气缸无杆腔的余气经换向阀排气口排入大气。这种回路具有简单,耗气少等特点。但气缸有效行程减少,承载能力随弹簧的压缩量而变化。在应用中气缸的有杆腔要设呼吸孔,否则,不能保证回路正常工作。

2. 双作用气缸的换向回路

图 11.44 所示是一种采用二位五通双气控换向阀的换向回路。当有 K_1 信号时,换向阀换向处于左位,气缸无杆腔进气,有杆腔排气,活塞杆伸出;当 K_1 信号撤除,加入 K_2 信号时,换向阀处于右位,气缸进、排气方向互换,活塞杆回缩。由于双气控换向阀具有记忆功能,故气控信号 K_1、K_2 使用长、短信号均可,但不允许 K_1、K_2 两个信号同时存在。

3. 差动控制回路

所谓差动控制是指气缸的无杆腔进气活塞伸出时,有杆腔的排气又回到进气端的无杆腔。如图 11.45 所示,该回路用一只二位三通手拉阀控制差动式气缸。当操作手拉阀使该阀处于右位时,气缸的无杆腔进气,有杆腔的排气经手拉阀也回到无杆腔成差动控制回路。该回路与非差动连接回路相比较,在输入同等流量的条件下,其活塞的运动速度可提高,但活塞杆上的输出力要减少。当操作手拉阀处于左位时,气缸有杆腔进气,无杆腔余气经手拉阀排气口排空,活塞杆缩回。

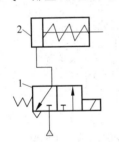

图 11.43　单作用气缸的
换向回路

1—单作用气缸;2—电磁换向阀

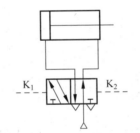

图 11.44　双作用气缸的
换向回路

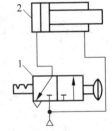

图 11.45　差动控制回路

1—手拉阀;2—差动缸

4. 多位运动控制回路

采用一只二位换向阀的换向回路,一般只能在气缸的两个终端位置才能停止。如果要使气缸有多个停止位置,就必须要增加其他元件。若采用三位换向阀则实现多位控制就比较方便了。其组成回路详见图 11.46。该回路利用三位换向阀的不同中位机能,得到不同的控制方案。其中图 11.46(a)是中封式控制回路,当三位换向阀两侧均无控制信号时,阀处于中位,此时缸停留在某一位置上。当阀的左端加入控制信号时,使阀处于左位,气缸右端进气,左端排气,活塞向左运动。在活塞运动过程中若撤去控制信号,则阀在对中弹簧的作用下又回到中位,此时气缸两腔里的压缩空气均被封住,活塞停止在某一位置上。要使活塞继续向左运动,必须在换向阀左侧再加入控制信号。另外,如果阀处于中位上,要使活塞向右运动,只要在换向阀右侧加入控制信号使阀处于右位即可。图 11.46(b)和(c)所示控制回路的工作原理与图 11.46(a)的回路基本相同,所不同的是三位阀的中位机能不一样。当阀处于中位时,图 11.46(b)气缸两端均与气源相通,即气缸两腔均保持气源的压力,由于气缸两腔的气源压力和有效作用面积都相等,所以活塞处于平衡状态而停留在某一位置上;图 11.46(c)所示回路中气缸两腔均与排气口相通,即两腔均无压力作用,活塞处于浮动状态。

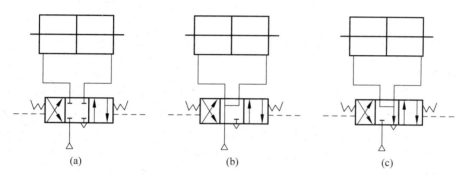

图 11.46　多位运动控制回路

11.5.3　速度控制回路

速度控制主要是指通过对流量阀的调节,达到对执行元件运动速度的控制。对于气动系统来说,其承受的负载较小,如果对执行元件的运动速度平稳性要求不高,那么,选择一定的速度控制回路,以满足一定的调速要求是可能的。对于气动系统的调速来讲,较易实现气缸运动的快速性,是其独特的优点;但是由于空气的可压缩性,要想得到平稳的低速难度就大了。对此,可采取一些措施,如通过气-液阻尼或气-液转换等方法,就能得到较好的平稳低速。

众所周知,速度控制回路的实现,都是改变回路中流量阀的流通面积以达到对执行元件调速的目的,其具体方法主要有以下几种。

1. 单作用气缸的速度控制回路

1) 双向调速回路

如图 11.47 所示回路,采用了两只单向节流阀串联连接,分别实现进气节流和排气节流来控制气缸活塞杆伸出和缩回的运动速度。

2) 慢进快退调速回路

如图 11.48 所示,当有控制信号 K 时,换向阀换向,其输出经节流阀、快排阀进入单作用缸的无杆腔,使活塞杆慢速伸出,伸出速度的大小取决于节流阀的开口量;当无控制信号 K 时,换向阀复位,无杆腔的余气经快速排气阀排入大气,活塞杆在弹簧的作用下缩回。快排阀至换向阀连接管内的余气经节流阀、换向阀的排气口排空。这种回路适用于要求执行元件慢速进给、快速返回的场合,尤其适用于执行元件的结构尺寸较大、连接管路细而长的回路。

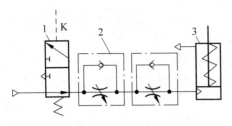

图 11.47   双向调速回路图

1—换向阀；2—单向节流阀；3—单作用气缸

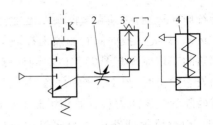

图 11.48   慢进快退调速回路

1—换向阀；2—节流阀；3—快排阀；4—单作用气缸

2. 双作用气缸的速度控制回路

1) 双向调速回路

图 11.49 所示是双作用气缸的双向调速回路。其中图 11.49(a)为采用单向节流阀的调速回路；图 11.49(b)所示回路是在换向阀的排气口上安装排气节流阀的调速回路。这两种调速回路的调速效果基本相同，都是属于排气节流调速。从成本上考虑，图 11.49(b)的回路经济一些。

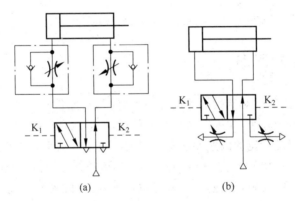

图 11.49   双向调速回路

(a) 使用单向节流阀；(b) 使用排气节流阀

2) 慢进快退调速回路

在许多应用场合，为了提高工作效率，希望气缸在空行程快速退回，此时，可选用图 11.50 所示的调速回路。当控制活塞杆伸出时，采用排气节流控制，活塞杆慢速伸出；活塞杆缩回时，无杆腔余气经快排阀排空，使活塞杆快速退回。

3) 缓冲回路

对于气缸行程较长、速度较快的应用场合，除考虑气缸的终端缓冲外，还可以通过回路来实现缓冲。图 11.51(a)为快速排气阀和溢流阀配合使用的控制回路。当活塞杆缩回时，由于回路中节流阀 4 的开口量调得较小，其气阻较大，使气缸无杆腔的排气受阻而产生一定的背压，余气只能经快排阀 3、溢流阀 2 和节流阀 1(开口量比节流阀 4 大)排空。当气缸活塞左移接近终端，无杆腔压力下降至打不开

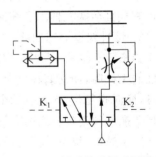

图 11.50   慢进快退调速回路

溢流阀时,剩余气体只能经节流阀 4、换向阀的排气口排出,从而取得缓冲效果。图 11.51(b) 所示回路是单向节流阀与二位二通机控行程阀配合使用的缓冲回路。当换向阀处于左位时,气缸无杆腔进气,活塞杆快速伸出,此时,有杆腔余气经二位二通行程阀、换向阀排气口排空。当活塞杆伸出至活塞杆上的挡块压下二位二通行程阀时,二位二通行程阀的快速排气通道被切断。此时,有杆腔余气只能经节流阀和换向阀的排气口排空,使活塞的运动速度由快速转为慢速,从而达到缓冲的目的。

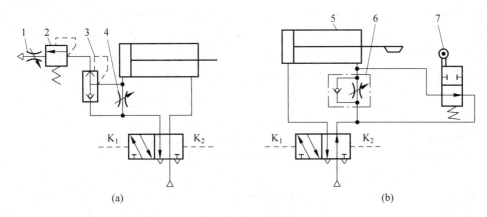

图 11.51　缓冲回路

(a) 快速排气阀和溢流阀配合;(b) 单向节流阀与二位二通机控行程阀配合

1,4—节流阀;2—溢流阀;3—快排阀;5—气缸;6—单向节流阀;7—行程阀

3. 气-液联动的速度控制回路

采用气-液联动,得到平稳运动速度的常用方式有两种。一种是应用气-液阻尼缸的调速回路;另一种是应用气-液转换器的速度控制回路。这两种调速回路都不需要设置液压动力源,却可以获得如液压传动那样平稳的运动速度。

1) 气-液阻尼缸调速回路

(1) 慢进快退调速回路

许多应用场合,如组合机床的动力滑台,一般都希望以平稳的运动速度实现进给运动,在返程时则尽可能快速,以利用提高工效。这样的调速回路如图 11.52 所示。由图可知,气-液阻尼缸是由气缸和阻尼缸串联连接而成的,气缸是动力缸,液压缸是阻尼缸。当换向阀处于左位时,气缸无杆腔进气,有杆腔排气,活塞杆伸出,此时,液压缸右腔的油液经节流阀流到左腔,其活塞的运动速度取决于节流阀开口量的大小。当换向阀处于右位时,气缸活塞杆缩回。此时,液压缸左腔的油液经单向阀流回右腔,因液阻很小,故可实现快退动作。

图 11.52 中所设油杯是补油用的,其作用是防止油液泄漏以后渗入空气而使平稳性变差,它应放置在比缸高的地方。

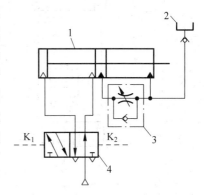

图 11.52　慢进快退调速回路

1—气-液阻尼缸;2—油杯;

3—单向节流阀;4—换向阀

（2）变速回路

如图 11.53 所示是采用气-液阻尼缸的调速回路。其中图 11.53(a)回路的换向阀处于左位时，活塞杆伸出，在伸出过程中，ab 段为快速进给行程（见图 11.53(c)），b 为速度换接点；bc 段行程为慢速进给，进给速度取决于节流阀的开口量。换向阀处于右位时，活塞杆快速缩回，液压缸左腔油液经单向阀快速流回右腔。图中 ab 段可通过外接管路沟通，也可以在液压缸内壁加工一条较窄的长槽沟通。图 11.53(b)是借助于二位二通行程阀实现速度换接的，当活塞杆伸出时，在其上的挡块未压下行程阀时，实现快速进给；一旦挡块压下行程阀时，就变快进为慢进运动。活塞杆缩回时同样为快速运动。由此可见，这两种回路基本相同，其不同之处是：前者速度换接的行程不可变，外接管路简单；后者安装行程阀要占空间位置，但只要改变行程阀的安装位置，就可改变速度换接的行程。

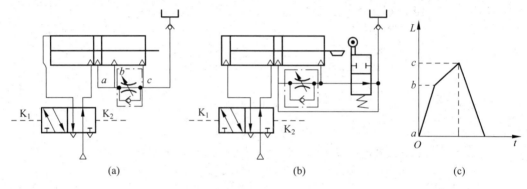

图 11.53　变速回路

2）气-液转换器的调速回路

采用气-液转换器的调速回路与采用气-液阻尼缸的调速回路一样，也能得到平稳的运动速度。在图 11.54(a)所示回路中，当换向阀处于左位时，压缩空气进入气-液缸的无杆腔，推动活塞右移，有杆腔油液经节流阀进入气-液转换器的下端，上端的压缩空气经换向阀排

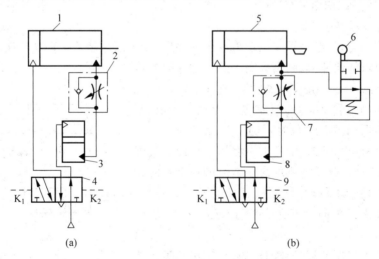

图 11.54　气-液转换器的速度控制回路

1,5—气-液缸；2,7—单向节流阀；3,8—气-液转换器；4,9—换向阀；6—行程阀

气口排空。此时,活塞杆以平稳的速度伸出,伸出的速度由节流阀调节。当换向阀处于右位时,压缩空气进入气-液转换器的上端,油液受压后从下端经单向阀进入气-液缸的有杆腔,活塞杆缩回,无杆腔的余气经换向阀的排气口排空。气-液缸的活塞杆伸出时,如需速度换接时,可借助于如图 11.54(b)所示的带机控行程阀的回路。在此回路中的活塞杆伸出过程中,当其上挡块未压下行程阀时为快速运动,一旦压下行程阀时,就立刻转为慢速运动,进给速度取决于节流阀的开口量。选用这两种回路时要注意气-液转换器的安装位置,正确的方法是气腔在上,液腔在下,不能颠倒。

采用气-液转换器的调速回路不受安装位置的限制,可任意放置在方便的地方,而且加工简单,工艺性好。

11.6 气动系统实例

气动技术是实现工业生产机械化、自动化的方式之一。由于气压传动系统使用安全、可靠,可以在高温、振动、腐蚀、易燃、易爆、多粉尘、强磁、辐射等恶劣环境下工作,所以应用日益广泛。本节简要介绍几种气压传动及控制系统在生产中的应用实例。

11.6.1 气动传动机械手气压传动系统

1. 概述

气压传动在工业机械手、特别在高速机械手中应用较多。它的压力一般在 0.4~0.6MPa 之内,个别的气压系统的压力可达 0.8~1.0MPa,其臂力压力一般在 3.0MPa 以下。下面介绍 160t 冷挤压机上气压传动机械手。

2. 气压系统的工作原理图

160t 冷挤压机用于生产活塞销,采用冷挤压的方法直接将毛坯挤压成形。挤压机两侧分别装有上料和下料两台机械手。

机械手采用行程开关式固定程序控制,控制系统与挤压机控制系统配合,由上料机械手控制挤压机滑块的下压和原料补充,下料机械手则由挤压机滑块的回升来控制。

图 11.55 所示是上料机械手动作原理图。气缸 1 推动齿条 2,带动齿轮 3 和锥齿轮 12,同时带动立柱 11 旋转。这样,固定在立柱上的压料气缸 10 及手臂随之旋转。而锥齿轮 12 则经锥齿轮 4 带动手臂使其绕手臂轴 5 自转,从而使工件轴心线由水平位置转成垂直位置。然后手臂伸缩气缸 6 推动手臂伸出,使工件轴心线对正机器轴心线。压料气缸 10 随之推动压臂,将工件压入模孔,完成上料任务。最后各气缸反向动作复原,手臂伸缩气缸伸出手爪抓料并退回,至此完成一个循环动作。上料机械手的气压系统原理见图 11.56。

下料机械手共有两个伸缩气缸,一个使手臂伸缩,另一个夹放料,放料时工件从料槽滑入料箱,该过程比较简单,在此不再说明。

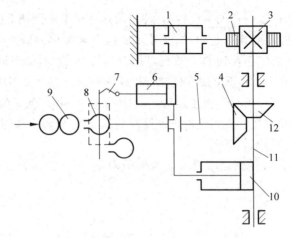

图 11.55   冷挤压机上料机械手动作原理

1—气缸；2—齿条；3—齿轮；4,12—锥齿轮；

5—手臂轴；6—手臂伸缩气缸；7—手爪；8—模具；

9—工件；10—压料气缸；11—立柱

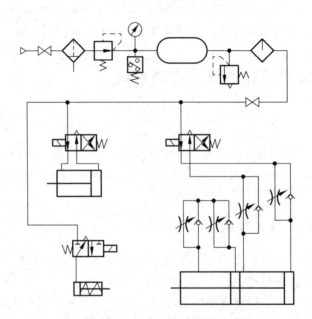

图 11.56   上料机械手气压系统原理图

3. 气压系统的特点

该气压传动机械手气压系统有以下特点：

(1) 不用增速机构即能获得较高的运动速度，使其能快速自动地完成上料、下料动作。

(2) 结构简单，刚性好，成本低。

(3) 空气泄漏对环境无污染，对管路要求低。

(4) 驱动立柱旋转的气缸 1 采用气-液联动缸，以气压缸作动力，液压缸起阻尼作用。为保证机械手速度均匀、动作协调，系统中需增设一定的气压辅助元件，如蓄能器、压力继电器等。

11.6.2　香皂装箱机气压系统

1. 概述

香皂装箱机的工作过程是将每 480 块香皂装入一个纸箱内,其组成结构如图 11.57 所示。香皂装箱的全部动作由托箱气缸 A、装箱气缸 B、托皂气缸 C 和计数气缸 D 完成。其气压系统工作原理如图 11.58 所示,A、B、C 三个气缸都是普通型双作用气缸,但计数气缸是单作用气缸,并且它的气源由托皂气缸 C 直接供给,气压推动活塞伸出,活塞的返回靠弹簧作用来实现。

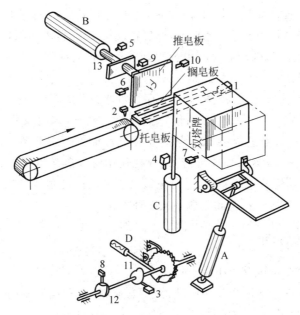

图 11.57　香皂装箱机的工作原理图
1～10—行程开关;11,12—凸轮;13—挡板

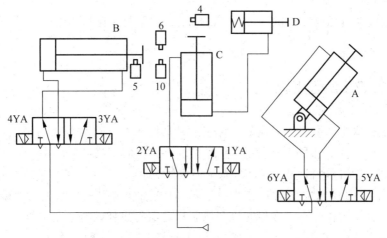

图 11.58　香皂装箱机气压系统图
4,5,6,10—行程开关

2. 气压系统的工作原理

香皂装箱机工作时，首先由人工把纸箱套在装箱框上，这时触动行程开关7，使运输带的电路接通，运输带将香皂运送过来。这样，香皂排列在托皂板上，每排满12块，就碰到行程开关1使运输带停止运转，同时电磁铁1YA通电，托皂气缸C将托皂板托起，使香皂通过搁皂板后就搁在搁皂板上（搁皂板只能向上翻，不能向下翻）。这时行程开关1已被松开，运输带继续运送香皂，如此动作每满12块，托皂气缸C就上下一次，并通过计数气缸D将棘轮转过一齿。棘轮圆周上共有40个齿，在棘轮同一轴上还有两个凸轮11和12，凸轮11上有4个缺口，凸轮12上有2个缺口，凸轮的圆周各压住一个行程开关。

托皂板每升起10次，棘轮就转过10个齿，这时行程开关3刚好落入凸轮11的缺口而松开。由此发出的信号使电磁铁3YA通电，装箱气缸B推动装箱板，将叠成10层的一摞120块香皂推到装箱台上，推动的距离由行程开关9的位置决定。当装箱气缸B活塞杆上的挡板13碰到行程开关9时，气缸就退回。

当托皂气缸C上下20次之后，装皂台上存有两摞240块香皂，这时凸轮12上的缺口正好对正行程开关8，它发出信号，一方面使行程开关9断开，同时又将电磁铁3YA再次接通，因此装箱气缸B再次前进，直到其活塞杆上的挡板碰到行程开关6才退回。此时，电磁铁5YA接通，托箱气缸A活塞杆伸出，使托板托住箱底。这样重复上述过程，直到将四摞480块香皂都通过装箱框装进纸箱内，这时托板又起来托住箱底，将装有香皂的纸箱送到运输带上，再由人工贴上封箱条，至此完成一次循环工作。

3. 气压系统的特点

该香皂装箱机气压系统有以下特点：

（1）系统采用凸轮与行程开关相结合的机-电控制，来实现气缸的顺序动作，既可任意调整气缸的行程，动作又可靠。

（2）三个动作气缸均采用二位五通电磁阀作为主控阀，各行程信号由行程开关取得，使系统结构简单，调整方便。

（3）计数气缸由托皂气缸供气，使两气缸联锁，且采用棘轮和凸轮联合计数，计数准确，可靠性好。

11.6.3　2ZZ862型射芯机

射芯机是铸造生产中广泛采用的一种制造砂芯的机器。这里介绍的是国产2ZZ862型两工位全自动热芯盒射芯机主机部分（射芯工位）的气动系统。该机由一台热芯盒射芯机（主机）和两台取芯机（辅机）组合而成，有射芯和取芯两个工位。射芯工位的动作程序是：工作台上升、芯盒加紧、射砂、排气、工作台下降、打开加砂闸门、加砂、关闭加砂闸门。芯盒进出主机是借助于工作台小车在射芯机和取芯机之间的往复运动来完成的。

全机采用电磁-气控系统，可以实现自动、半自动和手动三种工作方式。射芯机（主机）部分的气动工作原理图如图11.59所示。

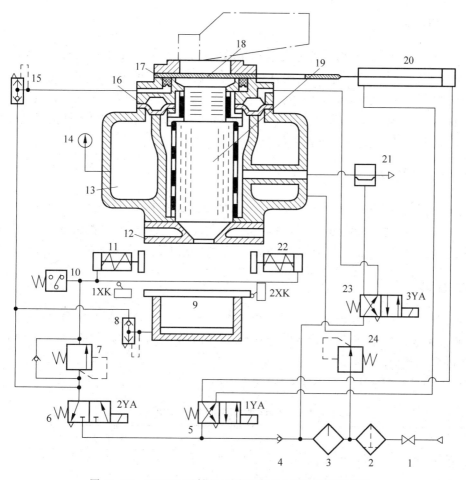

图 11.59　2ZZ862 型射芯机(射芯工位)气动系统原理图

1—总阀；2—分水滤气器；3—油雾器；4—单向阀；5,6,23—电磁换向阀；7—顺序阀；8,15—快速排气阀；
9—顶升缸；10—压力继电器；11,22—夹紧缸；12—射砂头；13—储气包；14—压力表；16—快速射砂阀；
17—闸门密封圈；18—加砂闸门；19—射砂筒；20—闸门气缸；21—排气阀；24—调压阀

　　射芯机在原始状态时,加砂闸门 18 和快速射砂阀 16 关闭,射砂筒 19 内装满芯砂。按照射芯机的动作程序,现将其气动系统的工作过程分为 4 个步骤。

1. 工作台上升和芯盒加紧

　　空芯盒随同工作台被小车送到顶升缸 9 的上方,并压合行程开关 1XK,使电磁铁 2YA 通电,电磁换向阀换向。经阀 6 出来的气流分为三路：第一路经快速排气阀 15 进入闸门密封圈 17 的下腔,用以提高密封圈的密封性能；第二路经快速排气阀 8 进入顶升缸 9,升起工作台,使芯盒压紧在射砂头 12 的下面,将芯盒垂直压紧；当缸 9 中的活塞上升到顶点后,管路中的气压升高,达到 0.5MPa 时,单向顺序阀 7 开启,使第三路气流进入夹紧缸 11 和 22,将芯盒水平加紧。

2．射砂

当夹紧缸 11 和 22 内的大气压大于 0.5MPa 后，压力继电器 10 压合，电磁铁 3YA 通电，使换向阀 23 换向，排气阀 21 关闭，同时使快速射砂阀 16 的上腔排气。此时，储气包 13 中的压缩空气将顶起射砂阀 16 的薄膜，使储气包内的压缩空气快速进入射砂筒进行射砂。射砂时间的长短由时间继电器控制。射砂结束后，3YA 断电，换向阀 23 复位，使射砂阀 16 关闭，排气阀 21 敞开，排出射砂筒内的余气。

3．工作台下降

射砂筒排气后，2YA 断电，换向阀 6 复位，使顶升缸 9 下降；夹紧缸 11 和射砂头 12 同时退回原位，并使闸门密封圈 17 下腔排气。当顶升缸下降到最低位置后，射好砂芯的芯盒由工作台小车带动与工作台一起被送到取芯机，去完成硬化与起模工序。

4．加砂

当工作台下降到终点压合行程开关 2XK 时，1YA 通电，换向阀 5 换向，使加砂闸门 18 打开，砂斗向射砂筒 19 内加砂，加砂时间的长短由时间继电器控制。到达预定时间时，电磁铁 1YA 断电，换向阀 5 复位，使加砂停止。

至此，射芯机完成了一个工作循环，其动作程序及循环时间参见表 11.3。

表 11.3　2ZZ862 型热芯盒射芯机动作程序表

序号	动作名称	发令元件	电磁铁			动作时间/s													
			1YA	2YA	3YA	1	2	3	4	5	6	7	8	9	10	11	12	13	14
1	工作台上升	1XK		+		—	—												
2	芯盒加紧	单向顺序阀		+				—											
3	射砂	压力继电器		+	+					—									
4	排气	时间继电器		+							—								
5	工作台下降	时间继电器		—								—							
6	加砂	2XK	+											—	—	—	—	—	
7	停止加砂	时间继电器	—															—	—

该系统由快速排气回路、顺序控制回路、电磁换向回路和调压回路等基本回路所组成。由于采用电磁-气控，使此系统具有自动化程度高、动作联锁、安全保护完善和系统简单等优点。

11.6.4　气压伺服系统

这里简单介绍气压力伺服系统、张力控制伺服系统和加压控制伺服系统，它们分别代表不同类型的气压伺服系统。

气压控制系统与液压控制系统相比,最大的不同点在于空气与油液的压缩性和黏性的不同。空气的压缩性大、黏性小,有利于构成柔软型驱动机构和实现高速运动。但是,压缩性大会带来压力响应的滞后;黏性小意味着系统阻尼小和衰减不足,易引起系统的振动。另外,由于阻尼小,系统的增益不可能高,系统的稳定性易受外部干扰和系统参数变化的影响,难以实现高精度控制。所以过去人们一直认为气压控制系统只能用于气缸行程两端的开关控制,难于满足对位置或力连续可调的高精度控制要求。因此,在设计伺服控制系统时,除了一些特殊的应用场合,很少选择气压伺服控制系统。但是,随着新型的气压比例/伺服控制阀的开发和现代控制理论的引入,气压比例/伺服控制系统的控制性能得到了极大的提高。再加上气压系统所具有的重量轻、价格低、抗电磁干扰和过载保护能力等优点,气压比例/伺服控制系统越来越受到设计者的重视,其应用领域正在不断地扩大。

比例控制技术在液压控制系统中已得到广泛的应用,并已取得了显著的经济效益。而在气压控制系统中,由于同样的原因,使气压伺服系统有固有频率低、刚度弱、非线性严重及不易稳定等缺点,使比例控制技术在气压领域上的应用受到了限制,研究进展速度相对较慢。但随着相关技术的不断发展和工程实际需求,比例控制技术在气压领域上的应用将越来越多。

1. 压力控制伺服系统

气压比例/伺服控制系统非常适合应用于汽车部件、橡胶制品、轴承及键盘等产品的中、小型疲劳实验机中。图 11.60 为汽车方向盘疲劳实验机的气压伺服控制系统。该实验机主要由试件(方向盘)1、负载传感器 2、气缸 3、位移传感器 4、伺服控制阀 5 和伺服控制器及计算机等组成。要求向试件方向盘的轴向、径向和螺旋方向,单独或复合(两轴同时)地施加正弦变化的负载,然后检测其寿命。在图中,根据系统的要求,输入一定幅值和频率的信号。由负载传感器检测出实际气缸的施加力,经伺服控制放大器放大、滤波和模/数(A/D)转换后,与给定值进行比较,从而产生控制信号,再经由数/模(D/A)转换后由伺服控制器产生驱动伺服阀的电流,从而使气缸跟踪输入信号产生加载所需要的负载。该实验机的特点是:精度和简单性兼顾;在两轴同时加载时,不易形成相互干涉。

2. 张力控制伺服系统

在印刷、纺织、造纸等许多工业领域中,张力控制是不可缺少的工艺手段。带材或板材(纸张、胶片、电线、金属薄板等)的卷绕机,在卷绕过程中,为了保证产品的质量,都要求卷筒张力保持一定。由于气压制动器具有价廉、维修简单、制动力矩范围变更方便等特点,所以在各种卷绕机中得到了广泛的应用。图 11.61 所示为采用比例压力阀组成的张力控制系统,它主要由卷筒 1、带材或板材 2、张力传感器 3、比例压力阀 4 和气压制动器 5 等组成。系统工作时,高速运动的带材或板材的张力由张力传感器检测,并反馈到控制器,控制器以张力反馈值与输入值的偏差为基础,采用一定的控制算法,输出控制量到比例压力阀,从而调整气压制动器的制动压力,以保证带材的张力恒定。在张力控制中,控制精度比响应速度要求高,应该选用控制精度较高的喷嘴挡板型比例压力阀。

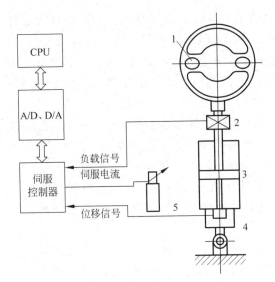

图 11.60　压力控制伺服系统

1—试件(方向盘);2—负载传感器;3—气缸;

4—位移传感器;5—伺服控制阀

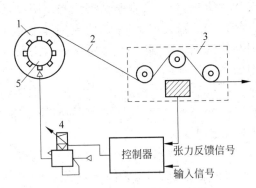

图 11.61　张力控制伺服系统

1—卷筒;2—带材或板材;3—张力传感器;

4—比例压力阀;5—气压制动器

11.6.5　加压控制伺服系统

图 11.62 为磨床中的加压控制伺服系统。在这种应用场合下,控制精度比响应速度要求高,同样应选用控制精度较高的喷嘴挡板型或开关电磁阀比例压力阀。值得注意的是,加压控制的精度不仅取决于比例压力阀的精度,气缸的摩擦阻力特性影响也很大。标准气缸的摩擦阻力随着工作压力、运动速度等因素变化,难于实现平稳加压控制。所以在此应用场合下,应该选用低速、恒摩擦阻力气缸。该系统主要由比例压力阀 1、气缸 2、夹具 3、磨石 4 和减压阀 5 等组成,系统中减压阀的作用是向气缸有杆腔加一恒压,以平衡活塞杆和夹具机构的自重。在工作过程中,首先关闭比例压力阀,调整减压阀的压力值,使气缸下腔作用在活塞上的力与活塞杆以及夹具机构的自重相平衡。然后根据磨削所需要的力控制压力阀,使气缸产生所需的力施加于工件上。

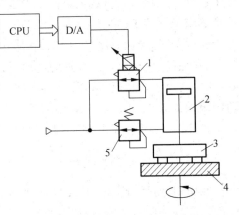

图 11.62　加压控制伺服系统

1—比例压力阀;2—气缸;3—夹具;

4—磨石;5—减压阀

11.7　气动系统的设计

前面几章我们已经学习了气动元件,气动基本回路等知识,在此基础上我们将进行气动系统设计的学习。系统设计中的重要内容是气动回路的设计。在回路设计中,将重点介绍行程程序回路的设计方法。

11.7.1 概述

1. 程序控制的分类

程序控制是自动化领域中被广泛采用的控制方式之一。随着程序动作的增加,回路的复杂程度相应增加。因此,单凭经验已不能满足回路设计的需要。程序设计的内容极为丰富,方法也很多。在此,本章仅介绍一种普遍采用的图解法,即:信号-动作状态图法,也称X-D 线法。

程序控制一般可分为行程程序控制、时间程序控制和行程、时间混合控制三种。

1) 行程程序控制

行程程序控制的方框图如图 11.63 所示。

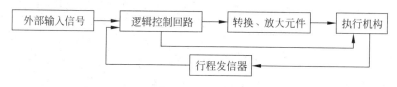

图 11.63 行程程序控制的方框图

由图 11.63 可知,当执行机构的某一步动作完成以后,由行程发信器发出一个信号,此信号输入逻辑控制回路,经逻辑运算后,发出控制信号(有些场合需经转换或放大),指挥执行元件动作。执行元件的动作完成以后,又发出一个信号给逻辑控制回路,使整个程序循环地进行下去,实现程序所规定的一系列动作。这种程序控制的特点是下一动作的开始是在上一动作完成之后进行的,因此它属于闭环控制系统。

2) 时间程序控制

时间程序控制的方框图如图 11.64 所示,由图可知,时间发信装置发出时间信号,通过脉冲分配回路,按一定的时间间隔,把回路输出的脉冲信号分配给相应的执行机构。其动作与前后的动作完成与否无关,因此,时间程序控制属于开环控制系统。

图 11.64 时间程序控制的方框图

3) 行程、时间混合控制

行程、时间混合控制是上述两种程序控制的组合,由具体生产工艺要求确定,一般规律是在工作可靠性要求高的场合选用行程程序控制,一般要求的场合选用时间程序控制。

2. 行程程序的表示方法

1) 符号规定(见图 11.65)

(1) 用大写字母 A、B、C 等表示气缸。用下标 1 表示气缸活塞杆处于伸出状态,下标 0 表示活塞杆处于缩回状态。例如 A_1 表示 A 气缸的活塞杆处于伸出状态,A_0 表示 A 气缸的活塞杆处于缩回状态。

(2) 用带下标的小写字母 a_1,a_0,b_1,b_0 等分别表示与动作 A_1,A_0,B_1,B_0 等相对应的行程阀及其输入信号。如 a_1 表示 A 缸活塞杆伸出压下行程阀 a_1 时发出的信号,a_0 表示 A 缸活塞杆缩回压下行程阀 a_0 时发出的信号。其余类推。

(3) 操作气缸的阀用大写字母 F 表示,并与所控制的气缸相对应。如控制 A 缸的阀用 F_A 表示;控制 B 缸的阀用 F_B 表示等。主控阀的输出,与它所控阀的气缸动作相一致。例如,控制气缸 A 活塞杆伸出动作的主控阀输出端用符号 A_1 表示。

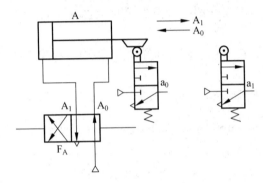

图 11.65　符号规定举例

2) 行程程序的表示方法

行程程序是根据控制对象的动作要求提出来的,因此,可用执行元件及其所要完成的动作次序来表示。

例如:

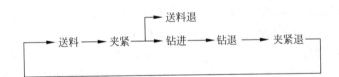

为了便于设计程序控制回路,把所有气缸、行程阀的文字符号标注在动作程序上。如用 A 表示送料缸,B 表示夹紧缸,C 表示钻削缸,根据动作程序,把气缸动作 A_1、A_0、B_1、B_0 等标注在相应动作名称的下方,各动作的先后次序用箭头代表,箭头上标注出上一动作结束时发出的行程信号,如动作 A_1 结束时发出的信号 a_1 等。即:

$$
\begin{array}{cccccc}
& & & A_0 & & \\
& a_1 & b_1 \rightarrow 送料退 & c_1 & c_0 & b_0 \\
\rightarrow 送料 \rightarrow & 夹紧 \rightarrow & 钻进 \rightarrow & 钻退 \rightarrow & 夹紧退 & \\
A_1 & B_1 & C_1 & C_0 & B_0 &
\end{array}
$$

为设计和书写方便,常将文字省略,这样即可将程序简化为

$$
\begin{array}{cccccc}
& a_1 & b_1 \rightarrow A_0 & c_1 & c_0 & b_0 \\
\rightarrow A_1 \rightarrow & B_1 \rightarrow & C_1 \rightarrow & C_0 \rightarrow & B_0 &
\end{array}
$$

如果对控制程序中每个动作的先后次序进行编号,还可以进一步把程序简化为

$$A_0$$
$$A_1 \quad B_1 \quad C_1 \quad C_0 \quad B_0$$
$$① \quad ② \quad ③ \quad ④ \quad ⑤$$

在控制程序中,每一个动作代表一个节拍。上述程序中共有 5 个节拍,其中 $\begin{pmatrix} A_0 \\ C_1 \end{pmatrix}$ 是同时进行的,故称为并列动作,一般把具有并列动作的程序称为并列程序。

3. 干扰信号及其分类

从上述可知,所谓行程程序控制方法就是:启动外部信号后,第一个缸开始动作,当这个缸行至终点时发出信号,指挥下一个缸动作,第二个缸行至终点时又发出信号,指挥下一个气缸动作……这样,行程信号和气缸动作的交替变化,使程序按预定的步骤进行工作。

那么,是否给出工作程序后,按程序把各行程阀的输出信号直接连到其所控制的下一步动作的主控阀的控制端上就可组成控制线路了呢?下面通过实例说明。

例 11.2　某设备具有三个气缸:送料缸 A、夹紧缸 B 和钻削缸 C,其工作程序为:

送料缸进→夹紧缸进→切削缸进(同时送料缸退)→钻削缸退→夹紧缸退。

现根据上述动作程序直接把控制回路 $\begin{pmatrix} A_0 \\ A_1 B_1 C_1 C_0 B_0 \end{pmatrix}$,如图 11.66 所示连接起来进行分析:程序要求在接通气源后,A、B、C 三个气缸的活塞杆均处于缩回状态。由于行程阀 b_0 处于压阀状态,因此有 b_0 信号输出。在 b_0 信号的控制下,阀 F_A 换向处于左位,A 缸活塞杆伸出,当伸出过程中压下行程阀 a_1 时,发出 a_1 信号。此信号加在阀 F_B 左端,但此时因 C 缸活塞杆处于缩回状态,行程阀 c_0 处于压阀状态,即在换向阀 F_B 的右侧存在控制信号 c_0。因此,当输入 a_1 信号欲使阀 F_B 换向时,在换向阀 F_B 的两侧都存在控制信号,使该阀处于不稳定状态。其中 c_0 影响着程序的正常运行,故它属于干扰信号。为便于区别信号的真伪,在干扰信号上加一个三角形。现继续向下分析,假设 B 缸活塞杆能够伸出,当压下行程阀 b_1 时,发出 b_1 信号使阀 F_A 换向处于右位,F_C 处于左位,其输出使 C 缸的活塞伸出压下行程阀 c_1 时,发出 c_1 信号。此信号加于阀 F_C 右端,但此时因 B 缸活塞杆仍处于伸出状态,故存在

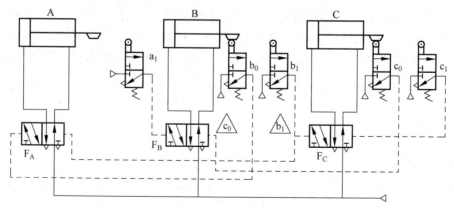

图 11.66　控制回路示例

着 b_1 信号,该信号对 C 缸活塞杆的缩回产生干扰,因此,b_1 也是干扰信号。同样,在 b_1 信号上加一个三角形符号。由此可见,按上述方法连接起来的控制系统是行不通的。这种由于主控阀在同一时间内存在着两个控制信号而使主阀无法换向的现象称为干扰信号(或障碍信号)。在多缸单往复程序系统中,经常出现干扰信号。

例 11.3 某设备具有两个缸 A 和 B,其程序式为 $A_1 B_1 B_0 B_1 B_0 A_0$。

首先画出其程序图:

$$
\begin{array}{cccccc}
a_1 & b_1 & b_0 & b_1 & b_0 & a_0 \\
A_1 \rightarrow & B_1 \rightarrow & B_0 \rightarrow & B_1 \rightarrow & B_0 \rightarrow & A_0
\end{array}
$$

由程序图可见,在一个工作循环中,B 缸要往复动作两次。故此系统属于多缸多往复控制系统。这种系统与多缸单往复系统相比,具有如下两个特点:

(1) 在多往复系统中,同一个缸的同一动作可能受不同信号的控制(如第 2 节拍 B_1 受 a_1 控制,而在第 4 节拍中 B_1 却受 b_0 控制)。

(2) 在多往复系统中,同一行程信号在不同的行程里可能控制不同的动作(如 b_0 信号在第 4 和第 6 行程中,分别控制 B_1 和 A_0)。

上述两种情况也会导致主控阀的动作受干扰或产生误动作,使系统无法按预定程序进行工作。

可见,多缸多往复系统存在上述两种干扰。如本例中控制第 2 行程 B_1 的信号 a_1 是一个长信号,它存在于 2、3、4、5 行程中,因而干扰了第 3 行程中 b_1 控制 B_0 的动作,B 无法换向。

凡是干扰信号,在程序设计时都必须加以排除,否则系统无法按预定程序正常工作。

由此可见,程序控制系统设计的任务,就是要检查出系统的干扰信号并加以排除,最终设计出实现预定程序的最佳方案。

11.7.2 多缸单往复行程程序回路设计

多缸单往复行程程序控制回路,是指在一个循环程序中,所有的气缸,都只作一次往复运动。常用的行程回路设计方法有信号-动作状态图法(X-D)和扩大卡诺图法,本章仅介绍 X-D 线法。这种方法是根据已知的行程程序,把各个行程信号的状态和执行元件的动作状态,即全部主控阀的输出状态用图线表示出来。然后,从图中判别出各种障碍信号,并予以消除,使程序能正常工作。现以例 11.2 的行程程序 $A_1 B_1 C_1 C_0 B_0{}^{A_0}$ 为例简要说明其设计的具体方法和步骤。

1. 画方格图

如图 11.67 所示。根据已知程序,在方格图上方第一行自左至右填入程序的节拍数(有时也可省去);在节拍数的下一行中填入要进行设计的程序本身。最左边一列列出行程信号和由它所指挥的动作。例如 b_0 信号控制 A_1 动作,便写成 $b_0(A_1)$,并把该动作 A_1 写在下面。最右边的一列是执行信号表达式,或称消障栏。由于程序是首尾相接的,因此方格图也应是首尾相接的。也就是节拍 1 左侧的那条纵线与节拍 5 右侧的那条纵线应视为同一条线。

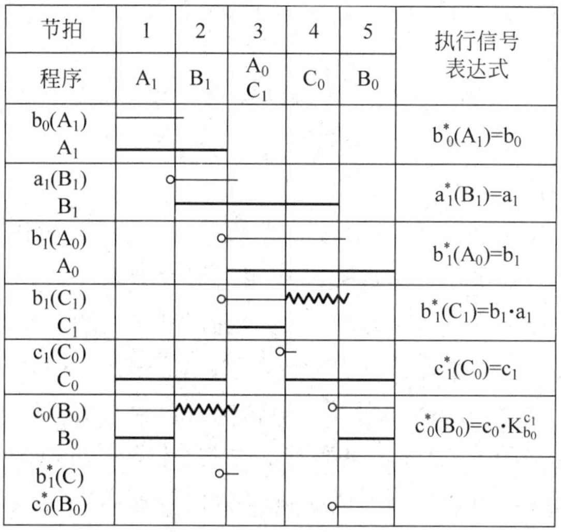

节拍	1	2	3	4	5	执行信号表达式
程序	A_1	B_1	A_0 C_1	C_0	B_0	
$b_0(A_1)$ A_1						$b_0^*(A_1)=b_0$
$a_1(B_1)$ B_1						$a_1^*(B_1)=a_1$
$b_1(A_0)$ A_0						$b_1^*(A_0)=b_1$
$b_1(C_1)$ C_1						$b_1^*(C_1)=b_1 \cdot a_1$
$c_1(C_0)$ C_0						$c_1^*(C_0)=c_1$
$c_0(B_0)$ B_0						$c_0^*(B_0)=c_0 \cdot K_{b_0}^{c_1}$
$b_1^*(C)$ $c_0^*(B_0)$						

图 11.67 程序的 $\dfrac{A_0}{A_1\,B_1\,C_1\,C_0\,B_0}$ 的 X-D 线图

2. 画动作状态线

在已画好的方格图上,先画出各执行元件动作的状态线,并用粗实线表示。动作状态线以纵、横坐标大写字母相同,且字母下标(指 1 或 0)也相同的方格的左端为起点;以纵、横坐标大写字母相同,而下标相异的方格左端为终点画粗实线。如 A_1 的动作状态线从节拍 1 的左端开始到节拍 3 的左端终止;A_0 的动作状态线从节拍 3 的左端开始,到节拍 1 的左端前终止。对 A_1 而言,从节拍 1 开始动作,其运动过程至节拍 1 结束就终止了。但 A_1 动作停止后,仍保持其原有的 A_1 状态不变。一直保持到节拍 2 结束或节拍 3 开始时,才出现 A_0 动作。

3. 画信号状态线

信号线是指气缸运动到位后,发出的相应行程信号的持续时间,用细实线表示。如信号 a_1 是在 A 缸活塞杆伸出到终端,压下行程阀 a_1 发出的行程信号,此信号一直到 A 缸活塞杆开始缩回时才消失。因此,信号状态线的画法是:从纵、横坐标符号相同(此符号不论大小写)的方格末端开始,到纵、横坐标符号相异的方格前端终止。例如 $b_0(A_1)$ 的信号从纵坐标为 b_0 和横坐标为 B_0 的方格的末端开始,到纵坐标为 b_0、横坐标 B_1 的方格前端终止。其余依次类推。因为信号总是比所指挥的动作早一瞬时出现,所以信号线也比要指挥的动作线出一点头,在图中用小圆圈表示。此小圆圈部分也是切换主控阀的有效部分,一旦主控阀切换,由于主控阀的记忆作用(双气控换向阀),信号的延长部分就变成可有可无了。图中的信号线后部有一个"尾巴",这是因为异号动作开始之后,信号才会消失。例如 b_0 信号只有在

B_1 动作产生以后才会消失。

4. 判断障碍

利用 X-D 图,可直接判别出存在的干扰信号,此干扰信号又称为障碍信号。具体的方法是:

(1) 信号线比动作线短,则由此信号控制的动作不存在障碍。也就是说,可以用它直接控制执行元件的动作。为便于区分,在执行信号的右上角加"＊"号,如本例中信号 b_0^*、a_1^*、b_1^* 和 c_1^* 都符合上述条件。

(2) 信号线比动作线长,则此信号属于有障信号,与动作线等长的部分为信号执行段,长出部分为信号障碍段。在图中信号障碍段用锯齿形线表示。如图 11.67 中的 b_1、c_0 信号属于有障信号。对于有障信号,只有设法消除其障碍段以后,才能作为执行信号使用。

(3) 若信号线与动作线基本等长,信号线仅比动作线长出一个"尾巴",则这"尾巴"部分也是信号障碍段。由于这个信号障碍段在一般情况下仅存在短暂时间,随即自行消失,故称为"滞消障碍"。根据回路的特点,滞消障碍有时要消去,有时可以不消去,但为了确保回路工作的可靠性,遇到滞消障碍时,可按一般消除障碍信号那样,把它消除掉。

5. 信号障碍段的消除

最常用的消障方法是缩短障碍信号的延续时间,反映在状态图上就是缩短信号状态线的长度。

在一般情况下,缩短信号延续时间可通过逻辑与运算或把长信号转化成脉冲信号等方法。

1) 用逻辑与运算消除障碍

具体方法是:对于一个有障信号,设法找到一个制约条件(制约信号),然后,二者进行逻辑与运算。经与运算后的信号缩短了延续时间,从而达到消除信号障碍的目的。

例如,任选一个有障信号 m,为了消除其信号障碍段,另外找一个制约条件 x,并对它们进行与运算,即:

$$m^* = m \cdot x$$

由图 11.68 可见,有障信号 m 与制约条件 x 进行与运算以后,所得结果,即执行信号 m^*,它缩短了原信号 m 延续的时间。故消除了信号障碍段,可以作为执行信号使用。

至此,问题又转到怎样寻找、选定制约条件。在一般情况下,下列几种信号可以作为制约条件。

(1) 原始信号

如图 11.67 中的 b_0、a_1、b_1、…都是原始信号,只要符合制约条件,都可以作为制约信号。本例中的有障信号 b_1 与原始信号 a_1 进行与运算后所得信号,可作为执行信号。即 $b_1^*(C_1) = b_1 \cdot a_1$,式中 b_1^* 便是指挥 C_1 动作的执行信号。在气动回路中,有时逻辑与运算是把发出行程信号的行程阀和发出制约信号的行程阀串联来实现的(见图 11.69)。此时,一般将有障信号当做无源元件,而把制约信号作为有源元件。因为制约信号在其他动作的控制中,还要作执行信号用。

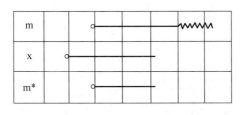

图 11.68　执行信号 m^* 的确定

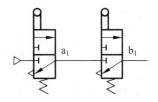

图 11.69　行程信号的串联

（2）主控阀的输出信号

A_1、A_0、B_1、…为主控阀的输出信号,采用主控阀输出信号作为制约条件消障与用原始信号消障相同。

（3）插入记忆元件

在某些情况下,如果原始信号、主控阀的输出信号都不能满足制约条件,可插入记忆元件,借助于记忆元件的输出来消除信号障碍段。本例中,有障信号 $c_0(B_0)$ 障碍段的消除就找不出原始信号作为制约条件,现插入记忆元件 K,利用记忆元件的输出信号 $K_{关}^{开}$ 作为制约条件。这里的"开"是指记忆元件的打开信号,"关"是指记忆元件的关断信号。由于记忆元件具有记忆功能,因此,问题又转化到如何选择记忆元件 K 的开信号和关信号。具体选择有如下三条原则:

第一,开信号的起点应在有障信号的"非"区间选取。

第二,关信号的起点应在有障信号的执行段选取。

第三,开信号和关信号之间不允许重叠。

根据上述三条原则,对 $c_0(B_0)$ 这一有障信号进行消除,具体方法是引入记忆元件开信号的起点应在 $\bar{c}_0$（有障信号的非）区间选取。因此,在 $\bar{c}_0$ 区间选 c_1 作为开信号;而关信号的起点应在 c_0 信号的执行段选取,符合这一条件的有 b_0 和 a_1,现任选一个,用 b_0 作为关信号;然后检查开信号 c_1 和关信号 b_0 在信号延续的时间上不重叠。因此,作为制约条件的记忆元件的输出状态应是 $K_{b_0}^{c_1}$,执行信号表达式为

$$c_0^*(B_0) = c_0 \cdot K_{b_0}^{c_1}$$

上述三种信号,通过逻辑运算派生出来的信号,只要符合条件也可作为制约条件。

2）把长信号变成脉冲信号

由于脉冲信号延续的时间很短暂,所以它不会产生障碍段,把长信号变成脉冲信号的具体方法有两种。

一种是采用活络挡块发出脉冲信号,另一种是采用可通过式行程阀发出脉冲信号。如图 11.70 所示是采用活络挡块碰行程阀发出脉冲信号的。当活塞杆伸出时,活络挡块压下并通过行程阀,发出一个脉冲信号;当活塞杆缩回时,活络挡块绕销轴逆时针转动,虽通过行程阀但不发出信号。如图 11.71 所示是采用可通过式行程阀发出脉冲信号。当活塞伸出时,挡块压下行程阀发出脉冲信号;当活塞缩回时,滚轮折回,挡块通过行程阀但不发出信号。

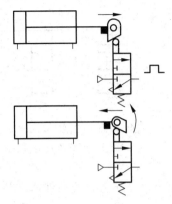

图 11.70　用活络挡块发脉冲信号

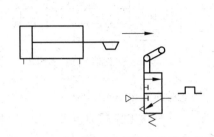

图 11.71　用可通过式行程阀发脉冲信号

6. 画逻辑原理图

用气动逻辑符号表示的逻辑原理图,由以下几部分组成:

(1) 行程发信器　主要是行程阀,也包括外部输入信号,如启动阀等。

(2) 逻辑控制原理图　用与、或、非和记忆等逻辑元件符号表示。这些逻辑符号应理解为逻辑运算符号,它不一定总代表一个确定的元件,因为由逻辑原理图变成气动回路图时存在着多种不同的方案。

(3) 执行机构的控制元件　因具有记忆能力,可以用逻辑记忆符号表示。

根据上述规定的符号和图 11.67 中的执行信号,可以画出逻辑原理图,如图 11.72 所示。逻辑原理图可作为从信号-动作状态图画出控制回路图的中间桥梁。由它可以绘出由气动逻辑元件、方向控制阀、执行元件等组成的气动控制回路。

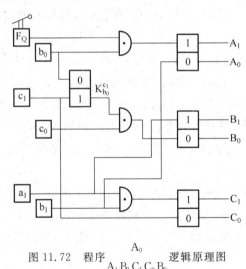

图 11.72　程序 $A_1 B_1 C_1 C_0 B_0 \quad A_0$ 逻辑原理图

7. 画气动控制原理图

气动控制逻辑原理图是整个气动控制回路的逻辑控制部分。它是控制回路的核心部分。根据逻辑原理图绘出的气动控制原理图如图 11.73(a)所示。它们在逻辑关系上与逻辑原理图是完全一致的。该图与图 11.66 比较后可以看出,在原来分析时找出的干扰信号通过设计后不仅已全部找出,而且进行了消障,所得控制原理图已经能够按给定程序动作下去。

8. 气动控制回路图

作为一个实际应用的控制回路,还需要在控制原理的基础上进行补充设计。如需要解决气源处理问题,手动与自动的转换以及调压、调速等一系列问题。如图 11.73(b)所示此回路进一步解决了如下几个问题。

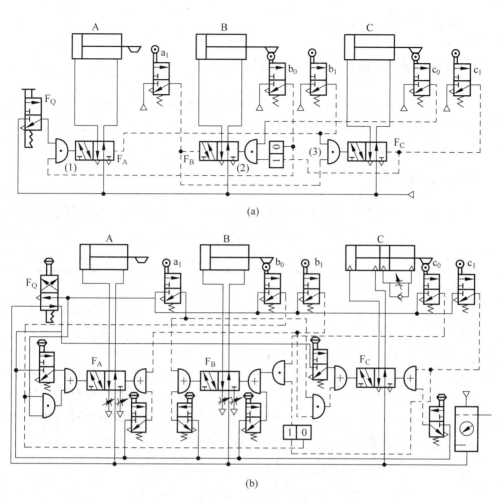

(a)

(b)

图 11.73　程序 $\dfrac{A_0}{A_1 B_1 C_1 C_0 B_0}$ 气控图

(a) 气动控制原理图；(b) 气动控制回路图

1）气源处理

气源处理采用常用的气动三联件，其主要作用是对气源进行进一步过滤处理（在此以前还应有一级过滤）、减压、稳压和加油雾，对气动元件如气缸、阀类进行油雾润滑。

2）手动与自动转换

手动与自动的转换采用一只二位四通带定位型的手拉阀 F_Q。当该阀处于图示位置时，所有自动信号都处于排空状态；而手控阀的气源口全部与总气源相通。也就是说，只要操作任一个手动阀，都能发出相应的手动信号实现手动操作。当操作 F_Q 使该阀处于上位时，所有手动信号都处于排空状态，而全部自动信号都与气源相通。此时，整个控制回路进入全自动工作循环状态。可见，手动与自动转换与控制具有互锁性。

3）调速

因送料缸 A 和夹紧缸 B 对调速阀要求不高，故采用排气节流阀，分别对气缸进行调速，即可满足要求。钻削缸对运动速度的平稳性要求高，故采用气-液阻尼缸进行调速，可实现平稳的慢速进给和快速退回运动。

11.7.3　多缸多往复行程程序回路设计

多缸多往复行程程序回路是指在同一个动作循环中,至少有一个气缸往复动作两次或两次以上,其设计步骤与多缸单往复行程程序回路设计步骤基本一致。本节以程序 $A_1 B_1 B_0 B_1 B_0 A_0$ 为例简要说明该回路的设计方法。

1. 画 X-D 线图

在本程序中,B 缸为多次连续往复运动,为使 X-D 线图简化起见,先作信号-动作检查表 11.4。

表 11.4　信号-动作检查表

信号 ＼ 动作	A_1	A_0	B_1	B_0
a_1			√	
a_0	√			
b_1				√
b_0		√	√	

由表 11.4 可知,信号 b_0 既控制 A_0 动作,又控制 B_1 动作,而 B_1 动作既受 b_0 信号控制,又受 a_1 信号的控制。根据检查表 11.4 作简化 X-D 线图,如图 11.74 所示。

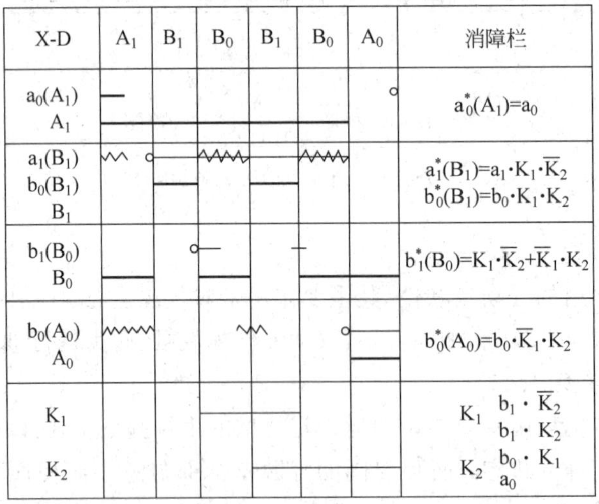

X-D	A_1	B_1	B_0	B_1	B_0	A_0	消障栏
$a_0(A_1)$ A_1							$a_0^*(A_1)=a_0$
$a_1(B_1)$ $b_0(B_1)$ B_1							$a_1^*(B_1)=a_1 \cdot K_1 \cdot \overline{K_2}$ $b_0^*(B_1)=b_0 \cdot K_1 \cdot K_2$
$b_1(B_0)$ B_0							$b_1^*(B_0)=K_1 \cdot \overline{K_2}+\overline{K_1} \cdot K_2$
$b_0(A_0)$ A_0							$b_0^*(A_0)=b_0 \cdot \overline{K_1} \cdot K_2$
K_1							K_1 $\begin{array}{l}b_1 \cdot \overline{K_2}\\ b_1 \cdot K_2\end{array}$
K_2							K_2 $\begin{array}{l}b_0 \cdot K_1\\ a_0\end{array}$

图 11.74　程序 $A_1 B_1 B_0 B_1 B_0 A_0$ 的 X-D 线图

由图 11.74 可知,信号 $a_1(B_1)$、$b_0(B_1)$ 和 $b_0(A_0)$ 都二次出现信号障碍段,因此,给消障带来了麻烦。为便于解决问题,先对程序特征进行分析,并插入记忆元件 K_1 和 K_2,记忆元件 K_1 和 K_2 的输出状态见图 11.74。把消障后的表达式填入图中的消障栏内。

从图 11.74 中又可以看出,在 $B_0^*(B_1)=b_0 \cdot K_1 \cdot K_2$ 中省去 b_0 后仍是等效的。即:
$B_0^*(B_1)=K_1 \cdot K_2$ 也成立。

2. 逻辑回路图

逻辑回路图如图 11.75 所示。

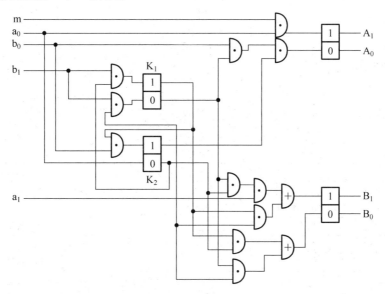

图 11.75　程序 $A_1 B_1 B_0 B_1 B_0 A_0$ 的逻辑回路图

11.7.4　气动系统设计的内容及步骤

设计一个气动控制系统时,应首先弄清控制对象对系统的要求,如负载大小、调速要求、自动化程度和对环境的要求等;然后进一步考虑用什么控制方法来实现最为合理。此时,应与电动、液压为主的控制方式进行比较,择优选择后再进行具体设计,下面简要说明气动系统设计的主要内容及步骤。

1. 主机的工作要求

(1) 了解主机的结构、传动方式、动作循环过程、执行元件的负载大小、运动速度和调速范围、定位精度、连锁要求和自动化程度等。

(2) 了解设备的工作环境,如温度、灰尘、腐蚀、振动、防燃、防爆等要求。

(3) 是否需要与电气、液压等控制方法相结合。

(4) 其他方面,如外形、气控装置的安装位置、价格等。

2. 气动回路的设计

(1) 根据执行元件的数目、动作要求画出方框图或动作程序,根据工作速度要求确定每个气缸或其他执行元件在 1min 内的动作次数。

(2) 根据执行元件的动作程序,按本节气动程序控制回路设计方法设计出气动逻辑原理图,然后进行辅助设计,此时可参考各种基本回路,设计出气控回路。

为了得到较合理的气控回路,设计时还应对气阀控制、逻辑元件控制,电-气控制等几种方案进行比较选择(见表 11.5),然后设计控制回路图。使用电磁气阀时,还要绘制出电气控制图。

表 11.5　气动控制方案选择比较

	气阀控制	逻辑元件控制	电-气控制
使用压力/MPa	0.2～0.8	0.01～0.8	直动式 0～0.8 先导式 0.2～0.8
元件响应时间	较慢	较快	较慢
管线中信号传递速度	较慢	较慢	最快
输出功率	大	较大	大
流体通道尺寸	大	较大	大
耐环境影响的能力	防爆、较耐振、耐灰尘、较耐潮湿		易爆和漏电
耐外部干扰能力	不受辐射、磁力、电场干扰		受磁场、电场、辐射干扰
配管或配线	较麻烦		容易
寿命/次	$10^6 \sim 10^8$,较好		$10^6 \sim 10^7$,电器触点易烧坏
对过滤要求	膜片、截止式要求一般,间隙密封对气源的过滤要求较高		要求一般(同气阀要求)
维修、调整	容易		需电气知识
价格	低		电磁阀价格较高,继电器行程开关低
适用场合	适用于动作简单及大流量的场合	适用于动作较复杂及小流量的场合,大流量场合要把流量放大	适用于有电器控制基础的场合或远距离控制场合,易与计算机连接
其他	停点事故后可动作一段时间,滑柱式有永久记忆能力		断电时气阀应返回原位,电气辅件易得到

3. 执行元件的选择

气动执行元件的类型及安装方式等应与主机协调。一般情况下直线往复运动选用气缸,连续回转运动选用气动马达,往复摆动选用摆动气缸等。其安装方式可按实际需要选用固定式、轴销式和回转式等。

4. 控制元件的选择

根据控制回路或执行元件的工作压力和阀的额定流量,选用通用的阀类或设计专用的气动元件。选择各控制阀或逻辑元件时,应考虑的特性有:

(1) 工作压力范围;

(2) 额定流量;

(3) 换向时间;

(4) 使用温度范围;

(5) 最低工作压力和最低控制压力;

(6) 使用寿命;

(7) 空气泄漏量;

（8）外形尺寸及连接形式；

（9）电气特性与要求（采用电磁阀时）等。

选择速度控制阀时，在考虑最大流量的同时，还应满足最小流量，以保证气缸稳定可靠地工作。

减压阀可根据压力调整范围和流量确定其型号。在稳定性和精度要求高的使用场合，应选用精密减压阀或气动定值器。

5. 气动辅件的选择

（1）过滤器　过滤器的通径按额定流量大小选取。一般情况下，各执行元件和控制元件对过滤器的要求为：气缸、截止阀、逻辑元件等要求过滤精度为 $60\mu m$，气控硬配滑阀、量仪、气动轴承等要求过滤精度为 $5\sim15\mu m$ 或更高。

（2）油雾器　根据流量和油雾器颗粒大小要求，选择油雾器的通径和类型。一般 $10m^3$ 空气中应加润滑油量为 $1ml$ 左右。

（3）消声器　可根据环保要求和气动元件管件选取，使用消声器后，可降低噪声 $10\sim15dB$。

6. 空压机的选择

由于各单位使用压缩空气的负荷波动情况不同，故空压机容量的确定要充分了解不同用户的用气规律性。参考同类型工厂已有数据，必要时可进行一些估算，根据实际情况确定。

在连续耗气的情况下，压缩空气的供气量 q 可按下述内容进行估算。

$$q = \Psi \cdot K_1 \cdot K_2 \sum_{i=1}^{n} q_{i\max} \tag{11.8}$$

式中，$q_{i\max}$ 为系统内第 i 台设备的最大自由空气消耗量，m^3/s；n 为系统内的气动设备数目；Ψ 为利用系数；K_1 为漏损系数，$K_1 = 1.15\sim1.5$；K_2 为备用系数，$K_2 = 1.3\sim1.6$。

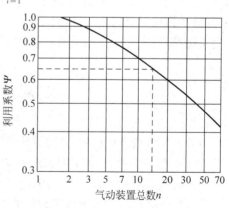

图 11.76　气动设备利用系数

利用系数 Ψ 是表示气动系统中的气动设备同时使用的程度。其数值与系统中的气动设备的多少有关，可利用图 11.76 查得。由图可见，气动设备愈多，设备同时使用的机会就愈少，利用系数 Ψ 值愈小；反之，Ψ 值愈大。如果仅有一台设备，则 $\Psi=1$。

空压机的供气压力 p 为

$$p = p_n + \sum \Delta p \tag{11.9}$$

式中，p_n 为用气设备使用的额定压力，MPa；$\sum \Delta p$ 为气动系统的总压力损失 MPa。

根据估算数据所得到的供气量 q、压力 p，可从产品样本中选择空压机。一般情况下，气动系统的工作压力较低，常在 $0.4\sim0.8MPa$ 范围内，故一般都选用低压空压机；若空压机供气量与估算结果不一致时，应选择供气量偏大的空压机。

7. 管道直径的确定

在管道设计估算中,首先根据执行元件的耗气量计算各段管道的压缩空气量,并按此流量及经验流速计算各段管径,必要时在计算出管径后,校核各区段的压力降。允许压力降可根据不同供气量情况在 0.01～0.08MPa 范围选取。

8. 绘制图纸

设计图纸应包括气动控制回路、管道安装施工图、元件布置图等。

9. 编制技术文件

内容包括编写设计计算说明书,外协、外购件明细表等。

课 堂 讨 论

课堂讨论:X-D 设计方法探讨。

实验:PLC 控制气动综合实验

本实验仪器为气动 PLC 综合实验台。

实验内容:常见气动回路演示实验以及学生自行设计、组装的扩展回路实验。

实验目的:了解气动元件及其工作原理,熟悉气动基本回路的工作原理和特点,为设计、分析和使用复杂的气动控制系统打下基础。

实验原理见 11.5 节气动基本回路。

思考题与习题

11-1　什么是障碍信号,排除方法有哪些?

11-2　用 X-D 图设计如下程序,并画出气动回路图。

(1) $A_1 A_0 B_1 C_1 C_0 B_0$;(2) $A_1 B_1 C_1 A_0 C_0 B_0$;(3) $A_1 B_1 C_1 B_0 A_0 B_1 C_0 B_0$。

11-3　结合非门元件的压力特性曲线,简述非门发信的工作原理。

11-4　能否用二位四通双气控换向阀代替双稳元件使用,为什么?

11-5　什么是门元件的切换压力和返回压力? 与输出压力有何关系?

11-6　写出双稳元件的输出 s_1、s_2 与输入 a、b 之间的逻辑关系。

11-7　比较气-液阻尼缸和气-液转换器组成的回路,各有何特点?

11-8　气动速度控制回路中,常采用排气节流阀调速,为什么?

11-9　设计一回路,使其实现慢进快退单往复运动。

11-10　用非门元件发信原理设计一连续往复运动回路。

第 12 章

液压气动系统的安装、调试、使用与维护

重点、难点分析

　　液压气动系统的安装、调试、使用和维护是液压与气动系统安全使用、正常运转的必要保证。一个设计合理的液压系统,若不能保证正确的安装调试、合理的使用维护就无法充分的发挥其设计效能,设备的故障率就会增高,预期的周期寿命就难以达到。因此,液压气动系统的安装、调试、使用和维护十分重要。

　　在液压气动系统的安装、调试、使用和维护中,液压管道的安装、液压设备的调试、液压装置的使用和维护是本章的重点内容。因为,对于整机或集中配置的液压系统,元件的安装与整机的调试,在出厂时已经完成;对于分散式液压系统,部件的安装调试也已经完成,用户需要完成的只是管道的安装与调试;所有液压设备与系统都需要合理使用、正确维护。

12.1　液压系统的安装

　　液压系统的安装,包括液压管路、液压元件(液压泵、液压缸、液压马达和液压阀等)、辅助元件的安装等,其实质就是通过流体连接件(油管与接头的总称)或者液压集成块将系统的各单元或元件连接起来。具体安装步骤(以焊接管路为例)如下:

　　(1) 预安装(试装配)流体连接件　弯管,组对油管和元件,点焊接头,使整个管路定位。

　　(2) 第一次清洗(分解清洗)　酸洗管路,清洗油箱和各类元件等。

　　(3) 第一次安装　连成清洗回路及系统。

　　(4) 第二次清洗(系统冲洗)　用清洗油清洗管路。

　　(5) 第二次安装　组成正式系统。

　　(6) 系统调试　加入实际工作用油,进行正式试车。

12.1.1　流体连接件的安装

　　液压系统,根据液压控制元件的连接形式,可分为集成式(液压站式)和分散式,无论哪种形式,欲连接成系统,都需要通过流体连接件连接起来。流体连接件中,接头一般直接与集成块或液压元件相连接,工作量主要体现在管路的连接上。所以管路的选择是否合理、安装是否正确、清洗是否干净,对液压系统的工作性能有很大影响。

1. 管路的选择与检查

在选择管路时,应根据系统的压力、流量以及工作介质、使用环境和元件及管接头的要求,来选择适当口径、壁厚、材质的管路。要求管道必须具有足够的强度,内壁光滑、清洁、无砂、无锈蚀、无氧化铁皮等缺陷,并且配管时应考虑管路的整齐美观以及安装、使用和维护工作的方便性。管路的长度应尽可能短,这样可减少压力损失、延时、振动等现象。

检查管路时,若发现管路内外侧已腐蚀或有明显变色,管路被割口,壁内有小孔,管路表面凹入管路直径的10%~20%(不同系统要求不同),管路伤口裂痕深度为管路壁厚的10%以上等情况时均不能再使用。

检查长期存放的管路,若发现内部腐蚀严重时,应用酸彻底冲洗内壁,清洗干净,再检查其耐用程度。合格后,才能进行安装。

检查经加工弯曲的管路时,应注意管路的弯曲半径不应太小。弯曲曲率太大,将导致管路应力集中的增加,降低管路的疲劳强度,同时也最容易出现锯齿形皱纹。大截面的椭圆度不应超过15%;弯曲处外侧壁厚的减薄量不应超过管路壁厚的20%;弯曲处内侧部分不允许有扭伤、压坏或凹凸不平的皱纹。弯曲处内外侧部分都不允许有锯齿形或形状不规则的现象。扁平弯曲部分的最小外径应为原管外径的70%以下。

2. 管路连接件的安装

1) 吸油管路的安装及要求

安装吸油管路时应符合下列要求:

(1) 吸油管路要尽量短,弯曲少,管径不能过细,以减少吸油管的阻力,避免吸抽困难,产生吸空、气蚀现象,对于泵的吸程高度,各种泵的要求有所不同,但一般不超过500mm。

(2) 吸油管路应连接严密,不得漏气,以免使泵在工作时吸进空气,导致系统产生噪声,以致无法吸油(在泵吸口部分的螺纹、法兰接合面上往往会由于小小的缝隙而漏入空气),因此,建议在泵吸油口处采用密封胶与吸油管路连接。

(3) 除柱塞泵以外,一般在液压泵吸油管路上应安装过滤器,滤油精度通常为100~200μm,过滤器的通流能力至少相当于泵的额定流量的两倍,同时要考虑清洗时拆装方便,一般在油箱的设计过程中,在液压泵的吸油过滤器附近开设手孔就是基于这种考虑。

2) 回油管的安装及要求

安装回油管时应符合下列要求:

(1) 执行机构的主回油路及溢流阀的回油管应伸到油箱液面以下,以防止油飞溅而混入气泡,同时回油管应切出朝向油箱壁的45°斜口。

(2) 具有外部泄漏的减压阀、顺序阀、电磁阀等的泄油口与回油管连通时不允许有背压,否则应将泄油口单独接回油箱,以免影响阀的正常工作。

(3) 安装成水平面的油管,应有(3/1000)~(5/1000)的坡度。管路过长时,每500mm应固定一个夹持油管的管夹。

3) 压力油管的安装及要求

压力油管的安装位置应尽量靠近设备和基础,同时又要便于支管的连接和检修,为了防止压力油管振动,应将管路安装在牢固的地方,在振动的地方要加阻尼来消除振动,或将木块、硬橡胶的衬垫装在管夹上,使金属件不直接接触管路。

4）橡胶软管的安装及要求

橡胶软管用于两个有相对运动部件之间的连接。安装橡胶软管时应符合下列要求：

（1）要避免急转弯,其弯曲半径 R 应大于 9～10 倍外径,至少应在离接头 6 倍直径处弯曲。若弯曲半径只有规定的 1/2 时就不能使用,否则寿命将大大缩短。

（2）软管的弯曲同软管接头的安装应在同一运动平面上,以防扭转。若软管两端的接头需在两个不同的平面上运动时,应在适当的位置安装夹子,把软管分成两部分,使每一部分在同一平面上运动。

（3）软管应有一定余量。由于软管受压时,要产生长度（长度变化约为±4%）和直径的变化,因此在弯曲情况下使用,不能马上从端部接头处开始弯曲；在直接情况下使用时,不要使端部接头和软管间受拉伸,所以要考虑长度上留有适当余量,使它保持松弛状态。

（4）软管在安装和工作时,不应有扭转现象；不应与其他管路接触,以免磨损破裂；在连接处应自由悬挂,避免受其自重而产生弯曲。

（5）由于软管在高温下工作时寿命短,所以尽可能使软管安装在远离热源的地方,在不得已时要装隔热板或隔热套。

（6）软管过长或承受急剧振动的情况下宜用夹子夹牢,但在高压下使用的软管应尽量少用夹子,因软管受压变形,在夹子处会产生摩擦导致能量损失。

（7）软管要以最短距离或沿设备的轮廓安装,并尽可能平行排列。

（8）必须保证软管、接头与所处的环境条件相容,环境包括：紫外线辐射、阳光、热、臭氧、潮湿、水、盐水、化学物质、空气污染物等可能导致软管性能降低或引起早期失效的因素。

3. 配管注意事项

（1）整个管线要求尽量短,转弯数少,过渡平滑,尽量减少上下弯曲和接头数量并保证管路的伸缩变形。在有活接头的地方,管路的长度应能保证接头的拆卸安装方便,系统中主要管路或辅件能自由拆装,而不影响其他元件。

（2）在设备上安装管路时,应布置成平行或垂直方向,注意整齐,管路的交叉要尽量少。

（3）平行或交叉的管路之间应有 10mm 以上的空隙,以防止干扰和振动。

（4）管路不能在圆弧部分接合,必须在平直部分接合。法兰盘焊接时,要与管路中心成直角。在有弯曲的管路上安装法兰时,只能安装在管路的直线部分。

（5）管路的最高部分应设有排气装置,以便启动时放掉管路中的空气。

（6）管道的连接有螺纹连接、法兰连接和焊接三种。可根据压力、管径和材料选定,螺纹连接适用于直径较小的油管,低压管直径在 50mm 以下,高压管直径为 25～38mm。管径再大时则用法兰连接。焊接连接成本低、不易泄漏,因此在保证安装拆卸的条件下,应尽量采用对头焊接,以减少管配件。

（7）全部管路应进行二次安装。第一次为试安装,将管接头及法兰点焊在适当的位置上,当整个管路确定后,拆下来进行酸洗或清洗,然后干燥、涂油及进行试压。最后安装时不准有砂子、氧化铁皮、铁屑等污物进入管路及元件内。

（8）为了保证外形美观,一般焊接钢管的外表面要全部喷面漆,主压力管路一般为红色,控制管路一般为橘红色,回油管路一般为蓝色或浅蓝色,冷却管路一般为黄色。

应当指出的是：随着技术的进步,生产周期日益减少,采用卡套式接头和经酸洗磷化处理过的钢管组成的连接件所连接的液压系统,无需再经过上述复杂的二次安装,根据实际需要,将钢管弯曲成形并截断,经毛刺清理后,可在安装后直接试车。

4. 选用软管注意事项

影响软管和软管总成寿命的因素有臭氧、氧、热、日光、雨以及其他一些类似的环境因素。软管和软管总成的储藏、转料、装运和使用过程中,应根据生产日期推行先进先出的方式。

(1) 选取软管时,应选取生产厂样本中软管所标明的最大推荐工作压力不小于最大系统压力的软管,否则会降低软管的使用寿命甚至损坏软管。

(2) 软管的选择是根据液压系统设计的最高压力值来确定的。由于液压系统的压力值通常是动态的,有时会出现冲击压力,冲击压力峰值会大大高于系统的最高压力值。但系统上一般都有溢流阀,故冲击压力不会影响软管的疲劳寿命。对于冲击特别频繁的液压系统,建议选用特别耐磨耐冲压力的软管产品。

(3) 应在软管质量规范允许温度范围内使用软管。如果工作环境温度超过这一范围,将会影响到软管的寿命,其承压能力也会大大降低。工作环境温度长期过高或过低的系统,建议采用软管护套。软管在使用时如常与硬物接触或摩擦,建议在软管外部加弹簧护套。软管内径要适当,管径过小会加大管路内介质的流速,使系统发热,降低效率,而且会产生过大的压力降,影响整个系统的性能。若软管采用管夹或软管穿过钢板等间隔物时,应注意软管的外径尺寸。

(4) 安装前,必须对软管进行检查,包括接头形式、尺寸、长度确保正确无误。必须保证软管、接头与所处的环境条件相容,环境包括紫外线辐射、阳光、热、臭氧、潮湿、水、盐水、化学物质、空气污染物等可能导致软管性能降低或引起早期失效的因素。软管总成的清洁度等级可能不同,必须保证选取的软管总成的清洁度符合应用要求。

12.1.2　液压元件的安装

各种液压元件的安装和具体要求,在产品说明书中都有详细的说明,在安装时液压元件应用煤油清洗,所有液压元件都要进行压力和密封性能试验。合格后可开始安装,安装前应将各种自动控制仪表进行校验,以避免不准确而造成事故。下面介绍液压元件在安装时应注意的事项。

1. 液压阀类元件的安装及要求

液压元件安装前,对拆封的液压元件要先查验合格证书和审阅说明书,如果是手续完备的合格产品,又不是长期露天存放内部已经锈蚀了的产品,不需要另做任何试验,也不建议重新清洗拆装。试车时出了故障,在不得已时才对元件进行重新拆装,尤其对国外产品更不允许随意拆装,以免影响产品出厂时的精度。

液压阀类元件的安装及要求：

(1) 安装时应注意各阀类元件进油口和回油口的方位。

（2）安装的位置无规定时应安装在便于使用、维修的位置上。一般方向控制阀应保持轴线水平安装，注意安装换向阀时，4 个螺钉要均匀拧紧，一般以对角线为一组逐渐拧紧。

（3）用法兰安装的阀件，螺钉不能拧得过紧，因过紧有时会造成密封不良；必须拧紧、而原密封件或材料不能满足密封要求时，应更换密封件的形式或材料。

（4）有些阀件为了制造、安装方便，往往开有相同作用的两个孔，安装后不用的一个要堵死。

（5）需要调整的阀类，通常按顺时针方向旋转，增加流量、压力；逆时针方向旋转，减少流量、压力。

（6）在安装时，若有些阀件及连接件购置不到时，允许用通过流量超过其额定流量 40% 的液压阀件代用。

2. 液压缸的安装及要求

液压缸的安装应扎实可靠。配管连接不得有松弛现象，缸的安装面与活塞的滑动面，应保持足够的平行度和垂直度。安装液压缸应注意以下事项：

（1）对于脚座固定式的移动缸的中心轴线应与负载作用力的轴线同心，以避免引起侧向力，侧向力容易使密封件磨损及活塞损坏。对移动物体的液压缸安装时使缸与移动物体在导轨面上的运动方向保持平行，其不平行度一般不大于 0.05mm/m。

（2）安装液压缸体的密封压盖螺钉，其拧紧程度以保证活塞在全行程上移动灵活、无阻滞和防止轻重不均匀的现象为宜。螺钉拧得过紧，会增加阻力，加速磨损；过松会引起漏油。

（3）在行程大和工作油温高的场合，液压缸的一端必须保持浮动以防止热膨胀的影响。

3. 液压泵的安装及要求

液压泵布置在单独油箱上时，有两种安装方式：卧式和立式。立式安装，管道和泵等均在油箱内部，便于收集漏油，外形整齐。卧式安装，管道露在外面，安装和维修比较方便。

液压泵一般不允许承受径向负载，因此常用电动机直接通过弹性联轴器来传动。安装时要求电动机与液压泵的轴应有较高的同心度，其偏差应在 0.1mm 以下，倾斜角不得大于 1°，以避免增加泵轴的额外负载并引起噪声。必须用皮带或齿轮传动时，应使液压泵卸掉径向和轴向负荷。液压马达与泵相似，对某些马达允许承受一定径向或轴向负荷，但不应超过规定允许数值。

液压泵吸油口的安装高度通常规定距离油面不大于 0.5m，某些泵允许有较高的吸油高度，而有一些泵则规定吸油口必须低于油面，个别无自吸能力的泵则需另设辅助泵供油。

安装液压泵还应注意以下事项：

（1）液压泵的进口、出口和旋转方向应符合泵上标明的要求，不得反接。

（2）安装联轴器时，不要用力敲打泵轴，以免损伤泵的转子。

4. 辅助元件的安装

除去立体连接件外，液压系统的辅助元件还包括过滤器、蓄能器、冷却和加热器、密封装置以及压力表、压力表开关等。

辅助元件在液压系统中是起辅助作用的,但在安装时也丝毫不容忽视,否则也会严重影响液压系统的正常工作。

辅助元件安装(管道的安装前面已介绍)主要注意下述几点:

(1) 应严格按照设计要求的位置进行安装并注意整齐、美观。

(2) 安装前应用煤油进行清洗、检查。

(3) 在符合设计要求情况下,尽可能考虑使用、维修方便。

12.2　液压系统的调试

液压设备的安装、精度检验合格之后,必须进行调整试车,使其在正常运转状态下能够满足生产工艺对设备提出的各项要求,并达到设计时设备的最大生产能力。当液压设备经过修理、保养或重新装配之后,也必须进行调试才能使用。

液压设备调试的主要内容,就是液压系统的运转调试,即不仅要检查系统是否完成设计要求的工作运动循环,而且还应该把组成工作循环的各个动作的力、力矩、速度、加速度、行程的起点和终点,各动作的时间和整个工作循环的总时间等调整到设计时所规定的数值,通过调试应测定系统的功率损失和油温升高是否有碍于设备的正常运转,否则采取措施加以解决。通过调试还应检验力、力矩、速度和行程的可调性以及操纵方面的可靠性,否则应予校正。

液压系统的调试应有书面记载,经过校准手续,纳入设备技术档案,作为该设备使用和维修的原始技术依据。

液压系统调试的步骤和方法可按下述进行。

12.2.1　液压系统调试前的准备

液压系统调试前应当做好以下准备工作。

1. 熟悉情况,确定调试项目

调试前,应根据设备使用说明书及有关技术资料,全面了解被调试设备的结构、性能、工作顺序、使用要求和操作方法,以及机械、电气、气动等方面与液压系统的联系,认真研究液压系统各元件的作用,读懂液压原理图,搞清楚液压元件在设备上的安装实际位置及其结构、性能和调整部位,仔细分析液压系统各工作循环的压力变化、速度变化以及系统的功率利用情况,熟悉液压系统用油的牌号和要求。

在掌握上述情况的基础上,确定调试的内容、方法及步骤,准备好调试工具、测量仪表和补接测试管路,制定安全技术措施,以保障人身安全和避免设备事故的发生。

2. 外观检查

新设备和经过修理的设备均需进行外观检查,其目的是检查影响液压系统正常工作的

相关因素。有效的外观检查可以避免许多故障的发生,因此在试车前首先必须做初步的外观检查。这一步骤的主要内容有以下几点:

(1) 检查各个液压元件的安装及其管道连接是否正确可靠。例如各液压元件的进、出油口及回油口是否正确,液压泵的入口、出口和旋转方向与泵上标明的方向是否相符合等。

(2) 防止切屑、冷却液、磨粒、灰尘及其他杂质落入油箱,检查各个液压部件的防护装置是否具备和完好可靠。

(3) 油箱中的油液牌号和过滤精度是否符合要求,液面高度是否合适。

(4) 系统中各液压部件、管道和管接头位置是否便于安装、调节、检查和修理。检查观察用的压力表等仪表是否安装在便于观察的地方。

(5) 检查液压泵电动机的转动是否轻松、均匀。

外观检查发现的问题,应改正后才能进行调整试车。

12.2.2　液压系统的调试

液压系统的调整和试车一般不会截然分开,往往是穿插交替进行的。调试的主要内容有单项调整、空载试车和负载试车等。在安装现场对某些液压设备仅能进行空载试车。

1. 空载试车

空载试车是指在不带负载运转的条件下,全面检查液压系统的各液压元件、各种辅助装置和系统内各回路的工作是否正常;工作循环或各种动作的自动换接是否符合要求。

空载试车及调整的方法与步骤:

(1) 间歇启动液压泵,使整个系统滑动部分得到充分的润滑,使液压泵在卸荷状况下运转(如将溢流阀旋松或使 M 形换向阀处于中位等),检查液压泵卸荷压力大小,是否在允许数值内;观察其运转是否正常,有无刺耳的噪声;油箱中液面是否有过多的泡沫,液位高度是否在规定范围内。

(2) 使系统在无负载状况下运转,先令液压缸活塞顶在缸盖上或使运动部件顶死在挡铁上(若为液压马达则固定输出轴),或用其他方法使运动部件停止,将溢流阀逐渐调节到规定压力值,检查溢流阀在调节过程中有无异常现象。其次让液压缸以最大行程多次往复运动或使液压马达转动,打开系统的排气阀排出积存的空气;检查安全防护装置(如安全阀、压力继电器等)工作的正确性和可靠性,从压力表上观察各油路的压力,并调整安全防护装置的压力值在规定范围内;检查各液压元件及管道的外泄漏、内泄漏是否在允许范围内;空载运转一定时间后,检查油箱的液面下降是否在规定高度范围内。由于油液进入了管道和液压缸中,使油箱下降,甚至会使吸油管上的过滤网露出液面或使液压系统和机械传动润滑不充分而发出噪声,所以必须及时给油箱补充油液。对于液压机构和管道容量较大而油箱偏小的机械设备,这个问题要特别引起重视。

(3) 与电器配合,调整自动工作循环或动作顺序,检查各动作的协调和顺序是否正确;检查启动、换向和速度换接时运动的平稳性,不应有爬行、跳动和冲击现象。

(4) 液压系统连续运转一段时间(一般是 30min),检查油液的温升是否在允许规定值内（一般工作油温为 35～60℃）。空载试车结束后，方可进行负载试车。

2. 负载试车

负载试车是使液压系统按设计要求在预定的负载下工作。通过负载试车检查系统能否实现预定的工作要求，如工作部件的力、力矩或运动特性等；检查噪声和振动是否在允许范围内；检查工作部件运动换向和速度换接时的平稳性，不应有爬行、跳动和冲击现象；检查功率损耗情况及连续工作一段时间后的温升情况。

负载试车，一般是先在低于最大负载的一至两种情况下试车，如果一切正常，则可进行最大负载试车，这样可避免出现设备损坏等事故。

3. 液压系统的调整

液压系统的调整要在系统安装、试车过程中进行，在使用过程中也随时进行一些项目的调整。下面介绍液压系统调整的一些基本项目及方法：

（1）液压泵工作压力　调节泵的安全阀或溢阀流，使液压泵的工作压力比最大负载时的工作压力大 10%～20%。

（2）快速行程的压力　调节泵的卸荷阀，使其比快速行程所需的实际压力大 15%～20%。

（3）压力继电器的工作压力　调节压力继电器的弹簧，使其低于液压泵工作压力 0.3～0.5MPa（在工作部件停止或顶在挡铁上进行）。

（4）换接顺序　调节行程开关、先导阀、挡铁、碰块及自测仪，使换接顺序及其精确程度满足工作部件的要求。

（5）工作部件的速度及其平衡性　调节节流阀、调整阀、变量液压泵或变量液压马达、润滑系统及密封装置，使工作部件运动平稳，没有冲击和振动，不允许有外泄漏，在有负载下，速度降落不应超过 10%～20%。

12.2.3　液压系统的试压

液压系统试压的目的主要是检查系统、回路的漏油和耐压强度。系统的试压一般都采取分级试验，每升一级，检查一次，逐步升到规定的试验压力，这样可避免事故发生。试验压力的选择：中、低压系统应为系统常用工作压力的 1.5～2 倍，高压系统为系统最大工作压力的 1.2～1.5 倍；在冲击大或压力变化剧烈的回路中，其试验压力应大于尖峰压力；对于橡胶软管，在 1.5～2 倍的常用工作压力下应无异常变形，在 2～3 倍的常用工作压力下不应破坏。

系统试压时，应注意以下事项：

（1）试压时，系统的安全阀应调到所选定的试验压力值。

（2）在向系统供油时，应将系统放气阀打开，待其空气排除干净后，方可关闭。同时将节流阀打开。

（3）系统中出现不正常声响时，应立即停止试验，待查出原因并排除后，再进行试验。

（4）试验时，必须注意安全措施。

关于液压油在运转调试中的温度问题，要十分注意，一般的液压系统最合适温度为

40～50℃,在此温度下工作时液压元件的效率最高,油液的抗氧化性处于最佳状态。如果工作温度超过 80℃ 以上,油液将早期劣化(每增加 10℃,油的劣化速度增加 2 倍),还将引起黏度降低,润滑性能变差,油膜容易破坏,液压件容易烧伤等。因此液压油的工作温度不宜超过 70～80℃,当超过这一温度时,应停机冷却或采取强制冷却措施。

在环境温度较低的情况下,运转调试时,由于油的黏度增大,压力损失和泵的噪声增加,效率降低,同时也容易损伤元件,当环境温度在 10℃ 以下时,属于危险温度,为此要采取预热措施,并降低溢流阀的设定压力,使油泵负荷降低,当油温升到 10℃ 以上时再进行正常运转。

12.3　液压系统的使用、维护与保养

随着液压传动技术的发展,采用液压传动的设备越来越多,其应用面也越来越广。这些液压设备中,有很多种常年露天作业,经受风吹、日晒、雨淋,受自然条件的影响较大。为了充分保障和发挥这些设备的工作效能,减少故障发生次数、延长使用寿命,就必须加强日常的维护保养。大量的使用经验表明,预防故障发生的最好办法是加强设备的定期检查。

12.3.1　液压系统的日常检查

液压传动系统发生故障前,往往都会出现一些小的异常现象,在使用中通过充分的日常维护、保养和检查就能够根据这些异常现象及早地发现和排除一些可能产生的故障,以达到尽量减少发生故障的目的。

日常检查的主要内容是检查液压泵启动前、后的状态以及停止运转前的状态。日常检查通常是用目视、耳听以及手触感觉等比较简单的方法进行。

1. 工作前的外观检查

大量的泄漏是很容易被发觉的,但在油管接头处少量的泄漏往往不易被人们发现,然而这种少量的泄漏现象却往往就是系统发生故障的先兆,所以对于密封处必须经常检查和清理,液压机械上软管接头的松动往往就是机械发生故障的先觉症状。如果发现软管和管道的接头因松动而产生少量泄漏时应立即将接头旋紧。例如液压缸活塞杆与机械部件连接处的螺纹松紧情况。

2. 泵启动前的检查

液压泵启动前要注意油箱是否按规定加油,加油量以液位计上限为标准。用温度计测量油温,如果油温低于 10℃ 时应使系统在无负载状态下(使溢流阀处于卸荷状态)运转 20min 以上。

3. 泵启动和启动后的检查

液压泵在启动时用开开停停的方法进行启动,重复几次使油温上升,各执行装置运转灵

活后再进入正常运转。在启动过程中如泵无输出应立即停止运动,检查原因,当泵启动后,还需做如下检查。

(1) 气蚀检查

液压系统在进行工作时,必须观察液压缸的活塞杆在运动时有无跳动现象,在液压缸全部外伸时有无泄漏,在重载时油泵和溢流阀有无异常噪声,如果噪声很大,这时是检查气蚀最为理想的时候。

液压系统产生气蚀的主要原因是由于在油泵的吸油部分有空气吸入,为了杜绝气蚀现象的产生,必须把油泵吸油管处所有的接头都旋紧,确保吸油管路的密封,如果在这些接头都旋紧的情况下仍不能清除噪声就需要立即停机做进一步检查。

(2) 过热的检查

油泵发生故障的另一个症状是过热,气蚀会产生过热,因为油泵热到某一温度时,会压缩油液空穴中的气体而产生过热。如果发现因气蚀造成过热应立即停车进行检查。

(3) 气泡的检查

如果油泵的吸油侧漏入空气,这些空气就会进入系统并在油箱内形成气泡。液压系统内存在气泡将产生三个问题:一是造成执行元件运动不平稳,影响液压油的体积弹性模量;二是加速液压油的氧化;三是产生气蚀现象,所以要特别防止空气进入液压系统。有时空气也可能从油箱渗入液压系统,所以要经常检查油箱中液压油的油面高度是否符合规定要求,吸油管的管口是否浸没在油面以下,并保持足够的浸没深度。实践经验证明回油管的油口应保证低于油箱中最低油面高度以下 10cm 左右。

在系统稳定工作时,除随时注意油量、油温、压力等问题外,还要检查执行元件、控制元件的工作情况,注意整个系统漏油和振动。系统经过使用一段时间后,如出现不良或产生异常现象,用外部调整的办法不能排除时,可进行分解修理或更换配件。

12.3.2　液压系统的使用维护

液压传动系统中是以油液作为传递能量的工作介质,在正确选用油液以后还必须使油液保持清洁,防止油液中混入杂质和污物。

经验证明:液压系统的故障 75% 以上是由于液压油污染造成的,因此液压油的污染控制十分重要。液压油中的污染物,金属颗粒约占 75%,尘埃约占 15%,其他杂质如氧化物、纤维、树脂等约占 10%。这些污染物中危害最大的是固体颗粒,它使元件有相对运动的表面加速磨损,堵塞元件中的小孔和缝隙;有时甚至使阀芯卡住,造成元件的动作失灵;它还会堵塞油泵吸油口的过滤器,造成吸油阻力过大,使油泵不能正常工作,产生振动和噪声。总之,油液中的污染物越多,系统中元件的工作性能下降得越快,因此经常保持油液的清洁是维护液压传动系统的一个重要方面。这些工作做起来并不费事,但却可以收到很好的效果。下列几点可供有关人员维护时参考。

(1) 液压用油的油库要设在干净的地方,所用的器具如油桶、漏斗、抹布等应保持干净。最好用绸布或的确良擦洗,以免纤维沾在元件上堵塞孔道,造成故障。

(2) 液压用油必须经过严格的过滤,以防固体杂质损害系统。系统中应根据需要配置粗、精过滤器,过滤器应当经常检查清洗,发现损坏应及时更换。

（3）油箱应加盖密封,防止灰尘落入,在油箱上面应设有空气过滤器。

（4）系统中的油液应经常检查并根据工作情况定期更换。一般在累计工作 1000h 后,应当换油,如继续使用,油液将失去润滑性能,并可能具有酸性。在间断使用时可根据具体情况隔半年或一年换油一次,在换油时应将底部积存的污物去掉,将油箱清洗干净,向油箱注油时应通过 120μm 以上的过滤器。

（5）如果采用钢管输油应把管在油中浸泡 24h,生成不活泼的薄膜后再使用。

（6）装拆元件一定要清洗干净,防止污物落入。

（7）发现油液污染严重时应查明原因并及时消除。

12.3.3　防止空气进入系统

液压系统中所用的油液可压缩性很小,在一般的情况下它的影响可以忽略不计,但低压空气的可压缩性很大,大约为油液的 10 000 倍,所以即使系统中含有少量的空气,它的影响也是很大的。溶解在油液中的空气,在压力低时就会从油中逸出,产生气泡,形成空穴现象,到了高压区在压力油的作用下这些气泡又很快被击碎,急剧受到压缩,使系统中产生噪声,同时当气体突然受到压缩时会放出大量热量,因而引起局部过热,使液压元件和液压油受到损坏。空气的可压缩性大,还使执行元件产生爬行,破坏工作平稳性,有时甚至引起振动,这些都影响到系统的正常工作。油液中混入大量气泡还容易使油液变质,降低油液的使用寿命,因此必须注意防止空气进入液压系统。

根据空气进入系统的不同原因,在使用维护中应当注意下列几点:

（1）经常检查油箱中液面高度,其高度应保持在液位计的最低液位和最高液位之间。在最低液位时吸油管口和回油管口,也应保持在液面以下,同时须用隔板隔开。

（2）应尽量防止系统内各处的压力低于大气压力,同时应使用良好的密封装置,失效的要及时更换,管接头及各接合面处的螺钉都应拧紧,及时清洗入口过滤器。

（3）在液压缸上部设置排气阀,以便排出液压缸及系统中的空气。

12.3.4　防止油温过高

机床液压系统中的油液的温度一般希望在 30～60℃的范围内,液压机械的液压传动系统油液的工作温度一般在 30～65℃的范围内较好,如果油温超过这个范围将给液压系统带来许多不良的影响。油温升高后的主要影响有以下几点:

（1）油温升高使油的黏度降低,因而元件及系统内油的泄漏量将增多,这样就会使油泵的容积效率降低。

（2）油温升高使油的黏度降低,这样将使油液经过节流小孔或隙缝式阀口的流量增大,这就使原来调节好的工作速度发生变化,特别对液压随动系统,将影响工作的稳定性、降低工作精度。

（3）油温升高黏度降低后,相对运动表面的润滑油膜将变薄,这样就会增加机械磨损,在油液不太干净时容易发生故障。

（4）油温升高将使油液的氧化加快,导致油液变质,降低油的使用寿命。沉淀物还会堵塞小孔和缝隙,影响系统正常工作。

(5) 油温升高将使机械产生热变形,液压阀类元件受热后膨胀,可能使配合间隙减小,因而影响阀芯的移动,增加磨损,甚至被卡住。

(6) 油温过高会使密封装置迅速老化变质,丧失密封性能。

引起油温过高的原因很多。有些是属于系统设计不正确造成的,例如油箱容量太小,散热面积不够;系统中没有卸荷回路,在停止工作时油泵仍在高压溢流;油管太细太长,弯曲过多;或者液压元件选择不当,使压力损失太大等。有些是属于制造上的问题,例如元件加工装配精度不高,相对运动件间摩擦发热过多,或者泄漏严重,容积损失太大等,从使用维护的角度来看,防止油温过高应注意以下几个问题:

(1) 注意保持油箱中的正确液位,使系统中的油液有足够的循环冷却条件。

(2) 正确选择系统所用油液的黏度。黏度过高,增加油液流动时的能量损失;黏度过低,泄漏就会增加,两者都会使油温升高。当油液变质时也会使油泵容积效率降低,并破坏相对运动表面间的油膜,使阻力增大,摩擦损失增加,这些都会引起油液的发热,所以也需要经常保持油液干净,并及时更换油液。

(3) 在系统不工作时油泵必须卸荷。

(4) 经常注意保持冷却器内水量充足,管路通畅。

12.4　气动系统的安装调试与使用维护

12.4.1　气压系统的安装

1. 管道的安装

(1) 安装前要检查管道内壁是否光滑,并进行除锈和清洗。

(2) 管道支架要牢固,工作时不得产生振动。

(3) 装紧各处接头,管道不允许漏气。

(4) 管道焊接,应符合规定的标准条件。

(5) 安装软管时,其长度应有一定余量;在弯曲时,不能从端部接头处开始弯曲;在安装直线段时,不要使端部接头和软管间受拉伸;软管安装应尽可能远离热源或安装隔热板;管路系统中任何一段管道均应能拆装;管道安装的倾斜度、弯曲半径、间距和坡向均要符合有关规定。

2. 元件的安装

(1) 安装前应对元件进行清洗,必要时要进行密封试验。

(2) 各类阀体上的箭头方向或标记,要符合气流流动方向。

(3) 逻辑元件应按控制回路的需要,将其成组的装于底板上,并在底板上引出气路,用软管接出。

(4) 密封圈不要装得太紧,特别是 V 形密封圈,由于阻力特别大,所以松紧要合适。

（5）移动缸的中心线与负载作用力的中心线要同心,否则引起侧向力,使密封件加速磨损,活塞杆弯曲。

（6）各种自动控制仪表、自动控制器、压力继电器等,在安装前应进行校验。

12.4.2　系统的吹污和试压

管路系统安装后,要用压力为 0.6MPa 的干燥空气吹除系统中一切污物。可用白布来检查,以 5min 内无污物为合格。吹污后还要将阀芯、滤芯及活塞等零件拆下清洗。系统的密封性是否符合标准,可用气密试验进行检查,一般是使系统处于 1.2～1.5 倍的额定压力下保压一段时间(如 2h)。除去环境温度变化引起的误差外,其压力变化量不得超过技术文件规定值。试验时要把安全阀调整到试验压力。试压过程中最好采用分级试验法,并随时注意安全。如果发现系统出现异常,应立即停止试验,待查出原因、清除故障后再进行试验。

12.4.3　系统的调试

1. 调试前的准备工作

（1）要熟悉说明书等有关技术资料,力求全面了解系统的原理、结构、性能及操纵方法。

（2）了解需要调整的元件在设备上的实际位置、操纵方法及调节旋钮的旋向等。

（3）按说明书的要求准备好调试工具、仪表、补接测试管路等。

2. 空载试运转

空载试运转不得少于 2h,注意观察压力、流量、温度的变化。如果发现异常现象,应立即停车检查,待排除故障后才能继续运转。

3. 负载试运转

负载试运转应分段加载,运转不得少于 2h,要注意摩擦部位的温升变化,分别测出有关数据,记入试车记录。

12.4.4　气压系统的使用与维护

1. 使用时的注意事项

（1）开车前、后要放掉系统中的冷凝水并在开车前检查各调节旋钮是否在正确位置,行程阀、行程开关、挡块的位置是否正确、牢固。对导轨、活塞杆等外露部分的配合表面进行擦拭。

（2）随时注意压缩空气的清洁度,对分水滤气器的滤芯要定期清洗并定期给油雾器加油。

（3）设备长期不使用时,应将各旋钮放松,以免弹簧失效而影响元件性能。

（4）熟悉元件控制机构的操作特点,严防调节错误造成事故。要注意各元件调节旋钮的旋向与压力、流量大小变化的关系。

2. 压缩空气的污染及预防

压缩空气的质量对气动系统性能影响极大,它如被污染将使管道和元件锈蚀、密封件变形、喷嘴堵塞,使系统不能正常工作。压缩空气的污染主要来自水分、油分和粉尘三个方面。

1) 水分

空气压缩机吸入的是含水的湿空气,经压缩后提高了压力,当再度冷却时就要析出冷凝水,侵入到压缩空气中致使管道和元件锈蚀,影响其性能。

防止冷凝水侵入压缩空气的方法是:

(1) 及时排除系统各排水阀中积存的冷凝水。

(2) 经常注意自动排水器、干燥器的工作是否正常。

(3) 定期清洗分水滤气器、自动排水器的内部元件等。

2) 油分

这里是指使用过的因受热而变质的润滑油。压缩机使用的一部分润滑油呈雾状混入压缩空气中,受热后引起汽化随压缩空气一起进入系统,使密封件变形,造成空气泄漏、摩擦阻力增大、阀和执行元件动作不良,而且还会污染环境。

清除压缩空气中油分的方法有:对较大的油分颗粒,通过油水分离器和分水滤气器的分离作用同空气分开,从设备底部排污阀排除。对较小的油分颗粒,则可通过活性炭的吸附作用清除。

3) 粉尘

大气中含有的粉尘、管道内的锈粉及密封材料的碎屑等侵入到压缩空气中,将引起运动件卡死、动作失灵、堵塞喷嘴、加速元件磨损、降低使用寿命、导致故障发生,严重影响系统性能。

防止粉尘侵入压缩空气的主要方法是:

(1) 经常清洗空气压缩机前的预过滤器。

(2) 定期清洗分水滤气器的滤芯。

(3) 及时更换滤清元件等。

3. 气压系统的日常维护

气压系统的日常维护主要是对冷凝水的管理和对系统润滑的管理。

1) 对冷凝水的管理

冷凝水排放涉及到整个气动系统,从空压机、后冷却器、气罐、管道系统直到各处空气过滤器、干燥器和自动排水器等。在作业结束时,应当将各处冷凝水排放掉,以防夜间温度低于0℃,导致冷凝水结冰。由于夜间管道内温度下降,会进一步析出冷凝水,故气动装置在每天运转前,也应将冷凝水排出。要注意查看自动排水器是否工作正常,水杯内不应存水过量。

2) 系统润滑的管理

气压系统中从控制元件到执行元件,凡有相对运动的表面都需要润滑。如果润滑不当,会使摩擦阻力增大,导致元件动作不良或因密封面磨损引起系统泄漏等。

润滑油的性质将直接影响润滑效果。通常,高温环境下用高黏度润滑油,低温环境下用低黏度润滑油,如果温度特别低,为克服起雾困难可在油杯内装加热器。供油量是随润滑部位的形状、运动状态及负载大小而变化的。供油量总是大于实际需要量。要注意油雾器的工作是否正常,如果发现油量没有减少,需要及时调整滴油量,经调整无效需检修或更换油雾器。

4. 气压系统的定期检修

定期检修的时间间隔通常为三个月。其主要内容有:

(1) 查明系统各泄漏部位,并设法予以解决。

(2) 通过对方向控制阀排气口的检查,判断润滑油量是否适度,空气中是否有冷凝水。如果润滑不良,考虑油雾器规格是否合适,安装位置是否恰当,滴油量是否正常等。如果有大量冷凝水排出,考虑过滤器的安装位置是否恰当,排除冷凝水的装置是否合适,冷凝水的排除是否彻底。如果方向控制阀排气口关闭时,仍有少量泄漏,往往是元件损伤的初期阶段,检查后可更换磨损件以防止发生动作不良。

(3) 检查安全阀、紧急安全开关动作是否可靠。定期检修时,必须确认它们动作的可靠性,以确保设备和人身安全。

(4) 观察换向阀的动作是否可靠。根据换向时声音是否异常,判定铁芯和衔铁配合处是否有杂质。检查阀芯是否有磨损,密封件是否老化。

(5) 反复开关换向阀,观察气缸动作,判断活塞上的密封是否良好。检查活塞杆外露部分,判定前盖的配合处是否有泄漏。

上述各项检查和修复的结果应记录下来,以作为设备出现故障查找原因和设备大修时的依据。

气压系统的大修间隔期为一年或几年。其主要内容是检查系统各元件和部件,判定其性能和寿命,并对平时产生故障的部位进行检修或更换元件,排除修理间隔期内一切可能产生故障的因素。

思考题与习题

液压气动系统的安装、调试、使用和维护完全是实际操作与管理的内容,基本没有计算与设计的工作可言,为便于初学者对该章内容的理解,以思考题的形式提炼本章的主要内容。

12-1　液压系统安装的主要任务有哪些?

12-2　为什么说管路的连接是系统安装的主要任务?

12-3　在液压系统的安装中,管道选择的依据是什么?

12-4　对不同的管路连接件,其安装的要求主要有哪些?

12-5　在安装液压阀时主要应注意哪些问题?

12-6　液压缸安装时要注意哪些问题?

12-7　液压泵安装的要求是什么?

12-8　在安装液压辅助元件时要注意哪些问题?

12-9　液压系统调试的主要工作有哪些?

12-10　在对液压系统进行调试前,要做哪些准备工作?

12-11　为什么在对液压系统进行调试时,要先进行空载后进行满负载试车?

12-12　对液压系统进行试压时,一般遵循什么规律?

12-13　在对液压系统进行试压时要注意哪些问题?

12-14　在对液压系统进行维护时,要对系统进行哪些检查?

12-15　在液压设备的运行过程中,如何保持液压油状态良好?

12-16　如何防止空气侵入液压系统?若有空气侵入系统时,应采取什么措施?

12-17　如何防止液压系统油温过高?油温过高会对系统产生哪些影响?

12-18　检修液压系统时要注意哪些问题?

12-19　气动系统调试的主要内容有哪些?

12-20　如何保证气动系统正常运转?

12-21　气动元件安装时要注意哪些问题?

12-22　在使用和维护启动设备时,要注意哪些问题?

液压元件故障及其排除

表 A.1 齿轮泵(含泵的共性)常见故障及其排除

故障现象	原 因 分 析	关 键 问 题	排 除 措 施
输油量不足	① 吸油管或过滤器堵塞 ② 油液黏度过大 ③ 泵转速太高 ④ 端面间隙或周向间隙过大 ⑤ 溢流阀等失灵	① 吸油不畅 ② 严重泄漏 ③ 旁通回油	① 过滤器应常清洗,通油能力要为泵流量的两倍 ② 油液黏度、泵的转速、吸油高度等应按规定选用 ③ 检修泵的配合间隙 ④ 检修溢流阀等元件
压力提不高	① 端面间隙或周向间隙过大 ② 溢流阀等失灵 ③ 供油量不足	① 泄漏严重 ② 流量不足	① 检修使泵输油量和配合间隙达到规定要求 ② 检修溢流阀等元件,消除泄漏环节
噪声过大	① 泵的制造质量差,如齿形精度不高、接触不良、困油槽位置误差、齿轮泵内孔与端面不垂直、泵盖上两轴承孔轴线不平行等 ② 电机的振动、联轴器安装时的同轴度误差 ③ 吸油管安装时密封不严、油管弯曲、伸入液面以下太浅、泵安装位置太高 ④ 油液黏度过高 ⑤ 过滤器堵塞或通流能力小 ⑥ 溢流阀等动作迟缓	噪声与振动有关,可归纳为三类因素: ① 机械 ② 空气(气穴现象) ③ 油液(液压冲击等)	① 提高泵手工艺制造精度 ② 电机装防振垫,联轴器安装时同轴度误差应在 0.1mm 以下 ③ 吸油管安装要严防漏气、油管不要弯曲、油管伸入液面应为油深的2/3,泵的吸油高度不大于500mm ④ 油液黏度选择要合适 ⑤ 定期清洗过滤器 ⑥ 拆选溢流阀,使阀芯移动灵活
过热	① 油液黏度过高或过低 ② 齿轮和侧板等相对运动件摩擦严重 ③ 油箱容积过小,泵散热条件差	① 泵内机件、油液因摩擦、搅动和泄漏等能量损失过大 ② 散热性能差	① 更换成黏度合适的液压油 ② 修复有关零件,使机械摩擦损失减少 ③ 改善泵和油箱的散热条件

故障现象	原因分析	关键问题	排除措施
泵不打油	① 泵转向不对 ② 油面过低 ③ 过滤器堵塞	泵的密封工作容积由小变大时要通油箱吸油,由大变小时要排油	① 驱动泵的电机转向应符合要求 ② 保证吸油管能进油
主要磨损件	① 齿顶和两侧面 ② 泵体内壁的吸油腔侧 ③ 侧盖端面 ④ 泵轴与滚针的接触处	① 泵内机件受到不平衡的径向力 ② 轴孔与端面垂直度较差	① 减少不平衡的径向力 ② 提高泵的制造精度 ③ 端面间隙应控制在 0.02～0.05mm

表 A. 2   叶片泵常见故障及其排除

故障现象	原因分析	排除措施
输油量不足压力提不高	① 配油盘端面和内孔严重磨损 ② 叶片和定子内表面接触不良或磨损严重 ③ 叶片与叶片槽配合间隙过大 ④ 叶片装反	① 修磨配油盘 ② 修磨或重配叶片 ③ 修复定子内表面、转子叶片槽 ④ 重装叶片
泵不打油	① 叶片与叶片槽配合太紧 ② 油液黏度过大 ③ 油液太脏 ④ 配油盘安装后变形,使高低压油区连通	① 保证叶片能在叶片槽内灵活移动,形成密封的工作容积 ② 过滤油液,油的黏度要合适 ③ 修整配油盘和壳体等零件,使之接触良好
噪声过大	① 配油盘上未设困油槽或困油槽长度不够 ② 定子内表面磨损或刮伤 ③ 叶片工作状态较差	① 配油盘上应按要求开设困油槽 ② 抛光修复定子内表面 ③ 研磨叶片使之与转子叶片槽、定子、配油盘等接触良好
主要磨损件	① 定子内表面 ② 转子两端面和叶片槽 ③ 叶片顶部和两侧面 ④ 配油盘端面和内孔	① 定子可抛光修复或翻转 180° 后使用 ② 用研磨或磨削修复转子 ③ 叶片采用磨削法修复,叶片顶部磨损严重时可调头使用 ④ 配油盘可采用研磨或磨削法修复,内孔磨损严重时可将内孔扩大后镶上轴套

表 A. 3   轴向柱塞泵常见故障及其排除

故障现象	原因分析	排除措施
供油量不足压力提不高	① 配油盘与缸体的接触面严重磨损 ② 柱塞与缸体柱塞手工艺配合面磨损 ③ 泵或系统有严重的内泄漏 ④ 控制变量机构的弹簧没有调整好	① 修复或更换磨损零件 ② 紧固各管接头和结合部位 ③ 调整好变量机构弹簧
泵不打油	① 泵的中心弹簧损坏,柱塞不能伸出 ② 变量机构的斜盘倾角太小,在零位卡死 ③ 油液黏度过高或工作温度过低	① 更换中心弹簧 ② 修复变量机构,使斜盘倾角变化灵活 ③ 选择合适的油液黏度,控制工作油温在 15℃ 以上

续表

故障现象	原 因 分 析	排 除 措 施
噪声过大	① 泵内零件严重磨损或损坏 ② 回油管露出油箱油面 ③ 吸油阻力过大 ④ 吸油管路有空气进入	① 修复或更换零件 ② 回油管应插入油面以下 200mm 处 ③ 加大吸油管径 ④ 用黄油涂在管接头上检查,重新紧固后并排除空气
变量机构失灵	① 变量机构阀芯卡死 ② 变量机构阀芯与阀套间的磨损严重或遮盖量不够 ③ 变量机构控制油路堵塞 ④ 变量机构与斜盘间的连接部位磨损严重,转动失灵	① 拆开清洗,必要时更换阀芯 ② 修复有关的连接部件
主要磨损件	① 柱塞磨损后成腰鼓形 ② 缸体柱塞孔、缸体与配油盘接触的端面 ③ 配油盘端面 ④ 斜盘与滑履的摩擦面	① 更换柱塞 ② 以缸体外圆为基准来精磨和抛光端面,柱塞孔可采用研磨法修复 ③ 可在平板上研磨修复斜盘和配油盘的磨损面,粗糙度不高于 $0.2\mu m$,平面度应在 0.005mm 以内

表 A. 4 液压马达常见故障及其排除

故障现象	原 因 分 析	关 键 问 题	排 除 措 施
输出转速较低	① 液压马达端面间隙、径向间隙等过大,油液黏度过小,配合件磨损严重 ② 形成旁通,如溢流阀失灵	① 泄漏严重 ② 供油量少	① 油液黏度、泵的转速等应符合规定要求 ② 检修液压马达的配合间隙 ③ 修复溢流阀等元件
输出扭矩较低	① 液压马达端面间隙等过大或配合件磨损严重 ② 供油量不足或旁通 ③ 溢流阀等失灵	① 密封容积泄漏,影响压力提高 ② 调压过低	① 检修液压马达的配合间隙或更换零件 ② 检修泵和溢流阀等元件,使供油压力正常
噪声过大	① 液压马达制造精度不高,如齿轮液压马达的齿形精度、接触精度、内孔与端面垂直度、配合间隙等 ② 个别零件损坏,如轴承保持架、滚针轴承的滚针断裂,扭力弹簧变形,定子内表面刮伤等 ③ 联轴器松动或同轴度差 ④ 管接头漏气、过滤器堵塞	噪声与振动有关,主要由机械噪声、流体噪声和空气噪声三大部分组成	① 提高液压马达的制造精度 ② 检修或更换损坏了的零件 ③ 重新安装联轴器 ④ 管件等连接要严密,过滤器应经常清洗

表 A.5　液压缸常见故障及其排除

故障现象	原因分析	关键问题	排除措施
移动速度下降	① 泵、溢流阀等有故障,系统未供油或量少 ② 缸体与活塞配合间隙太大、活塞上的密封件磨坏、缸体内孔圆柱度超差、活塞左右两腔互通 ③ 油温过高,黏度太低 ④ 流量元件选择不当,压力元件调压过低	① 供油量不足 ② 严重泄漏 ③ 外载过大	① 检修泵、阀等元件,并合理选择和调节 ② 提高液压缸的制造和装配精度 ③ 保证密封件的质量和工作性能 ④ 检查发热温升原因,选用合适的液压油黏度
推力不足	① 液压缸内泄漏严重,如密封件磨损、老化、损坏或唇口装反 ② 系统调定压力过低 ③ 活塞移动时阻力太大,如缸体与活塞、活塞杆与导向套等配合间隙过小,液压缸制造、装配等精度不高 ④ 脏物等进入滑动部位	① 缸内工作压力过低 ② 移动时阻力增加	① 更换或重装密封件 ② 重新调整系统压力 ③ 提高液压缸的制造和装配精度 ④ 过滤或更换油液
工作台产生爬行	① 液压缸内有空气或油液中有气泡,如从泵、缸等负压处吸入外界空气 ② 液压缸无排气装置 ③ 缸体内孔圆柱度超差、活塞杆局部或全长弯曲、导轨精度差、楔铁等调得过紧或弯曲 ④ 导轨润滑不良,出现干摩擦	① 液压缸内有空气 ② 液压缸工作系统刚性差 ③ 摩擦力或阻力变化大	① 拧紧管接头,减少进入系统的空气 ② 设置排气装置,在工作之前应先将缸内空气排除 ③ 缸至换向阀间的管道容积要小,以免该管道中存气排不尽 ④ 提高缸和系统的制造和安装精度 ⑤ 在润滑油中添加加剂
缸的缓冲装置故障,即终点速度过慢或出现撞击噪声	① 固定式节流缓冲装置配合间隙过小或过大 ② 可调式节流缓冲装置调节不当,节流过度或处于全开状态 ③ 缓冲装置制造和装配不良,如镶在缸盖上的缓冲环脱落,单向阀装反或阀座密封不严	① 缓冲作用过大 ② 缓冲装置失去作用	① 更换不合格的零件 ② 调节缓冲装置中的节流元件至合适位置并紧固 ③ 提高缓冲装置制造和装配质量
缸有较大外泄漏	① 密封件质量差,活塞杆明显拉伤 ② 液压缸制造和装配质量差,密封件磨损严重 ③ 油温过高或油的黏度过低	① 密封失效 ② 活塞杆拉伤	① 密封件质量要好,保管使用要合理,密封件磨损严重时要及时更换 ② 提高活塞杆和沟槽尺寸等的制造精度 ③ 油的黏度要合适,检查温升原因并排除

表 A.6　方向阀常见故障及其排除

故障现象	原因分析	关键问题	排除措施
阀芯不能移动	① 阀芯卡死在阀体孔内,如阀芯与阀体几何精度差、配合过紧、表面有毛刺或刮伤,阀体安装后变形,复位弹簧太软、太硬或扭曲 ② 油液黏度太高、油液过脏、油温过高、热变形卡死 ③ 控制油路无油或控制压力不够 ④ 电磁铁损坏等	① 机械故障 ② 液压故障 ③ 电气等故障	① 提高阀的制造、装配和安装精度 ② 更换弹簧 ③ 油的黏度、温升、清洁度、控制压力等应符合要求 ④ 修复或更换电磁铁
电磁铁线圈烧坏	① 供电电压太高或太低 ② 线圈绝缘不良 ③ 推杆过长 ④ 电磁铁铁芯与阀芯的同轴度误差 ⑤ 阀芯卡死或回油口背压过高	① 电压不稳定或电气质量差 ② 阀芯不到位	① 电压的变化值应在额定电压的10%以内 ② 尽量选用直流电磁铁 ③ 修磨推杆 ④ 重新安装、保证同轴度 ⑤ 防止阀芯卡死,控制背压
换向冲击、振动与噪声	① 采用大通径的电磁换向阀 ② 液动阀阀芯移动可调装置有故障 ③ 电磁铁铁芯的吸合面接触不良 ④ 推杆过长或过短 ⑤ 固定电磁铁的螺钉松动	① 阀芯移动速度过快 ② 电磁铁吸合不良	① 大通径时采用电液换向阀 ② 修复或更换可调装置中的单向阀和节流阀 ③ 修复并紧固电磁铁 ④ 推杆长度要合适
通过的流量不足或压力降过大	① 推杆过短 ② 复位弹簧太软	开口量不足	更换合适的推杆和弹簧
液控单向阀油液不逆流	① 控制压力过低 ② 背压力过高 ③ 控制阀芯或单向阀芯卡死	单向阀打不开	① 背压高时可采用复式或外泄式液控单向阀 ② 消除控制管路的泄漏和堵塞 ③ 修复或清洗,使阀芯移动灵活
单向阀类逆方向不密封	① 密封锥面接触不均匀,如锥面与导向圆柱面轴线的同轴度误差较大 ② 复位弹簧太软或变形	① 密封带接触不良 ② 阀芯在全开位置上卡死	① 提高阀的制造精度 ② 更换弹簧,修复密封带 ③ 过滤油液

表 A. 7　先导型溢流阀常见故障及其排除

故障现象	原因分析	关键问题	排除措施
无压力或压力升不高	① 先导阀或主阀弹簧漏装、折断、弯曲或太软 ② 先导阀或主阀锥面密封性差 ③ 主阀芯在开启位置卡死或阻尼被堵 ④ 遥控口直接通油箱或该处有严重泄漏	主阀阀口开得过大	① 更换弹簧 ② 配研密封锥面 ③ 清洗阀芯,过滤或更换油液,提高阀的制造精度 ④ 设计时不能将遥控口直接通油箱
压力很高调不下来	① 进、出油口接反 ② 先导阀弹簧弯曲等使该阀打不开 ③ 主阀芯在关闭状态下卡死	主阀阀口闭死	① 重装进、出油管 ② 更换弹簧 ③ 控制油的清洁度和各零件的加工精度
压力波动不稳定	① 配合间隙或阻尼孔时而被堵,时而脏物被油液冲走 ② 阀体变形、阀芯划伤等原因使主阀芯运动不规则 ③ 弹簧变形,阀芯移动不灵 ④ 供油泵的流量和压力脉动	主阀阀口的变化不规则	① 过滤或更换油液 ② 修复或更换有关零件 ③ 更换弹簧 ④ 提高供油泵的工作性能
振动和噪声	① 阀芯配合不良,阀盖松动等 ② 调压弹簧装偏、弯曲等,使锥阀产生振荡 ③ 回油管高出油面或贴近油箱底面 ④ 系统有空气混入	存在机械振动、液压冲击和空气	① 修研配合面,拧紧各处螺钉 ② 更换弹簧,提高阀的装配质量 ③ 回油管应离油箱底面50mm 以上 ④ 紧固管接头、排除系统空气

表 A. 8　减压阀常见故障及其排除

故障现象	原因分析	关键问题	排除措施
出口压力过高,不起减压作用	① 调压弹簧太硬、弯曲或变形,先导阀打不开 ② 主阀芯在全开位置上卡死 ③ 先导阀的回油管道不通,如未接油箱、堵塞或背压	主阀阀口开得过大	① 更换弹簧 ② 修复或更换零件,过滤或更换油液 ③ 回油管应单独接入油箱,防止细长、弯曲等使阻力太大
出口压力过低,不好控制与调节	① 先导锥阀处有严重内、外泄漏 ② 调压弹簧漏装、断裂或过软 ③ 主阀芯在接近闭死状态时卡住	主阀阀口开得过小	① 配研锥阀的密封带,结合面处螺钉应拧紧以防外泄 ② 更换弹簧 ③ 修复或更换零件,提高油的清洁度
出口压力不稳定	① 配合间隙和阻尼小孔时堵时通 ② 弹簧太软及变形,使阀芯移动不灵 ③ 阀体和阀芯变形、刮伤、几何精度差等	主阀阀芯移动不规则	① 过滤或更换油液 ② 更换弹簧 ③ 修复或更换零件

表 A.9 顺序阀常见故障及其排除

故障现象	原因分析	关键问题	排除措施
始终通油,不起顺序作用	① 主阀芯在打开位置上卡死 ② 单向阀在打开位置上卡死或单向阀密封不良 ③ 调压弹簧漏装、断裂或太软	阀口常开	① 修配零件使阀芯移动灵活,单向阀密封带应不漏油 ② 过滤或更换油液 ③ 更换弹簧或补装
该通时打不开阀口	① 主阀芯在关闭位置卡死 ② 控制油路堵塞或控制压力不够 ③ 调压弹簧太硬或调压过高 ④ 泄漏管中背压太高	阀口闭死	① 提高零件制造精度和油的清洁度 ② 清洗管道,提高控制压力,防止泄漏 ③ 更换弹簧,调压适当 ④ 泄漏管应单独接入油箱
压力控制不灵	① 调压弹簧变形、失效 ② 弹簧调定值与系统不匹配 ③ 滑阀移动时阻力变化太大	① 调压不合理 ② 弹簧力、摩擦力等变化无规律	① 更换弹簧 ② 各压力元件的调整值之间不应有矛盾 ③ 提高零件的几何精度,调整修配间隙,使阀芯移动灵活

表 A.10 压力继电器常见故障及其排除

故障现象	原因分析	关键问题	排除措施
无信号输出	① 进油管变形,管接头漏油 ② 橡皮薄膜变形或失去弹性 ③ 阀芯卡死 ④ 弹簧出现永久变形或调压过高 ⑤ 接触螺钉、杠杆等调节不当 ⑥ 微动开关损坏	压力信号没有转换成电信号	① 更换管子,拧紧管接头 ② 更换薄膜片 ③ 清洗、配研阀芯 ④ 更换弹簧,调整合理 ⑤ 合理调整杠杆等位置 ⑥ 更换微动开关
灵敏度差	① 阀芯移动时摩擦力过大 ② 转换机构等装配不良,运动件失灵 ③ 微动开关接触行程太长	信号转换迟缓	① 装配、调整要合理,使阀芯等动作灵活 ② 合理调整杠杆等位置
易发误信号	① 进油口阻尼孔太大 ② 系统冲击压力太大 ③ 电气系统设计不当	出现不该有的信号转换	① 适当减小阻尼孔 ② 在控制管路上增设阻尼管以减弱压力冲击 ③ 电气系统设计应考虑必要的连锁等

表 A.11   流量控制阀常见故障及其排除

故障现象	原 因 分 析	关 键 问 题	排 除 措 施
不起节流作用或调节范围小	① 阀的配合间隙过大,有严重的内泄漏 ② 单向节流阀中的单向阀密封不良或弹簧变形 ③ 流量阀在大开口时阀芯卡死 ④ 流量阀在小开口时节流口堵塞	通过流量阀的液体过多	① 修复阀体或更换阀芯 ② 研磨单向阀阀座,更换弹簧 ③ 拆开清洗并修复 ④ 冲刷、清洗,过滤油液
执行机构运动速度不稳定,有时快时慢或跳动现象	① 节流口堵塞的周期性变化,即时堵时通 ② 泄漏的周期性变化 ③ 负载的变化 ④ 油温的变化 ⑤ 各类补偿装置(负载、温度)失灵,不起稳速作用	通过阀的流量不稳定	① 严格过滤油液或更换新油 ② 对负载变化较大,速度稳定性要求较高的系统应采用调速阀 ③ 控制温升,在油温升高和稳定后,再调一次节流阀开口 ④ 修复调速阀中的减压阀或温度补偿装置

表 A.12   过滤器常见故障及其排除

故障现象	原 因 分 析	关 键 问 题	排 除 措 施
系统产生空气和噪声	① 对过滤器缺乏定期维护和保养 ② 过滤器的过滤能力选择较小 ③ 油液太脏	泵进口过滤器堵塞	① 定期清洗过滤器 ② 泵进口过滤器的过流能力应比泵的流量大一倍 ③ 油液使用 2000～3000h 后应更换新油
过滤器滤芯变形或击穿	① 过滤器严重堵塞 ② 滤网或骨架强度不够	通过过滤器的压力降过大	① 提高过滤器的结构强度 ② 采用带有堵塞发讯装置的过滤器 ③ 设计带有安全阀的旁通油路
网式过滤器金属网与骨架脱焊	① 采用锡铅焊料,熔点仅为 183℃ ② 焊接点数少,焊接质量差	焊料熔点较低,结合强度不够	① 改用高熔点的银镉焊料 ② 提高焊接质量
烧结式过滤器滤芯掉粒	① 烧结质量较差 ② 滤芯严重堵塞	滤芯颗粒间结合强度差	① 更换滤芯 ② 提高滤芯制造质量 ③ 定期更换油液

表 A.13 密封件常见故障及其排除

故障现象	原 因 分 析	关 键 问 题	排 除 措 施
内、外泄漏	① 密封圈预变形量小,如沟槽尺寸过大、密封圈尺寸太小 ② 油压作用下密封圈不起密封功能,如密封件老化、失效,唇形密封圈装反	密封处接触应力过小	① 密封沟槽尺寸与选用的密封圈尺寸要配套 ② 重装唇形密封圈,密封件保管、使用要合理 ③ V 形密封圈可以通过调整来控制泄漏
密封件过早损坏	① 装配时孔口棱边划伤密封圈 ② 运动时刮伤密封圈,如密封沟槽、沉割槽等处有锐边,配合表面粗糙 ③ 密封件老化,如长期保管、长期停机等 ④ 密封件失去弹性,如变形量过大、工作油温太低	使用、维护等不符合要求	① 孔口最好采用圆角 ② 修磨有关锐边,提高配合表面质量 ③ 密封件保管期不宜高于一年,坚持早进早出,定期开机 ④ 密封件变形量应合理,适当提高工作油温
密封件扭曲、挤入间隙等	① 油压过高,密封圈未设支承环或挡圈 ② 配合间隙过大	受侧压过大,变形过度	① 增加挡圈 ② 尽量采用 V 形密封圈,少用或不用 Y 形或 O 形密封圈

附录 B

液压回路和系统故障及其排除

表 B.1　供油回路常见故障及其排除

故障现象	原因分析	关键问题	排除措施
泵不出油	① 液压泵的转向不对 ② 过滤器严重堵塞、吸油管路严重漏气 ③ 油的黏度过高,油温太低 ④ 油箱油面过低 ⑤ 泵内部故障,如叶片卡在转子槽中,变量泵在零流量位置上卡住 ⑥ 新泵启动时,空气被堵,排不出去	不具备泵工作的基本条件	① 改变泵的转向 ② 清洗过滤器,拧紧吸油管 ③ 油的黏度、温度要合适 ④ 油面应符合规定要求 ⑤ 新泵启动前最好先向泵内灌油,以免干摩擦磨损等 ⑥ 在低压下放走排油管中的空气
泵的温度过高	① 泵的效率太低 ② 液压回路效率太低,如采用单泵供油、节流调速等,导致油温太高 ③ 泵的泄油管接入吸油管	过大的能量损失转换成热能	① 选用效率高的液压泵 ② 选用节能型的调速回路、双泵供油系统,增设卸荷回路等 ③ 泵的外泄管应直接回油箱 ④ 对泵进行风冷
泵源的振动与噪声	① 电机、联轴器、油箱、管件等的振动 ② 泵内零件损坏,困油和流量脉动严重 ③ 双泵供油合流处液体撞击 ④ 溢流阀回油管液体冲击 ⑤ 过滤器堵塞,吸油管漏气	存在机械、液压和空气三种噪声因素	① 注意装配质量和防振、隔振措施 ② 更换损坏零件,选用性能好的液压泵 ③ 合流点距泵口应大于200mm ④ 增大回油管直径 ⑤ 清洗过滤器,拧紧吸油管

表 B.2　方向控制回路常见故障及其排除

故障现象	原因分析	关键问题	排除措施
执行元件不换向	① 电磁铁吸力不足或损坏 ② 电液换向阀的中位机能呈卸荷状态 ③ 复位弹簧太软或变形 ④ 内泄式阀形成过大背压 ⑤ 阀的制造精度差,油液太脏等	① 推动换向阀阀芯的主动力不足 ② 背压阻力等过大 ③ 阀芯卡死	① 更换电磁铁,改用液动阀 ② 液动换向阀采用中位卸荷时,要设置压力阀,以确保启动压力 ③ 更换弹簧 ④ 采用外泄式换向阀 ⑤ 提高阀的制造精度和油液清洁度

续表

故障现象	原因分析	关键问题	排除措施
三位换向阀的中位机能选择不当	① 一泵驱动多缸的系统,中位机能误用 H 型、M 型等 ② 中位停车时要求手调工作台的系统误用 O 型、M 型等 ③ 中位停车时要求液控单向阀立即关闭的系统,误用了 O 型机能,造成缸停止位置偏离了指定位置	不同的中位机能油路连接不同,特性也不同	① 中位机能应用 O 型、Y 型等 ② 中位机能应采用 Y 型、H 型等 ③ 中位机能应采用 Y 型等
锁紧回路工作不可靠	① 利用三位换向阀的中位锁紧,但滑阀有配合间隙 ② 利用单向阀类锁紧,但锥阀密封带接触不良 ③ 缸体与活塞间的密封圈损坏	① 阀内泄漏 ② 缸内泄漏	① 采用液控单向阀或双向液压锁,锁紧精度高 ② 单向阀密封锥面可用研磨法修复 ③ 更换密封件

表 B.3　压力控制回路常见故障及排除

故障现象	原因分析	关键问题	排除措施
压力调不上去或压力过高	各压力阀的具体情况有所不同	各压力阀本身的故障	详见各压力阀的故障及排除
YF 型高压溢流阀,当压力调至较高值时,发出尖叫声	三级同心结构的同轴度较差,主阀芯贴在某一侧作高频振动,调压弹簧发生共振	机、液、气各因素产生的振动和共振	① 安装时要正确调整三级结构的同轴度 ② 选用合适的黏度,控制温升
利用溢流阀遥控口卸荷时,系统产生强烈的振动和噪声	① 遥控口与二位二通阀之间有配管,它增加了溢流阀的控制腔容积,该容积越大,压力越不稳定 ② 长配管中易残存空气,引起大的压力波动,导致弹性系统自激振动		① 配管直径宜在 ϕ6mm 以下,配管长度应在 1m 以内 ② 可选用电磁溢流阀实现卸荷功能
两个溢流阀的回油管道连在一起时易产生振动和噪声	溢流阀为内卸式结构,因此回油管中压力冲击、背压等将直接作用在导阀上,引起控制腔压力的波动,激起振动和噪声		① 每个溢流阀的回油管应单独接回油箱 ② 回油管必须合流时应加粗合流管 ③ 将溢流阀从内泄改为外泄式
减压回路中,减压阀的出口压力不稳定	① 主油路负载若有变化,当最低工作压力低于减压阀的调整压力时,则减压阀的出口压力下降 ② 减压阀外泄油路有背压时其出口压力升高 ③ 减压阀的导阀密封不严,则减压阀的出口压力要低于调定值	控制压力有变化	① 减压阀后应增设单向阀,必要时还可加蓄能器 ② 减压阀的外泄管道一定要单独回油箱 ③ 修研导阀的密封带 ④ 过滤油液

故障现象	原因分析	关键问题	排除措施
压力控制原理的顺序动作回路有时工作不正常	① 顺序阀的调整压力太接近先动作执行件的工作压力,与溢流阀的调定值也相差不多 ② 压力继电器的调整压力同样存在上述问题	压力调定值不匹配	① 顺序阀或压力继电器的调整压力应高于先动作缸工作压力 5~10bar(0.5~1MPa) ② 顺序阀或压力继电器的调整压力应低于溢流阀的调整压力 5~10bar(0.5~1MPa)
	某些负载很大的工况下,按压力控制原理工作的顺序动作回路会出现Ⅰ缸动作尚未完成而发出使Ⅱ缸动作的误信号	设计原理不合理	① 改为按行程控制原理工作的顺序动作回路 ② 可设计成双重控制方式

表 B.4　速度控制回路常见故障及其排除

故障现象	原因分析	关键问题	排除措施
快速不快	① 差动快速回路调整不当等,未形成差动连接 ② 变量泵的流量没有调至最大值 ③ 双泵供油系统的液控卸荷阀调压过低	流量不够	① 调节好液控顺序阀,保证快进时实现差动连接 ② 调节变量泵的偏心距或斜盘倾角至最大值 ③ 液控卸荷阀的调整压力要大于快速运动时的油路压力
快进转工进时冲击较大	快进转工进采用二位二通电磁阀	速度转换阀的阀芯移动速度过快	用二位二通行程阀来代替电磁阀
执行机构不能实现低速运动	① 节流口堵塞,不能再调小 ② 节流阀的前后压力差调得过大	通过流量阀的流量调不小	① 过滤或更换油液 ② 正确调整溢流阀的工作压力 ③ 采用低速性能更好的流量阀
负载增加时速度显著下降	① 节流阀不适用于变载系统 ② 调速阀在回路中装反 ③ 调速阀前后的压差太小,其减压阀不能正常工作 ④ 泵和液压马达的泄漏增加	进入执行元件的流量减小	① 变速系统可采用调速阀 ② 调速阀在安装时一定不能接反 ③ 调压要合理,保证调速阀前后的压力差有 5~10bar(0.5~1MPa) ④ 提高泵和液压马达的容积效率

表 B.5　液压系统执行元件运动速度故障及排除

故障现象	原因分析	关键问题	排除措施
快速不快			
快进转工进时冲击较大	见表 B.4		
低速性能差			
速度稳定性差	见表 A.11、表 B.4		
低速爬行	见表 A.5		
工进速度过快,流量阀调节不起作用	① 快进用的二位二通行程阀在工进时未全部关闭 ② 流量阀内泄严重	进入缸的流量太多	① 调节好行程挡块,务必在工进时关死二位二通行程阀 ② 更换流量阀
工进时缸突然停止运动	单泵多缸工作系统,快慢速运动的干扰现象	压力取决于系统中的最小载荷	采用各种干扰回路
磨床类工作台往复进给速度不相等	① 缸两端泄漏不等或单端泄漏 ② 往复运动时摩擦阻力差距大,如油封松紧调得不一样	往复运动时两腔控制流量不等	① 更换密封件 ② 合理调节两端的油封松紧
调速范围较小	① 低速调不出来 ② 元件泄漏严重 ③ 调压太高使元件泄漏增加,压差增大	最高速度和最低速度都不易达到	① 见表 B.4 ② 更换磨损严重的元件 ③ 压力不可调得过高

表 B.6　液压系统工作压力故障及排除

故障现象	原因分析	关键问题	排除措施
系统无压力			
压力调不高	见表 A.7、表 B.3		
压力调不下来			
缸输出推力不足	见表 A.5		
打坏压力表	① 启动液压系统时,溢流阀弹簧未放松 ② 溢流阀进、出油口接反 ③ 溢流阀在闭死位置卡住 ④ 压力表的量程选择过小	冲击压力太高	① 系统启动前,必须放松溢流阀的弹簧 ② 正确安装溢流阀 ③ 提高阀的制造精度和油液清洁度 ④ 压力表的量程最好比泵的额定压力高出 1/3
系统工作压力从 400bar(40MPa)降至 100bar(10MPa)后再调不上去	① 内密封件损坏 ② 合用并联的二位二通阀未切断 ③ 阀的安装连接板内部串油	某部严重泄漏	① 更换密封件 ② 调整好二位二通阀的切换机构 ③ 更换安装连接板
系统工作不正常	① 液压元件磨损严重 ② 系统泄漏增加 ③ 系统发热温升 ④ 引起振动和噪声	系统压力调整过高	系统调压要合适

续表

故障现象	原因分析	关键问题	排除措施
磨床类工作台往复推力不相等	① 缸的制造精度差 ② 缸安装时其轴线与导轨的平行度有误差 ③ 缸两侧的油封松紧不一	往复运动时摩擦阻力不等	① 提高液压缸的制造精度 ② 轴线固定式液压缸一定要调整好它与导轨的平行度 ③ 合理调节两侧油封的松紧度

表 B.7　液压系统油温过高及其控制

原因分析	关键问题	控制方法
① 油路设计不合理,能耗太大 ② 油源系统压力调整过高 ③ 阀类元件规格选择过小 ④ 管道尺寸过小、过长或弯曲太多 ⑤ 停车时未设计卸荷回路 ⑥ 油路中过多地使用调速阀、减压阀等元件 ⑦ 油液黏度过大或过小	液压元件和液压回路等效率低、发热严重	① 见表 B.1 ② 在满足使用前提下,压力应调低 ③ 阀类元件的规格应按实际工作情况选择 ④ 管道设计宜粗、短、直 ⑤ 增设卸荷回路 ⑥ 使用液压元件应注意节能 ⑦ 选用合适的油液黏度
① 油箱容积设计较小,箱内流道设计不利于热交换 ② 油箱散热条件差,如某自动线油箱全部设在地下不通风 ③ 系统未设冷却装置或冷却系统损坏	系统散热条件差	① 油箱容积宜大,流道设计要合理 ② 油箱位置应能自然通风,必要时可设冷却装置,并加强维护 ③ 液压系统适宜的油温最好控制在 20～55℃,也可放宽至 15～65℃

表 B.8　液压系统泄漏及其控制

原因分析	关键问题	控制方法
① 各管接头处结合不严,有外泄漏 ② 元件结合面处接触不良,有外泄漏 ③ 元件阀盖与阀体结合面处有外泄漏 ④ 活塞与活塞杆连接不好,存在泄漏 ⑤ 阀类元件壳体等存在各种铸造缺陷	静连接件间出现间隙	① 拧紧管接头,可涂密封胶 ② 接触面要平整,不可漏装密封件 ③ 接触面要平整,紧固力要均匀,可涂密封胶或增设软垫、密封件等 ④ 连接牢固并加密封件 ⑤ 消除铸件的铸造缺陷
① 间隙密封的间隙量过大,零件的几何精度和安装精度较差 ② 活塞、活塞杆等处密封件损坏或唇口装反 ③ 黏度过低,油温过高 ④ 调压过高 ⑤ 多头的特殊液压缸,易造成活塞上密封件损坏 ⑥ 选用的元件结构陈旧,泄漏量大 ⑦ 其他详见表 A.13	动连接件间配合间隙过大或密封件失效	① 严格控制间隙密封的间隙量,提高相配件的制造精度和安装精度 ② 更换密封件,注意带唇口密封件的安装方位 ③ 黏度选用应合适,降低油温 ④ 压力调整合理 ⑤ 尽量少用特殊液压缸,以免密封件过早损坏 ⑥ 选用性能较好的新系列阀类 ⑦ 见表 A.13

表 B.9　液压系统的振动、噪声及其控制

原 因 分 析	关 键 问 题	控 制 方 法
液压泵和泵源的振动和噪声	振动和噪声来自机械、液压、空气三个方面	① 见表 A.1～A.3、表 A.12 和表 B.1 ② 高压泵的噪声较大,必要时可采用隔离罩或隔离室
液压马达的振动和噪声		见表 A.4
液压缸的振动和噪声		见表 A.5
液压阀的振动和噪声		见表 A.6、表 A.7
液压控制回路的振动和噪声		① 见表 B.3 ② 在液压回路上可安装消声器或蓄能器
① 管道细长互相碰击 ② 管道发生共振 ③ 油箱吸油管距回油管太近		① 加大管子间距离 ② 增设管夹等固定装置 ③ 吸油管应远离回油管 ④ 在振源附近可安装一段减振软管

表 B.10　液压系统的冲击及其控制

原 因 分 析	关 键 问 题	控 制 方 法
换向阀迅速关闭时的液压冲击 ① 电磁换向阀切换速度过快,电磁换向阀的节流缓冲器失灵 ② 磨床换向回路中先导阀、主阀等制动过猛 ③ 中位机能采用 O 型	液流和运动部件的惯性造成	① 见表 A.6 ② 减小制动锥锥角或增加制动锥长度 ③ 中位机能从 O 型改为 H 型 ④ 缩短换向阀至液压缸的管路
活塞在行程中间位置突然被制动或减速时的液压冲击 ① 快进或工进转换过快 ② 液压系统调压过高 ③ 溢流阀动作迟缓		① 电磁阀改为行程阀,行程阀阀芯的移动可采用双速转换 ② 调压应合理 ③ 采用动态特性好的溢流阀 ④ 可在缸的出入口设置反应快、灵敏度高的小型安全阀或波纹型蓄能器,也可局部采用橡胶软管
液压缸行程终点产生的液压冲击		采用可变节流的终点缓冲装置
液压缸负载突然消失时产生的冲击	运动部件产生加速冲击	回路应增设背压阀或提高背压力
液压缸内存有大量空气		排除缸内空气

表 B.11　液压卡紧及其控制

原 因 分 析	关 键 问 题	控 制 方 法
① 阀设计有问题,使阀芯受到不平衡的径向力 ② 阀芯加工成倒锥,且安装有偏心 ③ 阀芯有毛刺、碰伤凸起、弯曲、形位公差超差等质量问题 ④ 干式电磁铁推杆动密封处摩擦阻力大,复位弹簧太软	阀芯受到较大的不平衡径向力,产生的摩擦阻力可大到几百牛顿	① 设计时尽量使阀芯径向受力平衡,如可在阀芯上加工出若干条环形均压槽 ② 允许阀芯有小的顺锥,安装应同心 ③ 提高加工质量,进行文明生产 ④ 采用湿式电磁铁,更换弹簧

续表

原 因 分 析	关 键 问 题	控 制 方 法
① 过滤器严重堵塞 ② 液压油长期不换,老化、变质	油中杂质太多	① 清洗过滤器,采用过滤精度为 5～25μm 的精过滤器 ② 更换新油
① 阀芯与阀体间配合间隙过小 ② 油液温升过大	阀芯热变形后尺寸变大	① 运动件的配合间隙应合适 ② 降低油温,避免零件热变形后卡死

表 B.12　液压系统的气穴、气蚀及其控制

原 因 分 析	关 键 问 题	控 制 方 法
① 液压系统存在负压区,如自吸泵进口压力很低,液压缸急速制动时有压力冲击腔,也有负压腔 ② 液压系统存在减压区和低压区,如减压阀进、出口压力之比过大,节流口的喉部压力值降到很低	溶解在油中的空气分离出来	① 防止泵进口过滤器堵塞,油管要粗而短,吸油高度小于 500mm,泵的自吸真空度不要超过泵本身所规定的最高自吸真空度 ② 防止局部地区压降过大、下游压力过低,因为气体在液体中的溶解量与压力成正比,一般应控制阀的进、出口压力之比不大于 3.5
① 回油管露出液面 ② 管道、元件等密封不良 ③ 在负压区空气容易侵入	外界空气混入系统	① 回油管应插入油面以下 ② 油箱设计应利于气泡分离 ③ 在负压区要特别注意密封和拧紧管接头
气穴的产生和破灭会造成局部地区高压、高温和液压冲击,使金属表面呈蜂窝状而逐渐剥落(气蚀)	避免产生气穴,提高液压件材料的强度和防蚀性能	① 青铜和不锈钢材料的耐气蚀性比铸铁和碳素钢好 ② 提高材料的硬度也能提高它的耐腐蚀性能

表 B.13　液压系统工作可靠性及其控制

故 障 环 节	工 作 可 靠 性 问 题	控 制 方 法
设计	① 单泵多缸工作系统易出现各缸快、慢速相互干扰 ② 采用时间控制原理的顺序动作回路工作可靠性差 ③ 采用调速阀的流量控制同步回路工作可靠性差 ④ 设计的各缸连锁或转换等控制信号不符合工艺要求 ⑤ 选用的液压元件性能差 ⑥ 回路设计考虑不周 ⑦ 设计时对系统的温升、泄漏、噪声、冲击、液压卡紧、气穴、污染等考虑不周	① 采用快、慢速互不干扰回路 ② 顺序动作回路应采用压力控制原理或行程控制原理 ③ 同步回路宜采用容积控制原理或检测反馈式控制原理 ④ 应按工艺特点进行设计,必要时可设置双重信号控制 ⑤ 采用新系列的液压元件 ⑥ 尽可能用最少的元件组成最简单的回路,对重要部位可增设一套备用回路 ⑦ 设计时应充分考虑影响系统正常工作的各种因素

故 障 环 节	工作可靠性问题	控 制 方 法
制造、装配和安装	① 液压元件制造质量差,如复合阀中的单向阀不密封等 ② 装配时阀芯与阀体的同轴度差、弹簧扭曲、个别零件漏装或装反等 ③ 安装时液压缸轴线与导轨不平行,元件进、出油口装反等	确保各元件和机构的制造、装配和安装配合精度
调整	① 顺序阀的开启压力调整不当,造成自动工作循环错乱或动作不符合要求 ② 压力继电器调整不当,造成误发或不发信号 ③ 溢流阀调压过高,造成系统温升、低速性能差、元件磨损等 ④ 行程阀挡块位置调整不当,使阀口开闭不严	① 调压要合适 ② 挡块位置要调准
使用和维护	① 不注意液压油的品质 ② 油箱或活塞杆外伸部位等混进杂质、水分或灰尘 ③ 使用者缺乏对液压传动的了解,如压力调得过高、不会排除缸内空气等	① 采用黏度合适的通用液压油或抗磨液压油,不用性能差的机械油 ② 应定期清洗过滤器和更换油液 ③ 避免系统的各部位进入有害杂质 ④ 使用液压设备者应具有必要的液压知识

参 考 文 献

[1] 刘延俊. 液压元件使用指南[M]. 北京：化学工业出版社，2007.
[2] 刘延俊. 液压回路与系统[M]. 北京：化学工业出版社，2009.
[3] 刘延俊. 液压元件及系统的原理、使用与维修[M]. 北京：化学工业出版社，2010.
[4] 刘延俊，等. 液压与气动传动[M]. 3版. 北京：机械工业出版社，2014.
[5] 刘延俊. 液压系统使用与维修[M]. 2版. 北京：化学工业出版社，2014.
[6] 许晨. 第四极：中国"蛟龙"号挑战深海[M]. 北京：作家出版社，2016.
[7] 刘长年. 液压伺服系统的分析与设计[M]. 北京：科学出版社，1985.
[8] 罗大海，诸葛茜. 流体力学简明教程[M]. 北京：高等教育出版社，1987.
[9] 刘银水，刘福玲. 液压与气压传动[M]. 4版. 北京：机械工业出版社，2017.
[10] 许福玲，陈尧明. 液压与气压传动[M]. 3版. 北京：机械工业出版社，2011.
[11] 张喜瑞. 液压与气动传动控制技术[M]. 北京：化学工业出版社，2016.
[12] 王积伟. 液压与气压传动[M]. 3版. 北京：机械工业出版社，2018.
[13] 陈清奎，等. 液压与气压传动[M]. 3版. 北京：机械工业出版社，2017.
[14] 贾铭新. 液压传动与控制[M]. 4版. 北京：国防工业出版社，2017.
[15] 迟媛. 液压与气压传动[M]. 北京：机械工业出版社，2016.
[16] 陆望龙. 液压系统使用与维修手册[M]. 2版. 北京：化学工业出版社，2017.
[17] 路甬祥. 液压气动手册[M]. 北京：机械工业出版社，2004.
[18] 成大先. 机械设计手册：液压控制(单行本)[M]. 6版. 北京：化学工业出版社，2017.
[19] 成大先. 机械设计手册：液压传动(单行本)[M]. 6版. 北京：化学工业出版社，2017.
[20] 周士昌. 液压系统设计[M]. 北京：机械工业出版社，2004.
[21] 陈尧明，许福玲. 液压与气动传动学习指导与习题解[M]. 北京：机械工业出版社，2005.
[22] 陈启松. 液压传动与控制手册[M]. 上海：上海科学技术出版社，2006.
[23] 左健民. 液压与气压传动[M]. 4版. 北京：机械工业出版社，2007.
[24] 郭洪鑫，韩桂华，李永海. 液压传动系统设计实用教程[M]. 北京：化学工业出版社，2016.
[25] SMC(中国)有限公司. 现代实用气动技术[M]. 2版. 北京：机械工业出版社，2008.
[26] 张海平. 液压平衡阀应用技术[M]. 北京：机械工业出版社，2017.
[27] 王春行. 液压伺服控制系统[M]. 北京：机械工业出版社，2011.
[28] 闻德生，吕世君，闻佳. 新型液压传动：多泵多马达液压元件及系统[M]. 北京：化学工业出版社，2017.
[29] 姚建均. 液压测试技术[M]. 北京：化学工业出版社，2018.
[30] 黄志坚. 智能液压气动元件及控制系统[M]. 北京：化学工业出版社，2018.
[31] 顾临怡，等. 深海水下液压技术的发展与展望[J]. 液压与气动，2013(12)：1-7.
[32] 邱中梁，等. "蛟龙号"载人潜水器液压系统设计研究[J]. 液压与气动，2014(2)：44-48.